Automobilfahrwerksingenieurwesen

David Charles Barton · John D. Fieldhouse

Automobilfahrwerksingenieurwesen

David Charles Barton
University of Leeds
School of Mechanical Engineering
Leeds, UK

John D. Fieldhouse
Leeds, UK

ISBN 978-3-031-74376-4   ISBN 978-3-031-74377-1 (eBook)
https://doi.org/10.1007/978-3-031-74377-1

Dieses Buch ist eine Übersetzung des Originals in Englisch „Automotive Chassis Engineering", 2. Auflage, von David C. Barton und John D. Fieldhouse, publiziert durch Springer Nature Switzerland AG im Jahr 2024. Die Übersetzung erfolgte mit Hilfe von künstlicher Intelligenz (maschinelle Übersetzung). Eine anschließende Überarbeitung im Satzbetrieb erfolgte vor allem in inhaltlicher Hinsicht, so dass sich das Buch stilistisch anders lesen wird als eine herkömmliche Übersetzung. Springer Nature arbeitet kontinuierlich an der Weiterentwicklung von Werkzeugen für die Produktion von Büchern und an den damit verbundenen Technologien zur Unterstützung der Autoren.

Die Deutsche Nationalbibliothek verzeichnet diese Publikation in der Deutschen Nationalbibliografie; detaillierte bibliografische Daten sind im Internet über https://portal.dnb.de abrufbar.

© Der/die Herausgeber bzw. der/die Autor(en), exklusiv lizenziert an Springer Nature Switzerland AG 2025

Das Werk einschließlich aller seiner Teile ist urheberrechtlich geschützt. Jede Verwertung, die nicht ausdrücklich vom Urheberrechtsgesetz zugelassen ist, bedarf der vorherigen Zustimmung des Verlags. Das gilt insbesondere für Vervielfältigungen, Bearbeitungen, Übersetzungen, Mikroverfilmungen und die Einspeicherung und Verarbeitung in elektronischen Systemen.
Die Wiedergabe von allgemein beschreibenden Bezeichnungen, Marken, Unternehmensnamen etc. in diesem Werk bedeutet nicht, dass diese frei durch jede Person benutzt werden dürfen. Die Berechtigung zur Benutzung unterliegt, auch ohne gesonderten Hinweis hierzu, den Regeln des Markenrechts. Die Rechte des/der jeweiligen Zeicheninhaber*in sind zu beachten.
Der Verlag, die Autor*innen und die Herausgeber*innen gehen davon aus, dass die Angaben und Informationen in diesem Werk zum Zeitpunkt der Veröffentlichung vollständig und korrekt sind. Weder der Verlag noch die Autor*innen oder die Herausgeber*innen übernehmen, ausdrücklich oder implizit, Gewähr für den Inhalt des Werkes, etwaige Fehler oder Äußerungen. Der Verlag bleibt im Hinblick auf geografische Zuordnungen und Gebietsbezeichnungen in veröffentlichten Karten und Institutionsadressen neutral.

Planung/Lektorat: Anthony Doyle
Springer Vieweg ist ein Imprint der eingetragenen Gesellschaft Springer Nature Switzerland AG und ist ein Teil von Springer Nature.
Die Anschrift der Gesellschaft ist: Gewerbestrasse 11, 6330 Cham, Switzerland

Wenn Sie dieses Produkt entsorgen, geben Sie das Papier bitte zum Recycling.

Vorwort zur ersten Ausgabe

Ein häufiges Problem der Automobilindustrie ist, dass neue Mitarbeiter/Absolventen zwar in der Lage sind, die modernen computergestützten Designpakete zu bedienen, aber nicht vollständig über die grundlegende Theorie innerhalb der Programme informiert oder sachkundig sind. Aufgrund dieses Mangels an grundlegendem Verständnis sind sie nicht in der Lage, das kommerzielle Paket/die kommerziellen Pakete an die Bedürfnisse des Unternehmens anzupassen oder die Ausgabewerte sofort zu schätzen. Noch wichtiger ist, dass mit der Zeit und dem seltener werdenden Grundwissen innerhalb der Unternehmen die Abhängigkeit von kommerziellen Softwareanbietern sowie die Kosten steigen. Es besteht ein kontinuierlicher Bedarf für Unternehmen, selbstständig zu werden und in der Lage zu sein, maßgeschneiderte Design-„Werkzeuge" zu entwickeln, die ihren spezifischen Bedürfnissen entsprechen.

Die Fortschritte in der Elektrofahrzeugtechnologie und der Übergang zum autonomen Fahren machen es notwendig, dass der Ingenieur sein grundlegendes Verständnis und die Wechselbeziehungen der Fahrzeugsysteme kontinuierlich aktualisiert. Die Ingenieure in ihren Ausbildungsjahren müssen in der Lage sein, zur Entwicklung neuer Systeme beizutragen und tatsächlich neue zu realisieren. Um einen Beitrag zu leisten, ist es notwendig, erneut die Technologie und das grundlegende Verständnis der Fahrzeugsysteme zu verstehen.

Dieses Lehrbuch ist für Studenten und praktizierende Ingenieure geschrieben, die im Bereich der Fahrzeugtechnik arbeiten oder daran interessiert sind. Es bietet ein grundlegendes, umfassendes Verständnis der Fahrwerksysteme und setzt beim Leser nur wenig Vorwissen voraus, das über das hinausgeht, was normalerweise in Bachelor-Kursen in Maschinenbau oder Fahrzeugtechnik vermittelt wird. Das Buch präsentiert das Material auf eine praktische und realistische Weise, wobei oft Reverse Engineering als Grundlage für Beispiele verwendet wird, um das Verständnis der Themen zu vertiefen. Bestehende Fahrzeugspezifikationen und -eigenschaften werden dargestellt, um die Anwendung der Theorie zu veranschaulichen. Jedes Kapitel beginnt mit einer Überprüfung der grundlegenden Theorie und Praxis, bevor es zu fortgeschritteneren Themen und Forschungsausrichtungen übergeht. Es wird darauf geachtet, dass jedes Themengebiet mit anderen

Abschnitten des Buches verknüpft wird, um ihre Wechselbeziehungen klar zu demonstrieren.

Das Buch beginnt mit einem Kapitel über grundlegende Fahrzeugmechanik, das die auf ein Fahrzeug in Bewegung wirkenden Kräfte beschreibt, wobei angenommen wird, dass das Fahrzeug ein starrer Körper ist. Obwohl dieses Material vielen Lesern vertraut sein wird, ist es eine notwendige Voraussetzung für das spezialisiertere Material, das folgt. Das Kapitel über Lenksysteme umfasst ein festes Verständnis der Prinzipien und Kräfte, die sowohl bei statischer als auch bei dynamischer Belastung beteiligt sind. Das Kapitel über Aufhängungssysteme und -komponenten vermittelt ein Verständnis der Fahrzeugdynamik durch die Betrachtung von Aufhängungssystemen – Reifen, Verbindungen, Federn, Dämpfer usw. Das Kapitel über Fahrgestellstrukturen und -materialien umfasst Analysetools (typischerweise FEA) und Konstruktionsmerkmale, die bei modernen Fahrzeugen verwendet werden, um die Masse zu reduzieren und die Sicherheit der Insassen zu erhöhen. Das letzte Kapitel über Geräusch, Vibration und Rauheit (NVH) liefert einen grundlegenden Überblick über die Akustik- und Schwingungstheorie und nutzt umfangreiche Forschungsuntersuchungen und Testverfahren als Mittel zur Linderung von NVH-Problemen.

In allen Fachbereichen berücksichtigen die Autoren moderne Trends, indem sie die Entwicklung hin zu Elektrofahrzeugen, On-Board-Diagnosesystemen, aktiven Systemen und Leistungsoptimierung vorwegnehmen. Das Buch enthält eine Reihe von durchgerechneten Beispielen und Fallstudien, die auf aktuellen Forschungsprojekten basieren. Alle Studierenden, insbesondere diejenigen in Master-Studiengängen im Bereich Fahrzeugtechnik, sowie Fachleute in der Industrie, die ein besseres Verständnis der Fahrwerksentwicklung erlangen möchten, werden von diesem Buch profitieren.

Leeds, Großbritannien

David C. Barton
John D. Fieldhouse

Inhaltsverzeichnis

1	**Fahrzeugmechanik**	1
1.1	Modellierungsphilosophie	1
1.2	Koordinatensysteme	2
1.3	Traktionskraft und Traktionswiderstand	3
	1.3.1 Zugkraft oder Zugleistung (TE)	3
	1.3.2 Zugwiderstände (TR)	5
	1.3.3 Auswirkung von TR und TE auf die Fahrzeugleistung	13
1.4	Reifeneigenschaften und Leistung	15
	1.4.1 Reifenkonstruktion	15
	1.4.2 Reifenbezeichnung	18
	1.4.3 Der Reibungskreis	19
	1.4.4 Verfügbare Begrenzung der Reibungskraft	21
1.5	Effekte der starren Körperlastübertragung bei geradliniger Bewegung	22
	1.5.1 Fahrzeug im Stillstand oder mit konstanter Geschwindigkeit auf abschüssigem Gelände	22
	1.5.2 Fahrzeug beschleunigt/verzögert auf ebener Fläche	23
	1.5.3 Hinterrad-, Vorderrad- und Allradantriebsfahrzeuge	27
	1.5.4 Wohnwagen und Anhänger	29
1.6	Effekte der Lastverlagerung eines starren Körpers während des Kurvenfahrens	35
	1.6.1 Stabile Kurvenfahrt	38
	1.6.2 Unstabile Kurvenfahrt (Beschleunigung oder Bremsen eingeschlossen)	39
1.7	Abschließende Bemerkungen	43
2	**Verzögerungsverhalten**	45
2.1	Überblick über das Bremssystem	46
	2.1.1 Einführung	46
	2.1.2 Funktionen und Anforderungen eines Bremssystems	46

	2.2	Konventionelles hydraulisches Bremssystem	48
		2.2.1 Bremssystemkomponenten	48
		2.2.2 Hydraulische Schaltkreiskonfigurationen	50
	2.3	Kinetische Analyse eines bremsenden Fahrzeugs	50
		2.3.1 Bewegungsgleichung................................	50
		2.3.2 Bremsen mit konstanter Verzögerung	53
		2.3.3 Grenzen der Verzögerung, die ausschließlich durch Radbremsen erreicht werden...........................	54
	2.4	Bremskraftverteilung und Haftungsausnutzung...................	56
		2.4.1 Berechnung der statischen Achslasten....................	57
		2.4.2 Dynamische Achslasten (Lastübertragungseffekte)..........	58
		2.4.3 Vorderachse blockiert zuerst	61
		2.4.4 Hinterachse blockiert zuerst	61
		2.4.5 Variation der Bremskraft B mit der Bremsfunktion Z.........	66
		2.4.6 Bremswirkungsgrad.................................	68
	2.5	Bremsen mit variablem Bremsverhältnis........................	71
	2.6	Auswirkung des Rad-/Achsenblockierens.......................	76
	2.7	Nickbewegung der Fahrzeugkarosserie beim Bremsen.............	80
	2.8	Antiblockiersysteme (ABS)..................................	81
	2.9	Abschließende Bemerkungen	83
3	**Federungssysteme und -komponenten**		85
	3.1	Einführung in das Fahrwerksdesign............................	85
		3.1.1 Die Rolle eines Fahrzeugfahrwerks......................	86
		3.1.2 Definitionen und Terminologie	87
		3.1.3 Was ist ein Fahrzeugfahrwerk?.........................	88
		3.1.4 Federungsklassifikationen	88
		3.1.5 Definition der Radposition............................	89
		3.1.6 Reifenlasten.......................................	94
	3.2	Auswahl von Fahrzeugaufhängungen	97
		3.2.1 Faktoren, die die Auswahl der Aufhängung beeinflussen	98
	3.3	Kinematische Anforderungen an abhängige und unabhängige Aufhängungen	99
		3.3.1 Beispiele für abhängige Aufhängungen...................	101
		3.3.2 Beispiele für unabhängige Vorderradaufhängungen	103
		3.3.3 Beispiele für unabhängige Hinterradaufhängungen	105
		3.3.4 Beispiele für halb unabhängige Hinterradaufhängungen	107
	3.4	Federn	110
		3.4.1 Federarten und Eigenschaften..........................	110
		3.4.2 Stabilisatoren (Querstabilisatoren)	120
	3.5	Dämpfer..	127
		3.5.1 Arten und Eigenschaften von Dämpfern..................	127
		3.5.2 Aktive Dämpfer....................................	131

3.6	Kinematische Analyse von Aufhängungen		135
3.7	Rollzentrum und Rollachse		140
	3.7.1	Bestimmung des Rollzentrums	140
	3.7.2	Rollzentrumsmigration	144
3.8	Seitliche Lastübertragung durch Kurvenfahrt		146
	3.8.1	Lastübertragung aufgrund des Rollmoments	148
	3.8.2	Lastübertragung aufgrund der Trägheitskraft der gefederten Masse	148
	3.8.3	Lastübertragung aufgrund der Trägheitskräfte der ungefederten Masse	149
	3.8.4	Gesamte Lastübertragung	149
	3.8.5	Rollwinkelgradient (Rollrate)	149
3.9	Federkonstante und Radkonstante		152
	3.9.1	Erforderliche Radkonstante für konstante Eigenfrequenz	152
	3.9.2	Die Beziehung zwischen Federhärte und Radlast	155
3.10	Analyse der Kräfte in Federungselementen		158
	3.10.1	Längslasten durch Bremsen und Beschleunigen	158
	3.10.2	Vertikale Belastung	160
	3.10.3	Laterale, Längs- und Mischbelastungen	163
	3.10.4	Begrenzungs- oder Anschlagpuffer	166
	3.10.5	Modellierung von transienten Lasten	168
3.11	Aufhängungsgeometrie zur Bekämpfung von Squat und Dive		168
	3.11.1	Anti-Dive-Geometrie	169
	3.11.2	Anti-Squat-Geometrie	173
3.12	Fahrkomfortanalyse		178
	3.12.1	Unebenheit der Fahrbahnoberfläche und Fahrzeuganregung	179
	3.12.2	Wahrnehmung der Fahrt durch den Menschen	181
3.13	Fahrzeugmodelle für die Fahrt		183
	3.13.1	Schwingungsanalyse des Viertelfahrzeugmodells	186
3.14	Abschließende Bemerkungen		192
4	**Lenksysteme**		**195**
4.1	Lenkanforderungen/-vorschriften		195
	4.1.1	Allgemeine Ziele und Funktionen	195
	4.1.2	Gesetzliche Anforderungen	196
	4.1.3	Lenkverhältnis	197
	4.1.4	Lenkverhalten	198
4.2	Lenkgeometrie und Kinematik		199
	4.2.1	Grundlegende Designanforderungen	199
	4.2.2	Ideale Ackermann-Lenkgeometrie	201
4.3	Überblick über gängige Designs		203
	4.3.1	Manuelles Lenken	203

		4.3.2	Zahnstangen- und Ritzelsystem	204
		4.3.3	Lenkgetriebesysteme	206
		4.3.4	Hydraulische Servolenkung (HPAS)	209
		4.3.5	Elektrische Servolenkung (EPAS)	211
		4.3.6	Steer-by-Wire	214
	4.4	Lenkfehler		217
		4.4.1	Reifenschlupf und Reifenschlupfwinkel	217
		4.4.2	Compliance Steer – Elastokinematik	220
		4.4.3	Lenkgeometriefehler	223
	4.5	Wichtige geometrische Parameter zur Bestimmung der Lenkkräfte		225
		4.5.1	Vorderradgeometrie	225
		4.5.2	Achsschenkelneigungswinkel (seitlicher Neigungswinkel)	227
		4.5.3	Nachlaufwinkel (mechanischer Nachlauf)	228
	4.6	Kräfte beim Lenken eines stehenden Fahrzeugs		230
		4.6.1	Reifenschleifen	230
		4.6.2	Anheben des Fahrzeugs	233
		4.6.3	Kräfte am Lenkrad	234
	4.7	Kräfte im Zusammenhang mit der Lenkung eines fahrenden Fahrzeugs		244
		4.7.1	Normalkraft	244
		4.7.2	Seitenkraft	250
		4.7.3	Längskraft – Zugkraft (Frontantrieb) oder Bremsen	253
		4.7.4	Rollwiderstand und Kippmomente	254
	4.8	Vierradlenkung (4WS)		258
	4.9	Entwicklungen in der Lenkunterstützung – Aktive Drehmomentdynamik		263
		4.9.1	Aktive Gierdämpfung	263
		4.9.2	Aktiver Drehmomenteingang	263
	4.10	Abschließende Bemerkungen		264
5	**Fahrzeugstrukturen und -materialien**			**267**
	5.1	Überprüfung der Fahrzeugstrukturen		267
	5.2	Materialien für leichte Karosseriestrukturen		271
	5.3	Analyse von Karosseriestrukturen		275
		5.3.1	Strukturelle Anforderungen	275
		5.3.2	Methoden der Analyse	278
		5.3.3	Einfache strukturelle Oberflächen (SSS)-Methode	280
		5.3.4	Finite-Elemente-Analyse (FEA)	282
	5.4	Sicherheit bei Aufprall		284
		5.4.1	Gesetzgebung	284
		5.4.2	Überblick über den Frontalaufprall	286

		5.4.3	Energieabsorbierende Vorrichtungen und	
			Crashschutzsysteme....................................	289
		5.4.4	Fallstudie: Crashsicherheit eines kleinen	
			Spaceframe-Sportwagens..............................	293
	5.5	Bewertung der Haltbarkeit..		297
		5.5.1	Einführung...	297
		5.5.2	Virtueller Teststreckenansatz........................	298
		5.5.3	Fallstudie: Haltbarkeitsbewertung und Optimierung einer	
			Aufhängungskomponente.............................	300
	5.6	Abschließende Bemerkungen......................................		310
6	Geräusch, Vibration und Rauheit (NVH)...............................			311
	6.1	Einführung in NVH...		312
	6.2	Grundlagen der Akustik..		312
		6.2.1	Allgemeine Schallausbreitung......................	313
		6.2.2	Ausbreitung von ebenen Wellen..................	313
		6.2.3	Akustische Impedanz, z...............................	314
		6.2.4	Akustische Intensität, i................................	314
		6.2.5	Kugelförmige Wellenausbreitung – Akustische Nah- und	
			Fernfelder..	315
		6.2.6	Referenzgrößen..	316
		6.2.7	Akustische Größen in Dezibel ausgedrückt..	316
		6.2.8	Kombinierte Effekte von Schallquellen.......	317
		6.2.9	Auswirkungen reflektierender Oberflächen auf die	
			Schallausbreitung..	317
		6.2.10	Schall in geschlossenen Räumen (Fahrzeuginnenräume)......	319
	6.3	Subjektive Reaktion auf Schall....................................		319
		6.3.1	Der Hörmechanismus und menschliche Reaktionsmerkmale...	320
	6.4	Schallmessung...		321
		6.4.1	Instrumente zur Schallmessung....................	321
	6.5	Allgemeine Lärmschutztechniken................................		323
		6.5.1	Schallenergieabsorption...............................	323
		6.5.2	Schallübertragung durch Barrieren..............	324
		6.5.3	Dämpfungsbehandlungen............................	325
	6.6	Fahrzeuglärm – Quellen und Kontrolle.......................		326
		6.6.1	Verbrennungsmotor(ICE)-Geräusche.........	326
		6.6.2	Getriebegeräusche.......................................	327
		6.6.3	Ansaug- und Abgasgeräusche.....................	328
		6.6.4	Aerodynamische Geräusche........................	331
		6.6.5	Reifengeräusch..	333
		6.6.6	Bremsgeräusch..	333

6.7	Bewertung von Fahrzeuggeräuschen		334
	6.7.1	Vorbeifahrgeräuschtests (ISO 362)	334
	6.7.2	Lärm von stehenden Fahrzeugen	336
	6.7.3	Innenlärm in Fahrzeugen	336
6.8	Die Quellen und die Natur der Fahrzeugvibrationen		338
6.9	Die Prinzipien der Vibrationskontrolle		339
	6.9.1	Kontrolle an der Quelle	339
	6.9.2	Vibrationsisolierung	339
	6.9.3	Abgestimmte Schwingungsdämpfer	342
	6.9.4	Schwingungsdämpfer	345
6.10	Motorinduzierte Vibrationen		347
	6.10.1	Einzylinder-Motoren	347
	6.10.2	Mehrzylinder-Motoren	350
	6.10.3	Die Isolierung von Motorvibrationen	351
6.11	Bremsen-NVH-Systeme		353
	6.11.1	Einführung	353
	6.11.2	Bremsgeräusch- und Vibrationsterminologie	353
	6.11.3	Scheibenbremsgeräusche – Quietschen	356
	6.11.4	Theorien und Modelle zu Bremsgeräuschen	360
	6.11.5	Bremsgeräuschlösungen oder „Fixes"	364
	6.11.6	Schwingungen der Scheibenbremse – Rubbeln und Dröhnen	369
6.12	Abschließende Bemerkungen		377

Anhang: Zusammenfassung zu Grundlagen der Schwingungen 379

Literatur 387

Fahrzeugmechanik 1

Zusammenfassung

Bevor auf den Schwerpunkt dieses Buches eingegangen wird, der sich auf besondere und detaillierte Aspekte der Fahrwerkstechnik konzentriert, ist es notwendig, ein grundlegendes Verständnis der dynamischen Kräfte zu vermitteln, die ein Straßenfahrzeug während des normalen Betriebs erfährt. Dieses Kapitel führt solche Kräfte an einem Fahrzeug ein, wenn es als starrer Körper betrachtet wird. Es erörtert die Quelle jeder Kraft im Detail und wie sie angewendet werden kann, um die Leistung eines Fahrzeugs vorherzusagen. Zudem wird das normale Geradeausfahren um nichtstationäres Kurvenfahren und den Fall von Auto-Anhänger-Kombinationen erweitert. Jeder Abschnitt enthält in der Regel typische Probleme mit detaillierten Lösungen.

1.1 Modellierungsphilosophie

Die meisten Analysen der Fahrzeugleistung basieren auf der Idee, das reale Fahrzeug durch mathematische Gleichungen darzustellen. Dieser Prozess der *mathematischen Modellierung* ist der Grundstein der meisten ingenieurtechnischen Analysen. Die Genauigkeit der resultierenden Analyse hängt davon ab, wie gut die Gleichungen (das mathematische Modell) das reale technische System darstellen und welche Annahmen bei der Ableitung der Gleichungen notwendig waren.

Ein Fahrzeug ist eine komplexe Anordnung von technischen Komponenten. Für verschiedene Arten von Analysen ist es sinnvoll, diese Ansammlung von Massen unterschiedlich zu behandeln. Beispielsweise kann es bei der Analyse der Fahrzeugbeschleunigung/-verzögerung angemessen sein, alle Massen zusammenzufassen und sie so zu behandeln, als sei das Fahrzeug ein einziger Körper, eine zusammengefasste Masse, wobei die Masse an einem effektiven Schwerpunkt, dem sogenannten Schwerpunkt, wirkt. Bei Fahrkomfortanalysen hingegen würden die ungefederten Massen typischerweise getrennt vom Rest des Körpers behandelt, da sie sich relativ zum Körper erheblich in vertikaler Richtung bewegen können. Auch bei einem Fahrzeug mit Verbrennungsmotor (ICE) kann die Motormasse separat behandelt werden, um ihre relative vertikale Bewegung auf den Motorlagern darzustellen. Bei Antriebsstranganalysen können die Massen und Trägheiten der rotierenden Teile in Motor, Getriebe, Kupplung, Antriebswellen usw. vom Rest der Fahrzeugmasse getrennt werden.

Dieser Ansatz der zusammengefassten Masse ist äußerst nützlich für die Modellierung der groben Bewegungen des Fahrzeugs, d. h. in Längs-, Quer- oder Vertikalrichtung. Die zusammengefassten Massen werden als starre Körper angenommen, wobei die Massenverteilung im gesamten Körper durch die Trägheitseigenschaften charakterisiert wird. Natürlich ist streng genommen keine technische Komponente ein starrer Körper, was ja unendliche Steifigkeit implizieren würde, obwohl es in vielen Fällen eine vollkommen ausreichende Annahme sein wird, sie als solchen zu behandeln. Die Fahrzeugkarosserie, die typischerweise aus gepressten Stahlabschnitten und punktgeschweißten Paneelen besteht, ist ziemlich flexibel; eine typische Torsionssteifigkeit für eine Limousine beträgt etwa 10 kNm/Grad. Für andere Arten von Analysen, z. B. strukturelle Eigenschaften oder Hochfrequenzvibrations- und Geräuscheigenschaften, würde die Fahrzeugkarosserie als verteilte Masse behandelt (d. h., ihre Massen- und Steifigkeitseigenschaften sind um ihre geometrische Form verteilt) und typischerweise würde ein Finite-Elemente-Ansatz für die Analyse verwendet.

Bei der Anwendung des Ansatzes der zusammengefassten Masse auf ein Fahrzeugdynamikproblem können die maßgeblichen Bewegungsgleichungen in der Regel durch Anwendung des Zweiten Newtonschen Bewegungsgesetzes oder seiner verallgemeinerten Version, wenn Rotationen beteiligt sind, die üblicherweise als Starrkörpergesetze bezeichnet werden, abgeleitet werden. Der Ansatz, der die bevorzugte Methode zur Bewältigung der meisten Dynamikprobleme ist, lautet:

(a) ein Achsensystem definieren,
(b) das Freikörperdiagramm (FBD) zeichnen,
(c) die Starrkörpergesetze anwenden,
(d) kinematische Einschränkungen aufschreiben,
(e) Kräfte als Funktionen der Systemvariablen ausdrücken.
(f) Das maßgebliche Gleichungssystem ergibt sich dann aus der Kombination von (c), (d) und (e).

1.2 Koordinatensysteme

Es gibt eine standardisierte Definition, die in einem SAE-Standard (SAE J670 Fahrzeugdynamik-Terminologie) verkörpert ist, für ein im Fahrzeug festes und auf den Fahrzeugschwerpunkt (C.G.) zentriertes Koordinatensystem, wie in Abb. 1.1 gezeigt.

1.3 Traktionskraft und Traktionswiderstand   3

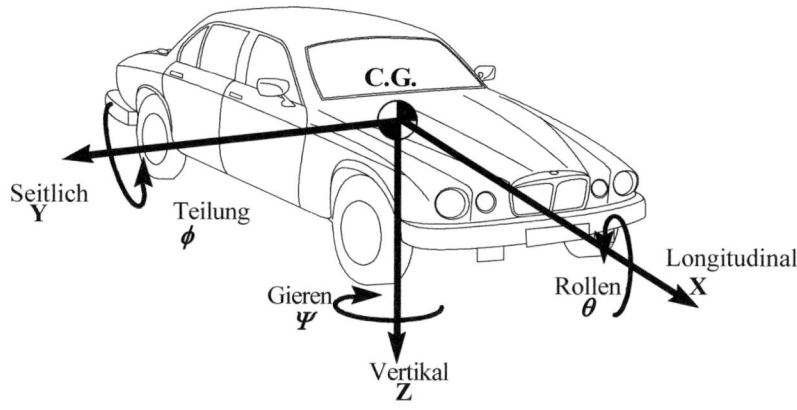

Abb. 1.1 Fahrzeugkoordinatensystem gemäß SAE J670 Fahrzeugdynamik-Terminologie

Beachten Sie, dass die Rotationsbewegungen der Fahrzeugkarosserie – Rollen, Nicken und Gieren – in der Abbildung definiert sind. Das fahrzeugfeste Koordinatensystem, das sich daher mit dem Fahrzeug bewegt, ist nützlich für Handhabungsanalysen. Für die Analysen der Fahrzeugleistung in diesem Kapitel ist jedoch ein einfaches, bodenfestes Achsensystem geeignet und die Analysen sind auf zwei Dimensionen beschränkt, die Längs-, Vertikal- und Nick-Koordinaten umfassen.

1.3 Traktionskraft und Traktionswiderstand

Statische und dynamische Berechnungen erfordern ein Verständnis der dynamischen Kräfte und Lasten, die während der Bewegung auftreten. Diese können als Traktionskräfte und Widerstände bezeichnet werden. Der folgende Abschnitt behandelt diese Lasten und die damit verbundenen Reifeneigenschaften.

1.3.1 Zugkraft oder Zugleistung (TE)

Die Zugkraft (TE), die von einem Verbrennungsmotor (ICE) oder einem elektrischen Antriebsstrang bereitgestellt wird, ist die Kraft, die an der Schnittstelle zwischen dem angetriebenen Achsreifen und der Straße verfügbar ist, um das Fahrzeug anzutreiben und zu beschleunigen. Für ein herkömmliches ICE-Fahrzeug ist die TE durch folgende Gleichung gegeben:

$$TE = \frac{T_e \times n_g \times n_d \times \eta}{r}, \qquad (1.1)$$

wobei:

T_e Motordrehmoment
n_g Getriebeübersetzung
n_d Übersetzung des Achsantriebs (Differential)
η Gesamtwirkungsgrad der Übertragung
r effektiver Rollradius des Reifens

Für ein herkömmliches ICE-Fahrzeug ist die Fahrzeuggeschwindigkeit (v) durch folgende Gleichung gegeben:

$$v = \frac{N_e \times 2\pi r}{n_g \times n_d}, \quad (1.2)$$

wobei:

N_e Motordrehzahl (rev/s)

Eine typische Leistungs- und Drehmomentkennlinie eines Verbrennungsmotors, die gegen die Motordrehzahl aufgetragen ist, zeigt Abb. 1.2. Beachten Sie, dass das maximale Drehmoment und die maximale Leistung bei unterschiedlichen Motordrehzahlen auftreten. Ein elektrischer oder hybrider Antriebsstrang würde unterschiedliche Drehmoment- und Leistungskurven aufweisen. Da Antriebsstränge jedoch nicht im Fokus des aktuellen Buches stehen, werden sie nicht weiter diskutiert.

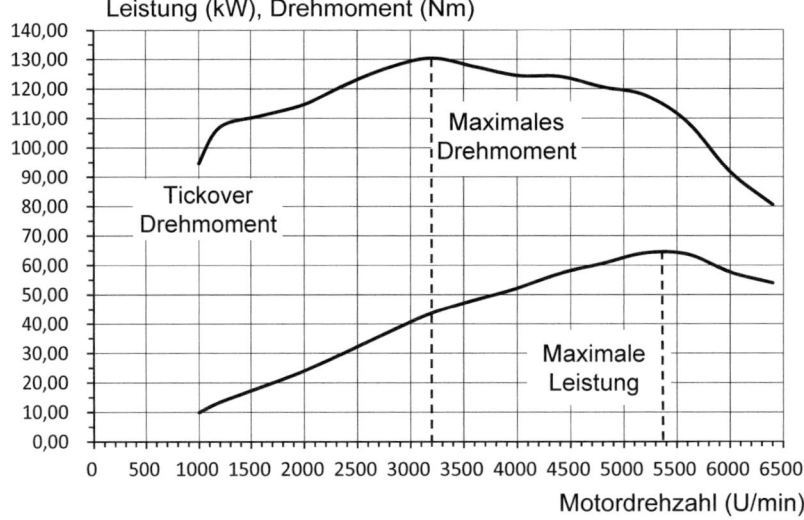

Abb. 1.2 Typische Eigenschaften eines Verbrennungsmotors

1.3.2 Zugwiderstände (TR)

Der Widerstand eines Fahrzeugs gegen die Bewegung ist auf drei grundlegende Parameter zurückzuführen: Steigungswiderstand, Luftwiderstand und Rollwiderstand (bei langsamen Manövern ist auch der Kurvenwiderstand wichtig).

1.3.2.1 Steigungswiderstand (G_R)

Wenn das Fahrzeug eine Steigung hinauffährt, ist G_R der Anteil des Fahrzeuggewichts, der die Steigung hinunter wirkt, also die *mg sinθ*-Komponente, wie in Abb. 1.3 dargestellt. Wenn das Fahrzeug die Steigung hinunterfährt, würde die Komponente das Fahrzeug unterstützen, in diesem Fall würde die Kraft als „Steigungsunterstützung" bezeichnet. G_R kann als eine einzelne Kraft dargestellt werden, die am Schwerpunkt des Fahrzeugs und parallel zur Straßenoberfläche wirkt:

$$G_R = \pm mg \sin\theta \tag{1.3}$$

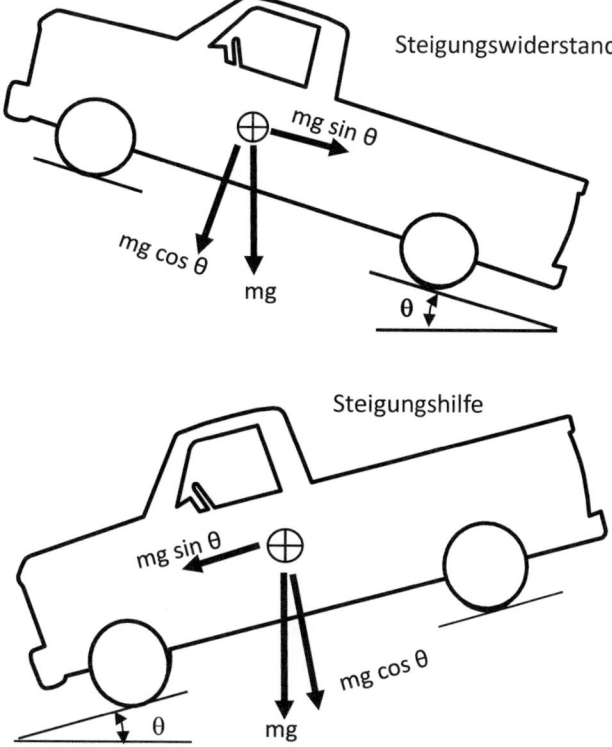

Abb. 1.3 Steigungswiderstand und Unterstützung

Hinweis:

- Steigungswiderstand/-unterstützung sind proportional zum Fahrzeuggewicht (mg).
- Die Kraft, die normal zur Straße wirkt, ist immer $mg \cos \theta$. Wenn θ gegen null tendiert, nähert sich die gesamte Normalkraft an der Reifen-/Straßenoberfläche mg dem Gewicht des Fahrzeugs.

1.3.2.2 Aerodynamischer Widerstand oder Luftwiderstand (D)

Die aerodynamische Widerstandskraft ist ein Maß für den Widerstand eines Fahrzeugs beim Fortschreiten durch die Luft. Sie kann als eine einzelne Kraft dargestellt werden, die am Druckzentrum in einer bestimmten Höhe über der Straßenoberfläche wirkt. Diese Höhe würde normalerweise zunächst durch Computational Fluid Dynamics (CFD)-Analyse bestimmt und durch Windkanaltests bestätigt.

Die Luftwiderstandskraft (D) ist durch die folgende Gleichung gegeben:

$$D = \frac{1}{2}\rho C_D A v^2, \tag{1.4}$$

wobei:

C_D Luftwiderstandsbeiwert (typischerweise 0,3 für ein modernes Auto)
ρ Luftdichte
A Fahrzeugfrontfläche
v Geschwindigkeit des Fahrzeugs relativ zur umgebenden Luft

Hinweis:

- Die Luftwiderstandskraft ist nicht vom Fahrzeuggewicht abhängig, aber sie ist proportional zum **Quadrat** der relativen Geschwindigkeit. Da Leistung das Produkt aus Kraft und Geschwindigkeit ist, ist die Leistung, die erforderlich ist, um den Luftwiderstand zu überwinden, proportional zur **dritten Potenz** der relativen Geschwindigkeit.
- Der Luftwiderstand ist proportional sowohl zu C_D als auch zu A, sodass das Produkt dieser beiden Parameter die gesamte Luftwiderstandskraft eines Fahrzeugs bei einer bestimmten Geschwindigkeit bestimmt.

Der Luftwiderstandsbeiwert wird letztendlich experimentell durch Windkanaltests bestimmt. Er kann auch aus einem Ausrolltest geschätzt werden, sofern die anderen Widerstandskräfte, d. h. Rollwiderstände, bekannt sind. Der Luftwiderstandsbeiwert ist eindeutig ein wichtiger Fahrzeugdesignparameter aus Sicht der Energieeffizienz und damit des Kraftstoffverbrauchs. Die besten Personenkraftwagen haben jetzt einen C_D von etwa 0,3. Typische Werte für andere Fahrzeuge sind in Tab. 1.1 dargestellt.

1.3 Traktionskraft und Traktionswiderstand

Tab. 1.1 Typische aerodynamische Eigenschaften von Fahrzeugen

Fahrzeug	Luftwiderstandsbeiwert	Stirnfläche (m^2)
Moderner Personenkraftwagen	0,30	2,05
Lieferwagen (3,5 t)	0,48	4,10
Bus	0,60	7,17
Sattelzug	0,70	9,20

Der Luftwiderstandsbeiwert hängt von dem Element des Fahrzeugdesigns ab, das bestimmt, wie gut die Luft um das Fahrzeug strömt. Im Wesentlichen stellt dies die „Effizienz" des Fahrzeugs dar, wenn es durch die Luft fährt. Verluste treten auf, wenn die Luft gezwungen wird, die Richtung zu ändern, oder sogar relativ zum Fahrzeug stationär wird, sodass der statische Druck vor dem Fahrzeug ansteigt. Wenn die Luft schnell über das Fahrzeug strömt, wird der statische Druck sinken und in einigen Fällen relativ zur Umgebung negativ werden.

Obwohl für eine vollständige aerodynamische Analyse die Kompressibilität der Luft berücksichtigt werden muss, ist es lehrreich, die inkompressible Strömungsgleichung, eine gängige Form der Bernoulli-Gleichung, zu betrachten, die an jedem beliebigen Punkt entlang einer Stromlinie gültig ist:

$$\frac{v^2}{2} + gz + \frac{p}{\rho} = konstant, \tag{1.5}$$

wobei:

- v Luftströmungsgeschwindigkeit relativ zum Fahrzeug und an jedem Punkt auf einer Stromlinie
- g Gravitationskonstante
- z Höhe des Punktes über einer Referenzebene
- p Druck am gewählten Punkt
- ρ Dichte des Fluids an allen Punkten im Fluid

Beachten Sie, dass der gz-Term für ein Straßenfahrzeug normalerweise vernachlässigt werden kann.

Offensichtlich wird aus Gl. (1.5), dass der Druck lokal ansteigt, wenn die Luftgeschwindigkeit sinkt. Umgekehrt fällt der lokale Druck, wenn die Luftgeschwindigkeit zunimmt, und kann tatsächlich negativ gegenüber dem Umgebungsdruck werden. Dies erklärt, warum Papiere bei hoher Geschwindigkeit durch ein offenes Schiebedach „angesaugt" werden.

Abb. 1.4 zeigt Stromlinien, die über ein Mercedes-Auto in einem Windkanal fließen. Es sollte beachtet werden, dass je früher sich die Luft vom Fahrzeug trennt, desto grö-

Abb. 1.4 Visualisierung der Stromlinien in einem Windkanal. (Quelle: http://images.gerrelt.nl/roofspoiler/mercedes_windtunnel_test.jpg)

ßer der „Nachlauf" (der Bereich direkt hinter dem Fahrzeug) ist, was zu einem Anstieg des negativen Drucks am Heck des Fahrzeugs und einer Zunahme des aerodynamischen Widerstands führt. Weitere Verluste treten auf, wenn die Luft im Nachlauf des Fahrzeugs Wirbel bildet oder wenn die Luft gezwungen wird, einen verschlungenen Weg zu nehmen, wie z. B. im Motorraum oder in den Radkästen. Solche Luftströme werden oft kontrolliert und können als „Luftmanagement" bezeichnet werden, wobei der Luftstrom zur Kühlung des Motors und der Bremsen genutzt wird. Die in Abb. 1.4 angegebenen positiven Druckbereiche können durch Positionierung von Lufteinlässen an diesen Punkten vorteilhaft genutzt werden.

Neben horizontalen Widerstandskräften erzeugt der aerodynamische Fluss über ein Fahrzeug typischerweise auch vertikal nach unten gerichtete Kräfte (negativer Auftrieb). Diese Abwärtskraft unterstützt das Kurvenfahren, erhöht jedoch effektiv die Kraft an der Reifen-/Straßenoberfläche des Fahrzeugs und erhöht die Rollwiderstandskräfte beim Geradeausfahren. Das Ziel von Formel-Rennwagen, die mit Flügeln ausgestattet sind, besteht darin, die erhöhte Abwärtskraft, die für das Kurvenfahren erforderlich ist, mit dem damit verbundenen erhöhten Flügelwiderstand auf der Hochgeschwindigkeitsgeraden auszugleichen.

Es kann die Frage aufkommen, welche Gesamtfläche für die Berechnung des aerodynamischen Widerstands zu berücksichtigen ist, wenn das Fahrzeug einen Anhänger oder Wohnwagen zieht. Eine Fahrzeugdachbox ist ein guter Luftabweiser. Wenn keine anderen Informationen verfügbar sind, ist es üblich, die Stirnflächen des Fahrzeugs und des Wohnwagens zusammenzuzählen, um eine obere Grenze für den gesamten Luftwiderstand zu erhalten. Wenn sich dies als ungenau erweist, wird die Kombination besser als erwartet abschneiden. Wenn andererseits die Stirnfläche unterschätzt wird, kann das Fahrzeug mit einem untermotorisierten Antriebsstrang ausgestattet sein und die Kombination wird schlecht abschneiden.

1.3.2.3 Rollwiderstand (R_R)
Der Rollwiderstand wird als die Kraft definiert, die überwunden werden muss, um das Fahrzeug mit konstanter Geschwindigkeit über eine horizontale Fläche zu bewegen, wobei keine aerodynamischen Kräfte des Fahrzeugkörpers vorhanden sind. Es wird normalerweise angenommen, dass das Fahrzeug in einer geraden Linie fährt und die Straßenoberfläche relativ glatt ist. R_R wird als eine Kraft an der Reifen-/Straßenoberfläche jedes Rades dargestellt. Hier kann auf eine einzelne Kraft reduziert werden, die an der Reifen-/Straßenoberfläche jeder Achse wirkt.

Der Rollwiderstand entsteht aus zwei Hauptquellen: der kontinuierlichen Verformung der Reifen während des Rollens und den Reibungseffekten in den mechanischen Antriebskomponenten. Rollende Reifen durchlaufen eine kontinuierliche zyklische Verformung, wenn der Reifen kontinuierlich durch den Kontaktbereich läuft. Dies führt zu einer Verformung der Seitenwände und der Lauffläche und es geht, da es kein perfekt elastischer Prozess ist, durch Hysterese (siehe Abb. 1.5) etwas Energie verloren. Diese verlorene elastische Energie erscheint als Wärme, die durch „Fühlen" der Reifentemperatur nach einer Phase des Hochgeschwindigkeitsfahrens bestätigt werden kann. Wenn der Reifen unterinflatiert ist, nimmt die Seitenwandverformung zusammen mit den Temperaturen zu. Wenn das Fahrzeug weiterhin mit übermäßigem Unterdruck gefahren wird, kann es zu einer Delaminierung der Seitenwand kommen. Darüber hinaus kommt es in geringem Umfang zum Gleiten zwischen den Laufflächen und der

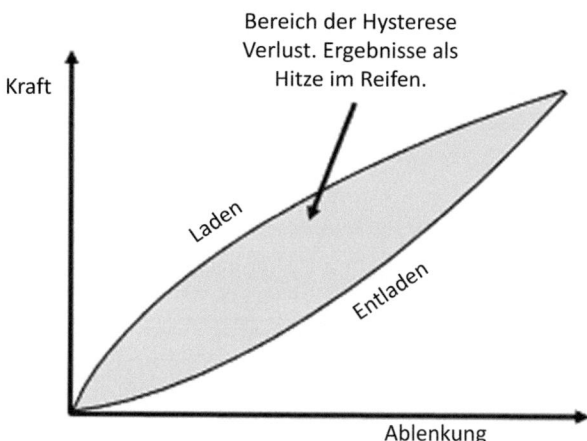

Abb. 1.5 Hystereseverlust innerhalb eines Reifens während des Be- und Entladens

Straßenoberfläche, was zu den Verlusten beiträgt. Bei höheren Geschwindigkeiten tragen aerodynamische Effekte aufgrund des Luftwiderstands an den rotierenden Reifen erneut zu den Verlusten bei.

Es ist üblich, alle Rollwiderstandsverluste für ein Fahrzeug zusammenzufassen und sie in Form eines Rollwiderstandskoeffizienten zu approximieren, der durch die folgende Gleichung definiert wird:

$$R_R = N \times c_R = mg \cos \theta \times c_R, \tag{1.6}$$

wobei:

R_R Rollwiderstand
c_R Rollwiderstandskoeffizient
N Normalkraft senkrecht zur Oberfläche, auf der sich das Fahrzeug bewegt

Beachten Sie, dass N im Allgemeinen das $mg\cos\theta$-Element des Fahrzeuggewichts (mg) sein wird, das normal zur Straßenoberfläche wirkt, aber auch jede durch aerodynamische Effekte auferlegte Abtriebskraft einschließen sollte.

Wenn das Fahrzeug stillsteht, wird der anfängliche Rollwiderstand normalerweise als Anfahrwiderstand bezeichnet, ähnlich wie bei statischen Reibungsbedingungen. Der Anfahrwiderstand kann 50–80 % mehr als der stationäre Rollwiderstand betragen: c_R variiert typischerweise von 0,012 Rollwiderstand bis 0,020 Anfahrwiderstand.

Der Rollwiderstand resultiert hauptsächlich aus Verlusten bei der Seitenwand- und Laufflächenverformung, die zu Hystereseverlusten im Reifen führen, die sich als Wärme zeigen. Auch die Straßenart beeinflusst den Widerstand, da der Reifen in die Straßenoberfläche eindrückt. c_R wird allgemein als konstant angesehen, ist in Wirklichkeit jedoch geschwindigkeitsabhängig und steigt leicht mit der Geschwindigkeit. Diese Informationen würden normalerweise von Reifenherstellern bereitgestellt. Typische Werte von c_R für verschiedene Fahrzeuge und Straßenoberflächen sind in Tab. 1.2 angegeben.

Die Rollwiderstandsgleichung ist eine nützliche Näherung, die für einfache „Erstordnungsberechnungen" zur Bewertung von Fahrzeuggetriebelasten, Leistung und Kraftstoffverbrauch verwendet werden kann. Allerdings ist der Rollwiderstand, ob als Kraft oder als dimensionsloser Koeffizient ausgedrückt, in der Praxis nicht konstant.

Tab. 1.2 Typische Rollwiderstandseigenschaften von Fahrzeugen

Fahrzeugtyp	Rollwiderstandskoeffizient (c_R)		
	Beton	Gute Strecke	Sand
Personenkraftwagen	0,012	0,08	0,30
Lkw	0,012	0,06	0,25
Traktor	0,02	0,04	0,20

1.3 Traktionskraft und Traktionswiderstand

Insbesondere der Rollwiderstand der Reifen, der natürlich ein kritischer Designparameter für den Reifenhersteller ist, ist sehr empfindlich gegenüber:

- Fahrzeuggeschwindigkeit – Rate des Hystereseverlusts.
- Reifentemperatur – beeinflusst die Gummimischung.
- Karkassendesign und Materialeigenschaften – ein dünneres Material führt zu weniger Rollwiderstand.
- Straßenoberfläche – eine weiche Oberfläche führt zu Verformungen, die zu höherem Rollwiderstand führen.
- Schlupf und Laufflächenverformung bei der Erzeugung von Traktionskräften – Formel-Rennwagen verwenden „Slicks" (ohne Profil) bei trockenem Wetter, um den Rollwiderstand durch Reduzierung/Eliminierung der Laufflächenverformung zu minimieren.
- Größe – eine Verbreiterung des Reifens führt zu geringerem Rollwiderstand aufgrund geringerer Reifenwandverformungen (siehe Abb. 1.6).
- Belastung und Reifendruck (siehe Abb. 1.7).

Wenn ein normaler Reifen auf den richtigen Druck aufgepumpt wird, reduziert sich der Rollwiderstand und die Fahrzeugwirtschaftlichkeit steigt. Wenn beim Reifen Unterdruck

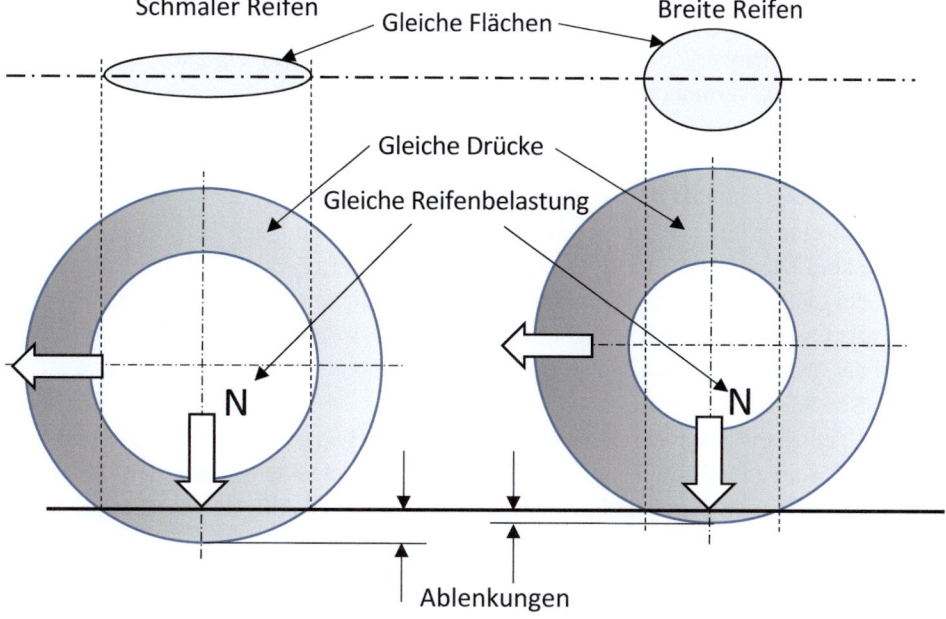

Abb. 1.6 Einfluss der Reifenbreite auf den Rollwiderstand

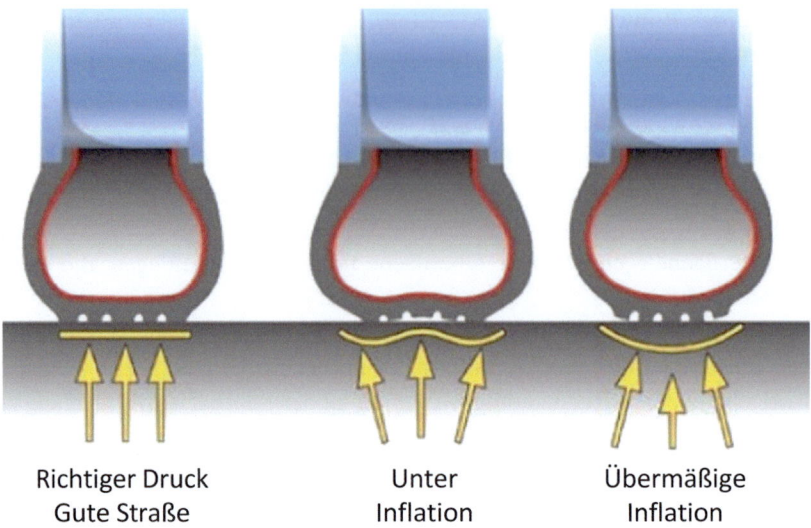

Abb. 1.7 Einfluss des Drucks auf die Kontaktfläche und die Reifenverformungen. (Quelle: https://i.stack.imgur.com/aJdAI.jpg)

besteht, erhöht sich der Rollwiderstand aufgrund übermäßiger Reifenwandverformungen. Bei übermäßigem Überdruck wird das Fahrzeughandling beeinträchtigt. Die aktuelle Technologie tendiert zu automatischer Reifendrucküberwachung, um unterschiedliche Straßenoberflächen und Höhenlagen zu berücksichtigen. Dies ist ein Schritt, um den Kraftstoffverbrauch zu minimieren und gleichzeitig die optimale Fahrzeugleistung aufrechtzuerhalten.

Der Rollwiderstand kann sich auch beim Kurvenfahren erheblich ändern. Bei höheren Geschwindigkeiten ist dies tendenziell weniger ein Problem, da der aerodynamische Widerstand eine größere Rolle bei den Gesamtwiderständen spielt und der dynamische Reibungskoeffizient sinkt (der dynamische Reibungskoeffizient ist geringer als der statische oder „Haftungswert"). Bei niedriger Geschwindigkeit, wie z. B. im Stadtverkehr, beim Parken und bei starkem Verkehr, ist der aerodynamische Widerstand weniger wichtig und der Widerstand beim Manövrieren nimmt zu, da der Reibungskoeffizient an der Reifen-/Straßenoberfläche steigt.

Im Allgemeinen hängt der Kurvenwiderstand vom Lenkwinkel des Rades (der wiederum vom Kurvenradius abhängt), der Belastung des gelenkten Rades, dem Reibungsniveau an der Reifen-/Straßenoberfläche und der Antriebskonfiguration (Front-, Heck- oder Allradantrieb) ab. Betrachten Sie die Situation in Abb. 1.8:

Rollwiderstandskoeffizient auf gerader Strecke $= c_R$

Erhöhung des Rollwiderstands bei Kurvenfahrt $= \Delta c_R = \mu \sin \alpha$

ergibt den Gesamtrollwiderstandskoeffizienten $= c_R + \Delta c_R = c_R + \mu \sin \alpha$

1.3 Traktionskraft und Traktionswiderstand

Abb. 1.8 Planansicht zeigt den Kurvenwiderstand bei niedrigen Geschwindigkeiten.

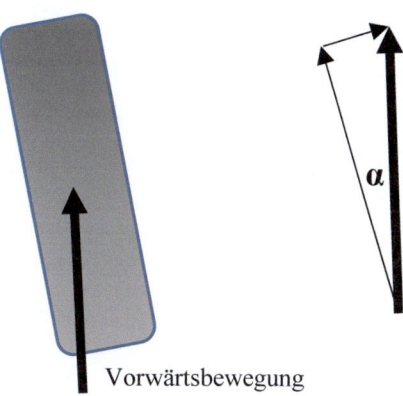

wobei μ der statische Reibungskoeffizient an der Reifen-/Straßenoberfläche ist (oft als Haftungskoeffizient bezeichnet) und α der Winkel zwischen der gelenkten Richtung des Rades und der Vorwärtsbewegung des Fahrzeugs, so wie in Abb. 1.8 angegeben. Bei großen Lenkwinkeln neigt der Reifen dazu, mehr zu rutschen, was den Kurvenwiderstand erhöht; dies äußert sich oft als Reifenquietschen, wenn Fahrzeuge langsam in Parkhäusern manövrieren.

> **Beispiel 1.1** Wenn $\alpha = 5°$ und $\mu = 0{,}7$ (Asphaltstraße), dann beträgt für ein Fahrzeug mit einem Rollwiderstandskoeffizienten von 0,012 in gerader Linie der gesamte Rollwiderstandskoeffizient $0{,}012 + 0{,}7 \sin 5° = 0{,}012 + (0{,}7 \times 0{,}087) = 0{,}012 + 0{,}061 = 0{,}073$, d. h. ein sechsfacher Anstieg.

1.3.3 Auswirkung von *TR* und *TE* auf die Fahrzeugleistung

Der gesamte Traktionswiderstand (*TR*) ist die Nettosumme aus Rollwiderstand, Luftwiderstand und Steigungswiderstand (Unterstützung):

$$TR = c_R mg \cos\theta + \frac{1}{2}\rho C_D A v^2 \pm mg \sin\theta, \tag{1.7}$$

wobei c_R ein modifizierter Widerstandskoeffizient ist, um Kurvenwiderstände zu berücksichtigen.

Die Beschleunigung des Fahrzeugs hängt von der Differenz zwischen *TE* und *TR* sowie von der Masse des Fahrzeugs (einschließlich der Auswirkungen der rotierenden Trägheit) wie folgt ab:

$$TE - TR = m\ddot{x} \tag{1.8}$$

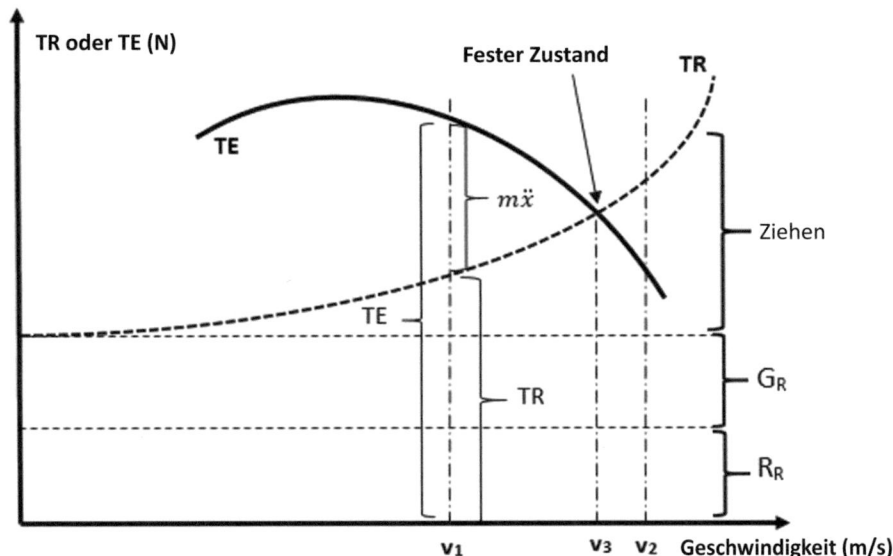

Abb. 1.9 Traktionskraft/Widerstand in Abhängigkeit von der Fahrzeuggeschwindigkeit

Abb. 1.9 zeigt typische Variationen von *TE* und *TR* in Abhängigkeit von der Fahrzeuggeschwindigkeit für ein ICE-Fahrzeug. Die *TE*-Kurve wird aus dem Motordrehmoment/ der Motordrehzahl-Charakteristik bei einem bestimmten Übersetzungsverhältnis berechnet, wie in Gl. (1.1) definiert. Die Fahrzeuggeschwindigkeit (v) wird aus der Motor-/ Elektromotordrehzahl, den Übersetzungsverhältnissen und dem Reifenrollradius abgeleitet, wie in Gl. (1.2) definiert.

Aus Abb. 1.9 ist ersichtlich, dass

bei v_1 *TE* größer ist als *TR* und das Fahrzeug daher beschleunigen kann;
bei v_2 *TE* kleiner ist als *TR*, das Ergebnis negativ ist und das Fahrzeug daher verzögern wird;
bei v_3 *TE* gleich *TR* ist und daraus eine konstante Geschwindigkeit im stationären Zustand resultiert.

Beispiel 1.2 Ein Fahrzeug hat einen Rollwiderstandskoeffizienten von 0,012. Der Fahrer lässt das Fahrzeug im Leerlauf (nicht im Gang) eine Steigung hinunterrollen, bis es eine langsame konstante Geschwindigkeit erreicht. Unter Vernachlässigung des Luftwiderstands berechnen Sie die Neigung der Steigung.

> **Lösung:** Sowohl TE als auch $D = 0$, daher gemäß Gl. (1.7):
>
> Das ergibt:
> $$c_R mg \cos\theta = mg \sin\theta$$
>
> Also:
> $$\tan\theta = c_R = 0{,}012$$
>
> $$\theta = 0{,}6875°.$$

1.4 Reifeneigenschaften und Leistung

Ein Reifen ist ein Mittel, um das vom Antriebsstrang entwickelte Drehmoment auf die Straße zu übertragen, sodass die verfügbare Traktionskraft genutzt werden kann, um das Fahrzeug anzutreiben. Der Reifen muss auch seinen Teil dazu beitragen, das Fahrzeug zu verlangsamen, wenn die Bremsen betätigt werden. Er muss auch sicheres Manövrieren wie Kurvenfahren gewährleisten. Aus diesem Grund muss er einen ausreichend hohen Haftreibungskoeffizienten mit der Straßenoberfläche haben, um ein Durchdrehen der Räder während der Beschleunigung und des Bremsens zu vermeiden und auch um Instabilität während des Kurvenfahrens zu verhindern. Er muss auch nachgiebig sein, das heißt, er sollte in der Lage sein, sich an die sich ständig ändernde Straßenoberfläche anzupassen. Dies bedeutet, dass lokale Verformungen sowie Straßenunebenheiten berücksichtigt werden sollten und dass er eine angemessene Flexibilität aufweisen muss, wenn er einen effektiven Teil des Federungssystems spielen soll. Obwohl die Biegung des Reifens nützlich ist, um diese Anforderungen zu erfüllen, tragen die resultierenden Hystereseverluste erheblich zum gesamten Rollwiderstand des Fahrzeugs wie oben beschrieben bei.

1.4.1 Reifenkonstruktion

Es gibt zwei Arten der Reifenkonstruktion: Radialreifen und Diagonalreifen. Diese unterschiedlichen Konstruktionen sind in Abb. 1.10 dargestellt. Die am häufigsten auf Straßenfahrzeugen zu findende Variante sind Radialreifen. Der Hauptvorteil von Radialreifen besteht darin, dass die Seitenwände flexibler sind und somit mehr Lauffläche während des Kurvenfahrens in Kontakt mit der Straße bleibt. Dies wird in Abb. 1.11 demonstriert. Abb. 1.12 zeigt die allgemeine Konstruktion eines Radialreifens im Detail.

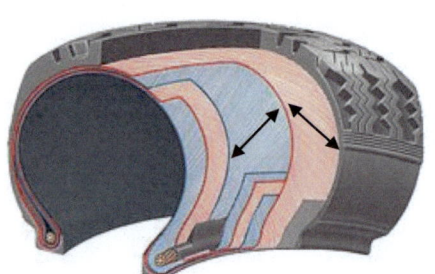 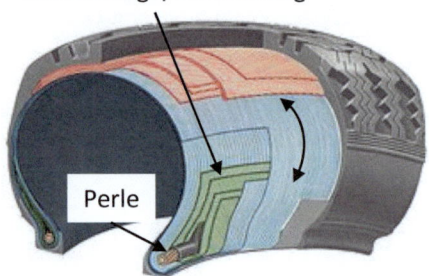

Querlage – Die Karkassenlagen sind in einem Winkel von 100° zueinander und 40° zur Reifenmittellinie angeordnet.

Radiallage – Körperlage, die radial in einem Winkel von 90° zum Wulst angeordnet ist und über der sich mehrere Gürtellagen in unterschiedlichen Winkeln im Scheitelbereich befinden.

Abb. 1.10 Arten der Reifenkonstruktion: Diagonalreifen (links) und Radialreifen (rechts). (Quelle: https://upload.wikimedia.org/wikipedia/commons/1/19/Pirelli_Cinturato_Tire_cutaway.jpg)

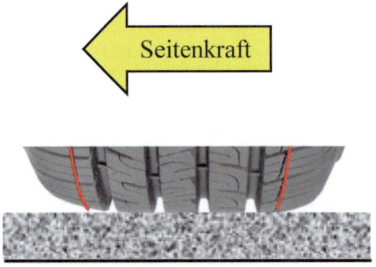 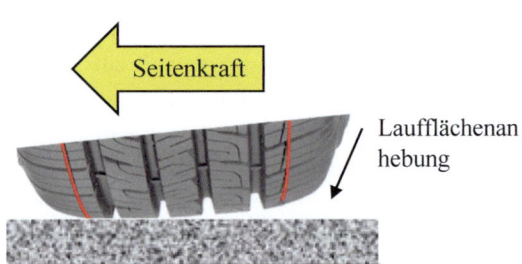

Radialer Lagenreifen.
Die Reifenwände biegen sich, damit die Lauffläche in Kontakt mit der Straße bleibt

Reifen mit Diagonalkarkasse.
Die Reifenwände sind oft zu steif, wodurch sich die Lauffläche anhebt und den Kontakt zur Straße verliert

Abb. 1.11 Vergleich der Kontaktfläche zwischen Radial- und Diagonalreifen während des Kurvenfahrens. (Quelle: https://i.stack.imgur.com/SFLKl.png)

Vorteile von Radialreifen gegenüber Diagonalreifen:

- Längere Lebensdauer der Lauffläche: Verstärkte Verstrebungen unter der Lauffläche reduzieren die Laufflächenverformung („Squirm") im Kontaktbereich.
- Kühlerer Lauf: dünnere Seitenwände und weniger Reibung zwischen den Lagen. Läuft 20 °C bis 30 °C kühler als Diagonalreifen aufgrund geringerer Laufflächenverformung.

1.4 Reifeneigenschaften und Leistung

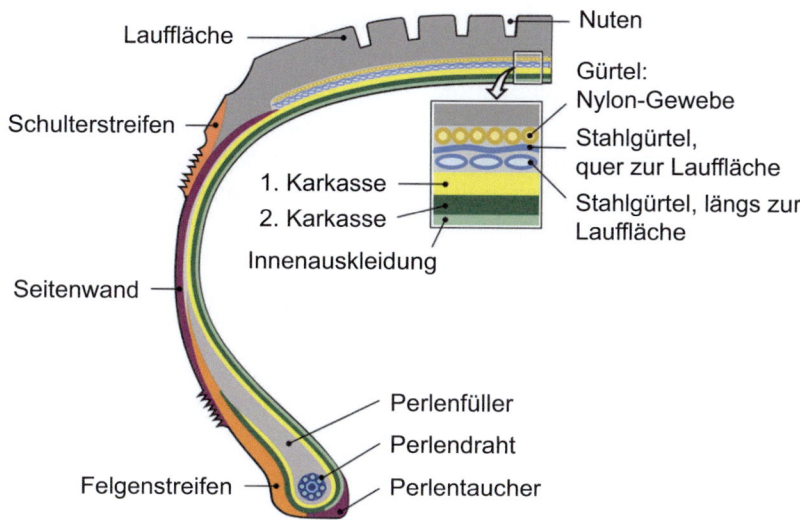

Abb. 1.12 Radialreifen-Konstruktion. (Quelle: https://upload.wikimedia.org/wikipedia/commons/thumb/4/4c/Radial_Tire_%28Structure%29.svg/1024px-Radial_Tire_%28Structure%29.svg.png)

- Geringerer Rollwiderstand: geringere Hystereseverluste aufgrund geringerer Laufflächenverformung infolge flexibler Seitenwände.
- Erhöhter Komfort: Flexible Seitenwände sind nachgiebiger bei Straßenunebenheiten und absorbieren diese besser. Weniger übertragene Vibrationen – leiser.
- Erhöhte Schlagfestigkeit: Die arbeitenden (verstärkenden) Lagen unter der Lauffläche (siehe Abb. 1.10) schützen die Innenauskleidung besser. Die längeren Kordeln sind besser positioniert, um Aufprallbelastungen (Deformationsenergie) durch Stöße zu absorbieren.
- Höhere Durchstoßfestigkeit: Die arbeitenden Gürtel widerstehen besser dem Eindringen von Straßenschmutz.
- Überlegenes Handling: Eine größere Aufstandsfläche bleibt während des Kurvenfahrens in Kontakt mit der Straße (siehe Abb. 1.11). Aufgrund der Seitenwandverformung ist der Reifenschlupfwinkel geringer als bei Diagonalreifen, sodass das Fahrzeug der beabsichtigten Lenkung besser folgen kann.
- Bessere Nasshaftung: Stahlgürtel versteifen die Lauffläche, sodass sie sich nicht so stark verformt wie bei Diagonalreifen, was zu einer besseren Verdrängung von Regenwasser führt.
- Niedrigere Betriebskosten aufgrund geringerer Laufflächenabnutzung und geringeren Rollwiderstands.
- Reduzierte Seitenwandschäden, da die Seitenwände widerstandsfähiger (nachgiebiger) gegenüber seitlichen Einwirkungen wie dem Anstoßen an Bordsteinkanten sind.

Nachteile von Radialreifen gegenüber Diagonalreifen:

- Schlechteres Transporthandling, da die geringe seitliche Steifigkeit dazu führt, dass das Reifenschwanken mit zunehmender Geschwindigkeit des Fahrzeugs zunimmt.
- Erhöhte Anfälligkeit für Missbrauch bei Überlastung oder Unterdruck. Die Seitenwand neigt dazu, sich zu wölben, was zu Schäden und Durchstichen führen kann.

1.4.2 Reifenbezeichnung

Die Reifenbezeichnungs-/Klassifizierungsinformationen sind um den Felgenrand des Reifens herum eingeprägt, typischerweise wie in Abb. 1.13 gezeigt. Betrachten Sie zum Beispiel die Bezeichnung 215/65R15 95 H: 95: Lastindex

215 gibt die Breite des Reifens in Millimetern an.
65 gibt das Verhältnis der Reifenwandhöhe zur Reifenbreite an − in diesem Fall beträgt die Wandhöhe 0,65 x 215 = 139,75 mm.
R Code für Radialreifen.
15 Felgendurchmesser in Zoll.

Abb. 1.13 Reifenbezeichnung. (Quelle:https://upload.wikimedia.org/wikipedia/commons/thumb/b/be/Tire_code_-_en.svg/288px-Tire_code_-_en.svg.png)

1.4 Reifeneigenschaften und Leistung

– reicht von 69 bis 100. Die Tragfähigkeit hängt vom Lastindex und dem Reifendruck ab. Zum Beispiel ergibt ein Lastindex von 95 bei 2,9 bar Druck eine Tragfähigkeit von 690 kg. Tabellen werden bereitgestellt, die solche Informationen liefern.

H Geschwindigkeitssymbol. Tabellen für den Geschwindigkeitsindex werden bereitgestellt (z. B. könnte H 210 km/h bedeuten).

Der unbelastete Reifendurchmesser D entspricht dem Felgendurchmesser plus zweimal die Reifenwandhöhe. Somit ergibt sich im obigen Fall:

$$D = (15 \times 25{,}4) + 2(0{,}65 \times 215) = 660{,}5 \text{ mm}.$$

Hinweis:

(1) Der effektive Rollradius des Reifens wird aufgrund der Verformungen des Reifens unter den normalen Radlasten geringer sein, als der unbelastete Durchmesser vermuten lässt.
(2) Das hohe Gewicht der Lauffläche, kombiniert mit den Stützgürteln und der flexiblen Reifenwand, kann dazu führen, dass der Reifendurchmesser bei höheren Geschwindigkeiten zunimmt. Dies kann dazu führen, dass das Fahrzeug etwas schneller fährt als theoretisch vorhergesagt – typischerweise etwa 6 %.

1.4.3 Der Reibungskreis

Die für Beschleunigung, Bremsen und Kurvenfahrt notwendige Reifen/Straßen-Kraft ist das Produkt des Reifen/Straßen-Haftungskoeffizienten μ und der Normalkraft auf den Reifen N. Die Normalkraft auf den Reifen sollte alle Lastübertragungseffekte und aerodynamischen Kräfte einschließen. Unter normalen Betriebsbedingungen muss diese Kraft ausreichen, um eine Kombination aus Bremsen und Kurvenfahrt oder Beschleunigung und Kurvenfahrt zu bewältigen, was zu einem sicheren Betriebsbereich führt, der als „Reibungskreis" bezeichnet wird, wie in den Abb. 1.14 und 1.15 dargestellt. In Wirklichkeit ist der Reibungskreis eher elliptisch als kreisförmig, da die Seitenkraft durch die nichtlineare Kurvenkraft/Reifenlast-Charakteristik des Reifens bei unterschiedlichen Schlupfwinkeln beeinflusst wird. Im Allgemeinen liefert der Reibungskreis eine erste Schätzung der verfügbaren Reifen/Straßen-Haftung.

Der Durchmesser des Reibungskreises wird durch das Produkt der gesamten Vertikallast (N) und des Reifen/Straßen-Haftungskoeffizienten (μ) bestimmt. Dieser Durchmesser stellt die Grenze der Reifenhaftung dar, bevor es zu einem groben Rutschen/Drehen/Blockieren des Rades kommt. Aus Abb. 1.15 ergibt sich die resultierende Horizontalkraft, die an der Schnittstelle wirkt, wie folgt:

$$R = \sqrt{F_x^2 + F_y^2} \tag{1.9}$$

Abb. 1.14 Der Reibungskreis

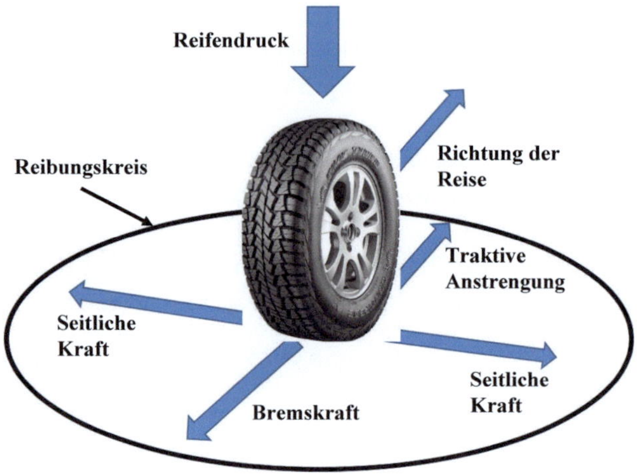

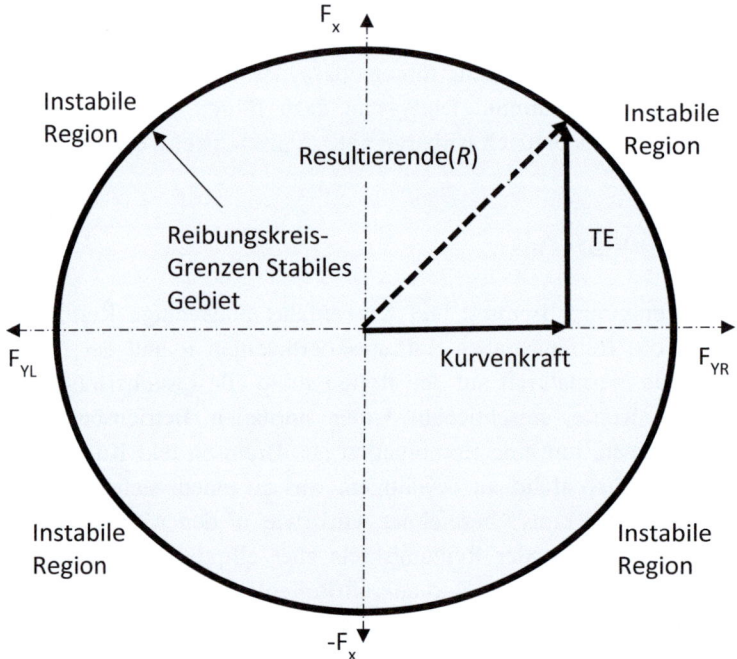

Abb. 1.15 Die resultierende Kraft R berechnet aus dem Reibungskreis

wobei:

F_x Zugkraft (+) oder Bremskraft (−)
F_y Kurvenkraft (kann Seitenwindkräfte einschließen)
R Resultierende Kraft (sollte $\mu\,N$ für Stabilität nicht überschreiten).

1.4 Reifeneigenschaften und Leistung

Wenn eine Kombination aus Längs- und Seitenkraft (die eine resultierende Kraft R ergibt) μN überschreitet, wird der Reifen rutschen oder drehen. Der minimale Reifen/Straßen-Haftungskoeffizient (μ), um ein grobes Reifenrutschen zu vermeiden, wird für eine bestimmte resultierende Kraft wie folgt angegeben:

$$\mu = \frac{R}{N} \quad (1.10)$$

1.4.4 Verfügbare Begrenzung der Reibungskraft

Die Traktions- und Bremskräfte, die an der Kontaktfläche zwischen Reifen und Straße erzeugt werden, sind das Ergebnis kleiner Schlupfmengen. Beim Bremsen bedeutet dies physikalisch, dass die tatsächliche Vorwärtsgeschwindigkeit des Rades größer ist als die Vorwärtsgeschwindigkeit des Rades, wenn es bei gleicher Drehzahl frei rollen würde. Der Längsschlupf s beim Bremsen wird definiert als:

$$s = \frac{v - \omega r}{v} \quad (1.11)$$

wobei:

v Vorwärtsgeschwindigkeit des Rades
r Abrollradius des Reifens
ω Drehzahl des Rades

Schlupf wird oft als Prozentsatz definiert:

$$s(\%) = \left(\frac{v - \omega r}{v}\right) \times 100\,\% \quad (1.12)$$

Somit reicht der Schlupf von 0 %, wenn das Rad frei rollt, bis zu 100 %, wenn das Rad blockiert, aber noch rutscht. Typische Kurven der Beziehung zwischen Bremskoeffizient und Radschlupf sind in Abb. 1.16 für zwei verschiedene Bedingungen derselben Straßenoberfläche dargestellt. Es ist zu sehen, dass der maximale Haftreibungskoeffizient bei einem Schlupf von etwa 10 % auftritt. Der Koeffizient für blockiertes Radrutschen (100 % Schlupf) ist jedoch viel niedriger, was die Situation darstellt, die am häufigsten mit Panikbremsen verbunden wird. Die öffentliche Wahrnehmung dieser Gefahr hat abgenommen, da Antiblockiersysteme (ABS) mittlerweile Standard sind (siehe Kap. 2).

Junge Ingenieure verwechseln oft Rollwiderstandskräfte, die immer vorhanden sind, sobald sich das Fahrzeug bewegt (wie in Abschn. 1.3.2.3 besprochen, und die verfügbaren Haftkräfte während der Beschleunigung oder des Bremsens, wie im aktuellen Abschnitt dargestellt. Die beiden Kraftsätze unterscheiden sich jedoch um eine Größenordnung, typische Werte sind:

Rollwiderstandskoeffizient = 0,012–0,015

Grenzwert des Haftungskoeffizienten zwischen Reifen und Straße (guter, trockener Straße) = 0,9

Abb. 1.16 Typische Kurven des Haftreibungskoeffizienten beim Bremsen gegen Radschlupf. (Quelle: http://i.stack.imgur.com/mbyPe.jpg)

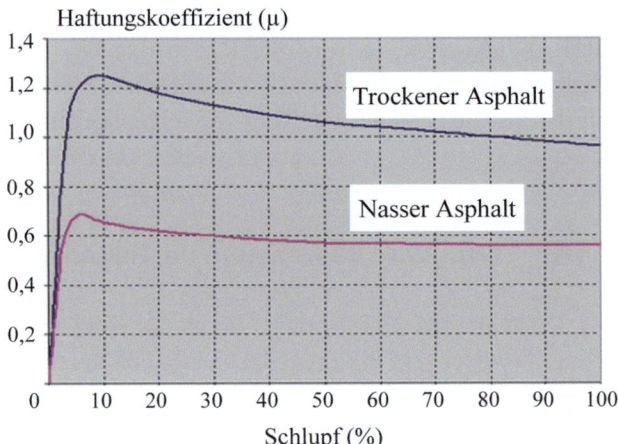

Die Leistung eines Fahrzeugs (Beschleunigung) basiert im Allgemeinen auf der verfügbaren Leistung (leistungsbegrenzte Beschleunigung). Daher bestimmt die Normalkraft an der Reifen/Straßen-Schnittstelle zusammen mit dem zugehörigen Haftreibungskoeffizienten, ob diese Leistung vollständig genutzt werden kann. Da die Normalkraft an der Reifen/Straßen-Schnittstelle von den Lastübertragungseffekten während der Beschleunigung (oder des Bremsens) abhängt, sind recht komplexe Berechnungen erforderlich, um die dynamischen Achs-/Radlasten zu bestimmen, wie in den folgenden Abschnitten beschrieben.

1.5 Effekte der starren Körperlastübertragung bei geradliniger Bewegung

1.5.1 Fahrzeug im Stillstand oder mit konstanter Geschwindigkeit auf abschüssigem Gelände

Der allgemeine Fall eines Fahrzeugs auf abschüssigem Gelände ist in Abb. 1.17 dargestellt. Wenn das Fahrzeug stillsteht oder sich mit konstanter Geschwindigkeit bewegt, können die Kräfte darauf mit den Gleichungen des statischen Gleichgewichts analysiert werden. Beachten Sie, dass bei der Herleitung der Bewegungsgleichungen automatisch angenommen wurde, dass das gesamte Fahrzeug als eine einzige konzentrierte Masse behandelt werden kann.

Beachten Sie, dass es zweckmäßig ist, das Achsensystem relativ zum abschüssigen Gelände zu definieren. Die Achslasten können nun durch Momentenbildung um jeden Punkt gefunden werden, z. B. den Kontaktpunkt des Hinterrads:

$$N_1(a+b) + Dc + mgh\sin\phi - mgb\cos\phi = 0 \tag{1.13}$$

1.5 Effekte der starren Körperlastübertragung bei geradliniger Bewegung

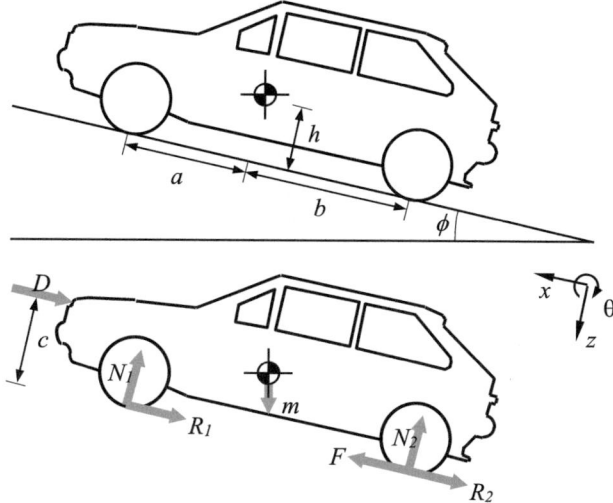

Abb. 1.17 Freikörperdiagramm eines Fahrzeugs auf einer Steigung bei konstanter Geschwindigkeit

Dies ermöglicht die Berechnung von N_1. Dann ergibt die Auflösung senkrecht zur Steigung N_2:

$$mg \cos \phi - N_1 - N_2 = 0 \qquad (1.14)$$

Wenn das Fahrzeug stillsteht, sind die aerodynamischen Widerstands- und Rollwiderstandskräfte nicht vorhanden. Die Kraft am Kontaktpunkt des Hinterrads, die durch das Anziehen der Feststellbremse entsteht, würde dann der Hangabtriebskomponente der Schwerkraft, $mg \sin\phi$, entsprechen, um das statische Gleichgewicht aufrechtzuerhalten.

1.5.2 Fahrzeug beschleunigt/verzögert auf ebener Fläche

Die Analyse der auf das Fahrzeug wirkenden Kräfte während der Beschleunigung oder Verzögerung ist etwas subtiler, als es zunächst erscheint. Tatsächlich kann sie auf zwei Arten angegangen werden: entweder mit der Newtonschen Dynamik oder mit dem D'Alembert-Ansatz.

Der in Abschn. 1.1 beschriebene Newtonsche Ansatz ist die bevorzugte Methode zur Lösung von Dynamikproblemen. Beachten Sie, dass, wenn der analysierte Körper nicht beschleunigt oder verzögert, die $m\ddot{x}$- oder $I\ddot{\theta}$-Terme null sind und die Gleichungen automatisch auf die Gleichgewichtsgleichungen für statische Analysen reduziert werden.

Eine alternative Technik ist der D'Alembert-Ansatz. Es gibt Gelegenheiten, bei denen dieser Vorteile hat, aber es ist entscheidend, die Unterschiede zwischen den beiden Ansätzen zu verstehen. Das D'Alembert-Prinzip ermöglicht es, Dynamikprobleme als statische Probleme zu behandeln. Es beruht darauf, imaginäre Kräfte – häufig als *Trägheitskräfte* bezeichnet – zum Freikörperdiagramm hinzuzufügen und den Körper dann so zu behandeln, als ob er sich im statischen Gleichgewicht befände. Diese imaginären Kräfte sind „Masse mal Beschleunigung" ($m\ddot{x}$)-Terme; sie haben die Einheiten von Kraft, sind aber keine tatsächlichen Kräfte und daher grundlegend verschieden von den extern angewendeten Kräften. Daher können sie als Pseudokräfte bezeichnet werden.

Es ist absolut entscheidend, zu entscheiden, welche Methode verwendet wird, bevor ein Dynamikproblem angegangen wird. Verwirrung zwischen den beiden Methoden ist eine häufige Fehlerquelle; eine berüchtigte Falle ist es, „Trägheitskräfte" auf ein Freikörperdiagramm zu setzen und dann Newtons Gesetze anzuwenden. Dies ist bis zu einem gewissen Grad verständlich, wenn Begriffe wie *Zentrifugalkraft* in den allgemeinen Sprachgebrauch übergegangen sind, obwohl es sich dabei überhaupt nicht um eine Kraft handelt, sondern um einen der „Masse x Beschleunigung"-Terme von D'Alembert.

Es wird empfohlen, dass Studenten sich an den direkten Ansatz unter Verwendung der Newtonschen Bewegungsgesetze halten. Es gibt besondere Situationen, in denen das D'Alembert-Prinzip hilfreich sein kann, aber für die Mehrheit der Probleme bietet es wenige Vorteile. Beide Ansätze werden jedoch unten vorgestellt.

1.5.2.1 Newtonscher Ansatz

Das Freikörperdiagramm für ein Fahrzeug, das auf ebener Fläche beschleunigt, ist in Abb. 1.18 dargestellt.

N_1 und N_2 sind die Schnittstellenlasten zwischen Reifen und Straße.
F ist die Zugkraft (TE), die an der Reifen-Straßen-Schnittstelle verfügbar ist.
R_1 und R_2 sind die Rollwiderstände an jeder Achse.
D ist der Luftwiderstand.
mg ist das Fahrzeuggewicht, das durch seinen Schwerpunkt wirkt.

Anwendung der Starrkörpergesetze für den Fahrzeugschwerpunkt:

$$\sum F_x = m\ddot{x} \tag{1.15}$$

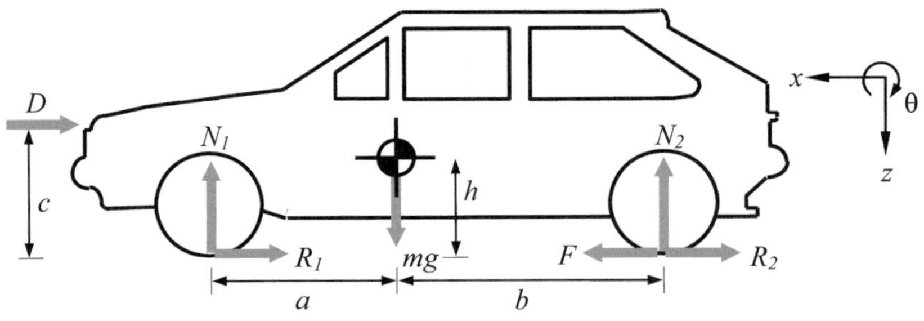

Fig. 1.18 Freikörperdiagramm eines Heckantriebsfahrzeugs in Bewegung

1.5 Effekte der starren Körperlastübertragung bei geradliniger Bewegung

$$\sum F_z = m\ddot{z} = 0 \text{ bis } \ddot{z} \text{ ist null} \tag{1.16}$$

$$\sum M_G = I_G \ddot{\theta} = 0 \text{ bis } \ddot{\theta} \text{ ist null,} \tag{1.17}$$

wobei I_G der Trägheitsmoment um den Schwerpunkt ist.

Gl. (1.15) ergibt:

$$F - D - R_R = m\ddot{x} \tag{1.18}$$

Somit ergibt die Zugkraft abzüglich jeglichen Widerstands gegen die Bewegung die Kraft, die zur Beschleunigung des Fahrzeugs zur Verfügung steht.

Gl. (1.16) ergibt wie zuvor:

$$mg - N_1 - N_2 = 0 \tag{1.19}$$

Das heißt, auf einer ebenen Straße muss die gesamte Reifen-Straßen-Normalkraft dem Fahrzeuggewicht entsprechen.

Wenn Momente um den Schwerpunkt genommen werden, ergibt Gl. (1.17):

$$N_1 a - R_1 h + D(c - h) + Fh - N_2 b - R_2 h = 0 \tag{1.20}$$

Numerische Probleme, die normalerweise die Berechnung der Achslasten bei Beschleunigung und Bremsen betreffen, können aus einer Kombination dieser simultanen Gleichungen gelöst werden. Die Achslaständerungen, d. h. eine Verschiebung der Last auf die Hinterräder während der Beschleunigung und auf die Vorderräder während des Bremsens, werden als *Last- (oder Gewichts-)Übertragungseffekte* bezeichnet. Die Verwendung des Begriffs „*Gewichtsübertragung*" wird nicht empfohlen, da sich das tatsächliche Gewicht (d. h. *mg*) des Fahrzeugs nicht ändert, auch nicht der Schwerpunkt, aber die Achslasten variieren je nach Beschleunigungs-/Verzögerungsgrad.

Das Einsetzen von N_2 und F in Gl. (1.20) ergibt:

$$N_1 a - R_1 h + D(c - h) + (m\ddot{x} + D + R_R)h - (mg - N_1)b - R_2 h = 0 \tag{1.21}$$

Aber $R_1 + R_2 = R_R$ und Gl. (1.21) vereinfachen sich dann zu:

$$m\ddot{x}h + N_1(a + b) - mgb + Dc = 0 \tag{1.22}$$

Das ergibt:

$$N_1 = \frac{mgb - Dc - m\ddot{x}h}{(a + b)} \tag{1.23}$$

Und daher:

$$N_2 = \frac{mga + Dc + m\ddot{x}h}{(a + b)} \tag{1.24}$$

Es ist zu bemerken, dass die $m\ddot{x}h$- und Dc-Begriffe für die Hinterachse positiv und für die Vorderachse negativ sind. Diese Begriffe stellen den Lastübertragungseffekt dar.

1.5.2.2 D'Alemberts Ansatz

Die Pseudokraft oder D'Alembert-Kraft ($m\ddot{x}$) wird dem Freikörperdiagramm hinzugefügt, wie in Abb. 1.19 gezeigt, und dann kann das Problem so behandelt werden, als ob es ein statisches und kein dynamisches Problem wäre.

Die statischen Gleichgewichtsgleichungen können nun angewendet werden:

$$\sum F_x = 0 \quad (1.25)$$

$$\sum F_y = 0 \quad (1.26)$$

$$\sum M = 0 \quad (1.27)$$

Die Momentengleichung kann an jedem Punkt angewendet werden, da der gesamte Körper nun so behandelt wird, als ob er sich im Gleichgewicht befände. Beachten Sie, dass dies beim Newtonschen Ansatz nicht der Fall ist, bei dem die Momentengleichung nur um den Schwerpunkt oder einen festen Punkt auf dem Boden angewendet werden kann, um den der Körper zur Rotation gezwungen ist (z. B. am Drehpunkt eines Gelenks).

Diese Freiheit, Momente um jeden Punkt zu nehmen, bietet tatsächlich einen kleinen Vorteil bei der Lösung dieses speziellen Problems. Beachten Sie, dass beim Newtonschen Ansatz drei simultane Gleichungen (Gl. 1.22–1.24) gelöst werden müssen, um die Achslasten N_1 und N_2 zu erhalten. Mit dem D'Alembert-Ansatz können diese direkt erhalten werden, indem man beispielsweise Momente um das Vorderrad nimmt:

$$m\ddot{x}h + mga - N_2(a+b) + Dc = 0 \quad (1.28)$$

Daraus folgt:

$$N_2 = \frac{mga + Dc + m\ddot{x}h}{(a+b)} \quad (1.29)$$

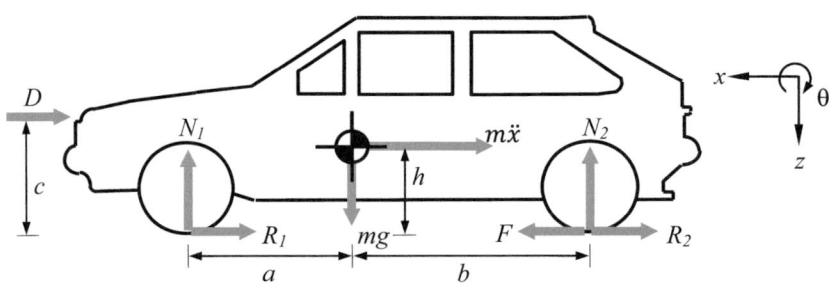

Abb. 1.19 Freikörperdiagramm für den D'Alembert-Ansatz (Hinterradantrieb)

1.5 Effekte der starren Körperlastübertragung bei geradliniger Bewegung

Momente um das Hinterrad zu nehmen, ergibt:

$$N_1(a+b) + m\ddot{x}h - mgb + Dc = 0 \qquad (1.30)$$

Daraus folgt:

$$N_1 = \frac{mgb - Dc - m\ddot{x}h}{(a+b)} \qquad (1.31)$$

Daher hat der D'Alembert-Ansatz für dieses spezielle Problem des beschleunigenden Autos auf einer ebenen Fläche den Vorteil, schneller und effizienter zu sein, um numerische Lösungen zu erhalten. Das Hauptanliegen ist, dass die Richtung der Pseudokraft bekannt sein muss. Wenn diese Kraft falsch angewendet wird, sind die Berechnungen irreführend.

1.5.3 Hinterrad-, Vorderrad- und Allradantriebsfahrzeuge

Obwohl die Leistung eines Fahrzeugs möglicherweise nicht durch die Leistung begrenzt ist, kann sie durch die Zugkraft begrenzt sein, die ein Fahrzeug entwickeln kann, bevor es zu einem Radschlupf kommt. Das ist das maximale Übertragungsdrehmoment, das der Antriebsstrang zwischen Reifen und Boden nützlich übertragen kann, was direkt mit der Reifen/Boden-Schnittstellenlast und dem Reifen/Boden-Schnittstellenhaftungskoeffizienten zusammenhängt. Da gezeigt wurde, dass der Lastübertragungseffekt die Reifen/Boden-Schnittstellenlast während der Beschleunigung (oder des Bremsens) variieren lässt, kann die zusätzliche Komplikation eines Wohnwagens oder Anhängers die Wahl des Antriebs für das Fahrzeug beeinflussen (siehe Abschn. 1.5.4).

Im Allgemeinen haben wir:

$$F = \mu_i N_i \qquad (1.32)$$

wobei F die Zugkraftanforderung ist und N_i die Normallast auf der i'ten Achse.

Umstellen ergibt die sogenannte Reibungsanforderung oder den erforderlichen Haftreibungskoeffizienten μ_i, um ein Durchdrehen der Räder auf dieser Achse zu vermeiden:

$$\mu_i = \frac{F}{N_i} \qquad (1.33)$$

1.5.3.1 Hinterradantrieb (siehe Abb. 1.19)

Aus Gl. (1.31):

$$N_2 = \frac{mga + Dc + m\ddot{x}h}{(a+b)}$$

Mit Gl. (1.33) ergibt sich die Reibungsanforderung an den Hinterrädern:

$$\mu_r = \frac{F(a+b)}{mga + Dc + m\ddot{x}h} \qquad (1.34)$$

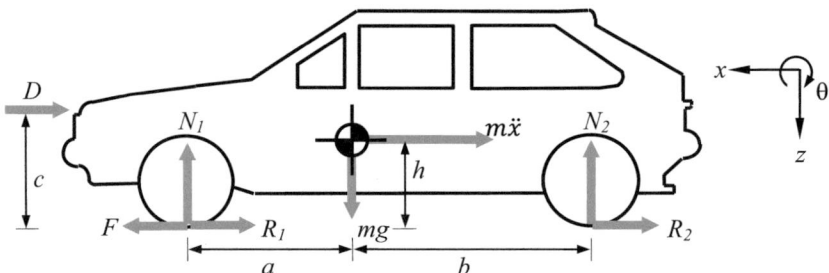

Abb. 1.20 Allgemeines Freikörperdiagramm für Vorderradantrieb (D'Alembert-Ansatz)

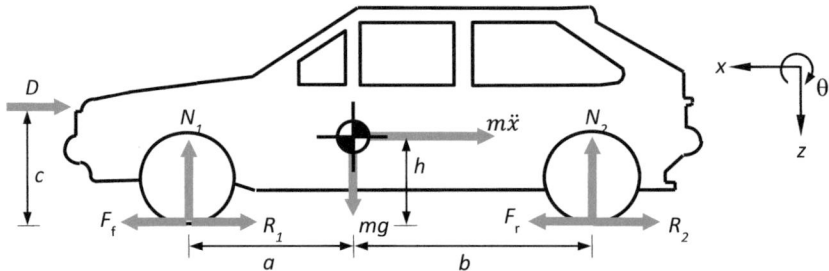

Abb. 1.21 Allgemeines Freikörperdiagramm für Allradantrieb (D'Alembert-Ansatz)

1.5.3.2 Vorderradantrieb (siehe Abb. 1.20)
Aus Gl. (1.31):

$$N_1 = \frac{mgb - Dc - m\ddot{x}h}{(a+b)}$$

Gl. (1.33) ergibt dann die Reibungsanforderung an den Vorderrädern:

$$\mu_f = \frac{F(a+b)}{mgb - Dc - m\ddot{x}h} \tag{1.35}$$

1.5.3.3 Allradfahrzeug (siehe Abb. 1.21)
Nun werden alle Räder angetrieben, daher:

$$F = F_f + F_r = \mu_{all}(N_1 + N_2)$$

wobei μ_{all} die Reibungsanforderung an allen vier Rädern ist.
Daher:

$$F = \mu_{all}\left\{\left(\frac{mgb - Dc - m\ddot{x}h}{(a+b)}\right) + \left(\frac{mga + Dc + m\ddot{x}h}{(a+b)}\right)\right\}$$

1.5 Effekte der starren Körperlastübertragung bei geradliniger Bewegung

Die Vereinfachung ergibt:

$$F = \mu_{all}\left(\frac{mg(a+b)}{(a+b)}\right) = \mu_{all}mg$$

Daher:

$$\mu_{all} = \frac{F}{mg} \tag{1.36}$$

Somit wird die Leistung des Frontantriebs durch die Achslast auf den Vorderrädern begrenzt, die effektiv abnimmt, wenn die Fahrzeugbeschleunigung zunimmt. Die Leistung des Heckantriebs wird durch die Achslast auf den Hinterrädern begrenzt, die effektiv zunimmt, wenn die Fahrzeugbeschleunigung zunimmt. Beim Allradantrieb wird angenommen, dass das volle Gewicht des Fahrzeugs genutzt werden kann und der Gewichtstransfereffekt keine Rolle bei der Leistung eines Fahrzeugs spielt. In der Praxis wird das Verteilergetriebe eines Allradfahrzeugs normalerweise so ausgelegt, dass das Übertragungsdrehmoment zwischen Vorder- und Hinterachse proportional zu den erwarteten Achslasten des Fahrzeugs aufgeteilt wird, sodass das volle Fahrzeuggewicht genutzt werden kann. Wenn dieses „Gleichgewicht" nicht aufrechterhalten wird, möglicherweise aufgrund des Anbaus eines Anhängers, kann das volle Gewicht des Fahrzeugs nicht genutzt werden und die Traktionsgrenze wird durch die Achslast bestimmt, die am weitesten unter der Konstruktionslast für den Reifen/Straßenhaftungskoeffizienten für diese bestimmte Straßenoberfläche liegt. Moderne Allradfahrzeuge verwenden jedoch ein Traktionskontrollsystem, um das Drehmoment unter allen Bedingungen am effektivsten zu verteilen.

1.5.4 Wohnwagen und Anhänger

Abb. 1.22 zeigt, dass es zwei zusätzliche Kräfte gibt, wenn ein Wohnwagen oder Anhänger an ein Fahrzeug angekoppelt wird: die Längskraft (T), bekannt als Zugkraft, die unter statischen Bedingungen null ist, und die vertikale Stützlast (N_2). Das Auto hat nun vier Unbekannte und der Wohnwagen (Anhänger) drei Unbekannte. Unter normalen Bedingungen wird die vertikale Stützlast positiv (nach unten) auf das Fahrzeug und negativ (nach oben) auf den Anhänger wirken. Auch während der Beschleunigung wird die Zugkraft negativ (nach hinten) auf das Fahrzeug und positiv (nach vorne) auf den Anhänger wirken.

Ein einachsiger Anhänger wird normalerweise die Hinterachslast unter statischen Bedingungen erhöhen. Während der Beschleunigung wird diese Stützlast abnehmen, wenn ausreichend hohe Beschleunigungen auftreten. In Kombination mit einer schlechten Anhängerverteilung kann diese Stützlast tatsächlich negativ werden, was zu einer Verringerung der Hinterachslast und einer effektiven Erhöhung der Vorderachslast führt. In einer dynamischen Situation, wenn die Kombination in Bewegung ist, können auch die

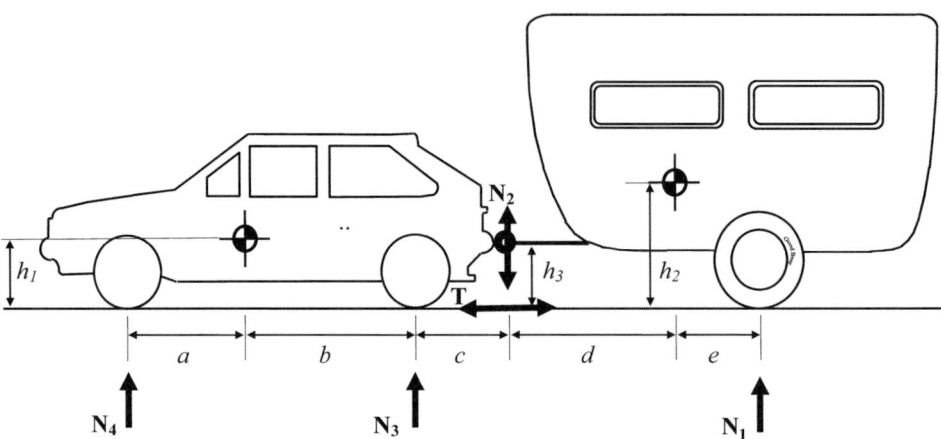

Abb. 1.22 Allgemeine Lasten auf einer Auto-Wohnwagen-Kombination

aerodynamischen Widerstandskräfte eine wichtige Rolle spielen, und dann wird die Anhängerhöhe die Stützlasten und anschließend auch die Achslasten beeinflussen.

Beispiel 1.3 Mit Bezug auf Abb. 1.22 betrachten Sie eine Auto-Wohnwagen-Kombination mit den folgenden Daten:
  Berechnen Sie Folgendes:

Autogewicht, m_1	1425 kg
Wohnwagengewicht, m_2	1191 kg
Abstände	
a	1318 m
b	1344 m
c	1100 m
d	2959 m
e	0,230 m
h_1	0,6 m
h_2	0,9 m
h_3	0,5 m

(a) die statischen Achslasten auf ebenem Boden,
(b) die Stützlasten, wenn die Kombination mit 2 m/s² bei niedriger Vorwärtsgeschwindigkeit (sodass aerodynamische Kräfte vernachlässigt werden können) und einem Rollwiderstandskoeffizienten von 0,012 beschleunigt.

1.5 Effekte der starren Körperlastübertragung bei geradliniger Bewegung

(a) Statische Lasten auf ebenem Boden

Unter statischen Bedingungen sind sowohl die Beschleunigung ($\ddot{x}$) als auch $T = 0$.

Wie zuvor haben wir drei Bewegungsgleichungen zu lösen, wie in den Gl. (1.15–1.17) definiert.

Betrachten Sie zunächst nur den Wohnwagen (siehe Abb. 1.23), da das Auto zu viele Unbekannte hat, um gelöst zu werden.

Momente um den Reifenaufstandspunkt nur für den Wohnwagen nehmen:

$$N_2(d + e) = m_2 g \times e$$

Das ergibt:

$$N_2 = \frac{1191 \times 9{,}81 \times 0{,}230}{(2{,}959 + 0{,}23)} = \mathbf{843\,N}$$

Vertikal auflösen:

$$m_2 g = N_1 + N_2$$

Das ergibt:

$$N_1 = (1191 \times 9{,}81) - 843 = \mathbf{10{,}841\,N}$$

Betrachten Sie als Nächstes nur das Auto, da die vertikale Anhängelast jetzt bekannt ist (wie in Abb. 1.24 vertikal auflösen):

$$\sum F_z = m\ddot{z} = 0$$
$$m_1 g + N_2 = (N_3 + N_4)$$
$$1425 \times 9{,}81 + 843 = 14822 = N_3 + N_4$$

Momente um den Vorderreifenaufstandspunkt nehmen:

$$N_3(a + b) = m_1 g a + N_2(a + b + c)$$

Also:

$$N_3(1318 + 1344) = (13979 \times 1318) + 843(1{,}318 + 1344 + 1100)$$

Das ergibt:

$$N_3 = \mathbf{8111\,N}$$

Und daher:

$$N_4 = 14822 - 8111\,\text{N} = \mathbf{6711\,N}$$

(b) **Dynamische Lasten unter folgenden Bedingungen:**

Beschleunigung = 2 m/s²

Rollwiderstandskoeffizient = 0,012

Niedrige Geschwindigkeit, daher Luftwiderstand = 0.

<u>Betrachten Sie zuerst den Wohnwagen – da das Auto vier Unbekannte aufweist, während der Wohnwagen nur drei hat (siehe Abb. 1.25)</u>

Horizontal auflösen:
$$\Sigma F_x = m_2\ddot{x} = T - R_R = T - c_R N_1$$

Daher:
$$T = m_2\ddot{x} + c_R N_1$$

Vertikal auflösen:
$$m_2 g = N_1 + N_2$$

Daher:
$$N_2 = m_2 g - N_1$$

Momente um den Schwerpunkt (C.G.):
$$N_2 d + T(h_2 - h_3) = N_1 e + R_R h_2 = N_1 e + c_R N_1 h_2$$

Durch Einsetzen von T und N_2 ergibt sich:
$$(m_2 g - N_1)d + (m_2\ddot{x} + c_R N_1)(h_2 - h_3) = N_1 e + c_R N_1 h_2$$

Das reduziert sich zu:
$$N_1(e + d + c_R h_3) = m_2 g d + m_2\ddot{x}(h_2 - h_3)$$

Daher:
$$N_1 = \frac{m_2 g d + m_2\ddot{x}(h_2 - h_3)}{(e + d + c_R h_3)}$$

Parameter einsetzen:
$$N_1 = \frac{(1191 \times 9{,}81 \times 2959) + 1191 \times 2(0{,}9 - 0{,}5)}{(0{,}23 + 2959 + (0{,}012 \times 0{,}5))} = \mathbf{11119\,N}$$

1.5 Effekte der starren Körperlastübertragung bei geradliniger Bewegung

Beachten Sie, dass dies eine Zunahme gegenüber dem statischen Fall ist.

Wir haben:
$$N_2 = m_2 g - N_1 = (1191 \times 9{,}81) - 11119 = \mathbf{565\,N}$$

Beachten Sie, dass dies eine Reduktion gegenüber dem statischen Fall ist. Schließlich:
$$T = m_2 \ddot{x} + c_R N_1 = (1191 \times 2) + (0{,}012 \times 11119) = \mathbf{2525\,N}$$

Betrachten Sie nun nur das Auto (siehe Abb. 1.26)

Horizontale Auflösung:
$$\Sigma F_x = m_1 \ddot{x} = TE - T - R_R$$

Das ergibt:
$$TE = m_1 \ddot{x} + T + R_R$$

Vertikale Auflösung:
$$m_1 g + N_2 = N_3 + N_4$$

Das ergibt:
$$N_4 = m_1 g + N_2 - N_3$$

Momente um den Schwerpunkt:
$$N_4 a + N_2(b+c) + TE h_1 = N_3 b + R_R h_1 + T(h_1 - h_3)$$

Substitution für *TE* und N_4 und Vereinfachung ergeben:
$$(m_1 g + N_2 - N_3)a + N_2(b+c) + (m_1 \ddot{x} + T + R_R)h_1 = N_3 b + R_R h_1 + T(h_1 - h_3)$$

Umstellen ergibt:
$$N_3(a+b) = (m_1 g + N_2)a + N_2(b+c) + m_1 \ddot{x} h_1 + T h_3$$

Parameter substituieren:
$$N_3 = \frac{(1425 \times 9{,}81 + 565)1{,}318 + 565(1{,}344 + 1{,}100) + (1425 \times 2 \times 0{,}6) + (2525 \times 0{,}5)}{(1{,}318 + 1{,}344)}$$

Das ergibt:
$$N_3 = \mathbf{8836\,N}$$

Hinweis: Die Last ist größer als im statischen Fall.

Daher:
$$N_4 = (1425 \times 9{,}81) + 565 - 8836$$

$$\boldsymbol{N_4 = 5707\,N}$$

Und:
$$TE = m_1\ddot{x} + T + R_R = m_1\ddot{x} + T + c_R(N_3 + N_4)$$
$$TE = 1425 \times 2 + 2525 + 0{,}012(8836 + 5707)$$

Daher:
$$\boldsymbol{TE = 5550\,N}$$

<u>Zur Bestimmung, ob ein ausreichender Haftreibungskoeffizient für ein Auto mit</u> Hinterradantrieb vorhanden ist:
$$TE = \mu N_3$$

Daher:
$$\mu = \frac{TE}{N_3} = \frac{5550}{8836} = \boldsymbol{0{,}63}$$

Dieses Maß an Reibungsbedarf (Haftreibungskoeffizient) sollte unter den meisten Straßenbedingungen überschritten werden. Daher ist ein Auto mit Hinterradantrieb für diese Anwendung geeignet.

Es wird dem Leser empfohlen, das obige Beispiel mit dem Ansatz von D'Alembert zu wiederholen.

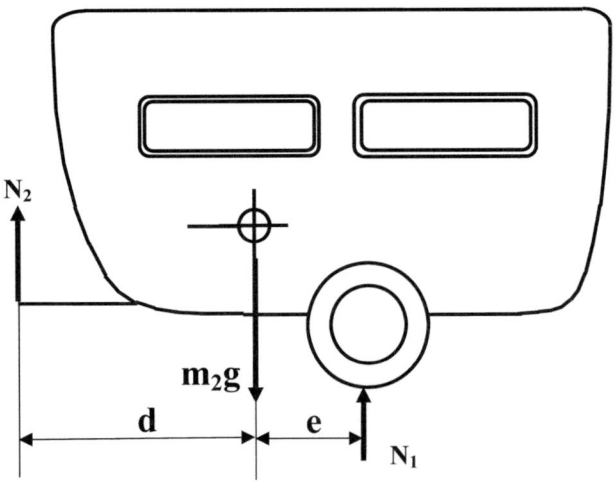

Abb. 1.23 Freikörperdiagramm nur für den Wohnwagen

1.6 Effekte der Lastverlagerung eines starren Körpers ...

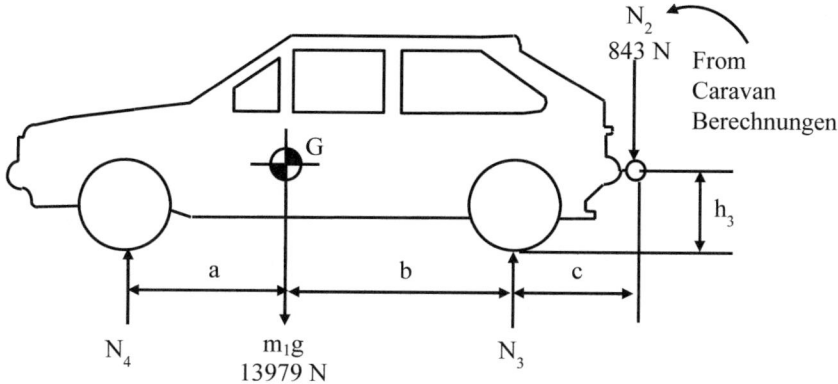

Abb. 1.24 Nur Auto mit Lastübertragung vom Wohnwagen

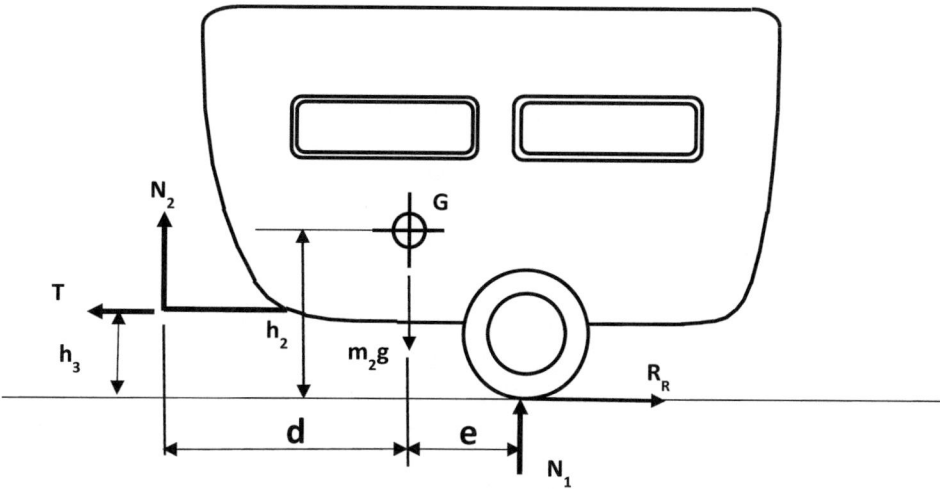

Abb. 1.25 Betrachtung der dynamischen Lasten auf dem Wohnwagen

1.6 Effekte der Lastverlagerung eines starren Körpers während des Kurvenfahrens

Es wurde gezeigt, dass der Längslastübertragungseffekt (LTE) aufgrund von Beschleunigung/Verzögerung wie folgt gegeben ist:

$$LTE_{\ddot{x}} = \pm \frac{m\ddot{x}h}{(a+b)},$$

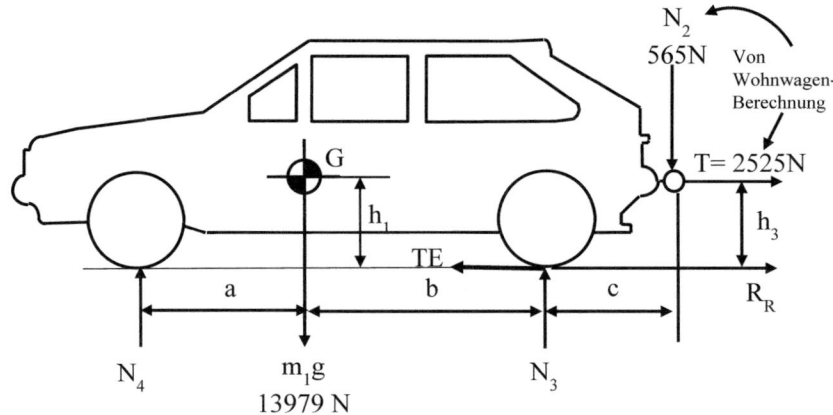

Abb. 1.26 Dynamische Lasten auf dem Auto mit einbezogenen Kräften vom Wohnwagen

und dass er aufgrund des Luftwiderstands wie folgt gegeben ist:

$$LTE_D = \pm \frac{Dc}{(a+b)}$$

Das positive Vorzeichen in den obigen Gleichungen bezieht sich auf die Hinterachse und das negative Vorzeichen auf die Vorderachse. Da der Schwerpunkt im Allgemeinen entlang der Mittelachse des Fahrzeugs liegt, kann der Längslastübertragungseffekt als gleich für jedes Rad einer Achse betrachtet werden.

Beim Kurvenfahren gibt es einen seitlichen Lastübertragungseffekt aufgrund der Kurvenkräfte (d. h. Zentrifugalkräfte). Dieser seitliche Lastübertragungseffekt neigt dazu, die Last auf den äußeren Rädern zu erhöhen und die Last auf den inneren Rädern zu verringern. Da der Schwerpunkt im Allgemeinen nicht zentral entlang der Längsachse des Fahrzeugs verschoben ist, muss der Kurvenlastübertragungseffekt auf die Vorder- und Hinterräder verteilt werden – siehe Abb. 1.27.

Wir haben:

$$\text{Zentrifugalkraft } (CF) = \frac{mv^2}{R} \quad (1.37)$$

wobei m die Fahrzeugmasse ist, v die Vorwärtsgeschwindigkeit des Fahrzeugs und R der Radius der Kurve ist.

Daher wird der seitliche Lastübertragungseffekt wie folgt angegeben:

$$LTE_{CF} = CF \frac{h}{T} \quad (1.38)$$

wobei h die Höhe des Schwerpunkts und T die Spurweite ist.

1.6 Effekte der Lastverlagerung eines starren Körpers …

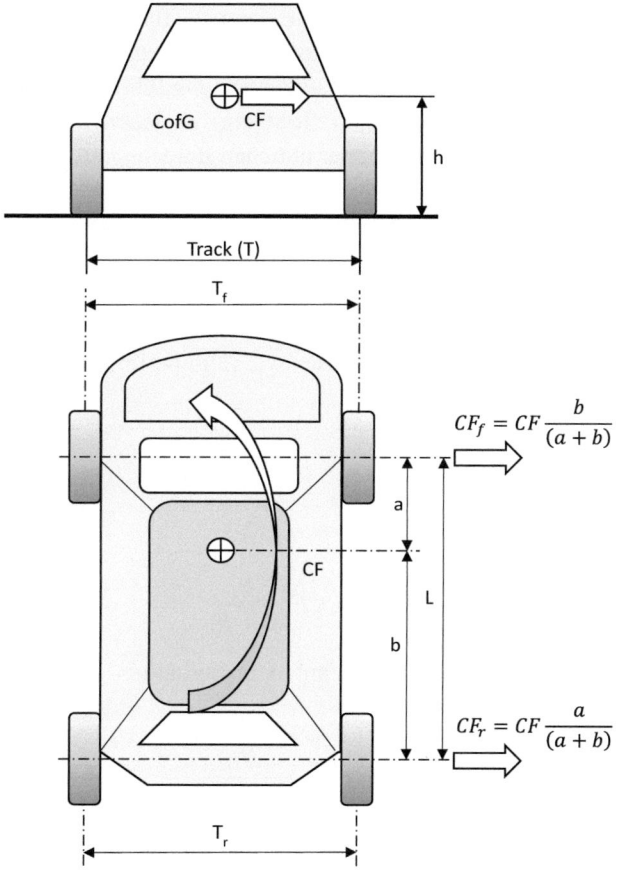

Abb. 1.27 Lastübertragungseffekte, die von Vorder- und Hinterachsen beim Kurvenfahren erfahren werden

Genauer gesagt, auf Vorder- und Hinterachsen verteilt:

$$LTE_f = CF_f \frac{h}{T_f} = CF \frac{b}{(a+b)} \times \frac{h}{T_f} \quad (1.39)$$

$$LTE_r = CF_r \frac{h}{T_r} = CF \frac{a}{(a+b)} \times \frac{h}{T_r} \quad (1.40)$$

Da der Schwerpunkt als zentral zwischen den Rädern verschoben angenommen wird und der Längs-LTE bereits auf Vorder- und Hinterachse verteilt wurde, werden die oben berechneten seitlichen LTEs der Vorder- und Hinterachse zum äußeren Rad addiert und vom inneren Rad abgezogen. Es ist nun möglich, die Last auf jedem Rad zu bestimmen.

Zum Beispiel sind die einzelnen Rad-LTE-Begriffe für ein Fahrzeug, das während einer Linkskurve bremst, in Tab. 1.3 dargestellt. Beachten Sie, dass die Summe aller einzelnen Lasten für jedes Rad zum Fahrzeuggewicht mg führt, so wie erwartet.

Die seitlichen Haftungsanforderungen (Reibung) an jedem Rad zu bestimmen, ist schwierig, folgt jedoch im Allgemeinen der üblichen Berechnung:

Seitlicher Kraftbedarf an der Schnittstelle Reifen/Fahrbahn$(F) = \mu N \quad oder \quad \mu = \dfrac{F}{N}$

Als Beispiel wird die Anforderung an die Reifen/Straßen-Schnittstelle an jedem Rad erstens bei gleichmäßiger Kurvenfahrt (ohne Bremsen oder Beschleunigen) und zweitens bei Kurvenfahrt mit Beschleunigung/Bremsen wie folgt bestimmt.

1.6.1 Stabile Kurvenfahrt

Verteilung der Zentrifugalkraft auf die Vorderachse:

$$CF_f = CF \frac{b}{(a+b)} \tag{1.41}$$

Verteilung CF_f auf jedes Rad basierend auf dem Verhältnis der individuellen Reifenbelastung zur Achslast:

$$CF_{fL} = CF_f \frac{N_{1L}}{(N_{1L} + N_{1R})} \tag{1.42}$$

wobei die Indizes f und 1 sich auf die Vorderräder beziehen, L auf das linke Rad und R auf das rechte Rad.

Tab. 1.3 Dynamische Reifenlasten auf jedem Rad bei kombiniertem Bremsen und Kurvenfahren

Vorderes linkes Rad	Last N_{1L}	Vorderes rechtes Rad	Last N_{1R}
Statisch	$+\frac{mg}{2}\left(\frac{b}{a+b}\right)$	Statisch	$+\frac{mg}{2}\left(\frac{b}{a+b}\right)$
Brems-LTE	$+\frac{m\ddot{x}h}{2(a+b)}$	Brems-LTE	$+\frac{m\ddot{x}h}{2(a+b)}$
Zug-LTE	$-\frac{Dc}{2(a+b)}$	Zug-LTE	$-\frac{Dc}{2(a+b)}$
Kurvenfahrt-LTE	$-CF\frac{b}{(a+b)} \times \frac{h}{T_f}$	Kurvenfahrt-LTE	$+CF\frac{b}{(a+b)} \times \frac{h}{T_f}$
Hinteres linkes Rad	Last N_{2L}	Hinteres rechtes Rad	Last N_{2RL}
Statisch	$+\frac{mg}{2}\left(\frac{a}{a+b}\right)$	Statisch	$+\frac{mg}{2}\left(\frac{a}{a+b}\right)$
Brems-LTE	$-\frac{m\ddot{x}h}{2(a+b)}$	Brems-LTE	$-\frac{m\ddot{x}h}{2(a+b)}$
Zug-LTE	$+\frac{Dc}{2(a+b)}$	Zug-LTE	$+\frac{Dc}{2(a+b)}$
Kurvenfahrt-LTE	$-CF\frac{a}{(a+b)} \times \frac{h}{T_r}$	Kurvenfahrt-LTE	$+CF\frac{a}{(a+b)} \times \frac{h}{T_r}$

1.6 Effekte der Lastverlagerung eines starren Körpers ...

Es wird nun angenommen, dass die Fähigkeit jedes Rades, auf die Zentrifugalkraft zu reagieren, von den individuellen Lasten auf diesem Rad abhängt. Daher:

$$\mu_{fL} = \frac{F}{N} = \frac{CF_{fL}}{N_{1L}} = \frac{CF_f}{(N_{1L} + N_{1R})} = \frac{CF_f}{Dynamische\ Vorderachslast} = \mu_{fR} \quad (1.43)$$

Daher ist der Reibungsbedarf am vorderen linken Rad gleich dem am vorderen rechten Rad. Ähnlich:

$$CF_r = CF \frac{a}{(a+b)} \quad (1.44)$$

Das ergibt:

$$\mu_{rL} = \frac{CF_{rL}}{N_{2L}} = \frac{CF_r}{(N_{2L} + N_{2R})} = \frac{CF_r}{Dynamische\ Hinterachslast} = \mu_{rR} \quad (1.45)$$

Daher ist der Reibungsbedarf am hinteren linken Rad gleich dem am hinteren rechten Rad.

Aus der obigen Analyse ergibt sich, dass bei **stabiler Kurvenfahrt** jedes Rad an der Vorderachse und jedes Rad an der Hinterachse den gleichen Haftungsbedarf hat. Dies bedeutet, dass der Reifenschlupf achsbasiert und nicht radbasiert ist. Der Kontrollverlust tritt daher ein, wenn die Achse, die die höchste Haftung verlangt, das Reibungslimit für die jeweiligen Reifen-/Straßenbedingungen überschreitet. Somit spielen die Reifeneigenschaften in diesem Szenario eine wichtige Rolle, wobei die Reifenlast-/Schräglaufwinkelcharakteristik das Über- oder Untersteuern bestimmt.

1.6.2 Unstabile Kurvenfahrt (Beschleunigung oder Bremsen eingeschlossen)

In solchen Fällen muss die resultierende Reifen-/Straßenkontaktkraft bestimmt werden. Die Zentrifugalkraft ist eine körperinduzierte Kraft (wirkt am Schwerpunkt) und könnte daher auf jedes Rad abhängig von der Achs- und Radbelastung verteilt werden. Bremsen und Traktion können nicht so verteilt werden, da das Drehmoment ein Input zum Rad ist und die Antriebskraft an der Reifen-/Straßenkontaktfläche wirkt.

Sofern kein Antiblockiersystem (ABS) eingesetzt wird, ist die Bremskraft für jedes Rad an der Vorderachse und für jedes Rad an der Hinterachse gleich. Bei der Traktion variiert die Kraft pro Rad aufgrund des Differentials und möglicherweise der Gierkontrolle an der angetriebenen Achse. Im Allgemeinen werden die Radkräfte nicht durch die Reifenbelastung beeinflusst, bis die erforderliche Haftung überschritten wird und die Räder dann entweder blockieren oder rutschen.

In Bezug auf die Abb. 1.14 und 1.15 ist die resultierende Kraft (R) im Fall der kombinierten Zentrifugalkraft (CF) und Bremskraft (BF) wie folgt:

$$R = \sqrt{CF^2 + BF^2} \quad (1.46)$$

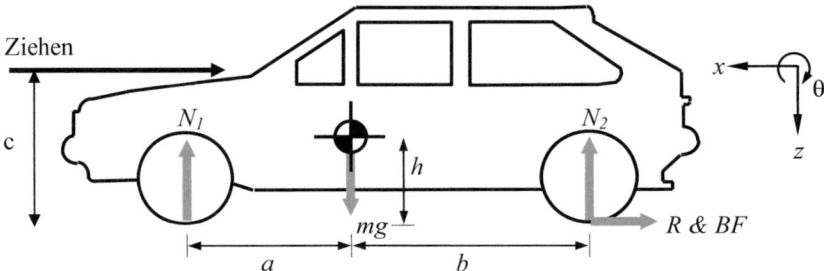

Abb. 1.28 Auto, das gleichzeitig eine Kurve fährt und bremst

Zum Beispiel ist die resultierende Kraft R_{fL} am vorderen linken Rad durch

$$R_{fL} = \sqrt{\left(CF_f \frac{N_{1L}}{(N_{1L} + N_{1R})}\right)^2 + (BF_{fL})^2}$$

gegeben. Dies ergibt:

$$\mu_{fL} = \frac{R_{fL}}{N_{1L}} \qquad (1.47)$$

Ähnliche Analysen gelten für die verbleibenden drei Räder.

Beispiel 1.4 Das in Abb. 1.28 gezeigte Auto fährt eine **Linkskurve**, wenn es unter den folgenden Bedingungen **verzögert**:

Geschwindigkeit	25 m/s
Verzögerung	3,1 m/s^2
Bremskraftverteilung vorne/hinten	60 % vorne, 40 % hinten
Kurvenradius	250 m
Rollwiderstandskoeffizient	0,012
Luftwiderstandsbeiwert	0,3
Luftdichte	1,22 kg/m^3
Frontfläche	2 m^2
Masse des Autos	1500 kg
Äquivalente Masse der rotierenden Teile	200 kg
Rollradius des Rades	310 mm
Spurweite	1600 mm
a = 1100 mm	b = 1200 mm
c = 650 mm	h = 750 mm

1.6 Effekte der Lastverlagerung eines starren Körpers …

Angenommen, sowohl die normalen Radlasten als auch die seitlichen Kurvenkräfte sind entsprechend der Längsposition des Schwerpunkts proportioniert. Berechnen Sie nun Folgendes:

(a) die gesamte Längslastverlagerung aufgrund der Verzögerung und des Luftwiderstands.
(b) die proportionierte vordere und hintere seitliche Lastverlagerung während der Kurvenfahrt.
(c) die Straßen-/Reifen-Schnittstellenlast, die während dieses Manövers auf jedes Rad wirkt.
(d) den minimalen Haftreibungskoeffizienten, der für jedes Rad unter Berücksichtigung von Bremsen und Kurvenfahrt erforderlich ist.

<u>Lösung:</u>

Berechnen Sie zunächst die statischen Achslasten:

$$N_1 = \frac{mgb}{(a+b)} = \frac{1500 \times 9{,}81 \times 1{,}2}{(1{,}1 + 1{,}2)} = 7677 \text{ N}$$

$$N_2 = \frac{mga}{(a+b)} = \frac{1500 \times 9{,}81 \times 1{,}1}{(1{,}1 + 1{,}2)} = 7038 \text{ N}$$

(a) <u>Die gesamte Längslastverlagerung aufgrund der Verzögerung und des Luftwiderstands</u>

Der Längs-LTE aufgrund der Verzögerung ist gegeben durch:

$$\text{Verzögerungs} - \text{LTE} = \frac{\text{Kraft} \times \text{Höhe}}{\text{Radstand}} = \frac{m\ddot{x}h}{(a+b)} = \frac{1500 \times 3{,}1 \times 0{,}75}{2{.}3} = 1516 \text{ N}$$

Wir haben auch den aerodynamischen Widerstand (D) zu berücksichtigen:

$$D = \frac{1}{2}\rho C_d A v^2 = \frac{1}{2} 1{,}22 \times 0{,}3 \times 2 \times 25^2 = 228{,}75 \text{ N}$$

Daher:

$$\text{Zug} - \text{LTE} = \frac{\text{Kraft} \times \text{Höhe}}{\text{Radstand}} = \frac{Dc}{(a+b)} = \frac{228{,}75 \times 0{,}65}{2{,}3} = 64{,}6 \text{ N}$$

(b) <u>Proportionierte vordere und hintere seitliche Lastübertragung während des Kurvenfahrens</u>

Die gesamte seitliche Kraft ist gleich der Zentrifugalkraft (CF), die auf das Fahrzeug wirkt, gegeben durch:

$$CF = \frac{mv^2}{r} = \frac{1500 \times 25^2}{250} = 3750\,N$$

$$Seitlicher\,LTE = \frac{Kraft \times H\ddot{o}he}{Abstand\,zwischen\,R\ddot{a}dern} = \frac{CF \times h}{Spur} = \frac{3750 \times 0{,}75}{1{,}6} = 1758\,N$$

Seitliche LTEs, proportioniert nach der Lage des C.G., ergeben:

$$Vorderseite\,LTE = \frac{Kraft \times b}{Radstand} = \frac{1758 \times 1{,}2}{2{,}3} = 917\,N$$

$$R\ddot{u}ckseite\,LTE = 1758 - 917 = 841\,N$$

(c) Die Straßen-/Reifen-Schnittstellenlast jedes Rades während dieses Manövers

Die oben genannten statischen Radlasten und LTEs sind in Tab. 1.4 summiert, um die gesamte vertikale Last auf jedem Rad zu ermitteln.

(d) <u>Der minimale Haftreibungskoeffizient, der für jedes Rad unter Berücksichtigung von Bremsen und Kurvenfahren erforderlich ist</u>

Lateral Force (*LF*) an der Vorderachse $= \frac{CF \times b}{Radstand} = \frac{3750 \times 1{,}2}{2{,}3} = 1957\,N$ ergibt:

$$LF\,\text{an der Hinterachse} = 3750 - 1957 = 1793\,N$$

Verteilung *LF* auf jedes Rad gemäß den in Tab. 1.4 berechneten Radlasten:

Vorne links *LF* $1957\left(\frac{3648}{9130}\right) = 782\,N$
Vorne rechts *LF* $1957 - 782 = 1175\,N$
Hinten links *LF* $1793\left(\frac{1953}{5578}\right) = 628\,N$
Hinten rechts *LF* $1793 - 628 = 1165\,N$

Längsgleichung der Bewegung für das Fahrzeug:

$$(m + m_{eq})\ddot{x} = (Bremsweg + Rollwiderstand + Zug)$$

Daher ergibt sich die gesamte Bremskraft (*BF*) durch:

$$BF = 3{,}1(1500 + 200) - (1500 \times 9{,}81 \times 0{,}012) - 228{,}75 = 4865\,N$$

Basierend auf der angegebenen Bremskraftverteilung vorne/hinten (60:40) ergibt sich an jedem Vorderrad:

$$BF = 0{,}6 \times 4865/2 = 1460\,N,$$

während sich an jedem Hinterrad ergibt:

$$BF = 0{,}4 \times 4865/2 = 973\,N$$

Im Allgemeinen ist die resultierende horizontale Schnittkraft R durch

$$R = \sqrt{LF^2 + BF^2}$$

gegeben, was die folgenden resultierenden Einzelradkräfte ergibt:

Vorderes linkes Rad $\quad R = \sqrt{782^2 + 1460^2} = 1656 \text{ N}$
Vorderes rechtes Rad $\quad R = \sqrt{1175^2 + 1460^2} = 2501 \text{ N}$
Hinteres linkes Rad $\quad R = \sqrt{628^2 + 973^2} = 1158 \text{ N}$
Hinteres rechtes Rad $\quad R = \sqrt{1165^2 + 973^2} = 1518 \text{ N}$

In Erinnerung daran, dass im Grenzfall $R = \mu N$ gilt, können wir die Reibungsanforderung (Haftreibungskoeffizient) an jedem Rad wie folgt berechnen:

Vorderes linkes Rad $\quad \mu = 1656/3648 = \mathbf{0{,}454}$
Vorderes rechtes Rad $\quad \mu = 2505/5482 = \mathbf{0{,}457}$
Hinteres linkes Rad $\quad \mu = 1158/1953 = \mathbf{0{,}593}$
Hinteres rechtes Rad $\quad \mu = 1518/3634 = \mathbf{0{,}418}$

Es ist offensichtlich, dass die Reibungsanforderungen nun für jedes Rad unterschiedlich sind. Aus dem Obigen ergibt sich, dass das hintere linke Rad den höchsten Haftreibungskoeffizienten erfordert und daher als erstes Probleme bekommen würde. Allerdings sind all diese Haftreibungskoeffizienten unter normalen Straßenbedingungen leicht erreichbar, sodass das Fahrzeug die Kurve unter den gegebenen Bremsbedingungen sicher durchfahren kann.

1.7 Abschließende Bemerkungen

Dieses Kapitel hat grundlegende Themen rund um die Mechanik von Straßenfahrzeugen eingeführt, deren Kenntnis notwendig ist, um das detailliertere Material in den verbleibenden Kapiteln des Buches zu verstehen und zu schätzen. Besonderes Augenmerk wurde auf die Bedeutung der Reifen als Hauptmittel zur Erzeugung ausreichender Traktions-/Brems- und Kurvenkräfte gelegt, um das Fahrzeug sicher und zuverlässig zu kontrollieren. Die Bedeutung der Berechnung der Radlasten unter Berücksichtigung der Lastübertragungseffekte wurde unter Verwendung von Starrkörperannahmen hervorgehoben. In Kap. 3 des Buches werden wir sehen, dass genauere Berechnungen die Flexibilitäten innerhalb der Fahrzeugkarosserie, hauptsächlich im Fahrwerkssystem, berücksichtigen müssen. Nichtsdestotrotz sollte die obige Theorie dem Konstrukteur ermöglichen, zuverlässige Schätzungen der Radlasten und der gesamten Reifen-/Straßenkontaktkräfte an allen Rädern sowohl bei Geradeausfahrt als auch bei instationären Kurvenbedingungen

Tab. 1.4 Dynamische Reifenlasten an jedem Rad für das bearbeitete Beispiel 1.4

	Vorne links		Vorne rechts
Statisch N_1	+7677/2 = +3839	Statisch N_1	3839
Verzögerungs-LTE	1516/2 = 758	Verzögerungs-LTE	+758
Seitlicher LTE	−917	Seitlicher LTE	+917
Zug-LTE	−64{,}6/2 = − 32	Zug-LTE	−32
Gesamt	3648 N	Gesamt	5482 N
Gesamtlast Vorderachse	3468 + 5482 = **9130 N**		
	Hinten links		Hinten rechts
Statisch N_2	7038/2 = 3519	Statisch N_2	3519
Verzögerungs-LTE	−758	Verzögerungs-LTE	−758
Seitlicher LTE	−841	Seitlicher LTE	+841
Zug-LTE	+32	Zug-LTE	+32
Gesamt	1953 N		3634 N
Gesamtlast Hinterachse	1953 + 3634 = **5587 N**		
Gesamtlast überprüfen	9130 + 5587 = **14,717 N** − OK		

zu machen. Darüber hinaus sollte es möglich sein, Bedingungen vorherzusagen, unter denen die berechneten Haftgrenzen überschritten werden könnten und das Fahrzeug-Handling problematisch wird. Moderne Fahrzeuge verwenden natürlich ausgeklügelte Kontrollsysteme wie Antiblockier- (ABS) und Traktionskontrollsysteme (TCS), um die Radlasten zu überwachen und dann die Brems- oder Traktionskräfte entsprechend anzupassen, mit dem Ziel, dass alle Räder nahe den optimalen Haftwerten von Reifen und Straße arbeiten.

Verzögerungsverhalten 2

Zusammenfassung

Zusätzlich zu den dynamischen Kräften, die ein Fahrzeug während des normalen Betriebs erfährt, gibt es vom Fahrer induzierte Verzögerungskräfte. Solche induzierten Kräfte stammen aus dem Bremssystem, wenn der Fahrer das System betätigt, um das Fahrzeug kontrolliert zu verzögern und es tatsächlich zum Stillstand zu bringen und in diesem Zustand zu halten. Dieses Kapitel behandelt zunächst das konventionelle hydraulische Bremssystem, das in den meisten Personenkraftwagen und leichten Nutzfahrzeugen eingebaut ist. Diese Diskussion umfasst die Entwurfsmethodik und die primären Komponenten innerhalb des hydraulischen Systems sowie deren Konfigurationen, die eine sichere Verzögerung gewährleisten, selbst wenn das System teilweise aufgrund von Verschleiß, wie z. B. Öllecks, ausfällt. Das Kapitel beschäftigt sich anschließend mit der kinematischen Analyse eines bremsenden Fahrzeugs, beginnend mit einer statischen Analyse und dann übergehend zur Bremskraftverteilung und Haftungsausnutzung. Die Diskussion konzentriert sich auf ein konstantes Vorderrad-Hinterrad-Bremsverhältnis, führt aber auch das Konzept eines variablen Bremsverhältnisses ein. Das Kapitel behandelt auch das Blockieren der Räder und dessen Auswirkungen auf die Fahrzeugstabilität sowie das Nicken des Fahrzeugs. Fortgeschrittene Systeme wie Antiblockiersysteme (ABS) werden diskutiert und regeneratives Bremsen über einen elektrischen Antriebsstrang wird kurz behandelt.

2.1 Überblick über das Bremssystem

2.1.1 Einführung

Die sichere und zuverlässige Nutzung eines Straßenfahrzeugs erfordert die kontinuierliche Anpassung von Geschwindigkeit und Entfernung als Reaktion auf Änderungen der Verkehrsbedingungen. Diese Anforderung wird teilweise durch das Bremssystem erfüllt, dessen Design eine Schlüsselrolle dabei spielt, sicherzustellen, dass ein bestimmtes Fahrzeug für eine gegebene Anwendung geeignet ist. Dies wird durch die Konstruktion eines Systems erreicht, das die begrenzte Menge an Traktion zwischen den Reifen und der Straße so effizient wie möglich nutzt. Dieses primäre Ziel muss die gesamte Bandbreite der Betriebsbedingungen berücksichtigen, denen das Fahrzeug während des normalen Betriebs wahrscheinlich begegnen wird.

Zweck dieses Kapitels ist es, den Leser in die grundlegende Mechanik des Verzögerungsverhaltens eines Straßenfahrzeugs einzuführen und Einblicke in die vielen Fragen zu geben, die bei der Konstruktion der Basisreibungsbremse und anderer Verzögerungssysteme, die am Fahrzeug angebracht sind, berücksichtigt werden müssen. Das Kapitel konzentriert sich auf grundlegende Prinzipien, die auf jedes bremsende Fahrzeug angewendet werden können, unabhängig davon, wie die Bremskraft erzeugt wird. Eine vollständige Abdeckung der Bremssysteme ist im Rahmen eines einzelnen Kapitels nicht möglich, daher wird der interessierte Leser auf das im Literaturverzeichnis aufgeführte Lehrbuch von Day und Bryant für detailliertere Informationen verwiesen.

Das Kapitel beginnt mit einer Überprüfung der Funktion eines jeden Bremssystems, gefolgt von einer Übersicht über die Hauptkomponenten eines herkömmlichen hydraulischen Reibungsbremssystems und dessen mögliche Konfigurationen. Eine einfache kinetische Analyse wird dann verwendet, um die grundlegende Mechanik eines bremsenden Fahrzeugs als Vorläufer zur Analyse der Bremsverteilung, der Haftungsausnutzung und anderer verwandter Themen zu behandeln. Eine Fallstudie ist in diesen Abschnitt des Kapitels integriert, die die Anwendung der Theorie veranschaulicht und so das Verständnis verstärkt.

2.1.2 Funktionen und Anforderungen eines Bremssystems

Um das Verhalten eines Bremssystems zu verstehen, ist es nützlich, drei separate Funktionen zu definieren, die jederzeit erfüllt sein müssen:

(a) Das Bremssystem muss ein Fahrzeug auf kontrollierte und wiederholbare Weise verzögern und gegebenenfalls zum Stillstand bringen.
(b) Das Bremssystem sollte es dem Fahrzeug ermöglichen, bei der Fahrt bergab eine konstante Geschwindigkeit beizubehalten.

2.1 Überblick über das Bremssystem

(c) Das Bremssystem muss in der Lage sein, das Fahrzeug sowohl auf einer ebenen Straße als auch auf einer Steigung mit einem bestimmten Gefälle stationär zu halten.

Wenn man es wie oben einfach ausdrückt, wird die Bedeutung der Rolle, die das Bremssystem bei der Kontrolle der Fahrzeugbewegung spielt, stark unterschätzt. Die Berücksichtigung der unterschiedlichen Bedingungen, unter denen das Bremssystem arbeiten muss, führt zu einem besseren Verständnis seiner Rolle. Diese umfassen u. a. die folgenden:

- Rutschige, nasse und trockene Straße
- Raue oder glatte Straße
- Geteilte Reibungsflächen
- Bremsen in gerader Linie oder beim Bremsen in einer Kurve
- Nasse oder trockene Bremsen
- Neue oder abgenutzte Beläge
- Beladenes oder unbeladenes Fahrzeug
- Fahrzeug, das einen Anhänger oder Wohnwagen zieht
- Häufige oder seltene Anwendungen von kurzer oder langer Dauer
- Hohe oder niedrige Verzögerungsraten
- Erfahrene oder unerfahrene Fahrer

Offensichtlich stellt das Bremssystem zusammen mit dem Lenksystem (Kap. 4) und den Reifen (Kap. 1) die wichtigsten Unfallvermeidungssysteme in jedem Fahrzeug dar. Es ist unerlässlich, das Vertrauen des Fahrers in das Bremssystem sicherzustellen und dass das Fahrzeug wie erwartet auf die Eingaben des Fahrers reagiert. Die Wirksamkeit eines jeden Bremssystems ist jedoch durch die Menge an Traktion begrenzt, die an der Reifen-Straßen-Schnittstelle verfügbar ist.

Um diese Konstruktionsaufgabe zu erfüllen, benötigt der Fahrgestellingenieur Zugang zu einer Reihe grundlegender Fahrzeugparameter. Diese umfassen:

- Beladene und unbeladene Fahrzeugmasse
- Statische Gewichtsverteilung bei beladenem und unbeladenem Zustand
- Radstand
- Höhe des Schwerpunkts bei beladenem und unbeladenem Zustand
- Maximale Fahrzeuggeschwindigkeit
- Reifen- und Felgengröße
- Fahrzeugfunktion
- Bremsstandards
- Menge der Bremskraft, die von nicht reibungsbasierten Bremsen wie regenerativem Bremsen durch den Antriebsstrang eines Elektrofahrzeugs oder kinetischen Energiespeichern verfügbar ist

2.2 Konventionelles hydraulisches Bremssystem

2.2.1 Bremssystemkomponenten

Die Hauptkomponenten, die ein konventionelles hydraulisches Bremssystem ausmachen, sind unten zusammen mit möglichen Systemlayouts aufgeführt. Die Diskussion der Komponenten beginnt mit der Pedalanordnung und geht über das Bremssystem bis zu den Radbremsen (Abb. 2.1).

(a) **Fußpedalanordnung (Pedalbox)**

Das Bremspedal ist eine Hebelanordnung mit einem mechanischen Vorteil. Es besteht aus einem Hebelarm, der an einem Ende schwenkbar gelagert ist, und einem Fußpolster am anderen Ende. Der Hauptzylinder ist über ein Drehgelenk an einem Punkt zwischen den beiden Enden des Hebels mit dem Hebel verbunden. Diese Anordnung ermöglicht die Übertragung sowohl der Fußkraft als auch der Bewegung auf den Hauptzylinder mit einem Hebelverhältnis, das es ermöglicht, die Fußkraft auf ein gewünschtes Verhältnis zu verstärken. Es muss bedacht werden, dass ein zu hohes Pedalverhältnis, das eine hohe Hauptzylinderkraft erzeugt, zu einem langen Pedalweg führt. Die Mehrheit der Personenkraftwagen verwendet hängende Pedale, um die Möglichkeit zu vermeiden, dass Gegenstände unter das Pedal geraten und so den Betrieb verhindern.

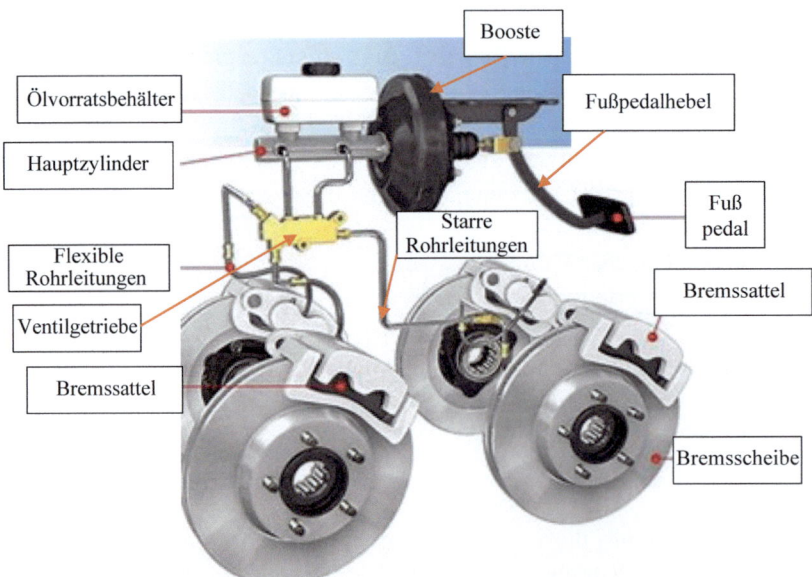

Abb. 2.1 Hydraulische Scheibenbremskomponenten und Konfiguration

(b) **Hauptzylinder**

Der Hauptzylinder initiiert und steuert im Wesentlichen den Bremsvorgang. Die Standardvorschriften verlangen, dass Personenkraftwagen mit zwei separaten Bremskreisen ausgestattet sind, und diese Anforderung wird durch den Tandem-Hauptzylinder erfüllt, der zwei Kolben in einer einzigen Bohrung enthält. Jeder Abschnitt der Einheit fungiert als einzelner Zylinder, wobei der Kolben, der dem Bremspedal am nächsten ist, als Primärkolben bezeichnet wird und der weiter entfernte als Sekundärkolben (schwimmend). Wenn der Sekundärkreis ein Leck entwickelt, bewegt sich der Sekundärkolben nach vorne, bis er gegen das Ende der Hauptzylinderbohrung stößt. Dies ermöglicht es, dass die zwischen den beiden Kolben eingeschlossene Flüssigkeit unter Druck gesetzt wird, sodass der Primärkreis funktionsfähig bleibt. Wenn umgekehrt im Primärkreis ein Leck auftritt, bewegt sich der Primärkolben nach vorne, bis er gegen den Sekundärkolben stößt. Die Schubstangenkraft wird dann direkt durch Kolben-zu-Kolben-Kontakt auf den Sekundärkolben übertragen, wodurch der Sekundärkolben den Sekundärkreis unter Druck setzen kann.

(c) **Bremskraftverstärker**

Wenn die Fußpedalkraft nicht ausreichend verstärkt werden kann, ohne das „Bremspedalgefühl" oder den Pedalweg zu opfern, ist ein zusätzlicher Kraftverstärker erforderlich. Bei einem Fahrzeug mit Ottomotor erfolgt dies normalerweise in Form eines Vakuumverstärkers, oft als „Booster" bezeichnet, der dazu dient, die Fußkraft zu verstärken, die beim Betätigen des Bremspedals erzeugt wird. Dies hat den Effekt, dass der manuelle Kraftaufwand für die Betätigung reduziert wird. Ein Vakuumverstärker nutzt den Unterdruck, der im Ansaugkrümmer eines Ottomotors erzeugt wird, während ein hydraulischer Verstärker auf das Vorhandensein einer hydraulischen Energiequelle angewiesen ist und typischerweise in Fahrzeugen Anwendung findet, die von Dieselmotoren angetrieben werden, welche nur eine minimale Menge an Ansaugvakuum erzeugen. Elektrofahrzeuge, die ein hydraulisches Bremssystem einsetzen, verwenden entweder eine elektrische Vakuumpumpe oder einen elektrohydraulischen Verstärker.

(d) **Grundbremse**

Die Grundbremse ist das primäre Bremssystem des Fahrzeugs. Grund- oder Reibungsbremsen unterteilen sich in zwei verschiedene Klassen, nämlich Scheiben- (axial) und Trommelbremsen (radial). Moderne Fahrzeuge sind unvermeidlich mit Scheibeneinheiten an der Vorderachse und sehr oft mit kleineren Scheiben an der Hinterachse ausgestattet. Wenn an der Hinterachse Trommelbremsen montiert sind, handelt es sich typischerweise um den „Simplex"-Typ, der eine Kombination aus führender und nachlaufender Bremsbacke verwendet, um das erforderliche Bremsmoment zu erzeugen (siehe Abb. 2.2). Das Drehmoment dieser Art von Trommelbremse ist nicht empfindlich

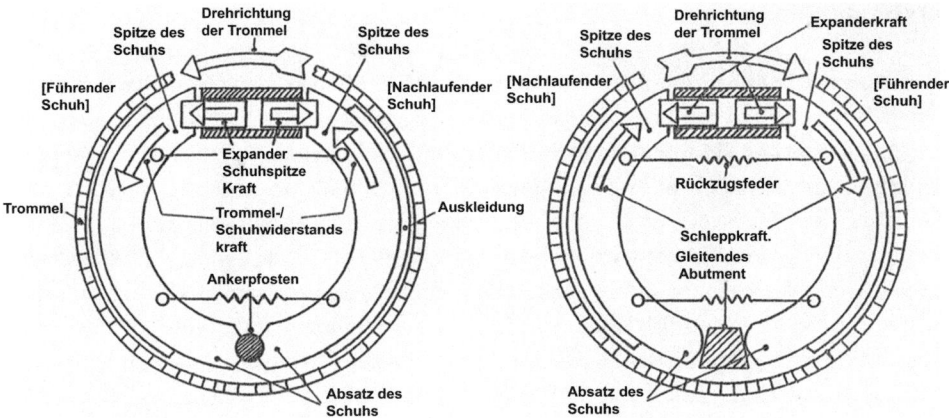

Abb. 2.2 Führende und nachlaufende Bremsbacken-Trommelbremsen

gegenüber Änderungen der Fahrtrichtung. Bei Fahrzeugen, die vollständig mit Scheibenbremsen ausgestattet sind, wird oft eine kleine Trommeleinheit verwendet, um als Feststellbremse an der Hinterachse des Fahrzeugs zu fungieren.

2.2.2 Hydraulische Schaltkreiskonfigurationen

Gesetzliche Anforderungen verlangen, dass alle Straßenfahrzeuge mit einem Zweikreissystem ausgestattet sind. Von den fünf möglichen Konfigurationen haben sich zwei als Standard durchgesetzt, die als X- und II-Varianten bekannt und in Abb. 2.3b, c dargestellt sind. Das II-Design zeichnet sich durch separate Kreise (links und rechts) für beide Achsen aus, während im X-Design jeder Kreis ein Rad an der Vorderachse und das diagonal gegenüberliegende Hinterrad betätigt. Das II-Design findet sich oft bei Fahrzeugen, die hecklastig sind, und das X-Layout findet Anwendung bei Fahrzeugen, die frontlastig sind. Eine einfache Vorderachse-Hinterachse-Aufteilung ist ebenfalls in Abb. 2.3a dargestellt, aber diese würde den Verlust der Fahrzeugkontrolle verursachen, wenn das Vorderradbremssystem ausfällt und die Hinterräder blockieren.

2.3 Kinetische Analyse eines bremsenden Fahrzeugs

2.3.1 Bewegungsgleichung

Eine allgemeine Gleichung für die Bremsleistung kann unter Anwendung des zweiten Newtonschen Gesetzes auf ein vereinfachtes Freikörperdiagramm eines Fahrzeugs auf einer Steigung, wie in Abb. 2.4 gezeigt, abgeleitet werden. Das Koordinatensystem ist das von der SAE in Kap. 1 definierte, wobei x in Fahrtrichtung positiv ist.

2.3 Kinetische Analyse eines bremsenden Fahrzeugs

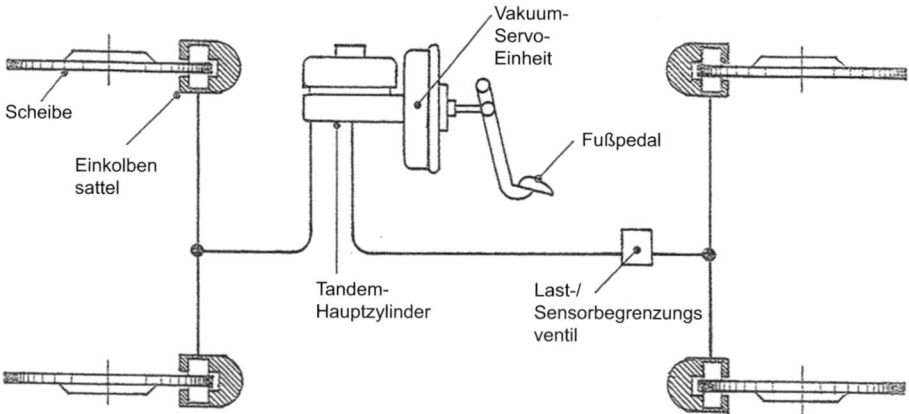

a) Teilung der Bremsleitung von vorne nach hinten

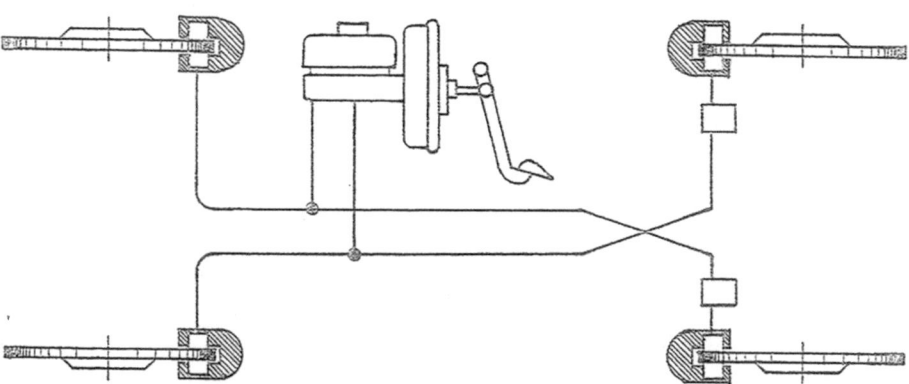

b) Diagonale Aufteilung der Bremsleitung von vorn nach hinten

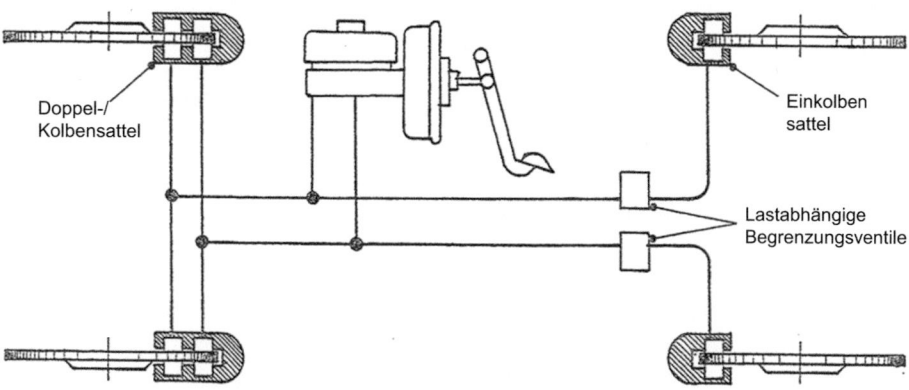

c) Dreieckige Aufteilung der Bremsleitung von vorn nach hinten

Abb. 2.3 Alternative hydraulische Systemlayouts für ein geteiltes Bremssystem

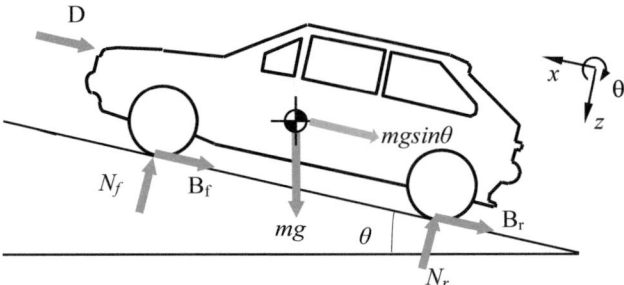

Abb. 2.4 Freikörperdiagramm eines bremsenden Autos auf einer Steigung

Die Symbole in Abb. 2.4 haben folgende Bedeutungen:

m = Gesamtfahrzeugmasse
N_f = vordere axiale Normallast zwischen Reifen und Straße
N_r = hintere axiale Normallast zwischen Reifen und Straße
B_f^* = vordere axiale Bremskraft an der Schnittstelle zwischen Vorderreifen und Straße
B_r^* = hintere axiale Bremskraft an der Schnittstelle zwischen Hinterreifen und Straße
D = aerodynamischer Widerstand
θ = Steigungswinkel
g = Beschleunigung aufgrund der Schwerkraft

* Reifen-Straßen-Bremskräfte umfassen die Wirkung des Radverzögerungsmoments aufgrund der Grundbremsen, Reifen- und Antriebsstrangrollwiderstände sowie aller anderen durch den Antriebsstrang erzeugten Kräfte wie Motorbremsung bei Verbrennungsmotorfahrzeugen und regeneratives Bremsen bei Elektrofahrzeugen.

Anwendung des zweiten Newtonschen Gesetzes in x-Richtung der Fahrtrichtung für das Fahrzeug in Abb. 2.4:

$$m\ddot{x} = -B_f - B_r - mg\sin\theta - D \tag{2.1}$$

Lassen wir die Fahrzeugverzögerung $(-\ddot{x})$ durch die Variable „d" darstellen, sodass:

$$d = -\ddot{x} \tag{2.2}$$

Dann kann Gl. (2.2) geschrieben werden:

$$md = B_f + B_r + mg\sin\theta + D = \sum F_x, \tag{2.3}$$

wobei $\sum F_x$ die Summe aller Kräfte ist, die der Bewegung in Fahrtrichtung entgegenwirken.

2.3.2 Bremsen mit konstanter Verzögerung

Durch die Betrachtung des einfachen Falls konstanter Verzögerung können einfache und grundlegende Beziehungen abgeleitet werden, die ein Verständnis der Physik vermitteln, die allen Bremsvorgängen zugrunde liegt.

Aus Gl. (2.4) kann die lineare Verzögerung eines Fahrzeugs ausgedrückt werden als

$$d = \sum F_x / m = -dv/dt, \qquad (2.4)$$

wobei v die Vorwärtsgeschwindigkeit des Fahrzeugs ist. Unter der Annahme, dass die Verzögerung konstant ist, ist auch die gesamte Bremskraft konstant, und so kann Gl. (2.4) mit Bezug auf die Zeit zwischen den Grenzen der Anfangsgeschwindigkeit v_i und der Endgeschwindigkeit v_f integriert werden, um die Dauer des Bremsvorgangs zu bestimmen t_b:

$$\int_{v_i}^{v_f} d = -\frac{\sum F_x}{m} \int_0^{t_b} dt \qquad (2.5)$$

Das führt zu Folgendem:

$$v_i - v_f = \frac{\sum F_x}{m} t_b \qquad (2.6)$$

Die Tatsache, dass Geschwindigkeit und Verschiebung durch $v = dx/dt$ miteinander verbunden sind, ermöglicht es, einen Ausdruck für den Bremsweg aus Gl. (2.4) durch Substitution für dt

$$\frac{\sum F_x}{m} dx = -v\, dv \qquad (2.7)$$

abzuleiten.

Die Integration zwischen v_i und v_f wie zuvor ergibt:

$$\frac{\sum F_x}{m} \int_{x_i}^{x_f} dx = -\int_{v_i}^{v_f} v\, dv \qquad (2.8)$$

Das führt zu Folgendem:

$$\frac{s \sum F_x}{m} = \frac{v_i^2 - v_f^2}{2}, \qquad (2.9)$$

wobei $s = x_f - x_i$ die während der Bremsanwendung zurückgelegte Strecke ist.

Wenn man das Abbremsen bis zum völligen Stillstand des Fahrzeugs betrachtet, ist die Endgeschwindigkeit v_f null und somit wird der Bremsweg s aus Gl. (2.9) wie folgt angegeben:

$$s = \frac{mv_i^2}{2\sum F_x} \qquad (2.10)$$

Schließlich wird die Zeit t_b, die benötigt wird, um das Fahrzeug vollständig zum Stillstand zu bringen, aus Gl. (2.6) wie folgt angegeben:

$$t_b = \frac{mv_i}{\sum F_x} = \frac{v_i}{d} \qquad (2.11)$$

Daraus ergibt sich aus Gl. (2.10), dass der Abstand, der benötigt wird, um das Fahrzeug vollständig zum Stillstand zu bringen, proportional zum Quadrat der Anfangsgeschwindigkeit ist. Und aus Gl. (2.11) ergibt sich, dass die Zeit, die benötigt wird, um das Fahrzeug zum Stillstand zu bringen, linear proportional zur Anfangsgeschwindigkeit ist.

2.3.3 Grenzen der Verzögerung, die ausschließlich durch Radbremsen erreicht werden

Wie bereits erwähnt, stammt die primäre Bremskraft eines Fahrzeugs aus dem Verzögerungsmoment, das auf die Straßenräder ausgeübt wird und eine Reaktionskraft an der Reifen-Straßen-Schnittstelle erzeugt. Sekundäre Kräfte, die zur gesamten Bremsleistung beitragen, umfassen:

- den aerodynamischen Widerstand, der vom dynamischen Druck abhängt und proportional zum Quadrat der Fahrzeuggeschwindigkeit ist. Er ist bei niedrigen Geschwindigkeiten vernachlässigbar; jedoch kann der aerodynamische Widerstand bei hoher Geschwindigkeit eine Kraft von 0,03 g ausmachen.
- Die Steigung trägt entweder positiv (bergauf) oder negativ (bergab) zur gesamten Bremskraft bei, die ein Fahrzeug erfährt. Diese Kraft ist einfach die Komponente des gesamten Fahrzeuggewichts, die parallel zur Straßenebene wirkt.

Um die maximale Verzögerung und damit den minimalen Bremsweg auf einer gegebenen Straßenoberfläche zu erreichen, sollte jede Achse gleichzeitig kurz vor dem Blockieren stehen. In diesem Zustand kann die gesamte Bremskraft R, die ausschließlich durch Radbremsen (d. h. unter Vernachlässigung von aerodynamischen und Schwerkraftkräften) erzeugt wird, als Produkt des gesamten Fahrzeuggewichts, mg, und des Reibungskoeffizienten zwischen Reifen und Boden, μ, berechnet werden. Dann aus Gl. (2.3):

$$md = \sum F_x = mg\mu, \qquad (2.12)$$

woraus abgeleitet werden kann, dass

$$d = g\mu. \tag{2.13}$$

Dies stellt einen Grenzfall dar, bei dem klar ist, dass die maximale Verzögerung durch Radbremsen den Reibungskoeffizienten zwischen Reifen und Boden nicht überschreiten kann. Eine Verzögerung von mehr als 1 g impliziert daher, dass der Reibungskoeffizient zwischen Reifen und Boden einen Wert > 1 hat; dieser Wert ist mit bestimmten Reifenmischungen und einer trockenen Straßenoberfläche durchaus realisierbar. Der Abtrieb des Fahrzeugs aufgrund aerodynamischer Effekte wird auch die Haftfähigkeit verbessern, da die Normalkraft auf die Reifen erhöht wird.

Die Bremskraft B, die an der Schnittstelle zwischen einem einzelnen Rad und der Straße wirkt, steht in Beziehung zum gesamten Verzögerungsmoment, das auf dieses Rad angewendet wird (T_b), durch die Beziehung:

$$B = \frac{T_b}{r}, \tag{2.14}$$

wobei r der effektive Radius des Reifens ist.

Die Radbremskraft, die auf ein Fahrzeug wirkt, kann mit Gl. (2.14) vorhergesagt werden, solange das Rad rollt. Die Bremskraft B kann jedoch nicht unbegrenzt zunehmen, da sie durch das Ausmaß der Reibungskopplung zwischen Reifen und Straße begrenzt ist. Die Reibungskopplung, die die Bremskraftcharakteristik hervorruft, spiegelt die Kombination von Reifen- und Straßenoberflächenmaterialien sowie den Zustand der Oberfläche wider. Die besten Bedingungen treten auf trockenen, sauberen Straßenoberflächen auf, bei denen der Haftungskoeffizient, definiert als das Verhältnis von Bremskraft zu Vertikallast, Werte über eins erreichen kann. Umgekehrt spiegeln vereiste Oberflächen die schlechtesten Bedingungen wider und der Haftungskoeffizient kann dann zwischen 0,05 und 0,1 liegen. Auf nassen Oberflächen oder auf Straßen, die durch Schmutz verunreinigt sind, liegt der Haftungskoeffizient typischerweise im Bereich von 0,2–0,65. Der Haftungskoeffizient auf Schienen (Metall zu Metall) liegt in der Größenordnung von 0,1.

Der Haftungskoeffizient wird auch durch den Längsschlupf des Reifens beeinflusst, der als das Verhältnis der Schlupfgeschwindigkeit des Reifen-Boden-Kontaktbereichs zur Vorwärtsgeschwindigkeit des Straßenrads definiert ist. So wie in Kap. 1 definiert:

$$\text{Längsschlupf} = \frac{v - \omega r}{v} \times 100\,\%, \tag{2.15}$$

wobei v die Vorwärtsgeschwindigkeit des Rads (d. h. des gesamten Fahrzeugs), ω die Winkelgeschwindigkeit des Rads und r der Rad-(Reifen-)Radius ist.

Ein Verweis auf Abb. 1.16 (Kap. 1) zeigt, dass die optimale Haftung bei einem Schlupfwert von etwa 10 % auftritt. Der Spitzenkoeffizient bei diesem Schlupfwert definiert die maximale Radbremskraft, die für eine gegebene Reifen-Straßen-Schnittstelle erreicht werden kann. Bei höheren Schlupfwerten sinkt dieser Koeffizient auf seinen niedrigsten Wert bei 100 % Schlupf, was den vollständigen Radblockierzustand darstellt. Die maximale Bremskraft ist ein theoretisches Maximum, da das System an diesem Punkt instabil wird und jede Störung um diesen Punkt zu einem Überschuss an Bremsmoment führen kann, der das Rad weiter verzögert. Dies führt zu einer Erhöhung des Schlupfs, was wiederum den Haftungskoeffizienten verringert und schnell zum vollständigen Blockierzustand führt. Antiblockiersysteme (ABS) kontrollieren die Instabilität in der Nähe des maximalen Haftungszustands und ermöglichen so, dass die maximale Bremskraft ohne Radblockierung erreicht wird.

2.4 Bremskraftverteilung und Haftungsausnutzung

Wie in Kap. 1 gezeigt, sind die vertikalen Lasten, die von den Vorder- und Hinterrädern eines zweiachsigen Fahrzeugs getragen werden, im Allgemeinen nicht gleich, selbst wenn nur statische Lasten berücksichtigt werden. Um die verfügbare Reifen-Straßen-Haftung effizient zu nutzen, muss die Bremskraft intelligent und kontrolliert zwischen Vorder- und Rückseite des Fahrzeugs aufgeteilt werden. Diese Aufteilung muss unter Berücksichtigung der dynamischen Radlasten bei unterschiedlichen Verzögerungsraten bestimmt werden. Andernfalls könnte eines oder mehrere der folgenden Probleme auftreten:

- Ein Fahrzeug ist nicht in der Lage, die notwendige Verzögerung für einen bestimmten Pedaldruck zu erzeugen;
- Vorderachsblockierung, bei der das Fahrzeug stabil bleibt, aber die Lenkungskontrolle verliert;
- Hinterachsblockierung, die das Fahrzeug instabil macht;
- ungleichmäßige Bremsscheibentemperaturen vorne und hinten.

Die Bremskräfte der Vorder- und Hinterachse, geteilt durch die gesamte Radbremskraft, werden als x_f und x_r bezeichnet. Beachten Sie, dass $x_f + x_r = 1$ und das Verhältnis $\frac{x_f}{x_r}$ als Bremsverhältnis R bekannt ist.

In den folgenden Abschnitten werden Faktoren identifiziert, die die Vorder- und Hinterachslasten eines zweiachsigen Straßenfahrzeugs beeinflussen, und ihre Auswirkungen auf das Bremsen untersucht, wobei der Schwerpunkt auf Fahrzeugen mit einem festen Bremsverhältnis liegt. Anschließend werden Geräte zur Änderung des Bremsverhältnisses besprochen und ihre Auswirkungen auf die Bremsleistung bewertet. Beachten Sie, dass die nachfolgende Analyse derjenigen für ein beschleunigendes/verzögerndes Fahrzeug in Kap. 1 ähnlich ist, jedoch eine etwas andere Nomenklatur verwendet wird, die Bremsanlageningenieuren vertrauter ist.

2.4 Bremskraftverteilung und Haftungsausnutzung

2.4.1 Berechnung der statischen Achslasten

Eine einfache Darstellung eines stationären zweiachsigen Straßenfahrzeugs ist in Abb. 2.5 gezeigt. Das Fahrzeug hat eine Gesamtmasse m, die an seinem Schwerpunkt konzentriert ist, der angenommen auf der Längsachse des Fahrzeugs liegt. Die Straßenoberfläche wird als flach ohne Querneigung angenommen. Aufgrund dieser Annahmen sind die Lasten auf den beiden Rädern, die an jeder Achse montiert sind, gleich, und daher behandeln die folgenden Analysen die Achslast anstelle der Lasten auf den einzelnen Rädern.

Die gesamte vertikale Last aufgrund der Fahrzeugmasse ist einfach

$$P = mg, \qquad (2.16)$$

wobei g die Beschleunigung aufgrund der Schwerkraft bezeichnet.

Momente um den Kontaktpunkt des Hinterreifens mit der Straße werden genommen als

$$F_f = \frac{Pb}{l}, \qquad (2.17)$$

wobei $l = a + b$ der Radstand des Fahrzeugs ist.

Ähnlich ergibt das Nehmen von Momenten um den Kontaktpunkt des Vorderreifens einen Wert der vertikalen Last, die an der Hinterachse wirkt, gegeben durch:

$$F_r = \frac{Pa}{l} \qquad (2.18)$$

Die Auswirkung auf die vertikalen Radlasten von Änderungen der vorderen/hinteren Lage des Schwerpunkts (z. B. aufgrund von Änderungen in der Fahrzeuglastverteilung) ist aus den Gl. (2.17) und (2.18) leicht ersichtlich. Die maximale Nutzlast eines Personenkraftwagens bildet nur einen kleinen Bruchteil der unbeladenen Fahrzeugmasse

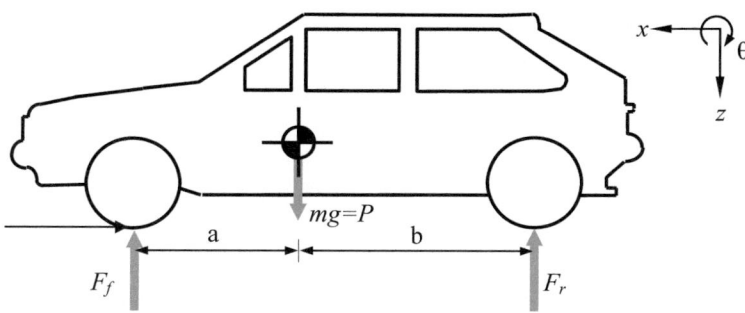

Abb. 2.5 Freikörperdiagramm eines statischen Fahrzeugs

und die inhärenten Platzbeschränkungen begrenzen das Ausmaß, in dem sich der Schwerpunkt bewegen kann. Für einen leichten starren Lkw wie einen Transporter oder Pick-up gibt es jedoch erheblichen Spielraum für die Variation der Nutzlast, sodass die Änderung der Masse von unbeladen zu beladen erheblich sein kann. Die Verteilung und Größe der Nutzlast, die auch die Lage des Schwerpunkts bestimmt, kann sich täglich oder im Laufe eines Lieferzyklus ändern, in dem die Nutzlast in Stufen entladen wird. In solchen Fällen können lastabhängige Ventile in das Bremssystem integriert werden. Eine Analyse eines Pick-ups mit variabler statischer Lastverteilung wird unten dargestellt, wobei die Probleme aufgezeigt werden, denen sich der Bremssystemdesigner gegenübersieht. Es ist jedoch zunächst notwendig, zu betrachten, wie das Bremsen des Fahrzeugs die statische Lastverteilung aufgrund dynamischer Lastübertragungseffekte beeinflusst.

2.4.2 Dynamische Achslasten (Lastübertragungseffekte)

Ziel dieser Analyse ist es zu zeigen, wie das Bremsen die vertikalen Lasten beeinflusst, die von den Vorder- und Hinterachsen getragen werden. Dies führt wiederum zu einer Möglichkeit, die maximale Verzögerung zu bestimmen, die ein Fahrzeug unter bestimmten Bedingungen erreichen kann, ohne dass es zu einer Achsblockierung kommt.

Wenn sowohl die Vorder- als auch die Hinterachse kurz vor dem Blockieren stehen, dann müssen die Bremskräfte B_f und B_r, die an jeder Achse wirken, im Verhältnis zu den getragenen vertikalen Lasten N_f und N_r stehen. Die Größe der Bremskraft, die von jeder Achse bis zu dem Punkt erzeugt wird, an dem jede Achse blockiert, ist eine Funktion des Designs des Bremssystems.

Änderungen in der Lastübertragung zwischen den Vorder- und Hinterachsen treten während des Bremsens auf, und daher ist ein variables Bremskraftverhältnis erforderlich, um ideales Bremsen zu gewährleisten. In der Realität wird die Situation durch Folgendes kompliziert:

- Änderung des Fahrzeuggewichts
- Änderung der Gewichtsverteilung
- Wirkung von Steigungen (positiv und negativ)
- Kurvenfahrt, bei der ein Teil der gesamten Kraft an der Reifen-Boden-Schnittstelle zur Erzeugung von Seitenkräften verwendet wird
- Verschiedene Straßenoberflächen und Wetterbedingungen
- Geteilte Reibungsflächen, bei denen sich der Haftreibungskoeffizient von der linken zur rechten Seite des Fahrzeugs ändert

Betrachten Sie den Fall eines Fahrzeugs mit einem festen Bremsverhältnis $R = \frac{x_f}{x_r}$ auf einer ebenen Straße, die einen einheitlichen Haftreibungskoeffizienten μ an der Reifen-Boden-Schnittstelle aufweist. In der folgenden Analyse werden die Bewegungsgleichungen

2.4 Bremskraftverteilung und Haftungsausnutzung

für das verzögernde Fahrzeug durch direkte Anwendung des zweiten Newtonschen Gesetzes auf das Freikörperdiagramm des Fahrzeugs abgeleitet anstatt durch D'Alemberts Methode. Dieser Ansatz, der in der EWG-Richtlinie 71/320/EWG übernommen wurde, ermöglicht eine einfache Erweiterung des Modells, um zusätzliche Freiheitsgrade zu berücksichtigen oder das Vorhandensein eines Anhängers zu berücksichtigen.

Das Freikörperdiagramm eines verzögernden Fahrzeugs, das auf einer ebenen (Null-Gradienten-)Oberfläche angenommen wird, ist in Abb. 2.6 dargestellt. B_f und B_r sind die auf die Vorder- bzw. Hinterachse wirkenden Bremskräfte der Straßenoberfläche. Die Achslasten N_f und N_r sind die dynamischen Normallasten während des Bremsens.

In *x*-Richtung haben wir

$$m\ddot{x} = \sum F_x = -D - B_f - B_r, \qquad (2.19)$$

was durch Kombination mit Gl. (2.3) zu

$$md = D + B_f + B_r \qquad (2.20)$$

wird.

Wenn die aerodynamische Widerstandskraft als vernachlässigbar angenommen wird, reduziert sich Gl. (2.20) zu:

$$md = (B_f + B_r) = B, \qquad (2.21)$$

wobei B die gesamte Bremskraft der Straßenoberfläche ist.

Definieren Sie nun Z (die „Bremsfunktion") als die Fahrzeugverzögerung als Anteil von g:

$$z = \frac{d}{g} \qquad (2.22)$$

Dann nimmt Gl. (2.21) die Form an:

$$mgZ = PZ = B \qquad (2.23)$$

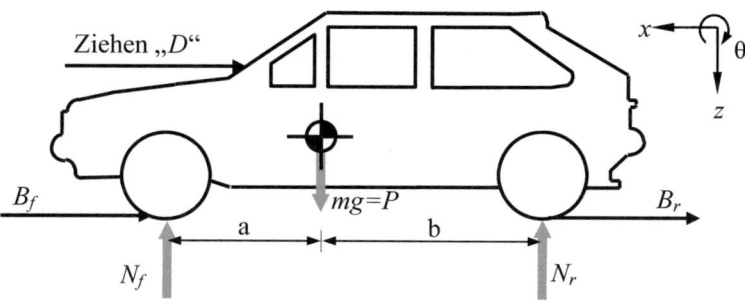

Abb. 2.6 Freikörperdiagramm eines bremsenden Fahrzeugs

In der vertikalen Richtung z (nicht zu verwechseln mit dem Bremsfunktionsterm „Z"):

$$m\ddot{z} = \sum F_z = N_r + N_f - mg = 0 \tag{2.24}$$

In der θ-Richtung, indem man Momente um den Schwerpunkt des Fahrzeugs nimmt:

$$I\ddot{\theta} = \sum M_{cg} = N_f a - N_r b - Bh = 0 \tag{2.25}$$

Die Manipulation der Gl. (2.24) und (2.25) führt zu den folgenden Ausdrücken für die dynamischen Achslasten vorne und hinten:

$$N_f = \frac{mgb}{l} + \frac{h}{l}B \tag{2.26}$$

$$N_r = \frac{mga}{l} - \frac{h}{l}B, \tag{2.27}$$

die mit Gl. (2.23) und den statischen Achslasten F_f und F_r kombiniert werden können, um zu ergeben:

$$N_f = F_f + \frac{PZh}{l} \tag{2.28}$$

$$N_r = F_r - \frac{PZh}{l} \tag{2.29}$$

Somit verursacht die Trägheitskraft, die beim Bremsen am Fahrzeugschwerpunkt wirkt, einen Lastübertragungseffekt (LTE), der wie folgt umgeschrieben werden kann:

$$LTE = \frac{h}{l}B = \frac{PZh}{l} \tag{2.30}$$

Die obigen Gleichungen stimmen mit denen der EWG-Richtlinie überein und zeigen, dass während eines Bremsmanövers eine Achslaständerung zugunsten der Vorderachse erfolgt. Damit jede Achse gleichzeitig an der Grenze des Blockierens ist, muss die an jeder Achse erzeugte Bremskraft im direkten Verhältnis zu den momentanen vertikalen Achslasten stehen, N_f und N_r. Da N_f und N_r von der Verzögerungshöhe abhängen, bedeutet dies, dass ein stufenlos variables Bremsverhältnis R erforderlich ist, um die verfügbare Reifen-Boden-Haftung vollständig zu nutzen. Bevor jedoch die Auswirkungen eines variablen Bremsverhältnisses betrachtet werden, ist es lehrreich, den Fall eines festen Bremsverhältnisses zu betrachten, das auf einen Wert eingestellt ist, der entweder zuerst die Vorderachse oder zuerst die Hinterachse blockiert.

2.4.3 Vorderachse blockiert zuerst

Betrachten wir zunächst den Fall eines Fahrzeugs, bei dem das Bremsverhältnis so eingestellt ist, dass die Vorderachse bevorzugt vor der Hinterachse blockiert. Die an der Vorderachse erzeugte Bremskraft, wenn sie kurz vor dem Blockieren steht, ist durch folgende Gleichung gegeben:

$$B_f = \mu N_f = \mu \left(F_f + \frac{PZh}{l} \right) \quad (2.31)$$

Während desselben Bremsvorgangs erzeugt auch die Hinterachse eine Bremskraft, die ihren Grenzwert noch nicht überschritten hat, und dies wird durch die Betrachtung des Fahrzeugbremsverhältnisses ermittelt:

$$R = \frac{x_f}{x_r} = \frac{B_f}{B_r} \quad (2.32)$$

Daraus ergibt sich:

$$B_r = B_f \frac{x_r}{x_f} = \mu \left(F_f + \frac{PZh}{l} \right) \frac{x_r}{x_f} \quad (2.33)$$

Dies führt zu einer Gesamtbremskraft von:

$$B = PZ = B_f + B_r = \mu \left(F_f + \frac{PZh}{l} \right) + \mu \left(F_f + \frac{PZh}{l} \right) \frac{x_r}{x_f}, \quad (2.34)$$

was sich vereinfacht zu:

$$B = \mu \left(F_f + \frac{PZh}{l} \right) \left(1 + \frac{x_r}{x_f} \right) = \mu \left(F_f + \frac{PZh}{l} \right) \left(\frac{x_f + x_r}{x_f} \right) \quad (2.35)$$

Da $(x_r + x_f) = 1$, kann Gl. (2.35) geschrieben werden als:

$$B = PZ = \frac{\mu}{x_f} \left(F_f + \frac{PZh}{l} \right) \quad (2.36)$$

Gl. (2.36) kann umgestellt werden, um einen Wert für die Bremsfunktion Z (Verzögerung als Anteil von g) zu ergeben:

$$Z = \frac{l \mu F_f}{P(l x_f - \mu h)} \quad (2.37)$$

2.4.4 Hinterachse blockiert zuerst

Wenn das Bremsverhältnis so eingestellt ist, dass die Hinterachse bevorzugt vor der Vorderachse blockiert, dann ist die an der Hinterachse erzeugte Bremskraft, wenn sie kurz vor dem Blockieren steht, durch die folgende Gleichung gegeben:

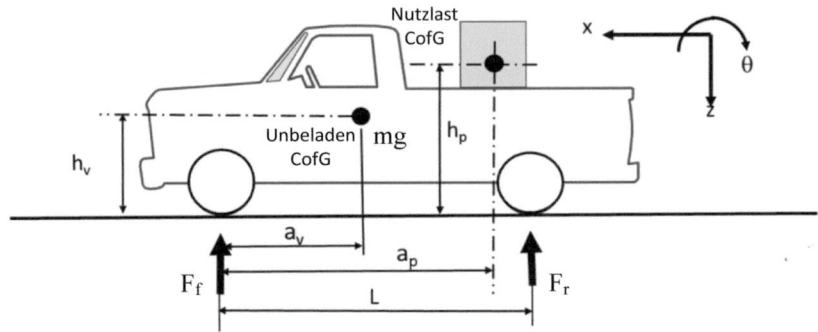

Abb. 2.7 Allgemeine Anordnung eines Pick-ups

$$B_r = \mu N_r = \mu \left(F_r - \frac{PZh}{l} \right) \quad (2.38)$$

In diesem Fall ist die an der Vorderachse erzeugte Bremskraft nicht unbedingt der Grenzwert, und ihre Größe wird aus dem Bremsverhältnis ermittelt als:

$$B_f = B_r \frac{x_f}{x_r} = \mu \left(F_r - \frac{PZh}{l} \right) \frac{x_f}{x_r}, \quad (2.39)$$

was zu einer Gesamtbremskraft führt von:

$$B = PZ = B_f + B_r = \mu \left(F_r - \frac{PZh}{l} \right) \frac{x_f}{x_r} + \mu \left(F_r - \frac{PZh}{l} \right) \quad (2.40)$$

Da $(x_r + x_f) = 1$, kann diese Gleichung geschrieben werden als:

$$B = PZ = \frac{\mu}{x_r} \left(F_r - \frac{PZh}{l} \right) \quad (2.41)$$

Wie zuvor kann diese Gleichung umgestellt werden, um die Bremsfunktion zu zeigen:

$$Z = \frac{l\mu F_r}{P(lx_r + \mu h)} \quad (2.42)$$

Beispiel 2.1 **Auswirkung der Lastverteilung bei festem Bremsverhältnis**

(a) Bestimmen Sie das feste Bremsverhältnis (Bremsverteilung) für das **unbeladene** Fahrzeug, das in Abb. 2.7 gezeigt wird, das beide Achsen an den Rand des Blockierens bringt, wenn der Reifen-Boden-Haftungskoeffizient 0,8 beträgt.

2.4 Bremskraftverteilung und Haftungsausnutzung

(b) Bestimmen Sie das feste Bremsverhältnis für das **beladene** Fahrzeug, das in Abb. 2.7 gezeigt wird, unter den gleichen Bedingungen wie in Aufgabe (a).
(c) Analysieren Sie die Auswirkungen der Verwendung der **unbeladenen** Bremsverteilung auf den **beladenen** Pick-up.
(d) Analysieren Sie die Auswirkungen der Verwendung der **beladenen** Bremsverteilung auf den **unbeladenen** Pick-up.

Allgemeine Fahrzeugdaten:

Unbeladene Masse	1200 kg
Nutzlastmasse	500 kg
L	2,4 m
a_v	0,6 m
h_v	0,45 m
a_p	2,1 m
h_p	0,69 m

(a) Unbeladener Pick-up

Gesamtgewicht des unbeladenen Fahrzeugs ist gegeben durch:

$$P = mg = 1200 \times 9{,}81 = 11772 \text{ N}$$

Momente um die Hinterachse nehmen:

$$F_f = \frac{P(L - a_v)}{L} = \frac{11722(2{,}4 - 0{,}6)}{2{,}4} = 8829 \text{ N (oder } 0{,}75 \text{ P)}$$

Das ergibt:

$$F_r = 11772 - 8829 = 2943 \text{ N (oder } 0{,}25 \text{ P)}$$

Wenn beide Achsen blockiert sind, haben wir $d = g\mu$, das heißt $Z = \mu$. Der Effekt der dynamischen Lastverlagerung ist dann aus Gl. (2.30) gegeben durch:

$$LTE = \frac{mdh}{L} = \frac{PZh}{L} = \frac{11772 \times 0{,}8 \times 0{,}45}{2{,}4} = 1766 \text{ N}$$

Dies führt zu den folgenden dynamischen Lasten auf der Vorder- und Hinterachse:

$$N_f = F_f + LTE = 8829 + 1766 = 10595 \text{ N}$$
$$N_r = F_r - LTE = 2943 - 1766 = 1177 \text{ N}$$

Dies ergibt dann:

$$x_f = \frac{10595}{11772} = 0{,}9 \text{ und } x_r = \frac{1177}{11772} = 0{,}1$$

Woraus das Bremsverhältnis zum gleichzeitigen Blockieren beider Achsen gegeben ist durch:

$$R = \frac{x_f}{x_r} = 9$$

(b) Beladener Pick-up

Wir haben nun:

$$P = mg = 1700 \times 9{,}81 = 16677 \text{ N}$$

Um die Längsposition des Schwerpunkts (a_T) des beladenen Fahrzeugs zu bestimmen, nehmen Sie Momente um die Vorderachse:

$$a_T = \frac{m_v a_v + m_p a_p}{m_v + m_p} = \frac{1200 \times 0{,}6 + 500 \times 2{,}1}{1200 + 500} = 1{,}041 \text{ m}$$

Um die vertikale Position des Schwerpunkts (h_T) des beladenen Fahrzeugs zu bestimmen, nehmen Sie Momente um die Straßenoberfläche:

$$h_T = \frac{m_v h_v + m_p h a_p}{m_v + m_p} = \frac{1200 \times 0{,}45 + 500 \times 0{,}69}{1200 + 500} = 0{,}521 \text{ m}$$

Dann:

$$F_f = \frac{P(L - a_T)}{L} = \frac{16677(2{,}4 - 1{,}041)}{2{,}4} = 9443 \text{ N (oder } 0{,}566P)$$

Und daher:

$$F_r = 16677 - 9943 = 7244 \text{ N (oder } 0{,}434 \text{ P)}$$

Wieder haben wir $d = g\mu$ oder $Z = \mu = 0{,}8$ und der Effekt der dynamischen Lastverlagerung wird dann gegeben durch:

$$LTE = \frac{mdh}{L} = \frac{PZh}{L} = \frac{16677 \times 0{,}8 \times 0{,}521}{2{,}4} = 2896 \text{ N}$$

Dies führt zu neuen dynamischen Lasten auf der Vorder- und Hinterachse, gegeben durch:

$$N_f = F_f + LTE = 9443 + 2896 = 12339 \text{ N}$$
$$N_r = F_r - LTE = 7244 - 2896 = 4348 \text{ N}$$

2.4 Bremskraftverteilung und Haftungsausnutzung

Wir haben nun:

$$x_f = \frac{12339}{16677} = 0{,}74 \text{ und } x_r = \frac{4348}{16677} = 0{,}26$$

Dies ergibt ein stark reduziertes Bremsverhältnis zum gleichzeitigen Blockieren beider Achsen:

$$R = \frac{x_f}{x_r} = 2{,}85$$

(c) Bremsen des beladenen Pick-ups mit unbeladener Bremsverteilung

Die Bremskräfte an den Vorder- und Hinterachsen sind, um eine Verzögerung von 0,8 g zu erreichen, durch die folgende Gleichung gegeben:

$$B_f = P x_f = 16677 \times 0{,}9 = 15009 \text{ N}$$
$$B_r = P x_r = 16677 \times 0{,}1 = 1668 \text{ N}$$

Das erfordert die folgenden Haftreibungskoeffizienten an den Vorder- und Hinterachsen:

$$\mu_f = \frac{B_f}{N_f} = \frac{15009}{12335} = 1{,}22$$
$$\mu_r = \frac{B_r}{N_r} = \frac{1668}{4342} = 0{,}38$$

Der erforderliche vordere Koeffizient ist deutlich größer als der verfügbare Koeffizient von 0,8, sodass die Vorderräder blockieren würden. Die Hinterräder können weiterhin Bremskraft erzeugen, jedoch mit einem begrenzenden Haftreibungskoeffizienten von 0,38, was eine maximale Verzögerung von nur 0,38 g ergibt. Die verfügbare maximale Haftung von 0,8 kann daher nicht genutzt werden.

(d) Bremsen des unbeladenen Pick-ups mit beladener Bremsverteilung

Die Bremskräfte an den Vorder- und Hinterachsen sind, um eine Verzögerung von 0,8 g zu erreichen:

$$B_f = P x_f = 11772 \times 0{,}74 = 8711 \text{ N}$$
$$B_r = P x_r = 11772 \times 0{,}26 = 3061 \text{ N}$$

Die Haftreibungskoeffizienten, die erforderlich sind, um eine Verzögerung von 0,8 g zu erreichen, sind durch die folgende Gleichung gegeben:

$$\mu_f = \frac{B_f}{N_f} = \frac{8711}{10595} = 0{,}822$$
$$\mu_r = \frac{B_r}{N_r} = \frac{3061}{1177} = 2{,}6$$

> In diesem Fall erfordern sowohl die Vorder- als auch die Hinterbremsen Haftreibungskoeffizienten über 0,8 (obwohl die Vorderbremsen nur geringfügig mehr als den verfügbaren Koeffizienten von 0,8 benötigen). Die Hinterbremsen bremsen sicherlich „über" und werden bei deutlich niedrigeren Verzögerungswerten blockieren, was potenziell zur Instabilität des Fahrzeugs führen kann.
>
> Dieses Beispiel veranschaulicht die Notwendigkeit, ein Bremsverhältnis zu haben, das an eine variable Achslastverteilung angepasst werden kann. Mittel zur Erreichung eines solchen variablen Verhältnisses, das insbesondere für Nutzfahrzeuge wie den in Abb. 2.7 gezeigten Pick-up wichtig ist, werden im Abschn. 2.5 unten diskutiert.

2.4.5 Variation der Bremskraft *B* mit der Bremsfunktion *Z*

Die direkte Auswertung der Gl. (2.37) und (2.42) für die Bremsfunktion Z ist einfach. Ein tieferes Verständnis der Mechanik des Bremsvorgangs kann jedoch durch die folgende grafische Lösung gewonnen werden, die die Parameter eines fiktiven zweiachsigen Straßenfahrzeugs annimmt, wie sie in Tab. 2.1 definiert sind. Beachten Sie, dass in dieser Fallstudie angenommen wird, dass das Fahrzeug auf einer Straße bremst, die einen Reifen-Boden-Haftreibungskoeffizienten von eins aufweist.

Die Haftkraft, die zwischen den Vorderrädern und dem Boden wirkt (B_r) als Anteil der gesamten Bremskraft (B), ist durch

$$B_f = x_f B = x_f P Z \tag{2.43}$$

gegeben und wird, wenn sie auf das Fahrzeuggewicht P normalisiert wird, zu:

$$\frac{B_f}{P} = x_f Z \tag{2.44}$$

Tab. 2.1 Fahrzeugparameter eines fiktiven zweiachsigen Straßenfahrzeugs

Parameter		Symbol	Wert	Einheit
Masse		m	980	kg
Radstand		l	2,45	m
Höhe des Schwerpunkts über dem Boden		h	0,47	m
Statische Achslasten	vorn	F_f	6249	N
	hinten	F_r	3365	N
Festes Bremsverhältnis $R = \frac{x_f}{x_r} = 3$	vorn	x_f	0,75	–
	hinten	x_r	0,25	–
Haftung (angenommen)	vorn/hinten	μ	1	–

2.4 Bremskraftverteilung und Haftungsausnutzung

wird.

Gl. (2.44) ist als B_f/P in Abb. 2.8 bezeichnet.

Die maximale verfügbare Bremskraft an der Vorderseite des Fahrzeugs aus Gl. (2.36) ist:

$$Bx_f = \mu\left(F_f + \frac{PZh}{l}\right) \tag{2.45}$$

Für das Fahrzeug mit den in Tab. 2.1 definierten Parametern kann dies ausgewertet werden, um zu ergeben:

$$\frac{Bx_f}{P} = \frac{\mu}{P}\left(F_f + \frac{PZh}{l}\right) = \mu\left(\frac{F_f}{P} + \frac{Zh}{l}\right) = \left(0{,}65 + \frac{Zh}{l}\right) \tag{2.46}$$

Gl. (2.46) stellt die maximale Bremskraft dar, ausgedrückt als Anteil des Gesamtgewichts des Fahrzeugs, die zwischen den Vorderrädern und der Straßenoberfläche für die gegebenen Fahrzeugparameter aufrechterhalten werden könnte. Sie wird in Abb. 2.8 als Linie Bx_f/P gezeigt.

Die Anwendung des gleichen Verfahrens auf die Hinterachse des Fahrzeugs ergibt den folgenden normalisierten Ausdruck für die hintere Haftkraft B_r:

$$\frac{B_r}{P} = x_r Z \tag{2.47}$$

Diese Beziehung wird als Linie B_r/P in Abb. 2.8 gezeigt.

Ebenso wird aus Gl. (2.38) die maximale verfügbare Bremskraft an der Hinterachse für die angenommenen Fahrzeugparameter durch

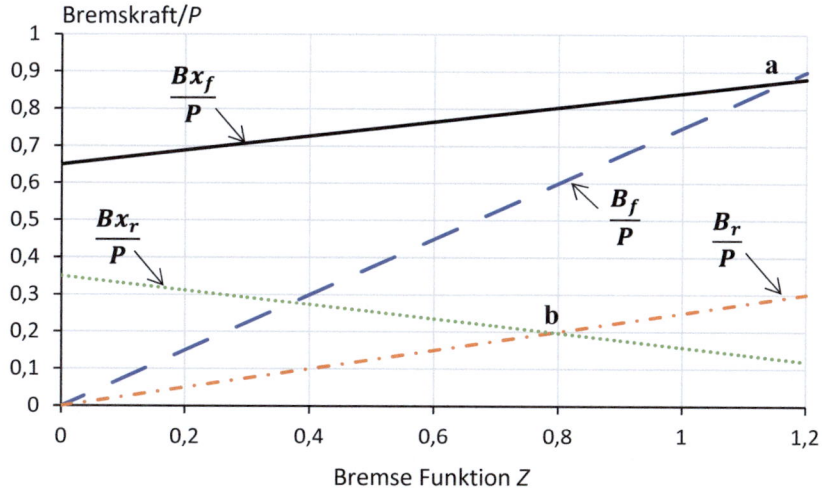

Abb. 2.8 Normalisierte Bremskraft gegen Verzögerung

$$\frac{Bx_r}{P} = \frac{\mu}{P}\left(F_r - \frac{PZh}{l}\right) = \mu\left(\frac{F_r}{P} - \frac{Zh}{l}\right) = \left(0{,}35 - \frac{Zh}{l}\right) \quad (2.48)$$

deutlich.

Diese Gleichung wird als Linie Bx_r/P in Abb. 2.8 dargestellt.

Der Schnittpunkt der Linien B_f/P und Bx_f/P, mit „a" in Abb. 2.8 bezeichnet, stellt die Lösung der Gl. (2.37) (Vorderachse blockiert zuerst) dar, und der Schnittpunkt der Linien B_r/P und Bx_r/P, mit „b" bezeichnet, ist die Lösung der Gl. (2.42) (Hinterachse blockiert zuerst). Da der Punkt **b** bei einem niedrigeren Wert von Z als der Punkt **a** auftritt, bedeutet dies, dass die Hinterachse zuerst bei einem Z-Wert von etwa 0,79 blockieren wird. Die Tatsache, dass die Hinterräder zuerst blockieren, bedeutet, dass die Hinterreifen die erforderliche Bremskraft an der Hinterachse bei Verzögerungswerten über 0,79 g für den angenommenen Reifen-Boden-Haftungskoeffizienten von eins nicht erzeugen können. Ohne das Eingreifen des ABS würde dies auch bedeuten, dass das Fahrzeug instabil wird, sobald die Hinterräder blockieren (siehe Abschn. 2.6 unten).

2.4.6 Bremswirkungsgrad

In Wirklichkeit ist der Reifen-Boden-Haftungskoeffizient eine variable und oft unvorhersehbare Größe. Der Wirkungsgrad η, mit dem ein Bremssystem die verfügbare Reifen-Boden-Haftung nutzt, kann bequem als das Verhältnis der Bremsfunktion Z zum Reifen-Boden-Haftungskoeffizienten μ wie folgt definiert werden:

$$\eta = \frac{Z}{\mu} \quad (2.49)$$

Im Fall des Vorderachsblocks kann η unter Verwendung der Gl. (2.37) wie folgt bewertet werden:

$$\eta = \frac{Z}{\mu} = \frac{\frac{l\mu F_f}{P(lx_f - \mu h)}}{\mu} = \frac{F_f}{P\left(x_f - \frac{\mu h}{l}\right)} \quad (2.50)$$

Im Fall des Hinterachsblocks führt die Anwendung der Gl. (2.42) zu einem zweiten Ausdruck für den Wirkungsgrad:

$$\eta = \frac{Z}{\mu} = \frac{\frac{l\mu F_r}{P(lx_r + \mu h)}}{\mu} = \frac{F_r}{P\left(x_r + \frac{\mu h}{l}\right)} \quad (2.51)$$

Da es physikalisch unmöglich ist, dass $Z\mu$ übersteigt, ist die Gültigkeit der Gl. (2.50) und der Gl. (2.51) durch die Bedingung begrenzt:

$$\eta \leq 1{,}0 \quad (2.52)$$

2.4 Bremskraftverteilung und Haftungsausnutzung

Ein Maß für die Leistung eines Fahrzeugs mit einem bestimmten Bremssystem und einem festen Bremsverhältnis über verschiedene Straßenoberflächen kann durch das Plotten der Effizienz η gegen den Reifen-Boden-Haftungskoeffizienten μ gezeigt werden, wie in Abb. 2.9 zu sehen. Die Sperrlinien der Vorder- und Hinterachse wurden aus den Gl. (2.50) und (2.51) jeweils unter Verwendung der Fahrzeugdaten aus Tab. 2.1 generiert, aber jetzt ist der Haftungskoeffizient eine Variable und nicht auf 1 gesetzt. Die beiden Linien treffen sich bei einem Reifen-Boden-Haftungskoeffizienten von 0,52, bei dem beide Achsen kurz vor dem Blockieren stehen und das System zu 100 % effizient ist. Auf Straßenoberflächen mit einem niedrigeren Haftungskoeffizienten wird das Bremsen des Fahrzeugs durch das Blockieren der Vorderachse begrenzt, Gl. (2.50), und die Effizienz sinkt auf ein Minimum von 87 % bei sehr niedrigen Haftungsbedingungen. Auf Straßenoberflächen mit einem Haftungskoeffizienten > 0,52 wird das Fahrzeug durch das Blockieren der Hinterachse begrenzt, Gl. (2.51), und die Effizienz sinkt auf ein Minimum von 79 % bei einem Haftungskoeffizienten von 1.

Eine alternative Möglichkeit zur Darstellung von Bremsleistungsdaten kann durch das Plotten der Bremsfunktion Z gegen die Reifen-Boden-Haftung μ für die Fälle des Vorder- und Hinterachsenblockierens, definiert durch die Gl. (2.37) und (2.42), jeweils erreicht werden. Diese Darstellungsweise hat den Vorteil, dass der Bremsingenieur mögliche Verzögerungsniveaus, die auf verschiedenen Straßenoberflächen erreichbar sind, zusammen mit einem Maß für die Systemeffizienz bei jedem Haftungsniveau vergleichen kann. In diesem Fall ist die durch Gl. (2.49) definierte Effizienz der Gradient jeder Kurve, die im Verzögerungs-Haftungs-Raum gezeichnet wird. Eine Linie mit einem Gradienten von eins stellt 100 % Effizienz und damit optimale Leistung dar.

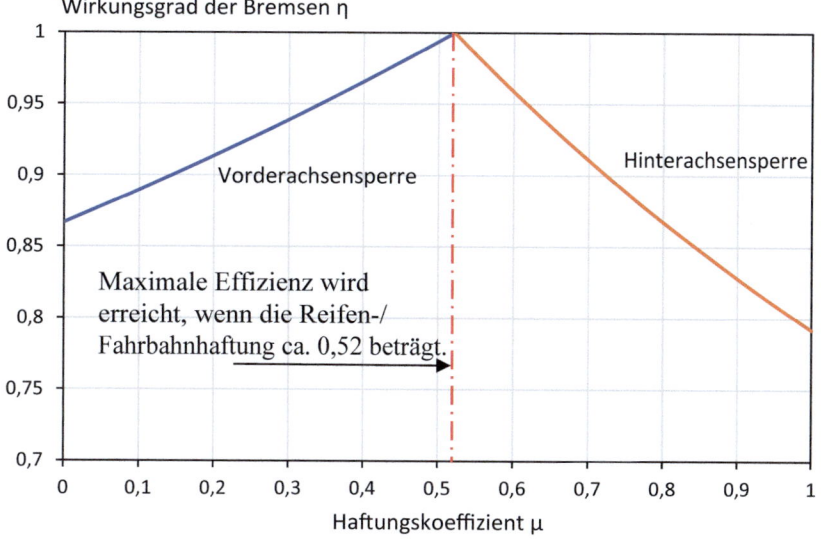

Abb. 2.9 Effizienz als Funktion des Reifen-Boden-Haftungskoeffizienten

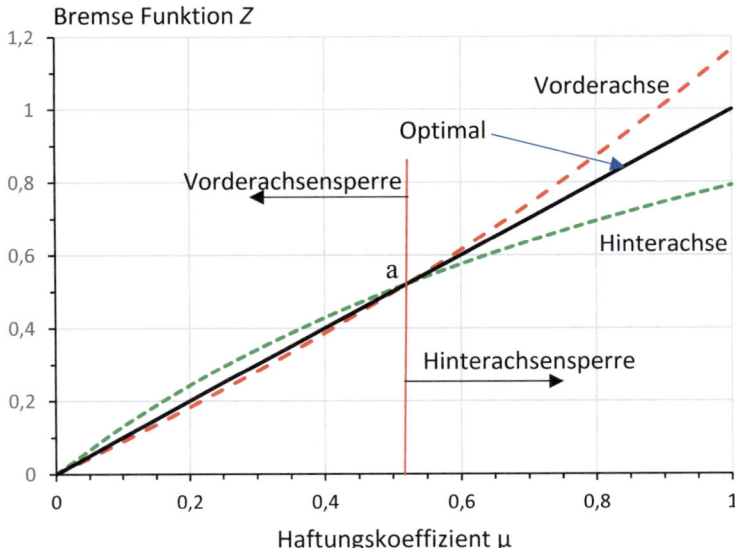

Abb. 2.10 Verzögerung (Z) als Funktion des Reifen-Boden-Haftungskoeffizienten

Ein solches Diagramm für die in Tab. 2.1 definierten Fahrzeugdaten ist in Abb. 2.10 gezeigt. Die beiden gestrichelten Linien zeigen die begrenzende Verzögerung, die auf der Vorder- und Hinterachse erreichbar ist, abgeleitet jeweils aus Gl. (2.37) und (2.42). Sie schneiden die optimale Linie ($Z = \mu$) am Punkt „a", der 100 % Effizienz bei einem Haftungskoeffizienten von 0,52 anzeigt, wie in Abb. 2.9 zu sehen. Da die Effizienz nicht über 100 % steigen kann, können nur aus den Teilen der Kurven, die unterhalb der optimalen Linie liegen, sinnvolle Informationen abgeleitet werden. Es ist klar, dass das Fahrzeug auf Straßenoberflächen mit einem hohen Reifen-Boden-Haftungskoeffizienten durch das Blockieren der Hinterachse begrenzt wird und dass das System für diesen Zustand am wenigsten effizient ist, da die Steigung der Z- vs. μ-Kurve niedriger ist als beim Blockieren der Vorderachse.

Um eine bessere Nutzung der verfügbaren Haftung für das in Tab. 2.1 definierte Fahrzeug zu gewährleisten, wäre es notwendig, das feste Bremsverhältnis so zu ändern, dass die Vorderachse zuerst bis zu einem Haftungskoeffizienten von, sagen wir, $\mu = 0{,}8$ blockiert, was ein Wert ist, der auf den meisten trockenen Straßenoberflächen leicht erreichbar ist. Für eine 100-prozentige Haftungseffizienz bei einer Verzögerung von 0,8 g müssen daher sowohl Z als auch μ 0,8 betragen.

Umstellen von Gl. (2.37) ergibt:

$$x_f = \frac{\frac{l\mu F_f}{ZP} + \mu h}{l} = \frac{\mu F_f}{ZP} + \frac{\mu h}{l} \tag{2.53}$$

Das Einsetzen der Basisfahrzeugdaten ergibt:

2.5 Bremsen mit variablem Bremsverhältnis

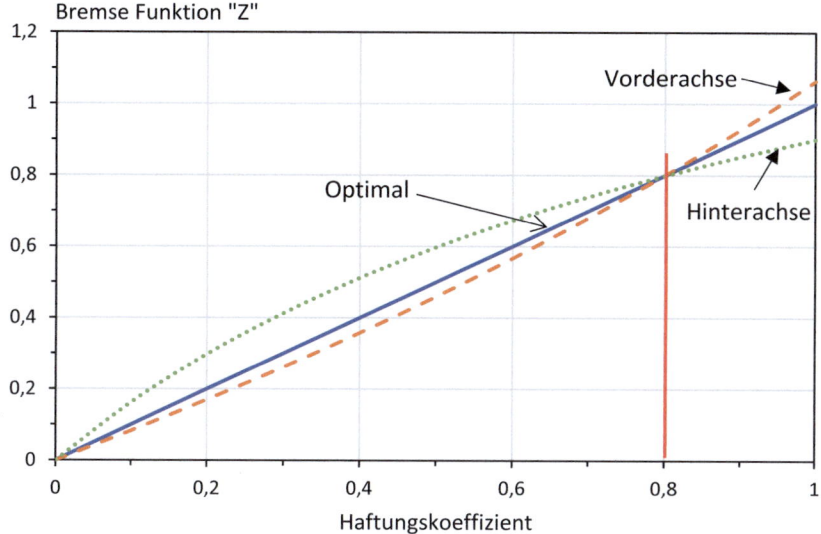

Abb. 2.11 Verzögerung als Funktion des Reifen-Boden-Haftungskoeffizienten für modifiziertes Fahrzeug

$$x_f = \frac{0{,}8 \times 6249}{0{,}8 \times 9614} + \frac{0{,}8 \times 0{,}47}{2{,}45} = 0{,}65 + 0{,}1535 = 0{,}803$$

Da $(x_r + x_f) = 1$, ergibt dies:

$$x_r = 0{,}197$$

Das gewünschte neue feste Bremsverhältnis ergibt sich also aus:

$$\frac{x_f}{x_r} = \frac{0{,}803}{0{,}197} = 4{,}08$$

Abb. 2.11 zeigt, dass die Verzögerung des modifizierten Fahrzeugs nun durch das Blockieren der Vorderachse für Haftungskoeffizienten bis zu 0,8 bestimmt wird, was ein auf den meisten trockenen Straßenoberflächen leicht erreichbarer Wert ist. Abb. 2.12 bestätigt, dass eine Systemeffizienz von 100 % nun bei einer viel höheren Verzögerung von 0,8 g erreicht wird, was ein vernünftiges Zielniveau für viele Straßenfahrzeuge ist.

2.5 Bremsen mit variablem Bremsverhältnis

Wenn ein Fahrzeug eine maximale Verzögerung erreichen soll, die immer dem Wert des Reifen-Boden-Haftungskoeffizienten entspricht, muss das Bremssystem mit einem kontinuierlich variablen Bremsverhältnis ausgelegt sein, das dem Verhältnis der dynami-

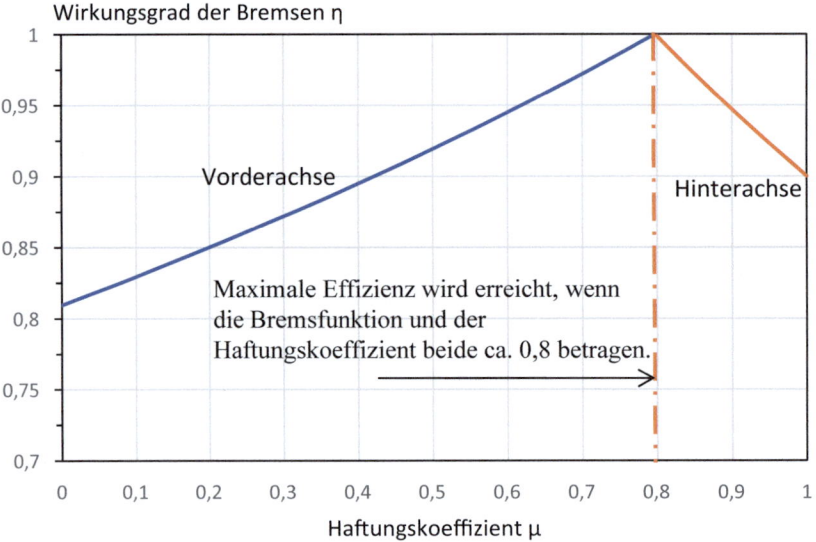

Abb. 2.12 Effizienz als Funktion des Reifen-Boden-Haftungskoeffizienten für modifiziertes Fahrzeug

schen Lastverteilung zwischen Vorder- und Hinterachse für alle Verzögerungswerte entspricht. Somit ergibt sich aus Gl. (2.28) und (2.29) das erforderliche variable Bremsverhältnis R_v wie folgt:

$$R_v = \frac{N_f}{N_r} = \frac{F_f + \frac{PZh}{l}}{F_r - \frac{PZh}{l}} \qquad (2.54)$$

Da per Definition $R_v = \frac{x_{fv}}{x_{rv}}$, ist es offensichtlich, dass die erforderlichen variablen Vorder- und Hinterbremsanteile sind:

$$x_{fv} = \frac{N_f}{P} = \frac{F_f}{P} + \frac{Zh}{l} \qquad (2.55)$$

$$x_{rv} = \frac{N_r}{P} = \frac{F_r}{P} - \frac{Zh}{l} \qquad (2.56)$$

Daher sind die erforderlichen variablen Bremsanteile eine Funktion der Fahrzeugverzögerung (d. h. Z) und auch der statischen Vorder- und Hinterachsenlasten $(F_f$ und $F_r)$, die durch die Gewichtsverteilung des Fahrzeugs bestimmt werden. Ein Nutzfahrzeug, bei dem sich das Nutzlastgewicht und die Position während einer einzigen Fahrt erheblich ändern können, ist eines, das von einem variablen Bremsverhältnis profitieren würde. In der Praxis hilft die Einführung eines Regelventils (oder mehrerer Ventile) in

2.5 Bremsen mit variablem Bremsverhältnis

das Bremsbetätigungssystem, um die Bremsleistung eines Fahrzeugs unter einer Vielzahl von Betriebsbedingungen zu optimieren.

Der grundlegende Zweck eines variablen Bremsverhältnisses besteht darin, die Größe der Bremskraft, die an der Hinterachse eines Fahrzeugs unter der Wirkung zunehmender Verzögerungsraten erzeugt wird, zu verringern, um ein Blockieren der Hinterachse zu verhindern. Diese Funktion wird normalerweise durch die Einbindung einer Art Bremsdruckregelventil in den hinteren Bremskreis realisiert. Die genaue Art des Ventils hängt vom Detaildesign des Fahrzeugs ab, aber typische Druckregelventile, die in Fahrzeugen mit herkömmlichen hydraulischen Radbremsen eingebaut sind, fallen in drei generische Typen, die im Folgenden beschrieben sind.

(a) **Druckempfindliches Regelventil**

Auch als Druckbegrenzer bekannt, isoliert dieser Ventiltyp, wie in Abb. 2.13 gezeigt, einfach den hinteren Bremskreis, wenn der Leitungsdruck einen vorbestimmten Wert überschreitet. Es wäre normal, dass die Feder mit einem einstellbaren Mechanismus wie einer Schraube vorgespannt wird. Im normalen Betrieb kann das unter Druck stehende Öl den Kopf des Spools umgehen, um das Öl zu den Auslässen zu leiten, die den hydraulischen Druck auf die hinteren Reibungsbremsen übertragen. Wenn die Kraft aufgrund des Eingangsdrucks die vorgesetzte Federlast überschreitet, bewegt sich der Spool nach links und schließt das unter Druck stehende Öl zu den Auslässen ab. Der Systemdruck kann weiter ansteigen und mehr Bremskraft auf die Vorderbremsen ausüben, aber der Ausgangskreis bleibt beim vorbestimmten Schließdruck. Solche „festen" Regelventile finden Anwendung in Fahrzeugen, die durch einen niedrigen Schwerpunkt und ein begrenztes Ladevolumen gekennzeichnet sind.

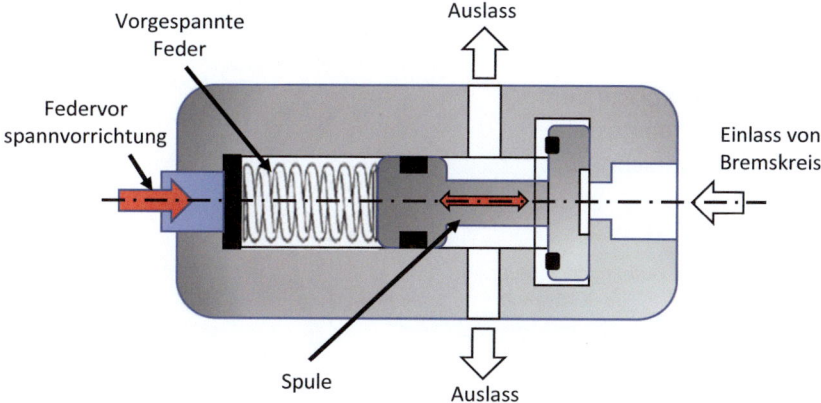

Abb. 2.13 Schematische Darstellung eines Druckregelventils

(b) **Lastempfindliches Regelventil**

Ventile dieses Typs werden in Fahrzeuge eingebaut, die große Änderungen der Achslast im Betrieb erfahren. Das Ventil ist am Fahrzeugkörper verankert und über eine mechanische Verbindung auch mit der Hinterradaufhängung verbunden, wie in Abb. 2.14 angegeben. Dies ermöglicht es dem Ventil, die relative Verschiebung zwischen dem hinteren Körper und der Aufhängung zu „erkennen". Die Bewegung des Schwenkarms wird verwendet, um die Federvorspannung anzupassen, dadurch die Kontrolle über den hinteren Leitungsdruck zu ermöglichen und so den hinteren Bremsen zu ermöglichen, Änderungen der Hinterachslast zu kompensieren. Alternativ kann die Federvorspannung durch ein motorisiertes System unter Verwendung von Rückmeldungen vom Eingangsdruck und/oder von Lastsensoren, die an den Achsen des Fahrzeugs angebracht sind, angepasst werden.

(c) **Verzögerungsempfindliches Regelventil**

Eine typische mechanische Ventilkonstruktion dieser Art ist in Abb. 2.15 dargestellt. Bei einer vorbestimmten Verzögerung, die durch die Masse der Kugel und den Einbauwinkel bestimmt wird, bewirkt die auf die Kugel wirkende Trägheitskraft, dass sie den Ventilkörper hinaufrollt und das Ventil schließt, wodurch die Hinterradbremsen isoliert werden. Diese Art von gefälleempfindlichem Ventil reagiert auf ein Gefälle in günstiger Weise: Bei einer ansteigenden Steigung schließt das Ventil bei höheren Verzögerungswerten, sodass die Hinterradbremsen mehr zum gesamten Bremsaufwand beitragen können; bei einer abfallenden Steigung werden die Hinterradbremsen bei niedrigeren

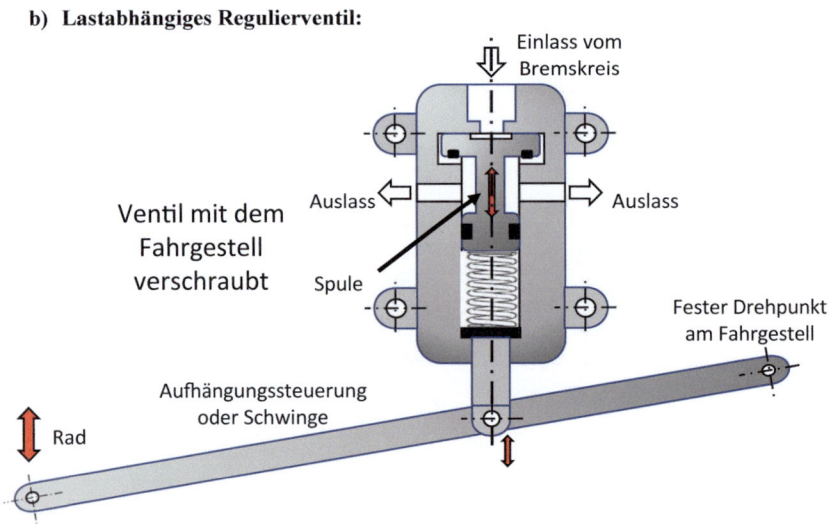

Abb. 2.14 Schematische Darstellung eines lastempfindlichen Druckregelventils

2.5 Bremsen mit variablem Bremsverhältnis

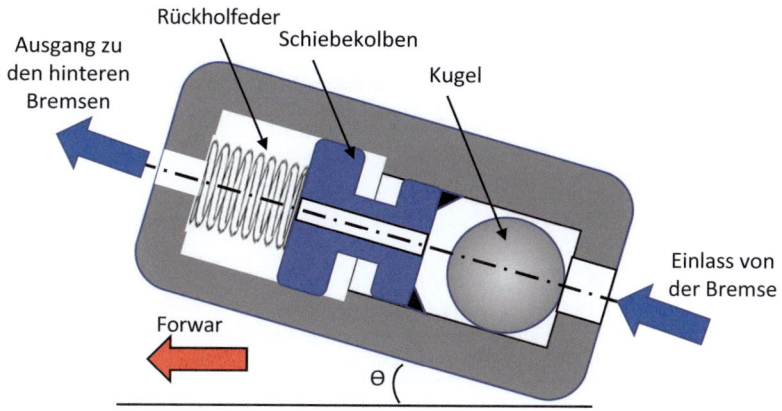

Abb. 2.15 Verzögerungsempfindliches (trägheitsgesteuertes) Druckregelventil

Verzögerungswerten isoliert, was die größere Lastverlagerung auf die Vorderseite des Fahrzeugs aufgrund des Gefälles widerspiegelt.

Abb. 2.16 zeigt eine typische Bremskraftcharakteristik von vorne nach hinten, die für alle oben genannten hydraulischen Druckbegrenzungsventilsysteme repräsentativ wäre. Für das verzögerungsempfindliche Ventil, das bei einer Fahrzeugverzögerung Z_v, aktiviert wird, wird die Bremskraft zwischen den Vorder- und Hinterachsen im anfänglichen festen Bremsverhältnis für alle Verzögerungswerte unterhalb von Z_v aufgeteilt. Sobald die Verzögerung Z_v überschritten hat, wird der Leitungsdruck zu den Hinterradbremsen konstant gehalten, sodass die Hinterradbremsen keine zusätzliche Bremskraft mehr erzeugen können. Folglich erhöht sich das Bremsverhältnis von vorne nach hinten kontinuierlich von seinem ursprünglichen festen Wert.

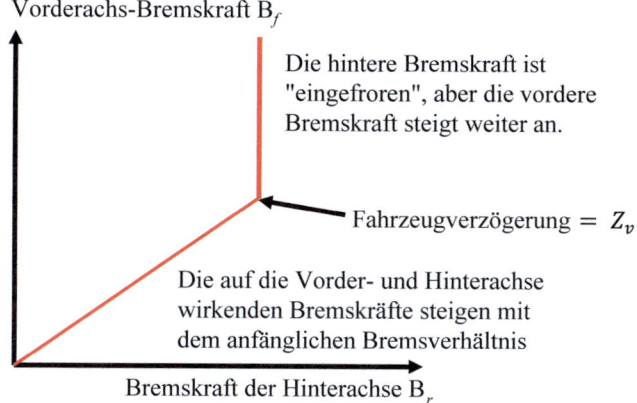

Abb. 2.16 Typische Bremskraftverteilung des Druckregelventils

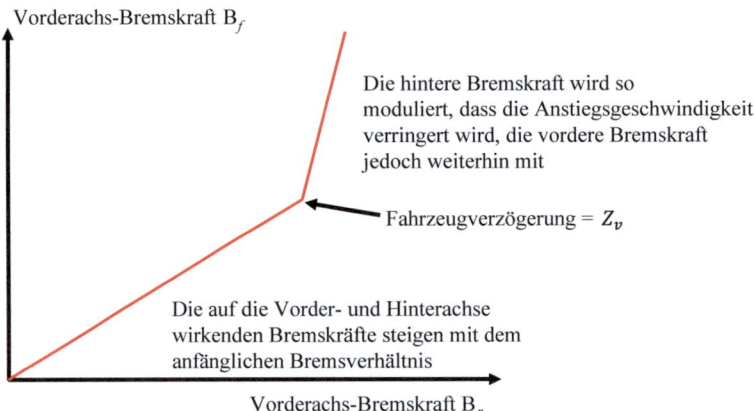

Abb. 2.17 Typische Bremskraftverteilung des Modulationsventils

Ein Druckmodulations- oder Reduzierventil unterscheidet sich von einem Druckbegrenzungsventil, da nach Überschreiten des Aktivierungspunkts der Druck der Hinterradbremsen nicht begrenzt wird, sondern einfach langsamer ansteigt als der der Vorderbremsen. Der Hauptvorteil dieser Art von Ventil besteht darin, dass der Druck der Hinterachse auch nach dem Blockieren der Vorderbremsen erhöht werden kann, sodass die Druckverhältnisse von vorne und hinten nahe an den optimalen Werten liegen können. Eine typische Druckmodulationsventilcharakteristik ist in Abb. 2.17 dargestellt.

2.6 Auswirkung des Rad-/Achsenblockierens

Die Rolle der Reifen-Boden-Reibung und die Abhängigkeit des Haftungskoeffizienten vom Grad des Längsschlupfes (Bremsen) wurden in Abschn. 2.3 beschrieben. Typische Variationen sowohl der Längs- als auch der Seitenkraft-(Haftungs-)Koeffizienten mit Reifenlängsschlupf unter Bremsbedingungen sind in Abb. 2.18 dargestellt. Von 0 % Längsschlupf steigt der Haftungskoeffizient in etwa linearer Weise bis zu seinem Spitzenwert μ_p bei etwa 20 %. Eine weitere Erhöhung des Schlupfes, bedingt durch eine Erhöhung des angelegten Bremsmoments, führt dazu, dass das Rad schnell bis zum vollständigen Blockieren verzögert wird und der Haftungskoeffizient den minimalen Gleitwert von μ_s bei 100 % Längsschlupf annimmt. Das Verhältnis μ_p/μ_s hängt von der Beschaffenheit der betreffenden Straßenoberfläche ab, neigt jedoch dazu, seinen höchsten Wert bei nassen oder vereisten Bedingungen anzunehmen. Aus Abb. 2.18 ist ersichtlich, dass der Seitenkraftkoeffizient μ_l mit zunehmendem Bremsschlupf noch dramatischer abnimmt: von etwa 0,7 bei 0 % Schlupf auf weniger als 0,1 bei 100 % Schlupf.

Es wurde bereits argumentiert, dass ein Fahrzeug sein maximales Bremsvermögen erreicht, wenn eine Achse vollständig blockiert ist und die zweite Achse kurz vor dem

2.6 Auswirkung des Rad-/Achsenblockierens

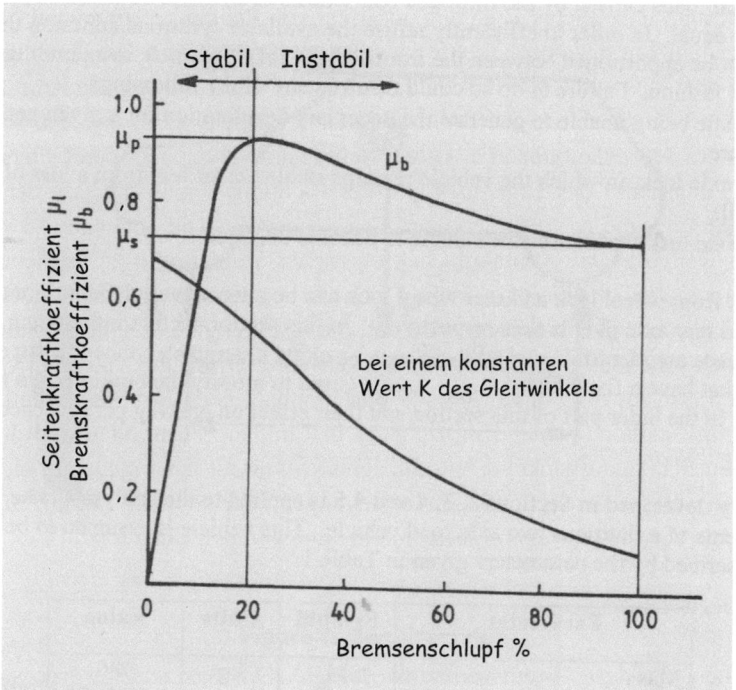

Abb. 2.18 Typische Variation der Längs- und Seitenkraft-(Haftungs-)Koeffizienten mit prozentualem Bremsschlupf

Blockieren steht. Aus Abb. 2.18 geht jedoch klar hervor, dass bei einer Blockierung eines Rades oder einer Achse die Reibung sowohl in Längs- als auch in Querrichtung reduziert ist und somit die Fähigkeit des Fahrzeugs, die zur Aufrechterhaltung der Richtungsstabilität erforderlichen Seitenkräfte zu erzeugen, stark beeinträchtigt wird. Die Art der potenziellen Instabilität hängt davon ab, welches Rad oder welche Achse blockiert ist, sowie von Parametern wie der Fahrzeuggeschwindigkeit, dem Gierträgheitsmoment der Fahrzeugkarosserie und den Fahrzeugabmessungen sowie den Längs- und Seitenhaftungskoeffizienten zwischen Reifen und Boden. Durch die getrennte Betrachtung der beiden Fälle von Vorder- und Hinterachsblockierung lassen sich nützliche Einblicke in dieses Stabilitätsproblem gewinnen, wie im Folgenden beschrieben.

(a) **Vorderachsblockierung**

Wenn die Vorderachse blockiert ist und die Hinterachse kurz vor dem Blockieren steht, ist die gesamte Längsbremskraft durch folgende Gleichung gegeben:

$$B = PZ = \mu_s \left(F_f + \frac{PZh}{l} \right) + \mu_p \left(F_r - \frac{PZh}{l} \right) \quad (2.57)$$

Jegliche Störung in seitlicher Richtung aufgrund von Steigung, Seitenwind oder Bremsungleichgewicht von links nach rechts erzeugt eine Seitenkraft S, die durch den Schwerpunkt des Fahrzeugs wirkt, wie in Abb. 2.19a gezeigt. Die resultierende Kraft R aufgrund der Längskraft B, die durch das Bremsereignis verursacht wird, und der Seitenkraft S führt zu einem Schräglaufwinkel α. Dieser Schräglaufwinkel stellt den Unterschied zwischen der Längsachse des Fahrzeugs und der Richtung dar, in die sich der Fahrzeugschwerpunkt aufgrund der resultierenden Kraft R bewegt. Die Seitenkraft S muss durch die in den Reifen-Boden-Kontaktflächen erzeugten Seitenkräfte ausgeglichen werden. Da die Vorderachse blockiert ist, kann davon ausgegangen werden, dass keine Seitenkraft von den Vorderrädern erzeugt wird und die resultierende Seitenkraft ausschließlich von den noch rollenden Hinterrädern entwickelt wird. Dies führt zu einem Gesamtgiermoment von $S_r b$, das eine stabilisierende Wirkung hat, da es dazu neigt, die Längsachse des Fahrzeugs stärker mit der Fahrtrichtung in Einklang zu bringen und dadurch den anfänglichen Schräglaufwinkel α zu reduzieren. Somit ist das Fahrzeug bei blockierter Vorderachse weniger geneigt, auf Lenkbewegungen oder seitliche Störungen zu reagieren, und seine Vorwärtsbewegung setzt sich in einer geraden Linie fort.

(b) **Blockierte Hinterachse**

Angenommen, das feste Bremsverhältnis des gleichen Fahrzeugs wurde so geändert, dass die Hinterachse zuerst blockiert, bevor die Vorderachse blockiert, wie in Abb. 2.19b

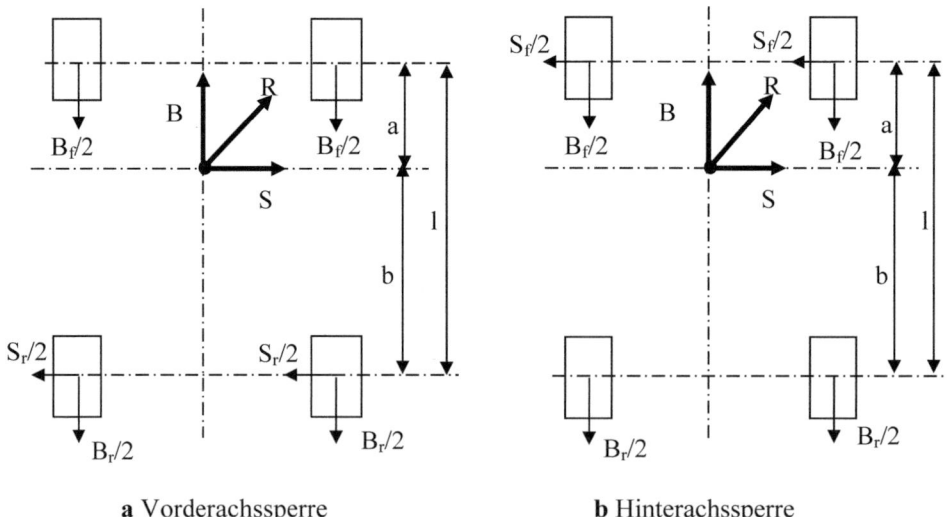

a Vorderachssperre   **b** Hinterachssperre

Abb. 2.19 Stabilität eines Fahrzeugs bei blockierter Vorderachse (links) und blockierter Hinterachse (rechts)

2.6 Auswirkung des Rad-/Achsenblockierens

gezeigt. Wenn die Hinterachse vollständig blockiert ist und die Vorderachse kurz vor dem Blockieren steht, beträgt die gesamte Längsbremskraft:

$$B = PZ = \mu_p \left(F_f + \frac{PZh}{l} \right) + \mu_s \left(F_r - \frac{PZh}{l} \right) \qquad (2.58)$$

Wenn das Fahrzeug einer seitlichen Störung ausgesetzt ist, wird angenommen, dass auf diese nur durch eine zwischen den Vorderrädern und dem Boden erzeugte Seitenkraft reagiert werden kann. Das resultierende Moment von $S_f a$ um den Fahrzeugschwerpunkt hat nun eine destabilisierende Wirkung, da es dazu führt, dass sich die Längsachse des Fahrzeugs von der Fahrtrichtung wegbewegt und dadurch den Schräglaufwinkel des Fahrzeugs α vergrößert. Dies führt wiederum zu einem Anstieg der Seitenkraft an der Vorderseite des Fahrzeugs, was eine Erhöhung der Gierbeschleunigung und somit eine Richtungsinstabilität verursacht.

Aus Sicherheitsgründen ist es daher vorzuziehen, dass die Vorderachse vor der Hinterachse blockiert, da dies eine stabilere Bedingung darstellt und der Fahrer die Richtungssteuerung des Fahrzeugs einfach durch Lösen der Bremsen wiedererlangen kann. Wenn die Hinterachse zuerst blockiert und das Fahrzeug zu schleudern beginnt, muss die Reaktion des Fahrers äußerst schnell und geschickt sein, um die Kontrolle über die Situation wiederzuerlangen. Darüber hinaus führt ein Frontalaufprall, der mit einer Blockierung der Vorderachse verbunden ist, in einer Kollisionssituation in der Regel zu weniger schweren Verletzungen der Insassen als ein möglicher Seitenaufprall aufgrund des unkontrollierten Gierens des Fahrzeugs, das durch die Blockierung der Hinterachse verursacht wird, wobei die gute Frontalcrashsicherheit moderner Fahrzeuge zu berücksichtigen ist (siehe Kap. 5).

Die Auswirkung der Achsblockierung auf die Fahrzeugstabilität kann auch durch die formale Ableitung der Bewegungsgleichung, die mit dem Gieren des Fahrzeugs verbunden ist, bewertet werden. Die Analyse der beiden Fälle der Achsblockierung führt zu identischen Schlussfolgerungen hinsichtlich des Verhaltens des Fahrzeugs mit dem zusätzlichen Vorteil, dass Maße der Gierbeschleunigung, -geschwindigkeit und -verlagerung abgeleitet werden können. Eine solche Analyse wird jedoch als außerhalb des Umfangs dieses Kapitels betrachtet.

Diese Überlegungen werden häufig bei der Auswahl eines festen Bremsverhältnisses für Personenkraftwagen angewendet, das dazu führt, dass die Vorderachse auf den meisten Straßenoberflächen zuerst blockiert. Das feste Bremsverhältnis wird so gewählt, dass im unbeladenen Zustand sowohl die Vorder- als auch die Hinterachse kurz vor dem Blockieren stehen, wenn das Fahrzeug auf einer Straßenoberfläche mit einem Reifen-Boden-Haftungskoeffizienten von eins eine 1-g-Bremsung durchführt. Unter solchen Bedingungen ($Z = \mu = 1$) ist das erforderliche feste Bremsverhältnis gleich:

$$R = \frac{x_f}{x_r} = \frac{F_f + \frac{Ph}{l}}{F_r - \frac{Ph}{l}} \qquad (2.59)$$

2.7 Nickbewegung der Fahrzeugkarosserie beim Bremsen

Die Lastübertragung von der Hinterachse auf die Vorderachse während eines Bremsvorgangs führt dazu, dass sich die Fahrzeugkarosserie um ihre Querachse dreht. Diese Nickbewegung führt auch zu einer Änderung der Position des Fahrzeugschwerpunkts. Beide Änderungen können als Funktion der Fahrzeugverzögerung unter Verwendung der Notation in Abb. 2.20 bestimmt werden. Die folgende Analyse geht davon aus, dass die Fahrzeugkarosserie starr ist und dass die Federkonstanten der Vorder- und Hinterachse, k_f und k_r, linear sind.

Gl. (2.30) hat bereits gezeigt, dass der Lastübertragungseffekt beim Bremsen gleich $\frac{PZh}{l}$ ist. Diese Kraft wirkt, um die Vorderachsfederung zu komprimieren, aber die Hinterachsfederung zu erweitern, sodass die Fahrzeugkarosserie eine Vorwärtsnickbewegung erfährt. Die vertikalen Verschiebungen der Federung an der Vorder- und Hinterachse unter der Wirkung dieser Lastübertragung sind jedoch nicht gleich, da sie von der Federsteifigkeit des Fahrzeugs an Vorder- und Hinterachse k_f und k_r abhängen.

Daher ergibt sich bei der Annahme linearer Federn der Kompressionsweg an der Vorderachse wie folgt:

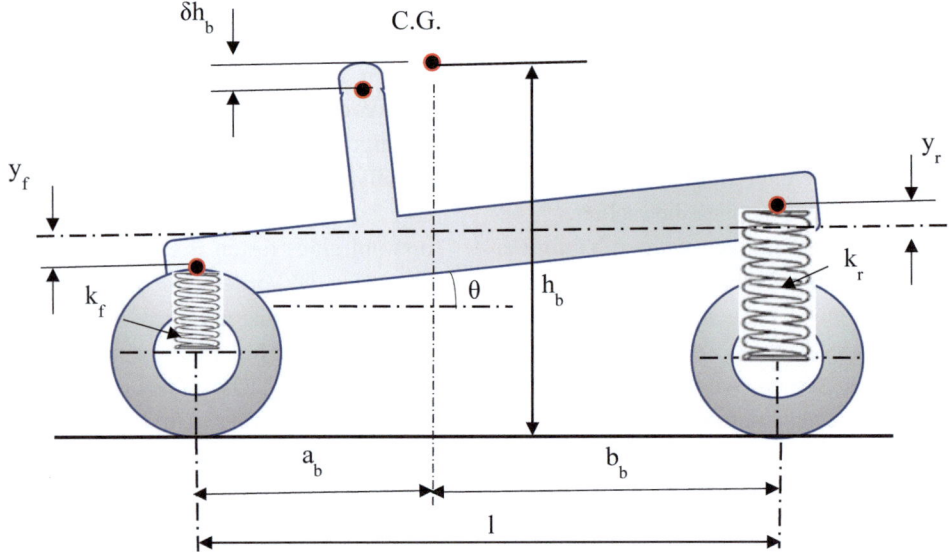

Abb. 2.20 Bestimmung des Nickwinkels der Fahrzeugkarosserie beim Bremsen

2.8 Antiblockiersysteme (ABS)

$$y_f = \frac{PZh/l}{k_f} \qquad (2.60)$$

Ebenso an der Hinterachse ist die Aufwärtsverlängerung der Aufhängung durch die folgende Gleichung gegeben:

$$y_r = \frac{PZh/l}{k_r} \qquad (2.61)$$

Der Neigungswinkel θ, den die Fahrzeugkarosserie in Grad annimmt, ist dann durch die folgende Gleichung gegeben:

$$\theta = \left(\frac{y_f + y_r}{l}\right) \times \frac{360}{2\pi} \qquad (2.62)$$

Abb. 2.20 zeigt, dass sowohl vertikale als auch longitudinale Bewegungen des Fahrzeugschwerpunkts (C.G.) infolge der Karosserieneigungsbewegung auftreten. Das Ausmaß der Bewegung des C.G., der sich zunächst in einer Entfernung a_b von der Vorderachse in einer Höhe h_b über dem Boden befindet, hängt von seiner Position innerhalb der Struktur, den Aufhängungsraten und der Verzögerungsrate ab. Unter starken Bremsbedingungen kann die vertikale Verschiebung δh_b des Fahrzeugschwerpunkts (C.G.) bis zu 5 % seiner ursprünglichen Höhe betragen. Diese vertikale Bewegung neigt dazu, die dynamische Lastübertragung gemäß Gl. (2.30) zu verringern. Die horizontale Vorwärtsbewegung des C.G., die größer ist als die vertikale Bewegung, wirkt jedoch, um die Vorderachslast zu erhöhen.

2.8 Antiblockiersysteme (ABS)

Antiblockiersysteme wurden erstmals in den frühen 1950er-Jahren von der Luftfahrtindustrie entwickelt. Anfang der 1970er entwickelten mehrere Auto-/Bremsenhersteller ihre eigenen Systeme. Jüngste technische Fortschritte, insbesondere bei Mikroprozessoren, haben dazu geführt, dass Antiblockiersysteme nun im gesamten Pkw- und Nutzfahrzeugbereich weit verbreitet sind, was zu grundlegenden Verbesserungen der Fahrzeugbremsleistung führt.

Ein Antiblockiersystem moduliert den Druck der Reibungsbremse, um eine zu schnelle Verzögerung des erfassten Rades oder der Räder zu verhindern. Wenn ein Rad unter Bremsen zu schnell verzögert wird, kann es blockieren. Abb. 2.18 zeigt, dass der Bremskraftkoeffizient μ_s, wenn das Rad vollständig blockiert ist (d. h. Radschlupf von 100 %), viel niedriger ist als der maximale Bremskraftkoeffizient μ_p. Dieser maximale Bremskraftkoeffizient tritt normalerweise irgendwo im Schlupfbereich von 10–25 % auf. Wenn ein Antiblockiersystem den Bremsdruck an einem Rad so modulieren kann, dass sein Schlupf innerhalb dieses Bereichs bleibt, wird die Verzögerungskraft, die dieses Rad bietet, erheblich höher sein als im vollständig blockierten Zustand. Darüber hinaus zeigt

Abb. 2.18 auch, dass der seitliche Kraftkoeffizient an einem Straßenrad μ_l dramatisch abnimmt, wenn der Bremsenschlupf auf 100 % steigt. Wir haben bereits gesehen, dass diese Reduktion der Seitenkraft die Fahrzeugstabilität ernsthaft beeinträchtigen kann, insbesondere wenn die Hinterräder zuerst blockieren.

Abb. 2.21 zeigt das Grundlayout eines typischen ABS-Systems, das in einem Pkw mit hydraulischen Bremsen eingebaut ist. Raddrehzahlsensoren an jedem Rad werden verwendet, um die Rotationsgeschwindigkeit des Rades zu messen. Diese Messungen der Raddrehzahl werden mit der geschätzten Vorwärtsgeschwindigkeit des Fahrzeugs innerhalb der ABS-Elektronikeinheit (ECU) verglichen, um einen Wert für den momentanen Radschlupf gemäß Gl. (2.15) zu erhalten. Die ECU weist die ABS-Hydraulikeinheit an, den hydraulischen Druck auf jedes Rad (oder jede Achse), das (oder die) kurz vor dem Blockieren steht, mithilfe von elektromagnetisch betätigten Ventilen zu modulieren. Wenn der Radschlupf in den stabilen Bereich zurückgeht, kann der volle Druck wieder auf dieses Rad angewendet werden, um die Bremskraft zu maximieren. Das wiederholte Ein- und Ausschalten der Magnetventile ist verantwortlich für das schnelle „Klicken", das oft in einem Fahrzeug mit ABS zu hören ist.

Abb. 2.21 zeigt ein sogenanntes 3-Kanal-System, bei dem die beiden vorderen Scheibenbremsen unabhängig gesteuert werden, die hinteren Trommelbremsen jedoch durch eine einzige hydraulische Zufuhr zur Hinterachse. Dieses System ist etwas günstiger, insbesondere für ein Fahrzeug mit einer hydraulischen Vorderachse-Hinterachse-Aufteilung, als ein vollständiges 4-Kanal-System, bei dem jede Radbremse unabhängig gesteuert wird. Das 4-Kanal-System bietet jedoch die beste Gesamtbremsleistung (insbesondere auf Straßen mit unterschiedlicher Reibung) und ist mittlerweile Standard bei den meisten Pkw. Schließlich ist es wichtig zu bedenken, dass, obwohl ABS die Gesamtbremsleistung erheblich verbessert hat, insbesondere die Fahrzeugstabilität bei starkem

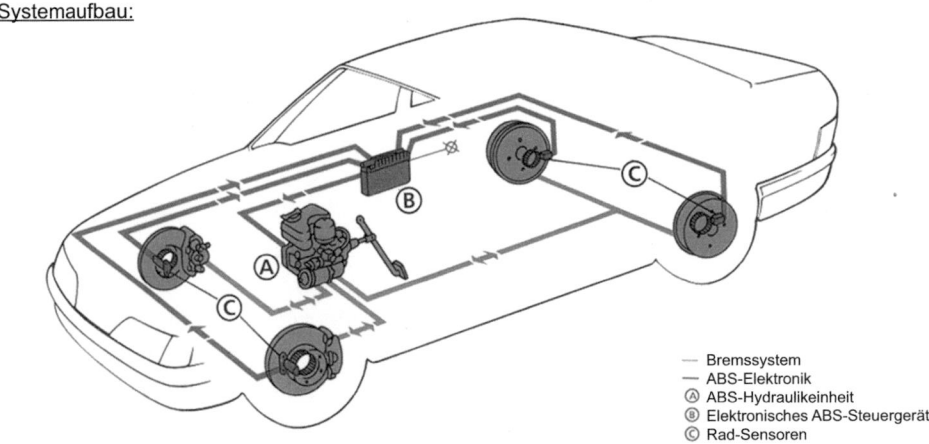

Abb. 2.21 Konfiguration eines einfachen hydraulischen ABS-Systems

Bremsen, es die grundlegende Physik des Bremsens durch Verzögerung der Straßenräder nicht überwinden kann, d. h., die gesamte Bremskraft kann die maximale Haftung an der Reifen-Straßen-Kontaktfläche nicht überschreiten.

2.9 Abschließende Bemerkungen

Dieses Kapitel hat versucht, einen Überblick über einige der wichtigen Aspekte der sicheren Verzögerung eines Straßenfahrzeugs zu geben. Das Beispiel eines hydraulisch betriebenen Reibungsbremssystems, wie es in den meisten modernen Pkw eingebaut ist, wurde als Beispiel verwendet. Die grundlegenden Prinzipien gelten jedoch auch für pneumatisch betriebene Systeme, wie sie bei den meisten mittleren und schweren Nutzfahrzeugen verwendet werden. Es wurde keine detaillierte Betrachtung der regenerativen Bremskraft durch den Antriebsstrang der meisten Elektrofahrzeuge oder anderer nicht reibungsbasierter Mittel zur Verzögerung des Fahrzeugs wie kinetische Energie oder nicht batterieelektrische Geräte (Widerstände/Kondensatoren) vorgenommen. Daher wird das wichtige Thema der Bremsmischung zwischen Reibungs- und regenerativer Bremskraft in diesem Kapitel nicht behandelt. Unabhängig von den Mitteln zur Anwendung des Verzögerungsmoments auf die Straßenräder bleiben die grundlegenden Mechaniken des Bremsens eines Straßenfahrzeugs gleich, insbesondere die Begrenzung der erreichbaren Verzögerungswerte für eine gegebene Straßenoberfläche und die immer vorhandene Möglichkeit von negativen Auswirkungen des Radblockierens.

Wie in anderen Kapiteln dieses Buches lag der Fokus nicht auf den mechatronischen Systemen, die zunehmend zur Steuerung vieler Aspekte des Verhaltens moderner Fahrzeuge verwendet werden, insbesondere mit dem Aufkommen des vollautonomen Fahrens. Das Bremssystem, insbesondere ABS, spielt eine wichtige Rolle in fortschrittlichen Fahrwerksregelsystemen wie dem automatischen Notbremsassistenten (AEB), der elektronischen Stabilitätskontrolle (ESC) und den Traktionskontrollsystemen (TCS). Elektromechanische Bremsvorrichtungen werden jetzt auch routinemäßig eingesetzt, beispielsweise in elektrisch gesteuerten Feststellbremsen (EPB). Tatsächlich ist es wahrscheinlich, dass sich die elektromechanische Bremse (EMB) so weit entwickeln wird, dass sie schließlich die derzeitigen hydraulischen oder pneumatisch betriebenen Systeme ersetzen kann. Die Vorteile der EMB in Bezug auf größere Integration und Steuerungsmöglichkeiten könnten bald die zusätzlichen Kosten für die Bereitstellung der erforderlichen Redundanz für ein solches „trockenes", elektrisch betriebenes System überwiegen. Die potenzielle Geschwindigkeit der Einführung solcher Systeme ist so schnell, dass es nicht angebracht wäre, diese Entwicklungen im vorliegenden Lehrbuch zu diskutieren. Stattdessen konzentriert sich das Kapitel auf Grundlagen, die sich nicht ändern werden, solange das Hauptmittel zur Anwendung der Verzögerungskraft auf ein Fahrzeug die Reibung an der Reifen-Boden-Kontaktfläche ist.

3 Federungssysteme und -komponenten

> **Zusammenfassung**
>
> Das Design des Aufhängungssystems betrifft sowohl die Qualität/Verfeinerung als auch die Handhabung/Sicherheitsaspekte. Dieses Kapitel beginnt mit der Betrachtung der kinematischen Anforderungen eines Aufhängungssystems, bevor gängige Aufhängungssysteme für sowohl abhängige als auch unabhängige Designs diskutiert werden. Sowohl Vorder- als auch Hinterachsaufhängungen werden betrachtet. Das Kapitel setzt sich mit einer detaillierten Analyse der Komponenten des Aufhängungssystems fort – Reifen, Verbindungen, Federn und Dämpfer – wobei letztere auch die aktive Dämpfung umfassen. Es zielt darauf ab, das Verständnis des Lasttransfers zu erweitern, wenn Body Roll zusammen mit den Auswirkungen von gefederten und ungefederten Massen betrachtet wird. Sowohl Anti-Squat- als auch Anti-Dive-Designs werden ebenfalls untersucht. Das Kapitel schließt mit einer Viertelfahrzeuganalyse ab, bei der Karosserieschwingungen und Radhüpfmodi als Interessensgebiete identifiziert werden. Das Kapitel enthält viele numerische Beispiele, um die Theorie besser zu erklären und deren Anwendung zu demonstrieren.

3.1 Einführung in das Fahrwerksdesign

Fahrkomfort und Handling sind zwei der wichtigsten Themen im Zusammenhang mit der Fahrzeugverfeinerung. Zusammen erzeugen sie einige Designkonflikte, die durch Kompromisse gelöst werden müssen. Auch die breite Palette von Betriebsbedingungen, die ein Fahrzeug erfährt und die sowohl den Fahrkomfort als auch das Handling beeinflussen, muss vom Fahrwerksingenieur berücksichtigt werden. Dies alles summiert sich zu einigen sehr herausfordernden Aufgaben für den Fahrwerksdesigner.

Während der Fahrwerksingenieur eine Checkliste mit funktionalen Anforderungen für ein bestimmtes Design hat, gibt es auch eine Reihe anderer Einschränkungen, die erfüllt werden müssen. Dazu gehören Kosten-, Gewichts- und Verpackungsraumbeschränkungen sowie Anforderungen an Robustheit und Zuverlässigkeit, einfache Herstellung, Montage und Wartung.

Wie andere Formen des Fahrzeugdesigns wird auch das Fahrwerksdesign von Entwicklungszeiten beeinflusst, die durch Marktkräfte vorgegeben werden. Dies bedeutet, dass für neue Fahrzeuge verfeinerte Fahrwerke schnell mit einem Minimum an Prüfstand- und Fahrzeugtests vor der Markteinführung entworfen werden müssen. Folglich wird großer Wert auf computergestütztes Design gelegt. Dies erfordert die Verwendung ausgeklügelter mathematischer Modelle und Computersoftware, die es ermöglicht, eine Vielzahl von „Was-wäre-wenn"-Szenarien schnell zu testen und die Notwendigkeit vieler Prototypentests zu vermeiden.

Um die Probleme zu verstehen, mit denen der Fahrwerksdesigner konfrontiert ist, ist es notwendig, Kenntnisse über:

- Die Anforderungen an Lenkung, Handling und Stabilität
- Die Fahrkomfortanforderungen im Zusammenhang mit der Isolierung der Fahrzeugkarosserie von Straßenunebenheiten und anderen Quellen von Vibrationen und Geräuschen
- Wie Reifenkräfte durch Bremsen, Beschleunigen und Kurvenfahren erzeugt werden
- Die Bedürfnisse zur Kontrolle der Karosseriehaltung
- Die Belastung des Fahrwerks und deren Einfluss auf die Größe und Stärke der Fahrwerkskomponenten.

Dieses Kapitel zielt darauf ab, die oben genannten Probleme zu behandeln.

3.1.1 Die Rolle eines Fahrzeugfahrwerks

Die Hauptanforderungen an ein Fahrzeugfahrwerk sind:

- Gute Fahr- und Handling-Eigenschaften zu bieten – dies erfordert, dass das Fahrwerk vertikale Nachgiebigkeit aufweist, um die Isolierung des Fahrgestells zu gewährleisten, während die Räder dem Straßenprofil mit minimalen Reifenlastschwankungen folgen.
- Sicherzustellen, dass die Lenksteuerung während des Manövrierens beibehalten wird – dies erfordert, dass die Räder in der richtigen Position zur Straßenoberfläche gehalten werden.
- Sicherzustellen, dass das Fahrzeug auf die durch die Reifen erzeugten Steuerkräfte infolge von Längsbrems- und Beschleunigungskräften, seitlichen Kurvenkräften sowie Brems- und Beschleunigungsmomenten günstig reagiert – dies erfordert, dass

3.1 Einführung in das Fahrwerksdesign

die Fahrwerksgeometrie so ausgelegt ist, dass das Eintauchen, Nicken und Rollen der Fahrzeugkarosserie verhindert wird.
- Isolierung von hochfrequenten Vibrationen, die durch Reifenanregung entstehen – dies erfordert eine geeignete Isolierung in den Fahrwerksgelenken, um die Übertragung von „Straßengeräuschen" auf die Fahrzeugkarosserie zu verhindern.
- Die strukturelle Festigkeit zu bieten, die notwendig ist, um die auf das Fahrwerk einwirkenden Lasten zu widerstehen.

Es wird deutlich, dass diese Anforderungen sehr schwer gleichzeitig zu erfüllen sind, insbesondere wenn die zusätzlichen Einschränkungen von Kosten, Verpackungsraum, Robustheit und anderen Faktoren berücksichtigt werden. Dies führt zu einigen Designkompromissen, die oft zu weniger als perfekten Leistungen für einige der gewünschten Ergebnisse führen.

3.1.2 Definitionen und Terminologie

Es gibt eine beträchtliche Terminologie im Zusammenhang mit dem Fahrwerksdesign, die für Ingenieure in ihren Anfangsjahren, die das Thema zum ersten Mal kennenlernen, ungewohnt erscheinen mag. Die meisten dieser Terminologie werden beschrieben, sobald sie auftreten. Eine nützliche Zusammenfassung der gebräuchlichsten Definitionen der Fahrzeugdynamik findet sich in SAE 670e Vehicle Dynamics Terminology. Es ist jedoch Vorsicht geboten, da es einige Unterschiede zwischen amerikanischer und europäischer Terminologie gibt.

Abb. 3.1 zeigt die SAE 670e-Gesamtfahrzeug-Referenzachsen zusammen mit den Begriffen, die zur Beschreibung der Rotation um diese Achsen verwendet werden. Diese

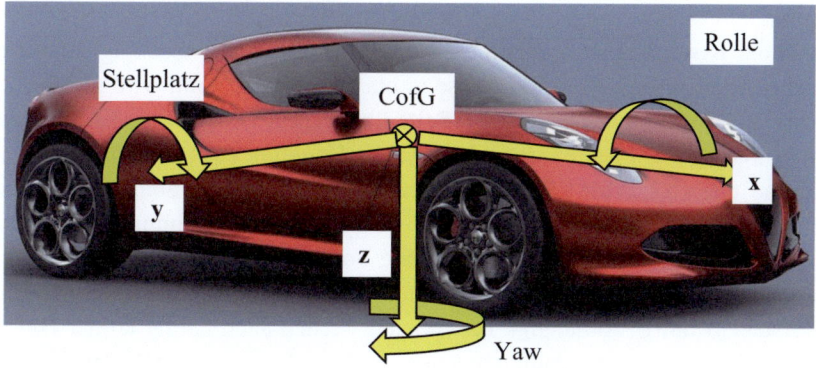

Abb. 3.1 Gesamtfahrzeug-Referenzachsen – SAE 670e. (Quelle: https://static.vecteezy.com/system/resources/previews/000/060/181/original/sports-car-vector.jpg)

Achsen haben ihren Ursprung im Schwerpunkt des Fahrzeugs. Beachten Sie, dass in der Fahrzeugdynamikanalyse manchmal andere Achsensysteme verwendet werden.

3.1.3 Was ist ein Fahrzeugfahrwerk?

Die Isolierung einer Fahrzeugkarosserie von den Straßenunebenheiten, die am Straßen-/ Radübergang in den Reifen eines Fahrzeugs eingespeist werden, erfordert eine relative Bewegung zwischen dem Rad und der Karosserie. Diese Bewegung wird im Allgemeinen durch eine Art von Verbindungsmechanismus gesteuert, der sowohl Steifigkeit als auch Dämpfung umfasst. Dieser Mechanismus wird als *Fahrwerk* bezeichnet.

Fahrwerkskomponenten, insbesondere Federn und Dämpfer, haben einen tiefgreifenden Einfluss auf die Fahr- und Handling-Eigenschaften. Zusätzlich zu den durch die Fahrwerksleistungsanforderungen auferlegten Einschränkungen haben die Komponentenentwickler eine Reihe anderer Einschränkungen zu berücksichtigen. Dazu gehören Gewicht, Kosten, Verpackung, Haltbarkeit und Wartung. Aufgrund der feindlichen Umgebung, in der Fahrwerkskomponenten arbeiten, und der hohen schwankenden Lasten (und damit Spannungen), die beteiligt sind, ist die Ermüdungslebensdauer eine weitere Hauptsorge des Designers. Alle Fahrwerksysteme bestehen im Allgemeinen aus den gleichen Komponenten – Federn, Dämpfern und Verbindungen. Federn werden im Abschn. 3.4 beschrieben, Dämpfer im Abschn. 3.5 und kinematische Verbindungen im Abschn. 3.6.

3.1.4 Federungsklassifikationen

Im Allgemeinen können Federungen grob als *abhängig, unabhängig* oder *halbabhängig* klassifiziert werden.

Bei *abhängigen Federungen* ist die Bewegung eines Rades auf einer Seite des Fahrzeugs von der Bewegung seines Partners auf der anderen Seite abhängig. Zum Beispiel, wenn ein Rad auf einer Seite einer Achse in ein Schlagloch gerät, wird die Wirkung direkt auf seinen Partner auf der anderen Seite übertragen. Dies hat im Allgemeinen eine nachteilige Wirkung auf den Fahrkomfort und das Handling des Fahrzeugs.

Aufgrund des Trends zu höherer Fahrzeugverfeinerung sind abhängige Federungen bei Personenkraftwagen nicht mehr üblich. Sie werden jedoch immer noch häufig bei Nutz- und Geländefahrzeugen eingesetzt. Ihre Vorteile sind einfache Konstruktion und nahezu vollständige Beseitigung der Sturzänderung bei Body Roll (was zu geringem Reifenverschleiß führt). Abhängige Federungen werden auch häufig an der Hinterachse von frontgetriebenen leichten Nutzfahrzeugen und bei Nutz- und Geländefahrzeugen mit angetriebenen Hinterachsen (Starrachsen) verwendet. Gelegentlich werden sie in Verbindung mit nicht angetriebenen Achsen (tote Achsen) an der Vorderachse einiger Nutzfahrzeuge mit Hinterradantrieb eingesetzt.

3.1 Einführung in das Fahrwerksdesign

Bei *unabhängigen Federungen* ist die Bewegung der Radpaare unabhängig, sodass eine Störung an einem Rad nicht direkt auf seinen Partner übertragen wird. Dies führt zu besseren Fahr- und Handling-Eigenschaften. Diese Form der Federung bietet in der Regel Vorteile bei der Verpackung und im Vergleich zu abhängigen Systemen eine größere Designflexibilität. Einige der häufigsten Formen von vorderen und hinteren unabhängigen Federungsdesigns werden unten betrachtet. McPherson-Federbeine, Doppelquerlenker und Mehrlenkersysteme werden häufig sowohl für Vorder- als auch Hinterradanwendungen eingesetzt. Schräglenker, Halbschräglenker und Pendelachsen werden überwiegend für Hinterradanwendungen verwendet.

Es gibt auch eine Gruppe von Federungen, die irgendwo zwischen abhängigen und unabhängigen Federungen liegen und daher als *halbabhängig* bezeichnet werden. Bei dieser Form der Federung wird die starre Verbindung zwischen Radpaaren durch ein nachgiebiges Glied ersetzt. Dies nimmt normalerweise die Form eines Balkens an, der sich verdrehen kann und sowohl die Positionskontrolle des Radträgers als auch die Nachgiebigkeit bietet. Solche Systeme sind in der Regel einfach in der Konstruktion und bieten Designflexibilität, wenn sie in Verbindung mit nachgiebigen Stützbuchsen (Elastomerbuchsen) verwendet werden.

3.1.5 Definition der Radposition

Da eine der wichtigsten Funktionen eines Federungssystems darin besteht, die Position der Straßenräder zu kontrollieren, ist es wichtig, die Definitionen in Bezug auf die Radposition zu verstehen. Die Position der Räder relativ sowohl zur Straße als auch zur Fahrzeugfederung ist wichtig und wird im Allgemeinen durch Federungsablenkung und Reifenbelastung beeinflusst. In den folgenden Unterabschnitten werden Parameter in Bezug auf die Radposition definiert und ihre Auswirkungen auf das Fahrverhalten betrachtet.

3.1.5.1 Sturzwinkel

Dies ist der Winkel zwischen der Radebene und der Vertikalen – positiv, wenn das Rad nach außen vom Fahrzeug geneigt ist (Abb. 3.2).

Der Sturz wird durch die Fahrzeugbeladung und das Kurvenfahren beeinflusst. Ein leichter positiver Sturz (0,1°) sorgt für gleichmäßigeren Verschleiß und geringen Rollwiderstand. Bei Personenkraftwagen ist die Einstellung jedoch oft negativ (auch wenn das Fahrzeug leer ist). Die Werte der Vorderachse reichen von 0° bis −1° 20′. Negativer Sturz verbessert den seitlichen Reifengrip in Kurven und das Handling aufgrund der Sturzeffekte (diese sind eine Folge der Reifeneigenschaften).

Ein Nachteil einer unabhängigen Federung ist, dass sich die Räder bei einer Kurve relativ zur Fahrzeugkarosserie neigen (Abb. 3.3). Dies führt tendenziell zu einem erhöhten negativen Sturz an den inneren Rädern und einem erhöhten positiven Sturz an den äußeren Rädern. Die äußeren Räder versuchen dann, sich nach außen zu rollen, was zu einer

Abb. 3.2 Radposition mit positivem Sturz (in x-Richtung betrachtet, d. h. von vorne gesehen)

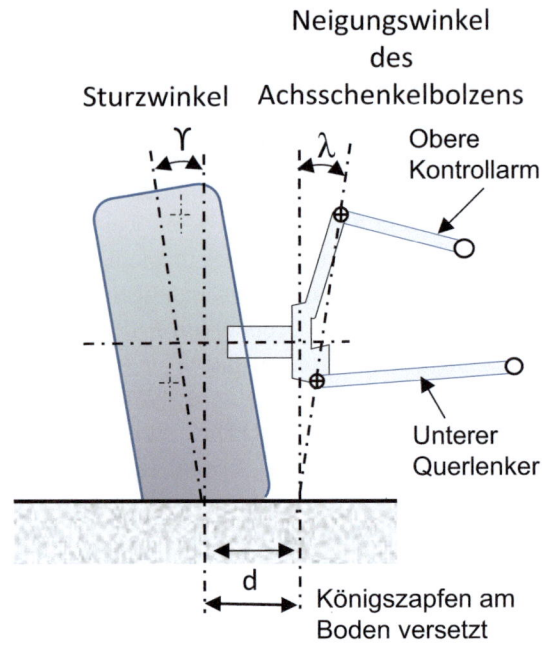

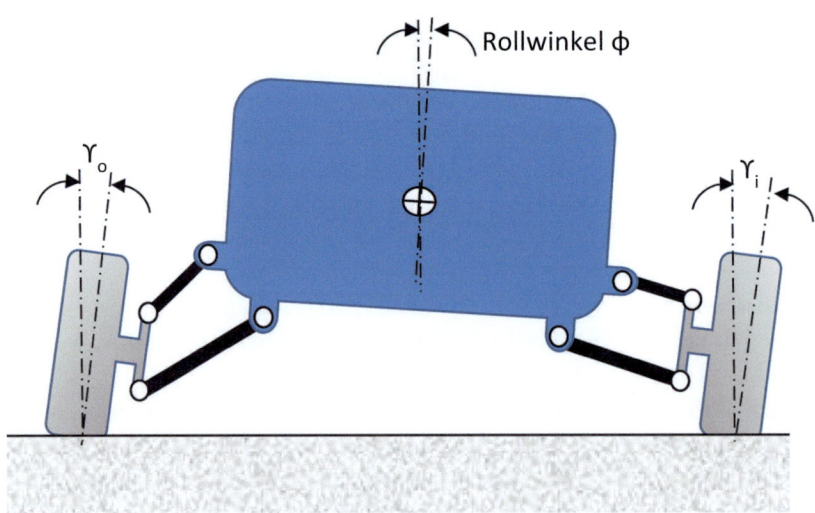

Abb. 3.3 Sturzwinkel beim Kurvenfahren mit einer unabhängigen Federung

Untersteuerung führt. Beachten Sie, dass die Änderung des Sturzes (relativ zur Straße) eine Kombination aus Änderungen aufgrund der Federungsbewegung (Ausfedern innen, Einfedern außen) und Änderungen aufgrund von Body Roll ist.

3.1.5.2 Achsschenkelneigung (nur gelenkte Achsen)

Manchmal auch als Schwenklagerneigung bezeichnet, ist die Achsschenkelneigung (KPI) der Winkel zwischen der Achsschenkelachse und der Vertikalen (Abb. 3.2). Sie hat die Wirkung, das Fahrzeug anzuheben, wenn die Räder eingeschlagen werden, und erzeugt einen spürbaren Selbstzentriereffekt bei KPIs über 15° (siehe Kap. 4). Wenn die Räder eingeschlagen werden, hängt die Größe des selbstzentrierenden Moments vom Achsschenkelwinkel, dem Achsschenkelversatz und dem Nachlaufwinkel ab. Typische Achsschenkelwinkel für Personenkraftwagen liegen zwischen 11° und 15,5°.

Die Auswirkungen der KPI sind wie folgt:

- Reifenverschleiß – induzierte Sturzänderungen können insbesondere bei hohen Lenkwinkeln Verschleiß verursachen.
- Rückstellfähigkeit – diese wird durch erhöhte Werte der KPI verbessert, da Arbeit geleistet wird, um das Fahrzeug von der Geradeaus- in die eingeschlagene Position zu heben.
- Antriebseinflüsse – diese stehen im Zusammenhang mit den Antriebswellenwinkeln.
- Lift-off/Traktionslenkung in Kurven – eine Erhöhung der KPI kann zu einer erhöhten Fahrzeugreaktion auf Traktionsänderungen in der Kurve führen.
- Lenkaufwand – die KPI verursacht eine Anhebung des Fahrzeugs, wenn der Lenkwinkel erhöht wird. Dies führt zu einer zunehmenden Arbeitsbelastung des Lenksystems, um einen bestimmten Radwinkel zu erreichen. Eine Erhöhung der KPI von 0° auf 15° wird jedoch den Lenkaufwand wahrscheinlich nicht um mehr als 10 % erhöhen.
- Reifenfreiheit – Änderungen der KPI beeinflussen den Radumschlagbereich und damit die Reifenfreiheit.

3.1.5.3 Lenkrollradius

Der Lenkrollradius (KPO) ist der Abstand zwischen der Mitte der Reifenaufstandsfläche und dem Schnittpunkt der Achse des Achsschenkelbolzens mit der Bodenebene („d" in Abb. 3.2), der als positiv angenommen wird, wenn der Schnittpunkt auf der Innenseite des Rades liegt. In der Praxis variiert der KPO von kleinen positiven zu kleinen negativen Werten. Bei einem gegebenen Fahrwerk kann der KPO durch Ändern der Reifenbreite verändert werden. Eine Erhöhung des KPO verbessert die Rückstellfähigkeit der Lenkung (siehe unten). Der Nachteil ist, dass der Versatz einen Hebelarm bildet, sodass Längskräfte an der Reifenaufstandsfläche durch Bremsen oder das Überfahren eines Schlaglochs über den Lenkmechanismus auf das Lenkrad übertragen werden.

Die Auswirkungen des Lenkrollradius sind daher:

- Rückstellfähigkeit – positive Erhöhungen des KPO erhöhen die Rückstellfähigkeit aufgrund des erhöhten Anhebens mit Lenkwinkel.
- Bremsstabilität (außen liegende Bremsen) – bei einem diagonal geteilten Bremssystem hilft ein negativer KPO, die Lenkwirkung eines ausgefallenen Systems zu

kompensieren. Ein ähnlicher Effekt tritt bei „Split-μ"-Bremsen auf, bei denen ein Rad blockiert, oder bei unausgeglichenen Vorderbremsen. Beim Bremsen in einer Kurve erzeugt ein negativer KPO ein Einlenken der äußeren Räder, was zu einer Tendenz des Übersteuerns führt. Bei innen liegenden Bremsen ist der Nabenversatz (siehe unten) das kritische Maß.

- Antriebseinflüsse – bei einem konventionellen, nicht vorgespannten Differential, das ein gleiches Drehmoment auf jede Achse überträgt, führt ein Verlust der Traktion eines Rades bei großen KPO-Werten zu *Lenkkämpfen*.
- Lenkaufwand – es wird allgemein angenommen, dass sowohl positive als auch negative KPO den statischen Lenkaufwand verringern, indem sie ein gewisses Abrollen des Reifens auf der Straßenoberfläche ermöglichen und so das Reibungsverhalten des Reifens reduzieren. In der Praxis scheint es jedoch selbst bei großen KPO-Werten wenig Einfluss zu geben.

3.1.5.4 Lenkrollradius an der Nabe

Dieser ist definiert als der horizontale Abstand von der Achse des Achsschenkelbolzens bis zum Schnittpunkt der Nabenachse und der Reifenmittellinie, wie in Abb. 3.2 dargestellt. Der Nabenversatz wird als positiv definiert, wenn die Reifenmittellinie außerhalb der Achse des Achsschenkelbolzens auf Höhe der Nabenmitte liegt.

3.1.5.5 Nachlaufwinkel

Der Nachlaufwinkel ist die Neigung der Achse des Achsschenkelbolzens, die in die Längsebene projiziert wird, zunächst durch die Radmitte – positiv in der in Abb. 3.4 gezeigten Richtung. Der Nachlaufwinkel erzeugt ein selbstlenkendes Moment für nicht angetriebene

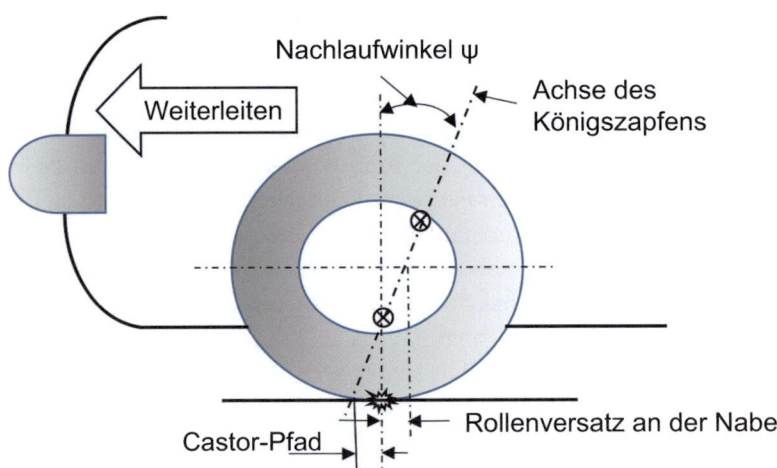

Abb. 3.4 Definition des Nachlaufwinkels und des Nachlaufversatzes

Räder. Er ist abhängig von der Federungsauslenkung und beeinflusst bei gelenkten Rädern den Sturzwinkel in Abhängigkeit vom Lenkwinkel (siehe Kap. 4).

Die Auswirkungen des Nachlaufwinkels sind:

- Reifenverschleiß – induzierte Sturzänderungen können insbesondere bei hohen Lenkwinkeln zu Schulterverschleiß führen.
- Lenkansprechverhalten – ein positiver Nachlaufwinkel erzeugt einen negativen Sturz an einem äußeren Rad und verbessert so das Einlenkverhalten.

3.1.5.6 Nachlaufversatz

Der Nachlaufversatz, oft auch als mechanischer Nachlauf bezeichnet, ist der Längsabstand vom Schnittpunkt der Achse des Achsschenkelbolzens mit dem Boden bis zur Mitte der Reifenaufstandsfläche, wie in Abb. 3.4 gezeigt. Er beeinflusst die Größe des selbstlenkenden Moments. Bei einigen frontgetriebenen Fahrzeugen gibt es während des Kurvenfahrens ein erhöhtes selbstlenkendes Moment aufgrund des Versatzes der Antriebskraft und der Seitenkraft. Dies ist unerwünscht, da der Untersteuereffekt dann zu groß ist und die Lenkung übermäßig von unebenen Straßenoberflächen beeinflusst wird.

Die Auswirkungen des Nachlaufversatzes auf das Fahrverhalten sind wie folgt:

- Geradlinienstabilität – verbessert sich mit höherem Nachlaufversatz.
- Rückstellfähigkeit – stärker bei höherem Nachlaufversatz.
- Bremsstabilität – der Nachlaufwinkel wird sich beim Bremsen im Allgemeinen verringern (aufgrund des Nabenaufbaus und der Fahrzeugneigung), was zu einem verringerten Nachlaufversatz führt und die Bremsstabilität verschlechtert, d. h., die Bremsstabilität wird durch höhere Nachlaufversatzwerte verbessert.
- Lenkaufwand – der Nachlaufversatz hat sehr wenig Einfluss auf den Lenkaufwand im Stand oder bei sehr niedrigen Geschwindigkeiten, aber ansonsten nimmt der Lenkaufwand mit zunehmendem Nachlaufversatz zu. Das Lenkgefühl bei hohen Querbeschleunigungen (mit drohendem Gripverlust) wird ebenfalls vom Nachlaufversatz beeinflusst.

3.1.5.7 Nachlaufversatz an der Nabe

Der Nachlaufversatz an der Nabe ist der Längsabstand von der vertikalen Mittellinie durch die Radmitte bis zum Schnittpunkt der Längsachse durch die Radmitte und die Achse des Achsschenkelbolzens. Er ist positiv, wenn er vor der Radmitte liegt, wie in Abb. 3.4 gezeigt. Es ist möglich, einen negativen Versatz zu verwenden, um den mechanischen Nachlauf zu reduzieren.

3.1.5.8 Spurweite/Spurversatz

Dies ist der Unterschied zwischen den vorderen und hinteren Abständen, die die Mittelebene eines Radpaares trennen (angegeben bei statischer Fahrhöhe und gemessen an den inneren Felgen der Räder). Spurweite ist, wenn die Mittelebenen der Räder nach vorne zum Fahrzeug hin konvergieren, wie in Abb. 3.5 gezeigt. Brems- und Rollwiderstandskräfte neigen dazu, einen Spurversatz-Effekt zu erzeugen, während Zugkräfte (bei Fahrzeugen mit Frontantrieb) dazu neigen, den gegenteiligen Effekt zu erzeugen. Dies führt dazu, dass die Vorderräder sowohl bei nicht angetriebenen als auch bei angetriebenen Vorderachsen auf Spurweite eingestellt werden. Im letzteren Fall des Frontantriebs dient dies der Fahrstabilität, wenn der Fahrer plötzlich den Fuß vom Gaspedal nimmt. Bei unabhängigen Vorderradaufhängungen kann Body Roll Änderungen der Spurweite und damit *Rollenkverhalten* verursachen. Dies wird in Kap. 4 diskutiert.

3.1.6 Reifenlasten

Federungslasten resultieren aus der Menge an Kräften und Momenten, die an der Reifen-/Straßenoberfläche während der Fahrzeugbewegung erzeugt werden. Diese Kräfte hängen von den statischen Lasten ab, die durch die Massen des Fahrzeugs, der Insassen und der Ladung entstehen, zusammen mit den dynamischen Kräften, die durch Beschleunigen, Bremsen, Kurvenfahren, Reifenrollwiderstand und aerodynamische Effekte entstehen. Diese kombinierten Reifenkräfte beeinflussen das Handling des Fahrzeugs und es ist die Aufgabe des Fahrgestellkonstrukteurs, sicherzustellen, dass ihre Auswirkungen zufriedenstellend kontrolliert werden.

3.1.6.1 Reifenkontaktfläche

Aufgrund der Reifenelastizität verformen sich die Reifen, um eine Kontaktfläche zu erzeugen, über die die Reifenlast verteilt wird. Dies wird als *Reifenkontaktfläche* bezeichnet. Bei statischen Belastungsbedingungen ist dies eine symmetrische Fläche, wie in Abb. 3.6a gezeigt. Der Druckmittelpunkt liegt in diesem Fall senkrecht unterhalb des Achszentrums. Während der Bewegung des Fahrzeugs wird die Reifenkontaktfläche je

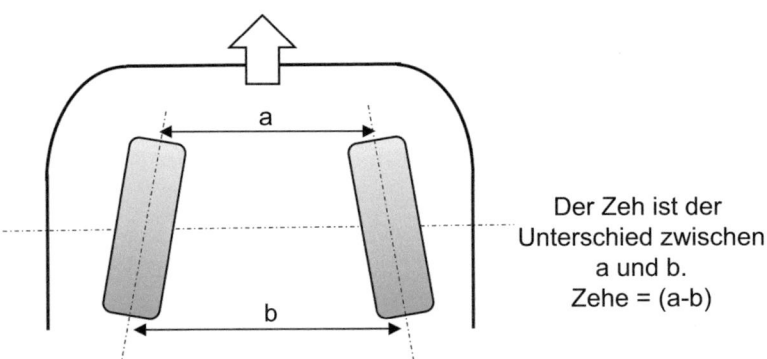

Abb. 3.5 Definition der Spurweite (Draufsicht)

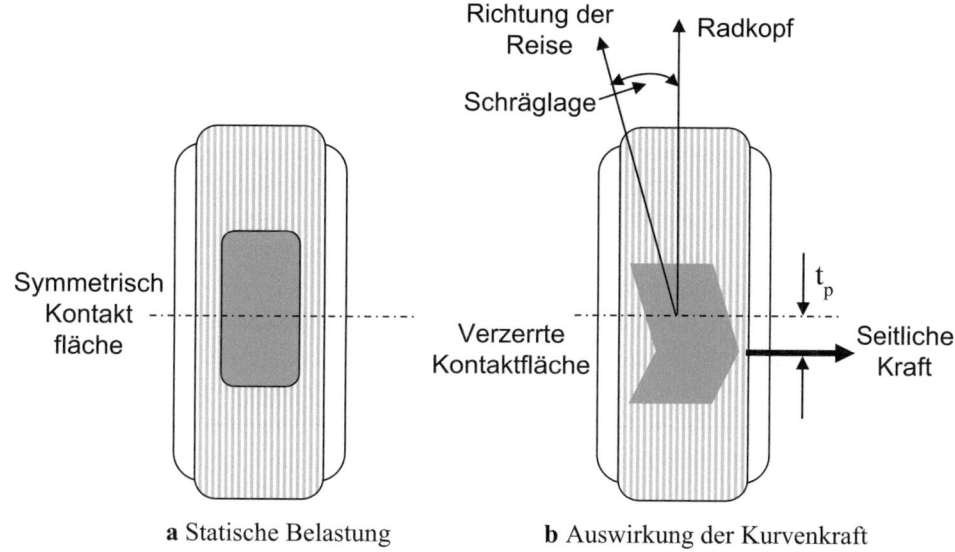

Abb. 3.6 Reifenkontaktfläche

nach Beschleunigung, Bremsen, Kurvenfahren usw. verzerrt. Diese Aktionen erzeugen eine verteilte Menge an Normal- und Scherkräften in der Reifenkontaktfläche. Es sind diese Scherkräfte und die Druck-/Zug-Scherverformungen an der Schnittstelle, die dazu führen, dass der Reifen in Richtung der Kraft „kriecht", wobei dieses „Kriechen" allgemein als Reifenschlupf bezeichnet wird.

3.1.6.2 Vertikale Kräfte

Unter statischen Bedingungen bestimmt die Lastverteilung in einem Fahrzeug die vertikale Last, die von jedem Rad getragen wird. Diese Kräfte werden unter dynamischen Bedingungen (Beschleunigung, Bremsen und Kurvenfahren) durch *Lastübertragungseffekte* verändert, wie in Kap. 1 beschrieben. Während der Beschleunigung nimmt die vertikale Last auf den Hinterrädern zu und auf den Vorderrädern ab. Das Gegenteil passiert beim Bremsen. Beim Kurvenfahren wirken seitliche (Zentrifugal-) Kräfte auf das Fahrzeug durch seine Massenschwerpunkte. Da diese über der Bodenebene liegen, erhöhen sie die vertikale Last an den äußeren Rädern und verringern sie an den inneren.

Aerodynamische Kräfte beeinflussen auch die vertikalen Reifenlasten. Wenn sich das Fahrzeug vorwärtsbewegt, erhöhen die aerodynamischen Widerstandskräfte immer die Hinterradbelastung und verringern die Vorderradbelastung. Diese Kräfte werden bei Geschwindigkeiten von Personenkraftwagen über etwa 80 km/h signifikant und sind abhängig von Fahrzeugtyp und Karosseriedesign. Da die auf ein Fahrzeug wirkenden aerodynamischen Kräfte über der Bodenebene liegen, erzeugen sie Momente, die Neigung und Wanken verursachen. Diese wiederum erzeugen Lastübertragungen und beeinflussen somit die Reifenbelastung.

3.1.6.3 Längskräfte der Reifen
Längskräfte der Reifen werden durch Bremsen und Beschleunigen, Rollwiderstand und aerodynamische Kräfte erzeugt. Sie werden sowohl durch Radschlupf als auch durch vertikale Belastung beeinflusst.

3.1.6.4 Seitenkraft und Schlupfwinkel
Als Ergebnis der oben beschriebenen Kurvenkraft wird auch eine Scherkraft in der Ebene der Reifenkontaktfläche erzeugt. Dies führt zu einer Verzerrung der Kontaktfläche, wodurch die Richtung der Radbewegung von der Radrichtung um einen Winkel abweicht, der als *Schlupfwinkel* bezeichnet wird. Abb. 3.6b zeigt dies für den Fall eines nicht gelenkten Rades. Dies hat eindeutig Auswirkungen auf die Richtungssteuerung und die Fahrstabilität eines Fahrzeugs. Aerodynamische Kräfte und Sturzwinkel beeinflussen ebenfalls die Seitenkräfte der Reifen.

3.1.6.5 Pneumatischer Nachlauf und Selbstlenkmoment
Durch die Verzerrung der Reifenkontaktfläche wirkt die resultierende Seitenkraft des Reifens F_y in einem Abstand t_p (*pneumatischer Nachlauf* genannt) hinter der vertikalen Mittellinie durch das Radzentrum (Abb. 3.6b). Dies erzeugt ein *Selbstlenkmoment* M_z von der Größe $t_p F_y$ um eine Achse, die normal zur Straßenoberfläche steht.

3.1.6.6 Vertikale Reifensteifigkeit oder Reifenfederungsrate
Die vertikale Steifigkeit eines Reifens ist eng proportional zur aufgebrachten vertikalen Last und hängt im Allgemeinen von den folgenden Faktoren ab:

- Größe
- Konstruktion
- Reifendruck
- Sturz
- Temperatur
- Drehgeschwindigkeit
- Seiten- und Längskräfte

Es wird angenommen, dass 90 % der Reifensteifigkeit mit dem Reifendruck zusammenhängen. Aus den oben aufgeführten Variablen geht hervor, dass die Steifigkeit eine dynamische und somit variable Größe ist. Daher werden Reifenhersteller keinen festen Steifigkeitswert angeben, sondern dynamische Rollradius- und Umfangsdaten bei verschiedenen Geschwindigkeiten, Lasten, Drücken und Sturzwinkeln bereitstellen. Aus den gegebenen Informationen kann der Fahrgestellingenieur die Fahrzeughöhen und Übersetzungen für eine Reihe von Betriebsbedingungen berechnen.

Eine erste Schätzung der vertikalen Reifensteifigkeit kann durch Messen des Rollradius zur Bestimmung der Reifenverformung unter Last erfolgen. Eine erste Schätzung der Steifigkeit ist das Verhältnis von Reifenlast zu Verformung. Wenn die Länge der Kontaktfläche bekannt ist, können der Rollradius und die vertikale Reifenverformung berechnet werden, um die vertikale Steifigkeit zu bestimmen. Es sollte beachtet werden, dass die Kontaktfläche sowohl den unter Druck stehenden halbstarren Kern umfasst, der den Großteil der Last trägt, als auch den relativ weichen Gummibereich, der den Grip oder die Haftung bietet.

3.2   Auswahl von Fahrzeugaufhängungen

In diesem Abschnitt werden die Faktoren untersucht, die die Auswahl von Aufhängungstypen beeinflussen. Die kinematischen Anforderungen an Aufhängungen und eine Reihe von Aufhängungskonfigurationen werden ebenfalls diskutiert.

Nachdem ein Aufhängungsmechanismus für ein bestimmtes Fahrzeug ausgewählt wurde, muss eine Reihe von Fragen berücksichtigt werden. Dazu gehört, wie sich die Radbewegung relativ zur Fahrzeugkarosserie und zur Straßenoberfläche über den Bereich des Federwegs ändert und ob die Aufhängungselemente in der Lage sind, die verschiedenen auf sie wirkenden Lasten zu bewältigen. Besonders besorgniserregend sind Änderungen der Sturz- und Spurwinkel sowie Änderungen der Spurweite (dies steht im Zusammenhang mit dem Reifenabrieb und damit dem Reifenverschleiß). Die Belastung in einigen Aufhängungsmechanismen erfordert zusätzliche Stützelemente. Im Allgemeinen beeinflussen diese Stützelemente das kinematische Verhalten des Aufhängungsmechanismus nicht.

Zunächst wird davon ausgegangen, dass Aufhängungsmechanismen eine starre Körperbewegung ohne Nachgiebigkeit an den Verbindungen zwischen den Elementen durchlaufen. Allerdings weisen die meisten modernen Aufhängungen an bestimmten Verbindungen eine gewisse Nachgiebigkeit auf, um subtile Rad-/Karosseriebewegungen wie Nachgiebigkeitslenkung zu ermöglichen und so das Handling zu verbessern. Außerdem wird zunächst davon ausgegangen, dass die Bewegung des Rades relativ zur Karosserie zweidimensional ist, d. h., sie erfolgt in einer Ebene senkrecht zur Längsachse des Fahrzeugs. In Wirklichkeit muss die Radbewegung aufgrund zusätzlicher Designanforderungen, z. B. der Neigungssteuerung der Fahrzeugkarosserie, dreidimensional sein.

Die Komplexität der Probleme, mit denen der Fahrgestellkonstrukteur konfrontiert ist, wird deutlich, wenn man auch berücksichtigt, wie verschiedene Betriebsfaktoren die Fahrgestellleistung beeinflussen, was unten beschrieben wird.

3.2.1 Faktoren, die die Auswahl der Aufhängung beeinflussen

Die Wahl der Aufhängung wird in erster Linie durch die Antriebskombination bestimmt, die wiederum durch Folgendes bestimmt wird:

- die funktionalen Anforderungen des Fahrzeugs (Nutzung, Leistungsfähigkeit und Laderaum),
- den Wunsch, einen hohen Anteil der Fahrzeugmasse über den angetriebenen Achsen zu platzieren, um die Traktion zu unterstützen.

Die häufigsten Kombinationen für ein ICE-Fahrzeug sind im Folgenden aufgeführt.

3.2.1.1 Frontmotor und Hinterradantrieb

In diesem Fall gibt es nicht die Einschränkung der Motorlänge wie bei der Kombination Frontmotor und Vorderradantrieb. Aus diesem Grund wird diese Konfiguration für leistungsstärkere Personenkraftwagen und Kombis übernommen. Bei voller Beladung befindet sich der größte Teil der Fahrzeugmasse auf der angetriebenen Achse. Bei leichter Beladung, z. B. nur Fahrer und Beifahrer (die Zwei-Personen-Bedingung), führt diese Konfiguration jedoch zu schlechter Traktion auf nassen und winterlichen Straßen – ein Problem, das durch den Einsatz von Traktionskontrolle überwunden werden kann.

Bei dieser Konfiguration muss die Hinterradaufhängung das Differential und die Antriebswellen aufnehmen und gleichzeitig einen akzeptablen Kofferraum bieten.

3.2.1.2 Frontmotor und Vorderradantrieb

In diesem Fall bilden Motor und Getriebe eine Einheit, die sich vor, über oder direkt hinter der Vorderachse befindet. Dies führt zu einer sehr kompakten Anordnung im Vergleich zum vorherigen Fall, und dies ist zweifellos verantwortlich für seine fast universelle Übernahme bei kleinen bis mittelgroßen Limousinen (bis zu 2-L-Kapazität). Die Hauptvorteile umfassen eine signifikante Last auf den angetriebenen und gelenkten Rädern bei normalen Fahrzeuglasten, was eine gute Traktion und Straßenlage auf nassen und eisigen Straßen bietet. Bei voll beladenem Fahrzeug geht dieser Vorteil tendenziell verloren, da sich der Schwerpunkt dann weiter hinten befindet.

Die Auswirkungen auf die Vorderradaufhängungsgestaltung sind, dass Platz für Antriebswellen und Lenkgetriebe vorgesehen werden muss. Im Allgemeinen wird der Verpackungsraum für die Aufhängung durch die Größe der Motor-Getriebe-Einheit begrenzt. Diese Motorantriebskonfiguration begünstigt McPherson-Federbein- und Doppelquerlenker-Aufhängungen an der Vorderachse. Für diese Antriebskonfiguration sind verschiedene Hinterradaufhängungen möglich. Die Art des Fahrzeugs und der erforderliche Verfeinerungsgrad beeinflussen normalerweise die Wahl.

3.2.1.3 Allradantrieb

In diesem Fall ist es möglich, dass alle Räder kontinuierlich angetrieben werden oder ein Paar Räder immer mit dem Motor verbunden ist, während das andere Paar manuell oder automatisch nach Bedarf ausgewählt wird. Das Ziel ist natürlich, die Traktion für alle Straßenbedingungen, insbesondere nasse und winterliche, zu verbessern. Allradantrieb ist besonders vorteilhaft für Offroad-Bedingungen und zur Verbesserung der Kletterfähigkeit, unabhängig von den Ladebedingungen.

Aus Sicht der Aufhängungsauswahl sind die Anforderungen an die Vorderradaufhängung ähnlich wie bei einem Fahrzeug mit Frontmotor und Vorderradantrieb. Die Anforderungen an die Hinterradaufhängung sind ähnlich wie bei der eines Fahrzeugs mit Frontmotor und Hinterradantrieb.

Aufhängungen wurden in Abschn. 3.1.4 grob als abhängig, unabhängig oder halbabhängig kategorisiert. Starrachsen wurden als abhängige Systeme kategorisiert. Andere Verbindungen über das Fahrzeug, wie z. B. Stabilisatoren, werden jedoch nicht als abhängig eingestuft, da sie zwar die Aufhängungskräfte über eine Achse beeinflussen, aber keine starre geometrische Einschränkung bieten.

3.2.1.4 Andere Faktoren für alle Antriebssysteme (einschließlich EVs)

Die Masse der mit der Radnabe verbundenen Komponenten, der Bremskomponenten (außen liegende Bremsen) und Teile der anderen mit der Radnabe verbundenen Massen, z. B. Aufhängungsglieder, Aufhängungsfeder und Dämpfer, erzeugen die sogenannte *ungefederte Masse*. Dies erzeugt eine zusätzliche Resonanzfrequenz, wenn das Fahrzeugsystem straßeninduzierten Vibrationen ausgesetzt ist (ein 2-Freiheitsgrad-System). Die Wirkung besteht darin, die dynamische Reifenlast zu erhöhen und den Fahrkomfort zu verschlechtern. Das Ziel sollte daher sein, die ungefederte Masse auf ein Minimum zu reduzieren.

Ein weiterer zu berücksichtigender Faktor ist die Lage des Rollzentrums (und damit der Rollachse). Dies beeinflusst Dinge wie die Menge von Body Roll in Kurven, die Menge an seitlicher Lastübertragung und die Lasten in den Aufhängungsgliedern. Es gibt ein Rollzentrum in der vertikalen Querebene, die durch jede Achse verläuft. Aufhängungstyp und Geometrie bestimmen seine Lage. Einige Aufhängungstypen ermöglichen eine viel größere Flexibilität bei der Wahl der Rollzentrumslage. Dies wird ausführlich in Abschn. 3.8 diskutiert.

3.3 Kinematische Anforderungen an abhängige und unabhängige Aufhängungen

Das Hauptziel bei der Aufhängungsgestaltung ist es, die Fahrzeugkarosserie von Straßenunebenheiten zu isolieren. Idealerweise erfordert dies, dass die Räder des Fahrzeugs den Straßenunebenheiten perfekt folgen, ohne dass die Fahrzeugkarosserie vertikal bewegt wird. Bei der Analyse dieses Szenarios ist es möglich anzunehmen, dass die Fahrzeugkarosserie stationär ist, während wir die Bewegung der Räder betrachten.

Die Bewegungsanforderungen der Räder relativ zur Fahrzeugkarosserie können auf verschiedene Weise erfüllt werden. Wenn sich jedes Rad unabhängig von seinem Partner auf der anderen Seite des Fahrzeugs bewegen kann (d. h. eine unabhängige Aufhängung, wie in Abschn. 3.1.4 definiert), kann dies kinematisch, wie in Abb. 3.7 gezeigt, erreicht werden. Im ersten Beispiel (Abb. 3.7a) bewegt sich das Rad vertikal relativ zur Fahrzeugkarosserie über einen Gleitkontakt. Im zweiten Beispiel (Abb. 3.7b) wird die erforderliche vertikale Bewegung von einer Drehung um einen an der Karosserie befestigten Drehpunkt begleitet, während im dritten Beispiel (Abb. 3.7c) das Rad und die Nabe an einem der Glieder eines Viergelenkmechanismus befestigt sind. Dies ermöglicht die erforderliche vertikale Radbewegung, begleitet von einer kleinen Drehung. Alle diese Beispiele haben einige praktische Nachteile, die im Folgenden bei der Betrachtung der Anwendungen diskutiert werden.

Bei einer unabhängigen Aufhängung wird gesagt, dass der Mechanismus, der das Rad mit der Karosserie des Fahrzeugs verbindet, einen *einzelnen Freiheitsgrad* hat, d. h., die Bewegung des Rades relativ zur Karosserie kann durch eine einzige Koordinate beschrieben werden. Wenn es notwendig ist, ein Paar Räder auf einer einzigen Achse zu koppeln (wie bei einer abhängigen Aufhängung), muss der erforderliche Mechanismus zwei Freiheitsgrade haben, um die vertikale Bewegung jedes Rades zu ermöglichen, während gleichzeitig eine nahezu starre Verbindung zwischen den beiden Rädern besteht. Ein praktisches Beispiel, wie dies erreicht werden kann, ist in Abb. 3.8 gezeigt.

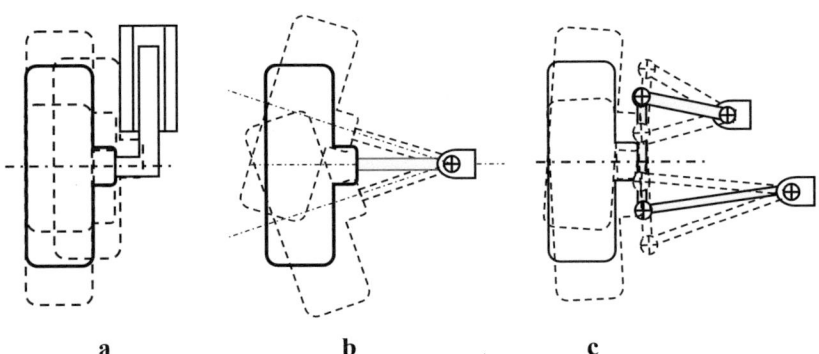

Abb. 3.7 Beispiele möglicher unabhängiger Aufhängungsmechanismen: **a** Gleitgelenk, **b** Einzelgelenk, **c** Viergelenkmechanismus

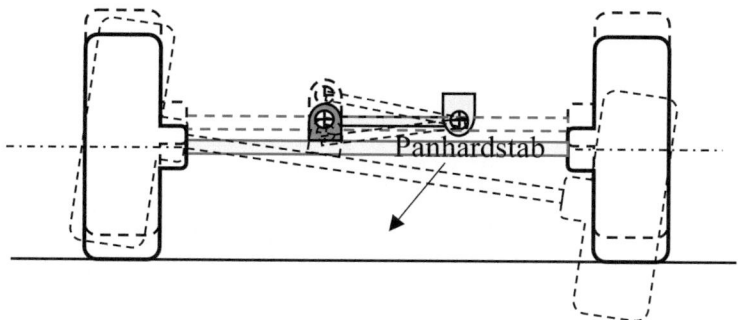

Abb. 3.8 Ein möglicher abhängiger Aufhängungsmechanismus, der Achsanhebung oder -neigung zeigt. Der Panhardstab ermöglicht eine Drehung, verhindert jedoch eine seitliche Bewegung der Achse.

3.3.1 Beispiele für abhängige Aufhängungen

Achsen können in zwei Untergruppen eingeteilt werden:

- Antriebsachsen – manchmal auch „lebende" Achsen genannt –, bei denen starre Achsen die angetriebenen Räder und das Differential tragen.
- nicht angetriebene Achsen – meist „tote" Achsen genannt –, bei denen ein starrer Balken einfach die beiden nicht angetriebenen Räder verbindet, die lenkbar sein können.

Starrachsen werden heutzutage selten im Design von Personenkraftwagen verwendet. Sie kommen jedoch fast universell für Lastwagen und Nutzfahrzeuge sowie für viele Geländefahrzeuge aufgrund ihrer Einfachheit (im Vergleich zu unabhängigen Systemen) zum Einsatz. Sie eliminieren praktisch den Radsturz (außer dem kleinen Betrag, der durch unterschiedliche Reifenverformungen an den inneren und äußeren Rädern entsteht) und die Radausrichtung ist leicht zu halten, was gute Reifentrageigenschaften bietet.

Viele Methoden zur Montage von Starrachsen mit abhängigen Aufhängungssystemen wurden und werden immer noch im Fahrzeugdesign verwendet. Hier werden nur die Haupttypen und die damit verbundenen Prinzipien behandelt.

3.3.1.1 Hotchkiss-Antrieb

Die bekannteste Form der Montage einer starren Antriebsachse erfolgt auf einem Paar halbelliptischer Blattfedern; dies ist als Hotchkiss-Anordnung bekannt (Abb. 3.9). Es ist eine bemerkenswert einfache Aufhängung und sorgt mit der minimalen Anzahl von Komponenten für eine zufriedenstellende Positionierung der Räder. Ihre Einfachheit

Abb. 3.9 Hotchkiss (Blattfeder)-Aufhängungssystem. (Quelle: https://upload.wikimedia.org/wikipedia/commons/6/63/Leafs1.jpg)

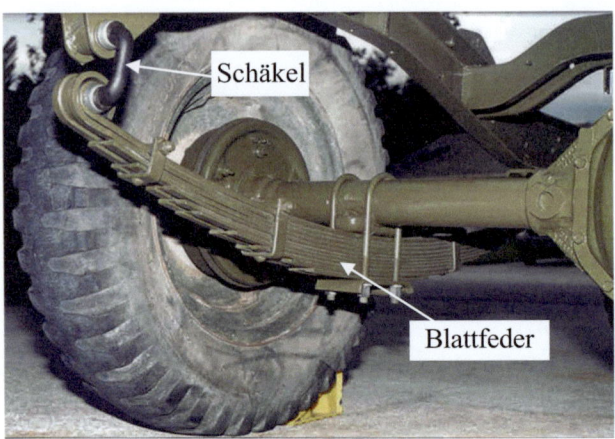

ergibt sich aus den Eigenschaften der Blattfeder, d. h. nachgiebig in vertikaler Richtung, aber relativ steif seitlich und längs.

Entwicklungen bei Blattfedern im Laufe der Jahre haben Probleme mit Reibung zwischen den Blättern überwunden. Einzel- und konische Blattdesigns werden jetzt tendenziell verwendet. Für die niedrigen Federungsraten, die für eine gute Fahrleistung erforderlich sind, sind Einzelblattfedern jedoch im Allgemeinen unzureichend, um seitlichen Lasten sowie Antriebs- und Bremsmomenten bei modernen Fahrzeugen zu widerstehen. In solchen Fällen werden zusätzliche Verstärkungsglieder wie Panhardstäbe verwendet, wie in Abb. 3.8 angegeben. Diese Panhardstäbe beschränken die Bewegung zurück zum Chassis und verhindern das *Aufwickeln* der Feder (sie nimmt aufgrund des Radeingangsdrehmoments eine „S"-Form an), was zu Radschlupf führt.

Das detaillierte Design der Blattfeder selbst und die damit verbundene Schwenkhebel-Montagegeometrie (Abb. 3.9), die Änderungen der effektiven Federlänge berücksichtigt, sind nicht einfach. Designrichtlinien sind im SAE Spring Design Manual veröffentlicht.

3.3.1.2 Vierlenker-Anordnungen

Die Anforderungen, dass eine Starrachse zwei Freiheitsgrade hat und auch allen Arten von Belastungen standhält, können durch eine Reihe von Vierlenker-Aufhängungsmechanismen erfüllt werden.

In dem in Abb. 3.10 gezeigten Mechanismus reagieren zwei obere und zwei untere Lenker – meistens nachlaufend (aber nicht immer) – auf die Antriebs-/Bremsmomente, während sie die erforderlichen vertikalen und Rollfreiheitsgrade bieten. Die seitliche Kontrolle kann durch das Anwinkeln der oberen Lenker (wie in Abb. 3.10 gezeigt), das Triangulieren der oberen Lenker oder durch Bereitstellung eines zusätzlichen Panhardstabs erfolgen. Jedes Federungsmedium kann verwendet werden, aber Schrauben- oder Luftfedern sind am häufigsten. Die Vorteile dieses Aufhängungsdesigns gegenüber der

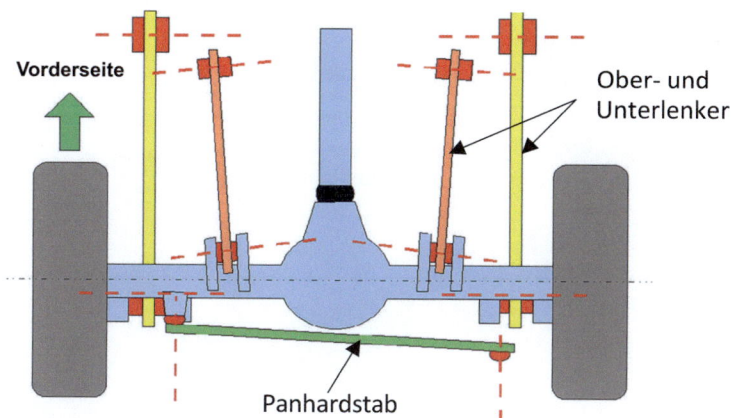

Abb. 3.10 Vierlenker-Aufhängung. (Quelle: https://upload.wikimedia.org/wikipedia/commons/6/63/Axle_-_5_Link_rigid_03.gif)

Hotchkiss-Anordnung sind eine größere Designflexibilität bei der Anordnung des Rollzentrums, der Anti-Dive-/Squat-Geometrie und der Kontrolle des Rolllenkens.

3.3.2 Beispiele für unabhängige Vorderradaufhängungen

Fast alle Personenkraftwagen und zunehmend auch leichte Lastwagen verwenden unabhängige Aufhängungen an der Vorderachse. Der allmähliche Übergang zu unabhängigen Aufhängungen ist auf ihre Vorteile bei der Verpackung zurückzuführen, insbesondere bei Fahrzeugen mit Frontantrieb, bei denen sie besser in den begrenzten Raum um das Motor-/Getriebesystem passen. Sie ermöglichen auch eine größere Flexibilität bei der Aufhängungskonstruktion und überwinden Probleme mit Lenkungsflattern, die oft mit Starrachsenkonstruktionen verbunden sind. Im Laufe der Jahre wurde eine verwirrende Anzahl von unabhängigen Aufhängungskonstruktionen vorgeschlagen, die Beschreibungen hier beschränken sich auf die generischen Typen.

3.3.2.1 McPherson-Federbeinaufhängungen

Große Einfachheit ist der Hauptvorteil dieses Designs, bei dem das Rad durch einen unteren Querlenker in Kombination mit dem McPherson-Gleitfederbein kontrolliert wird (Abb. 3.11). Die in Abb. 3.11 gezeigte Konfiguration ist gut in der Lage, den Längs- und Querkräften zu widerstehen, die unter verschiedenen Betriebsbedingungen auftreten. Vorteile des Designs sind gute Verpackung und Einfachheit, während seine Nachteile eine hohe Einbauhöhe (die mit der Motorhaubenlinie kollidieren kann) und Radlasten sind, die ein Moment erzeugen, das vom McPherson-Federbein aufgenommen werden

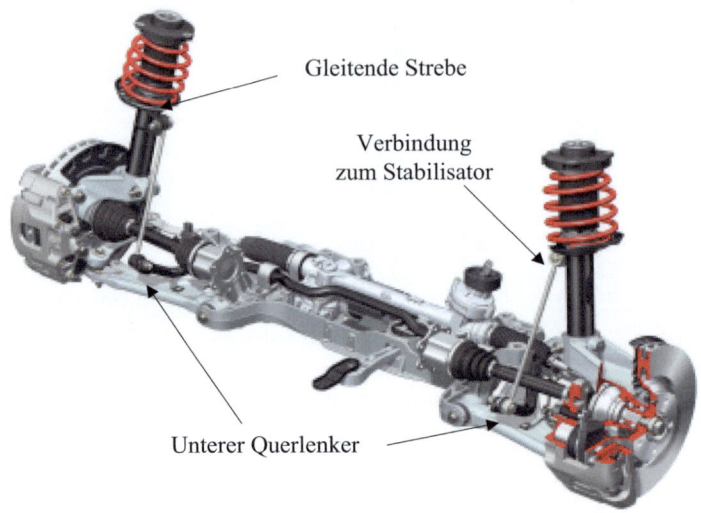

Abb. 3.11 McPherson-Federbeinaufhängung. (Quelle: Audi AG)

muss. Dieses Moment kann Reibungsprobleme im Federbein verursachen. Das Neigen der Achsen von Feder und Federbein kann dieses Problem verringern. Beachten Sie die Verbindung des Federbeins mit dem Querstabilisator im gezeigten Beispiel in Abb. 3.11.

3.3.2.2 Querlenkeraufhängungen
Obere und untere Querlenker (oder Arme, wie sie in den Vereinigten Staaten genannt werden) werden kombiniert, um bei Betrachtung von vorne einen klassischen Viergelenkmechanismus zu bilden. Die Abb. 3.7c und 3.12 zeigen typische Doppelquerlenkeranordnungen. Die Querlenker sind fast immer ungleich lang, wobei der obere Arm immer kürzer ist als der untere, um den Platzbeschränkungen bei Fahrzeugen mit Frontmotor gerecht zu werden.

3.3.2.3 Mehrlenker-Designs
Mehrlenkeraufhängungen sind mittlerweile ein häufiges Merkmal bei Personenkraftwagen ab der Mittelklasse. Sie basieren in der Regel auf drei, vier oder fünf Lenkern pro Radstation und sind so konzipiert, dass sie eine bessere Kontrolle über die Radpositionierung ermöglichen. Dies hat jedoch seinen Preis aufgrund der zusätzlichen Anzahl von Komponenten und des zusätzlichen Aufwands bei deren Einrichtung. Die Vorderachse einer Fünflenkeraufhängung, wie in Abb. 3.13 gezeigt, ist typisch für solche Designs. Aufgrund der Anzahl der Lenker (in diesem Fall fünf) ist der Aufhängungsmechanismus kinematisch überbelastet. Eine Aufhängungsbewegung ist nur aufgrund der nachgiebigen Aufhängungsbuchsen an den Enden einiger Lenker möglich. Daher neigt das Rad dazu, sich während des Lenkens zusätzlich zum Rollen zu bewegen.

3.3 Kinematische Anforderungen an abhängige …

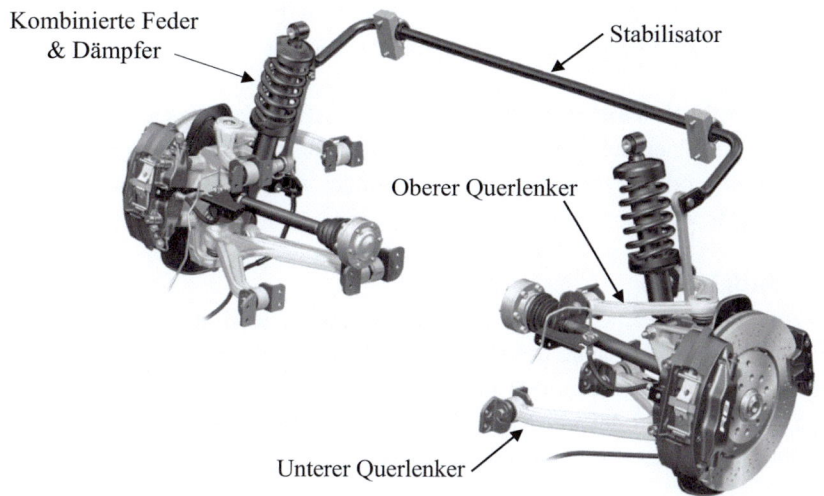

Abb. 3.12 Doppelquerlenkeraufhängung. (Quelle: Audi AG)

Abb. 3.13 Fünflenkeraufhängung. (Quelle: Audi AG)

3.3.3 Beispiele für unabhängige Hinterradaufhängungen

Unterschiede im Design der Hinterradaufhängung werden durch die Frage bestimmt, ob die Achse angetrieben oder nicht angetrieben ist. Im Fall des Hinterradantriebs muss man den Bauraum berücksichtigen (beeinflusst sowohl durch das Differential als auch durch die Notwendigkeit, den Eingriff in den Kofferraum zu minimieren) und auch die

Auswirkungen des Drehmoments. Letzterer Punkt ist besonders relevant für größere, leistungsstärkere Limousinen. Einige Beispiele werden unten diskutiert.

3.3.3.1 Schräglenkeraufhängung
Ein einfacher einzelner Schräglenker (Abb. 3.14) kann mit einer Torsionsstabfeder oder mit einer Gummi- oder Hydroelastikfeder verwendet werden. Bei diesem Design ist der Radsturz derselbe wie der Karosseriewinkel.

3.3.3.2 Pendelachse
Dies ist auch eine einfache Möglichkeit, eine unabhängige Hinterradaufhängung zu erreichen (Abb. 3.15). Die Länge der Pendelachse steuert das Sturzverhalten und muss relativ kurz sein, um das Differential unterzubringen. Sturzänderungen (und folglich das Schleifen) sind während des normalen Federwegs erheblich. Auch ist dieses Design besonders anfällig für das Problem des *Aufbockens* (vertikale Bewegung des Fahrzeugs) und wird heutzutage kaum noch verwendet.

3.3.3.3 Schräglenkeraufhängung
Dieses Design ist ein Mittelweg zwischen einem reinen Schräglenker und einer Pendelachse (Abb. 3.16). Die zusätzliche Flexibilität im Design ermöglicht einen Kompromiss bei der Kontrolle von Sturz und Aufbocken. Allerdings muss auf die Geometrie geachtet werden, um die Menge an Lenkung zu kontrollieren, die sich aus der Neigung der Schwenkachse ergibt. Neuere Varianten dieses Designs versuchen kleine Mengen an Hinterradlenkung zu nutzen, um die Gesamthandling-Eigenschaften des Fahrzeugs zu verbessern.

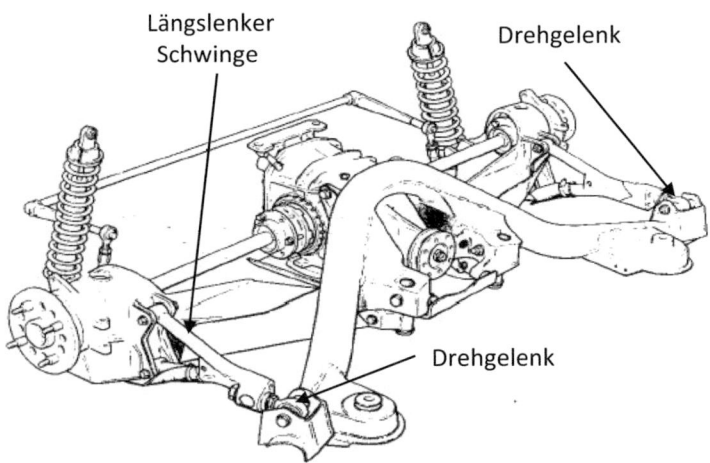

Abb. 3.14 Hintere Schräglenkeraufhängung. (Quelle: http://tech-racingcars.wdfiles.com/local--files/ford-escort-mk-v-rs-Cosworth/WRC_rear_suspension.jpg)

3.3 Kinematische Anforderungen an abhängige …

Abb. 3.15 Pendelachse. (Quelle: https://upload.wikimedia.org/wikipedia/commons/thumb/d/d1/Axle_-_Swing_axle_01.png/640px-Axle_-_Swing_axle_01.png)

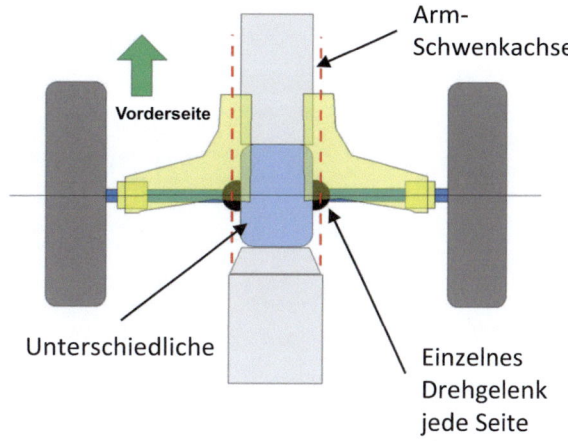

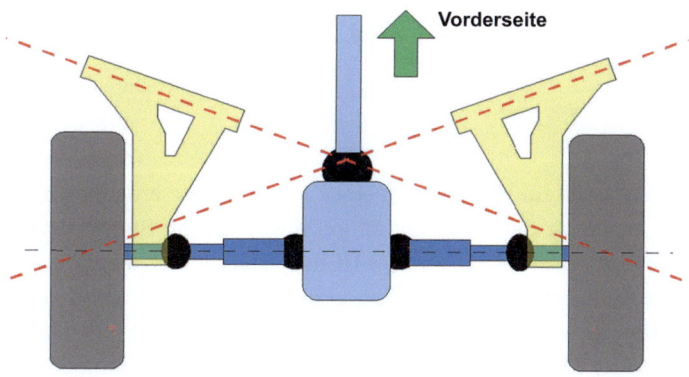

Abb. 3.16 Schräglenkeraufhängung. (Quelle: https://upload.wikimedia.org/wikipedia/commons/9/94/Axle_-_Semi_trailing-arm_23.gif)

3.3.4 Beispiele für halb unabhängige Hinterradaufhängungen

3.3.4.1 De-Dion-System

Bei diesem Aufhängungsdesign ist der Antrieb von der starren Achse getrennt (Abb. 3.17). Daher ist das Differential am Chassis montiert und die einfache Achse wird typischerweise durch eine der vielen Vierlenker-Variationen positioniert.

Die De-Dion-Aufhängung verwendet Universalgelenke sowohl an den Radnaben als auch am Differential und nutzt einen Rohrträger, um die Räder parallel zu halten. Das De-Dion-Rohr ist nicht direkt mit dem Chassis verbunden oder so konstruiert, dass es sich biegt, daher fungiert es nicht als Stabilisator. Sein Hauptvorteil besteht darin, dass

Abb. 3.17 De-Dion-Aufhängungssystem

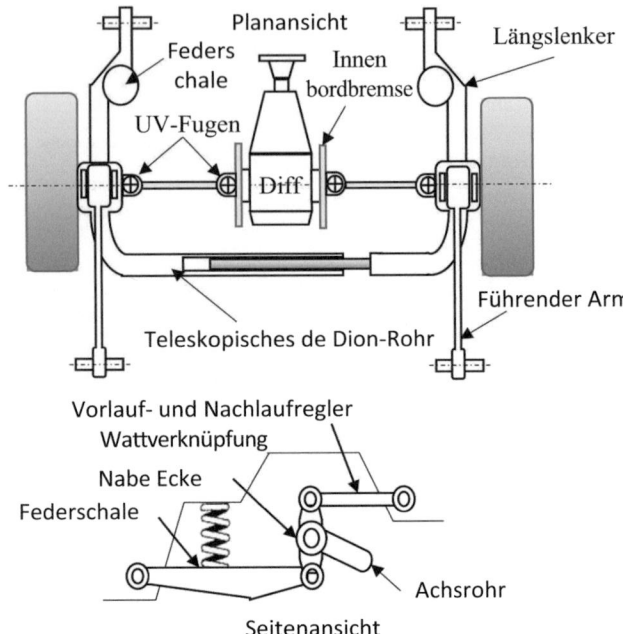

die ungefederten Massen im Vergleich zu einer starren Achse erheblich reduziert werden. Zusätzlich gibt es durch den Watt-Gestänge-Mechanismus Sturzänderungen während des Achseneinfederns oder -ausfederns. Mit null Sturzeinstellungen an beiden Rädern wird mit breiten Reifen eine gute Traktion erzielt und das Radspringen wird bei hohen Leistungszuführungen reduziert. Allerdings bietet die De-Dion-Aufhängung keine signifikanten Kosten- oder Leistungsvorteile gegenüber einem vollständig unabhängigen System und wird daher heutzutage weniger verwendet.

3.3.4.2 Schräglenkerachse

Diese Anordnung ist aufgrund ihrer relativen Einfachheit und geringen Kosten am Heck von kleinen Frontantriebsfahrzeugen üblich geworden. Es ist eine Mischung aus einer vollständig unabhängigen Schräglenkeranordnung und einer abhängigen Starrachsenanordnung. Die Achse wird durch einen Querträger ersetzt, der sich in einem durch die Geometrie der Aufhängung und die strukturellen Eigenschaften aller Mitglieder kontrollierten Maß verdrehen kann.

Ein Beispiel ist in Abb. 3.18 gezeigt. Solche Designs sind unter verschiedenen Namen bekannt, z. B. Schräglenkerachse und halbabhängige Aufhängungen. Der Querträger ist effektiv biegesteif, hat jedoch eine Torsionsnachgiebigkeit und erfüllt eine Funktion ähnlich der eines Stabilisators.

Abb. 3.18 Schräglenker-achse. (Quelle: http://i.stack.imgur.com/87Xnp.jpg)

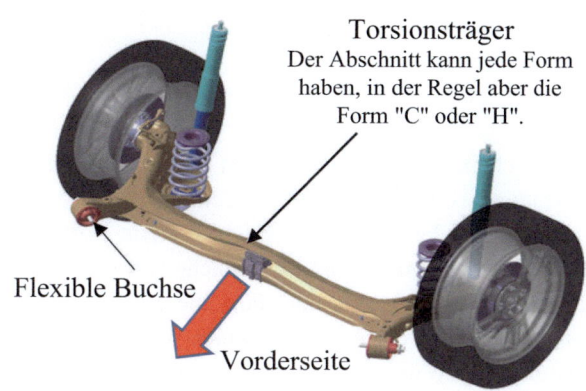

Die Lagerböcke können abgewinkelt und so gestaltet sein, dass sie unterschiedliche Steifigkeiten entlang und senkrecht zu ihren Hauptachsen aufweisen (Abb. 3.19). Dies kann ein Scherzentrum hinter der Radachse erzeugen, um eine Nachgiebigkeitslenkung in die richtige Richtung im Einklang mit Untersteuern zu ermöglichen.

Die Form des offenen Querschnitts des Querträgers kann variiert werden, um die Position seines Scherzentrums zu ändern (ein Merkmal von offenen Querschnittsmitgliedern in Torsion, typischerweise gewalzter Kanalquerschnitt). Dies ermöglicht eine gewisse Flexibilität bei der Wahl des Rollzentrumstandorts, wie in Abschn. 3.8 unten diskutiert.

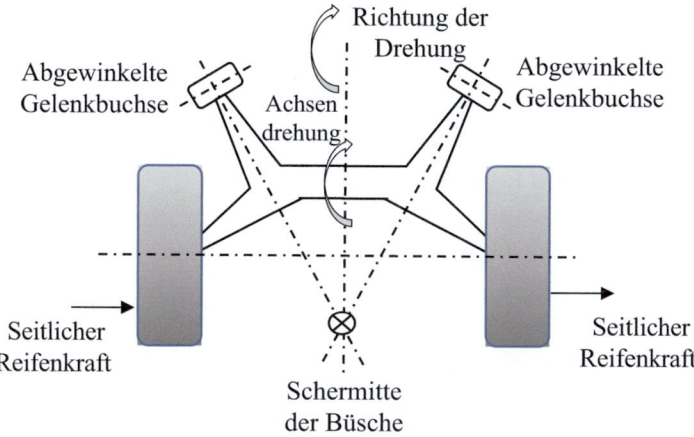

Abb. 3.19 Schräglenkerachse mit seitlicher Kraft und Untersteuern

3.4 Federn

Aufhängungssysteme erfordern eine Vielzahl von Nachgiebigkeiten, um eine gute Fahrt, Handhabung und NVH-Leistung zu gewährleisten. Die Notwendigkeit einer Nachgiebigkeit zwischen den ungefederten und gefederten Massen zur Gewährleistung einer guten Schwingungsisolierung ist seit Langem anerkannt. Im Wesentlichen ermöglicht eine zwischen Rad und Fahrzeugkarosserie montierte Aufhängungsfeder, dass sich das Rad mit den Unebenheiten der Straßenoberfläche auf- und abbewegt, ohne ähnliche Bewegungen der Karosserie zu verursachen. Für eine gute Isolierung der Karosserie (und damit eine gute Fahrt) sollten die Federn so weich wie möglich sein, um eine gleichmäßige Reifenbelastung zu gewährleisten und somit ein zufriedenstellendes Handling.

Die relativ weiche Federung, die für Fahranforderungen erforderlich ist, ist normalerweise unzureichend, um dem Wanken der Karosserie in Kurven zu widerstehen; daher ist es üblich, dass ein Aufhängungssystem auch zusätzliche Wanksteifigkeit in Form von Stabilisatoren umfasst. Darüber hinaus besteht die Möglichkeit, dass die Aufhängung aufgrund abnormaler Bodeneinflüsse (z. B. durch das Überfahren eines Schlaglochs) ihre Bewegungsgrenzen erreicht. Es ist dann notwendig sicherzustellen, dass die minimale Stoßbelastung auf die gefederte Masse übertragen wird. Dies erfordert die Verwendung zusätzlicher Federn in Form von Anschlagpuffern, um die Aufhängung an ihren Bewegungsgrenzen zu verzögern.

Schließlich besteht auch die Anforderung, die Übertragung hochfrequenter Vibrationen (>20 Hz) von der Straßenoberfläche über die Aufhängung zu den Verbindungspunkten am Chassis zu verhindern. Dies wird durch die Verwendung von Gummilagerverbindungen (elastomere Komponenten) zwischen den Aufhängungselementen erreicht, siehe Kap. 4.

Die folgenden nachgiebigen Elemente sind somit in Aufhängungssystemen erforderlich: Aufhängungsfedern, Stabilisatoren, Anschlagpuffer und Gummilager. In diesem Abschnitt wird der Schwerpunkt auf Aufhängungsfedern und Stabilisatoren gelegt.

3.4.1 Federarten und Eigenschaften

Die Hauptarten von Aufhängungsfedern sind:

- Stahlfedern (Blattfedern, Schraubenfedern und Torsionsstäbe)
- Hydropneumatische Federn
- Luftfederbälge

3.4.1.1 Blattfedern

Manchmal als halb elliptische Federn bezeichnet, werden diese seit den frühesten Entwicklungen der Kraftfahrzeugtechnik verwendet. Sie basieren auf den Prinzipien der

Balkenbiegung, um ihre Nachgiebigkeit zu gewährleisten, und sind eine einfache und robuste Form der Federung, die immer noch weit verbreitet in schweren kommerziellen Anwendungen wie Lastwagen und Lieferwagen eingesetzt wird. In einigen Federungen (z. B. beim Hotchkiss-Typ) werden sie verwendet, um sowohl vertikale Nachgiebigkeit als auch seitliche Einschränkung für die Radbewegung zu bieten. Größe und Gewicht gehören zu ihren Nachteilen.

Blattfedern können aus einer einzelnen oder mehreren Lagen bestehen. Im letzteren Fall (Abb. 3.20) kann die Reibung zwischen den Lagen ihre Leistung beeinträchtigen, und dies kann durch den Einsatz von Kunststoffeinlagen zwischen den Lagen reduziert werden. Rückprallklammern werden verwendet, um die Lagen für die Rückprallbewegung zusammenzubinden. Der schwingende Schäkel nimmt die Längenänderung der Feder auf, die durch Stoßbelastung entsteht. Das Hauptblatt der Feder ist an jedem Ende zu einer Ösenform gebogen und über Gummibuchsen an der gefederten Masse befestigt. Der Federweg wird durch einen Gummipuffer begrenzt, der an der zentralen Rückprallklammer befestigt ist. Strukturell sind Blattfedern so ausgelegt, dass sie bei Belastung eine konstante Spannung entlang ihrer Länge erzeugen.

Die Federbelastung kann durch die Betrachtung der Kräfte (siehe Abschn. 3.10) bestimmt werden, die auf die Feder und den Schäkel infolge der Radbelastung wirken (Abb. 3.21a). Die Feder ist ein Drei-Kräfte-Glied mit F_A, F_W und F_C an A, B und C. Die Radlast F_W ist vertikal und die Richtung von F_C ist parallel zum Schäkel (ein Zwei-Kräfte-Glied). Die Richtung von F_A muss durch den Schnittpunkt der Kräfte F_W und F_C (Punkt P) verlaufen, damit das Glied im Gleichgewicht ist. Die Kenntnis der Größe der Radlast ermöglicht die Bestimmung der anderen beiden Kräfte. Die Anzahl, Länge, Breite und Dicke der Lagen bestimmen die Steifigkeit (Rate) der Feder. Die Schrägstellung des Schäkelglieds kann verwendet werden, um eine variable Rate zu erzielen. Wenn der Winkel $\theta < 90°$ (Abb. 3.21), wird die Federrate mit der Stoßbelastung ansteigen (d. h. eine steigende Rate haben).

Abb. 3.20 Beispiel für Blattfeder-Designs. (Quelle: https://upload.wikimedia.org/wikipedia/commons/a/a8/Leaf_spring_011.JPG)

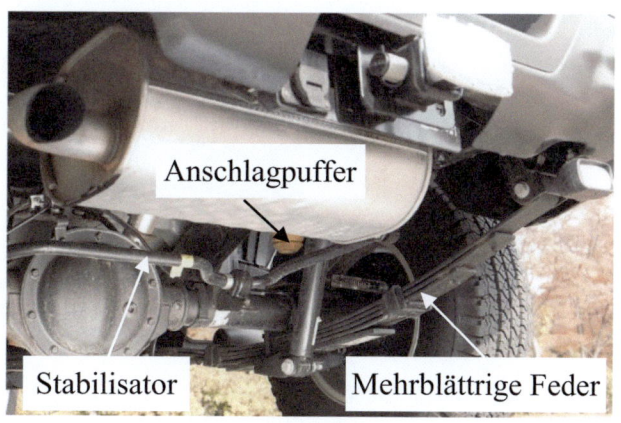

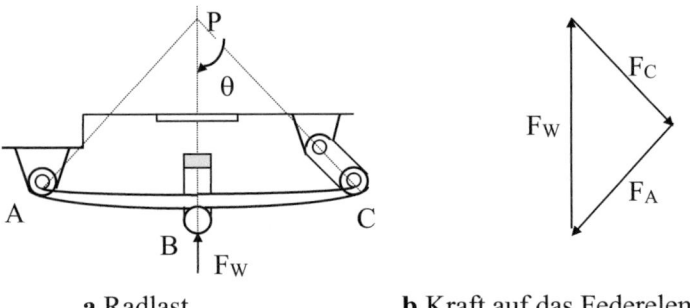

a Radlast　　　**b** Kraft auf das Federelement

Abb. 3.21 Blattfederbelastung

3.4.1.2 Schraubenfedern

Diese Art von Feder, die in Abb. 3.22 gezeigt wird, bietet eine leichte und kompakte Form der Nachgiebigkeit, die ein wichtiges Merkmal in Bezug auf Gewicht und Platzbeschränkungen darstellt. Sie erfordert wenig Wartung und bietet die Möglichkeit zur koaxialen Montage mit einem Dämpfer. Ihre Nachteile sind, dass aufgrund niedriger struktureller Dämpfungswerte die Möglichkeit von Schwingungen (Resonanz entlang der Länge der Windungen) besteht und die Feder als Ganzes keine seitliche Unterstützung zur Führung der Radbewegung bietet.

Abb. 3.22 Schraubenfeder. (Quelle: https://www.bing.com/images/search?&q=Steel+Coil+Springs&qft=+filterui:license-L2_L3_L4&FORM=R5IR43)

3.4 Federn

Die meisten Schraubenfedern sind von der offenen Spulenart (Helixwinkel größer als 15°). Dies bedeutet, dass die Querschnitte der Spule einer Kombination aus Torsions-, Biege- und Scherbelastungen ausgesetzt sind, wie in Abb. 3.23 gezeigt. Die Federkonstante hängt von den Draht- und Spulendurchmessern, der Anzahl der Spulen und dem Schermodul des Federwerkstoffs ab. Zylindrische Federn mit gleichmäßigem Steigungswinkel erzeugen eine lineare Federkonstante. Federn mit variabler Federkonstante werden entweder durch Variieren des Spulendurchmessers (konische Typen) und/oder der Steigung der Spulen entlang ihrer Länge hergestellt. Im Fall von Federn mit variabler Steigung sind die Spulen so ausgelegt, dass sie sich progressiv „setzen", wenn die Feder belastet wird, wobei die Spulen mit kürzerer Steigung zuerst Kontakt machen. Die Anzahl der arbeitenden Spulen wird schrittweise reduziert, wodurch die Steifigkeit mit der Last zunimmt. Es wäre nicht üblich, dass eine Schraubenfeder vollständig

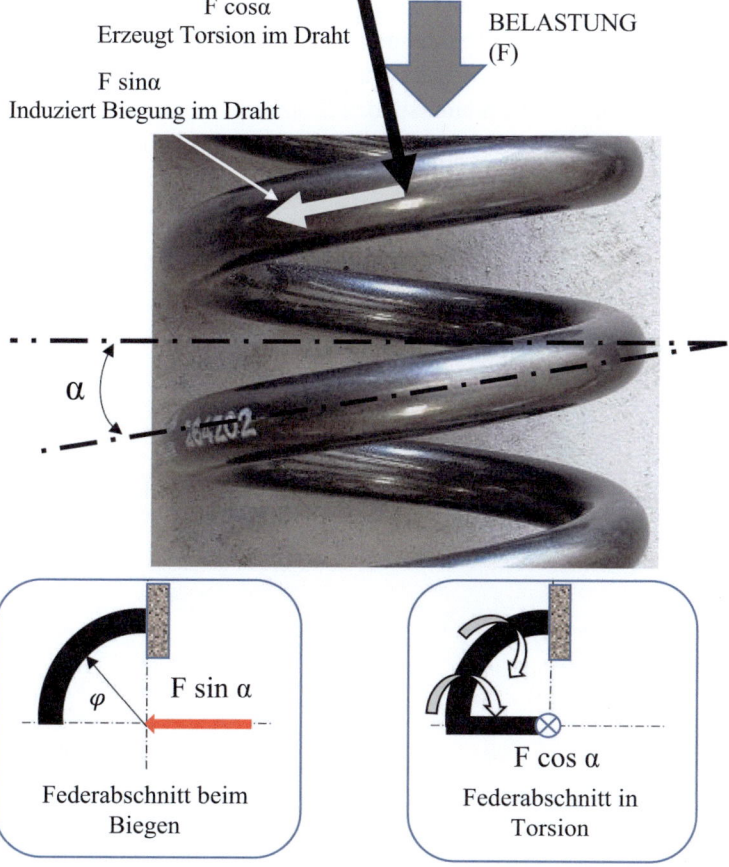

Abb. 3.23 Typische Kräfte auf einem Drahtquerschnitt einer offenen Spule

zusammengedrückt wird (alle Spulen berühren sich), da dies die Spulen verformt, die Spannungen erhöht und die Lebensdauer der Feder verringert.

Berechnung der Federkonstante
Bezugnehmend auf Abb. 3.24:

$$\text{Deformationsenergie } U = \text{Bereich unter dem Graphen} = 1/2 \times \text{Kraft} \times \text{Entfernung} = \frac{1}{2}Fx \tag{3.1}$$

Im Fall einer Torsionsbelastung $U = \frac{1}{2}T\theta$ aber wissen wir, dass $\theta = \frac{TL}{JG}$.
Daher:

$$U = \frac{T^2 L}{2GJ} \tag{3.2}$$

Hier ist L = Länge unter Torsion = Länge des Drahtes = $\pi D n$, wobei n die Anzahl der aktiven Spulen ist, und G = Schermodul des Federwerkstoffs.

Für einen festen kreisförmigen Querschnitt haben wir das polare Flächenträgheitsmoment $J = \frac{\pi d^4}{32}$, wobei d = Durchmesser des Drahtes.

Für eine eng gewickelte Feder, wie in Abb. 3.25 gezeigt (Helixwinkel α ist klein, daher sin α = 0 und cos α = 1), ist das Drehmoment $T = F\frac{D}{2}$.

Das Einsetzen von L, J und T in Gl. (3.2) ergibt:

$$U = \frac{F^2 D^2 \pi D n 32}{2 \times 4 \times G \pi d^4} = \frac{4 F^2 D^3 n}{G d^4}$$

Nach dem Satz von Castigliano haben wir:

$$\frac{dU}{dF} = x$$

Somit ergibt die Ableitung der Deformationsenergie nach einer Last F die Durchbiegung (*x*) in Richtung der Last:

Abb. 3.24 Grundlegendes Energiediagramm einer Feder mit konstanter Federkonstante

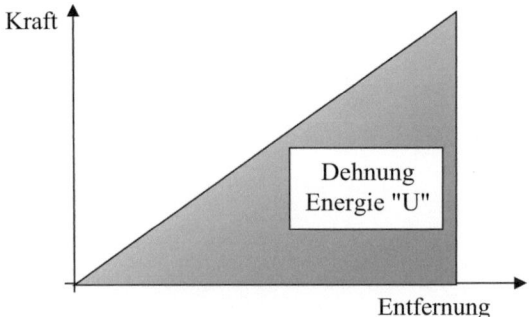

3.4 Federn

Abb. 3.25 Torsionsbelastung auf eine „eng gewickelte" Schraubenfeder

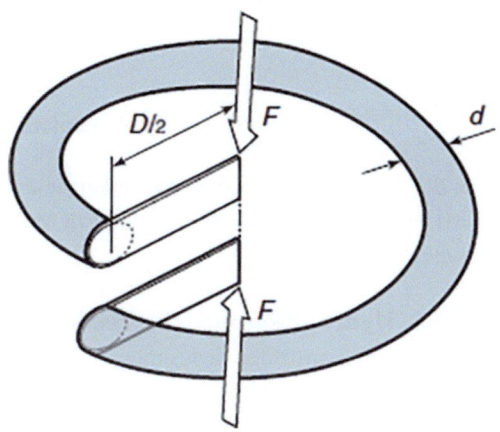

$$x = \frac{dU}{dF} = \frac{8FD^3n}{Gd^4}$$

Daher ergibt sich für die Federkonstante:

$$k = \frac{F}{x} = \frac{Gd^4}{8D^3n} \tag{3.3}$$

Dies ist die allgemeine Gleichung, die für die Berechnung der Steifigkeit von Schraubenfedern verwendet wird.

Außerdem haben wir die Schubspannung im Draht:

$$\tau = \frac{Gdx}{\pi D^2 n} = \frac{8FD}{\pi d^3} \tag{3.4}$$

Hinweis: Wenn die Feder eine offene Spule ist (α „groß", sodass $\cos\alpha \neq 1$ und $\sin\alpha \neq 0$), dann müssen wir die elastische Energie aufgrund der Biegung sowie der Torsion der Spulen berücksichtigen und die gesamte Deformationsenergie wird:

$$U = \frac{T^2L}{2GJ} + \frac{M^2 dx}{2EI}, \tag{3.5}$$

wobei:

$$T = F\frac{D}{2}\cos\alpha$$

$$M = P\sin\alpha \times \frac{D}{2}\sin\varphi$$

$$I = \text{zweites Biegemoment der Fläche des Drahtes} = \frac{\pi d^4}{64}$$

$$dx = \frac{D}{2}d\varphi$$

und $d\varphi$ ist das elementare Winkelmaßum die Spule.

Für den Biegeteil, nach dem Einsetzen von *M*, ist es notwendig, das $\sin^2 \varphi$-Element von $\varphi = 0$ bis 2π für jede Spule zu integrieren und dann mit der Anzahl der aktiven Spulen *n* zu multiplizieren.

3.4.1.3 Hydropneumatische Federn

In diesem Fall wird der Federungseffekt durch das Komprimieren einer konstanten Gasmasse (typischerweise Stickstoff) in einem variablen Volumenbehälter erzeugt. Das Funktionsprinzip einer einfachen Membranspeicherfeder ist in Abb. 3.26 dargestellt. Wenn das Rad bei einem Stoß einfedert, bewegt sich der Kolben nach oben, überträgt die Bewegung auf die Flüssigkeit und komprimiert das Gas über die flexible Membran. Der Gasdruck steigt, während sein Volumen abnimmt, um eine verhärtende Federcharakteristik zu erzeugen.

Das Prinzip wurde in der Moulton-Dunlop-Hydrogasfederung genutzt, bei der die Dämpfung in die hydropneumatischen Einheiten integriert war. Vorder- und Hintereinheiten waren verbunden, um die Nickkontrolle zu gewährleisten. Eine weitere Entwicklung des Prinzips ist das von Citroën entwickelte System. Dieses umfasst eine Hydraulikpumpe, die unter Druck stehende Flüssigkeit an vier hydropneumatische Federbeine (jeweils eines an jeder Radstation) liefert. Die Höhenkorrektur der Fahrzeugkarosserie wird mit Regelventilen erreicht, die durch die Bewegung des Stabilisators oder manuell durch den Fahrer eingestellt werden.

Im Allgemeinen sind hydropneumatische Systeme komplex (und teuer) und die Wartung kann langfristig ebenfalls ein Problem darstellen. Ihre Kosten können jedoch durch gute Leistung ausgeglichen werden. Patente decken die beiden oben diskutierten Systeme ab, aber es gibt noch Entwicklungsmöglichkeiten für alternative hydropneumatische Systeme. Einige dieser Konzepte sind in steuerbare „aktive" Federungen integriert.

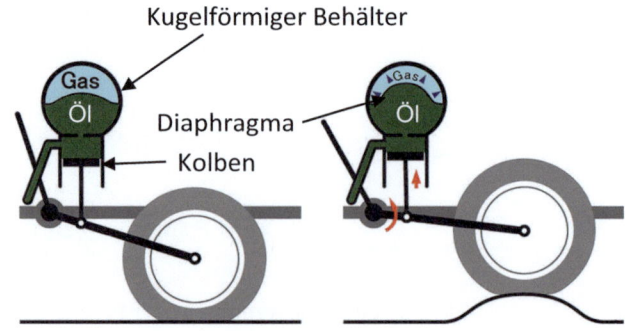

Abb. 3.26 Prinzipien einer hydropneumatischen Federung. (Quelle: https://upload.wikimedia.org/wikipedia/commons/b/bb/Sus_hydropneumatic002.png)

3.4.1.4 Luftfederung (Balgfederung)

Abb. 3.27 zeigt eine typische Federung, wie sie bei vielen Schwerlastfahrzeugen einschließlich Anhängern verwendet wird, und Abb. 3.28 zeigt eine schematische Darstellung eines Rollbalg-Luftkissens. Der Luftbalg ist vollständig durch eine Rollmembran-Dichtung eingeschlossen und wird durch Luftdruck vom bordeigenen Kompressor des Fahrzeugs über Speicherkammern versorgt. Der maximale Betriebsdruck liegt im Bereich von 2–5 bar, abhängig von der Fahrzeuglast bei einem starken Stoß, bevor die Anschläge greifen.

Die Abstände L_1 bis L_2 in Abb. 3.28 geben das Rad-zu-Federung-Verhältnis an, manchmal auch als Übersetzungsverhältnis bezeichnet.

Der Druck (P) im Federbalg (Balg) kann durch Folgendes bestimmt werden:

$$P = \frac{(m_t - m_u) r_t p}{2} \tag{3.6}$$

Dabei ist:

$P =$ Druck im Federbalg

$m_t =$ Bruttoachslast, gemessen am Boden (Konstruktionsgrenze)

$m_u =$ ungefederte Masse im Durchschnitt – typischerweise als 8 % von m_t angenommen

$r_t =$ Übersetzungsverhältnis $= \frac{L_1}{L_1 + L_2}$

$p =$ Druckwert im Federbalg, üblicherweise in Einheiten von bar/kg Last

Der Druckwert p wird von den Balgdesignern angegeben, aber ein Wert im Bereich von 0,002 bar/kg wäre typisch.

Der Nenner 2 tritt in Gl. (3.6) auf, weil es zwei Bälge pro Achse gibt.

Abb. 3.27 Fotografie einer typischen Luftkissenfederung eines Schwerlast-Lkw

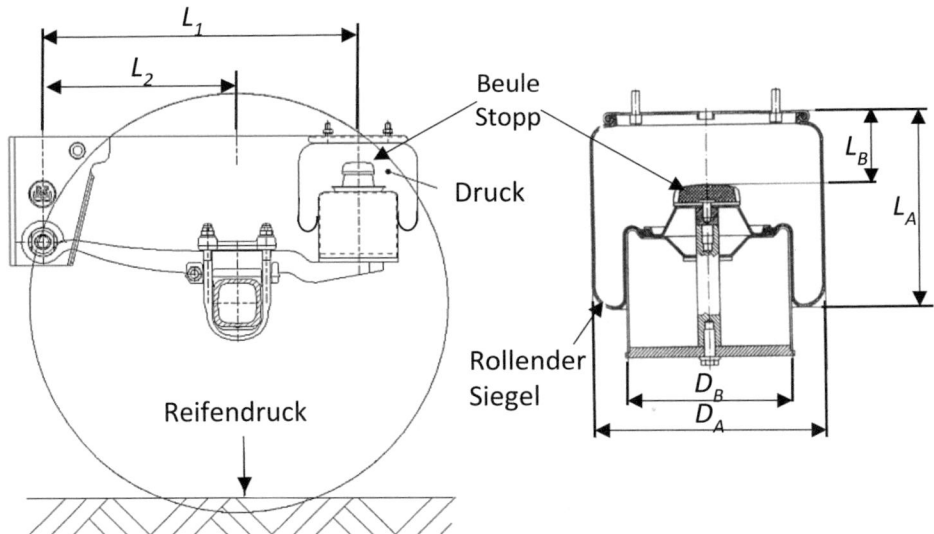

Abb. 3.28 Schematische Darstellung einer typischen Luftkissenfederung eines Schwerlast-Lkw

Beispiel 3.1 Berechnen Sie den Druck in einem Lkw-Federbalgsystem sowohl unter Volllast- als auch unter Teillastbedingungen.

Volllast-Situation

$m_t = 9000$ kg

$m_u = 0{,}08\ m_t$

$L_1 = 500$ mm

$L_2 = 370$ mm

$p = 0{,}002$ bar/kg

Lösung

Ungefederte Masse:

$$m_u = 0{,}08 \times 9000 = 720\ \text{kg}$$

3.4 Federn

Übersetzungsverhältnis:

$$r_t = \frac{500}{500+370} = 0{,}575$$

Daher:

$$P = \frac{(9000-720) \times 0{,}575 \times 0{,}002}{2} = 4{,}76 \text{ bar}$$

Teillast-Situation

$m_t = 3000$ kg

$m_u = 0{,}08 \, m_t$

$L_1 = 500$ mm

$L_2 = 370$ mm

$p = 0{,}002$ bar/kg.

Lösung

Wie zuvor ungefederte Masse = 720 kg und Übersetzungsverhältnis = 0,575.
Daher:

$$P = \frac{(3000-720) \times 0{,}575 \times 0{,}002}{2} = 1{,}31 \text{ bar}$$

Verhältnis der Drücke zwischen Volllast und Teillast:

$$\frac{\text{Volllast}}{\text{Teillast}} = \frac{4{,}76}{1{,}31} = 3{,}63{:}1$$

Vergleichen Sie mit dem Verhältnis der Massen:

$$\frac{\text{Volllast}}{\text{Teillast}} = \frac{9000}{3000} = 3{:}1$$

Bei solchen Systemen (die Druckluft erfordern) wäre es möglich, den Versorgungsdruck von Seite zu Seite zu variieren, um das Fahrzeugrollen und mögliche Überschläge zu verhindern. Darüber hinaus könnte der Druck von vorne nach hinten gesteuert werden, um das Fahrzeugnicken während des Bremsens/Beschleunigens zu reduzieren.

3.4.2 Stabilisatoren (Querstabilisatoren)

Stabilisatoren (ARBs) sind eine sehr einfache Art von Feder und daher kostengünstig in der Herstellung. Im Wesentlichen besteht das Design aus einer Stange, die bei unterschiedlichen Auslenkungen der beiden durch den ARB verbundenen Räder in Torsion belastet wird. Eine solche Torsionsstange ist sowohl verschleiß- als auch wartungsfrei. Trotz ihrer Einfachheit können ARBs nicht leicht für einige der beliebteren Formen der Federung übernommen werden.

ARBs werden verwendet, um die Karosserieneigung zu reduzieren, und haben Einfluss auf die Kurveneigenschaften eines Fahrzeugs (in Bezug auf Untersteuern und Übersteuern). Sie tragen nicht zur Gesamtsteifigkeit der Federung bei, wenn beide Räder die gleiche Menge einfedern/ausfedern. Abb. 3.29a zeigt, wie ein typischer Stabilisator mit einem Paar Räder verbunden ist. Die Enden der U-förmigen Stange sind mit den Radaufhängungen verbunden und der mittlere Teil der Stange ist am Fahrzeugkörper befestigt. Befestigungspunkte müssen so gewählt werden, dass die Stange einer Torsionsbelastung ohne Biegung ausgesetzt ist.

Wenn eines der Räder relativ zum anderen angehoben wird, wirkt die Hälfte der gesamten Rollsteifigkeit nach unten auf das Rad und die Reaktion auf den Fahrzeugkörper neigt dazu, der Karosserieneigung zu widerstehen. Wenn beide Räder um den gleichen Betrag angehoben werden, verdreht sich die Stange nicht und es erfolgt keine Lastübertragung auf den Fahrzeugkörper. Wenn die Auslenkungen der Räder gegensätzlich sind (ein Rad nach oben und das andere um den gleichen Betrag nach unten), wird die volle Wirkung der Rollsteifigkeit erzeugt.

Die Wanksteifigkeit ist gleich der Änderungsrate des Wankmoments mit dem Wankwinkel. Abb. 3.29b zeigt die Beiträge zum Gesamtwankmoment, die durch die Federsteifigkeit und die Stabilisatorsteifigkeit geleistet werden.

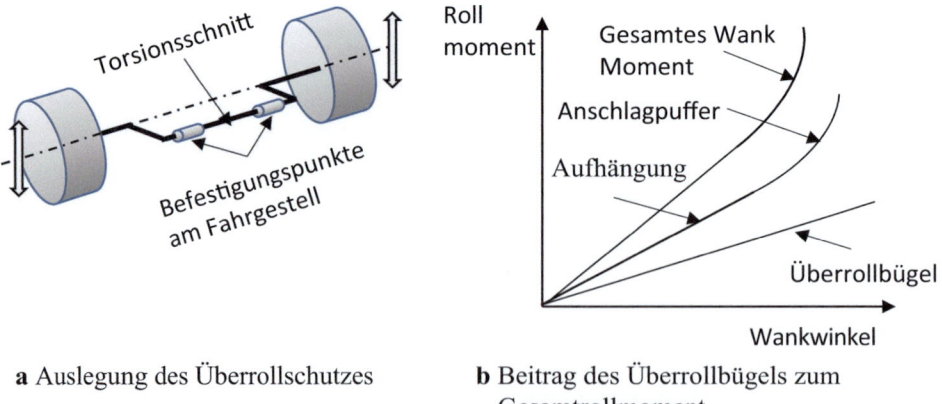

a Auslegung des Überrollschutzes   b Beitrag des Überrollbügels zum Gesamtrollmoment

Abb. 3.29 Geometrie des Stabilisators und der Effekt auf die Rollsteifigkeit

3.4 Federn

Der in Abb. 3.30 gezeigte Stabilisator ist eine Anpassung der einfachen Torsionsstange. In diesem Design würde die gesamte Stangenkonstruktion aus demselben Abschnitt bestehen, um die Kosten zu senken. Daher wird der Dreharmabschnitt der Stange einer Biegung unterzogen, die in die Berechnung der Gesamtsteifigkeit einbezogen werden sollte.

Das Funktionsprinzip eines jeden Stabilisators (Abb. 3.31) besteht darin, die aufgebrachte Radlast F_W in ein Drehmoment umzuwandeln, das eine Verdrehung im Verdrehabschnitt der Stange erzeugt. Eine Stange mit kreisförmigem Querschnitt bietet das geringste Federgewicht für eine gegebene Steifigkeit und kann massiv oder hohl sein. In diesem Fall kann die einfache Torsionstheorie des Schafts verwendet werden, um die Steifigkeit der Stange und die darin auftretenden Spannungen zu bestimmen. Im Allgemeinen ist die Steifigkeit mit dem Durchmesser und der Länge der Torsionsstange sowie dem Schermodul des Materials verbunden. Der Dreharm (mit der Länge R wie in Abb. 3.31 gezeigt) sollte im Vergleich zum Torsionsabschnitt relativ steif sein und kann manchmal in Steifigkeitsberechnungen vernachlässigt werden. Ein Biegemoment $F_W \times L$ wird ebenfalls im Verdrehabschnitt des Elements induziert und die Stützen sollten so positioniert werden, dass dies minimiert wird. Wenn sich der Dreharm unter Last dreht, ändert sich der Hebelarm, was Korrekturen des Verdrehwinkels (bei großen Drehungen) in den Konstruktionsberechnungen erforderlich macht.

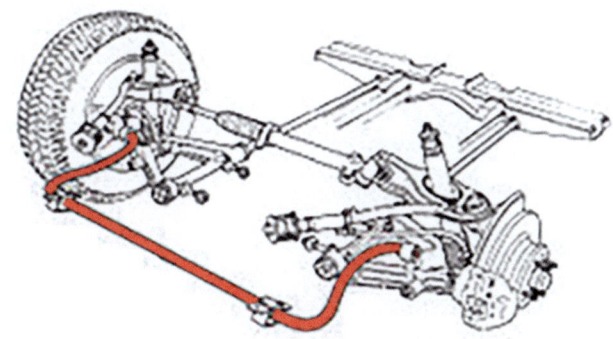

Abb. 3.30 Stabilisator zur Federung hinzugefügt. (Quelle: https://upload.wikimedia.org/wikipedia/commons/thumb/a/a9/Alfetta_front_suspension_antiroll.jpg/220px-Alfetta_front_suspension_antiroll.jpg)

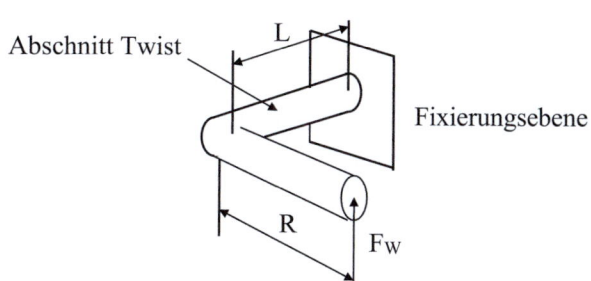

Abb. 3.31 Funktionsprinzip einer Torsionsfeder

Für den in Abb. 3.31 gezeigten Verdrehabschnitt beträgt das Drehmoment $T = RF_W$, wobei die Deformationsenergie im Abschnitt gegeben ist durch:

$$U = \frac{T^2 L}{2GJ} = \frac{R^2 F_W^2 L 32}{2G\pi d^4}$$

$J = \frac{\pi d^4}{32}$ steht für einen massiven Torsionsabschnitt.

Da $\frac{dU}{dF} = x$, haben wir für die vertikale Durchbiegung x in Richtung von F_W:

$$x = \frac{R^2 F_W L 32}{G\pi d^4}$$

Somit wird die effektive vertikale Steifigkeit des Stabilisators gegeben durch:

$$\frac{F_W}{x} = \frac{G\pi d^4}{32 L R^2} \tag{3.7}$$

Die Torsionssteifigkeit des Verdrehabschnitts wird durch die Standardgleichung für einen massiven Rundschaft gegeben:

$$\frac{T}{\theta} = \frac{GJ}{L} = \frac{G\pi d^4}{32L} \tag{3.8}$$

Beispiel 3.2 Ein Aufhängungssystem ist in Abb. 3.32 dargestellt, für das die folgenden Parameter gegeben sind:

Querstabilisator:

Stabdurchmesser	15 mm
$2L_1$	1000 mm
L_2	300 mm
Schermodul (G)	79,3 GPa
Elastizitätsmodul	206 GPa

Feder:

Anzahl der aktiven Windungen	7
Drahtdurchmesser	12,7 mm
Mittlerer Windungsdurchmesser	120 mm
Schermodul (G)	79,3 GPa

3.4 Federn

Berechnen Sie anhand der obigen Angaben:

(i) die Steifigkeit der Schraubenfeder.
(ii) die gesamte vertikale Steifigkeit der Torsionsstange am Rad.
(iii) die gesamte Steifigkeit der Torsionsstange und der Aufhängungsfeder allein (ohne den Reifen).

Lösung

(i) Betrachten Sie die Schraubenfeder:

$$\text{Federrate } k_s = \frac{F}{x} = \frac{Gd^4}{8D^3 n} = \frac{79{,}3 \times 10^3 \times 12{,}7^4}{8 \times 120^3 \times 7} = 21{,}3\,\text{N/mm}$$

(ii) Betrachten Sie das Torsionselement des Querstabilisators ($2L_1$):

Aus Gl. (3.8) ergibt sich:

$$\frac{T}{\theta} = \frac{GJ}{L_1} = \frac{G\pi d^4}{32 L_1}$$

Beachten Sie, dass bei der Berechnung der Steifigkeit für jedes Rad nur die halbe Länge des Torsionsabschnitts berücksichtigt wird, d. h., die Mittelebene der Stange wird als Symmetrieebene betrachtet, wie es bei gleichmäßigen und entgegengesetzten Bewegungen der beiden Räder der Fall wäre.

Aber $T = FL_2$ und, für kleine Winkel, $L_2\theta = x$, wobei $\theta = \frac{x}{L_2}$.

Das Einsetzen von T und θ in die obige Gleichung ergibt:

$$k_T = \frac{F}{x} = \frac{G\pi d^4}{32 L_1 L_2^2} = \frac{79{,}3 \times 10^3 \times \pi \times 15^4}{32 \times 500 \times 300^2} = 8{,}75\,\text{N/mm}$$

Betrachten Sie das Biegeelement des Querstabilisators (L_2).

Für einen Kragträger wird die Enddurchbiegung unter Last wie folgt angegeben:

$$\delta = \frac{PL^3}{3EI}$$

Hier bedeutet:

δ = vertikale Durchbiegung am Ende des Kragträgers

P = Last am Ende des Kragträgers

I = Flächenträgheitsmoment beim Biegen

E = Elastizitätsmodul (E)

L = Länge des Kragträgers
In diesem Fall

$$x = \frac{FL_2^3}{3EI},$$

wobei $I = \frac{\pi d^4}{64}$ ergibt:

$$k_B = \frac{F}{x} = \frac{3EI}{L_2^3} = \frac{3E\pi d^4}{64 L_2^3}$$

Daher:

$$k_B = \frac{3 \times 206 \times 10^3 \times \pi \times 15^4}{64 \times 300^3} = 56{,}87 \, \text{N/mm}$$

Torsions- und Biegesteifigkeiten der Torsionsstange sind in Reihe geschaltet, was die gesamte vertikale Steifigkeit der Torsionsstange am Rad ergibt:

$$k_{TB} = \frac{k_T \times k_B}{k_T + k_B} = \frac{8{,}75 \times 56{,}87}{8{,}75 + 56{,}87} = 7{,}58 \, \text{N/mm}$$

Es sollte beachtet werden, dass, je steifer der Biegebereich des Querstabilisators ist, desto weniger Einfluss hat er auf die Gesamtsteifigkeit.

(iii) Betrachten Sie nur die Gesamtsteifigkeit der Torsionsstange und der Federung (ohne den Reifen).

Schraubenfeder und Torsionsstange sind parallel geschaltet, was die Gesamtsteifigkeit der Torsionsstange und der Federung ergibt:

$$k_{Total} = k_{TB} + k_S = 7{,}58 + 21{,}3 = 28{,}88 \, \text{N/mm}$$

Beispiel 3.3 Ein Testingenieur drückt auf die Mitte einer Motorhaube und zeichnet die vordere Schwingfrequenz mit 1,60 Hz auf. Der Ingenieur drückt dann auf die Karosserie über einem Vorderrad, wobei die Karosserie über dem anderen Rad stationär bleibt, und zeichnet eine andere Frequenz von 1,78 Hz auf.

Die Federungskonfiguration für dieses spezielle Fahrzeug ist im Allgemeinen wie in Abb. 3.32 gezeigt, jedoch mit den unten aufgeführten relevanten Fahrzeugdaten:

3.4 Federn

Vordere gefederte Masse   500 kg

Federung

Vordere Schwingfrequenz   1,60 Hz
Eckenschwingfrequenz   1,78 Hz

Federung Feder

Hebelverhältnis	**1:2**
Drahtdurchmesser (d)	15 mm
Vorderer mittlerer Windungsdurchmesser (D)	100 mm
Schermodul (G)	79,3 GPa

Stabilisator (Torsionsstab)

Hebelverhältnis	1:1
L_1 (angenommen halbe Gesamtlänge)	600 mm
L_2	300 mm
Schermodul (G)	79,3 GPa
Elastizitätsmodul (E)	206 GPa

Der Testingenieur möchte bestimmen und bestätigen:

(i)   die Anzahl der aktiven Windungen in der Feder,
(ii) die Steifigkeit des Stabilisators,
(iii) den erforderlichen Durchmesser für die Stabilisatorstange.

<u>(i) Zur Berechnung der Anzahl der aktiven Windungen in der Feder:</u>
Die vordere Auf- und Abbewegung aktiviert den Stabilisator nicht.
Vorne $f = 1,6$ Hz ergibt $\omega = 2\pi f = 10$ rad/s.
Aber: $\omega = \sqrt{(k/m)}$ oder $k = m\omega^2$
Die Radrate wird daher gegeben durch:

$$k_w = (500/2) \times 10^2/1000 = \mathbf{25\,N/mm}$$

Das Hebelverhältnis beträgt 1:2, was eine Federrate $k_s = 25/0,5^2 = \mathbf{100\ N/mm}$ ergibt.

Bekannt ist:

$$k_s = \frac{F}{x} = \frac{Gd^4}{8D^3 n}$$

Dies ergibt:

$$n = \frac{Gd^4}{8D^3 k} = \frac{79{,}3 \times 10^3 \times 15^4}{8 \times 100^3 \times 100} = 5$$

(ii) Zur Berechnung der Steifigkeit des Torsionsstabs

In diesem Fall wirken die Schraubenfeder und der Torsionsstab parallel und ergeben eine kombinierte Steifigkeit k_c.
Wir haben $f = \mathbf{1{,}78\,Hz}$, wobei $\omega = 2\pi f = \mathbf{11{,}21\,rad/s}$.
Aber $\omega = \sqrt{\frac{k_c}{m}}$, wobei $k_c = \omega^2 m = \frac{11{,}21^2 \times 250}{1000} = \mathbf{32{,}42\,N/mm}$.
Das Hebelverhältnis für den Stabilisator beträgt 1:1.
Kombinierte Steifigkeit **am Rad** $= k_w + k_{TB} = \mathbf{32{,}42\,N/mm}$.
Das ergibt $k_{TB} = 32{,}42 - 25{,}00 = \mathbf{7{,}42\,N/mm}$.

(iii) Zur Berechnung des Durchmessers der Torsionsstange

Betrachten Sie den Verdrehabschnitt des Torsionsstabs:

$$\frac{T}{\theta} = \frac{GJ}{L} = \frac{G\pi d^4}{32L}$$

Aber $T = FL_2$ und $\theta = \frac{x}{L_2}$. Durch Einsetzen von oben ergibt sich:

$$k_T = \frac{F}{x} = \frac{G\pi d^4}{32L_1 L_2^2} = \frac{79{,}3 \times \pi \times 10^3 \times d^4}{32 \times 600 \times 300^2} = \mathbf{144d^4 \times 10^{-6}\,N/mm}$$

Betrachten Sie das Biegeelement der Torsionsstange:

$$x = \frac{FR^3}{3EI},$$

wobei $I = \frac{\pi d^4}{64}$ ergibt:

$$k_B = \frac{F}{x} = \frac{3E\pi d^4}{64L_2^3}$$

$$k_{TB} = \frac{F}{x} = \frac{3E\pi d^4}{64L_2^3} = \frac{3 \times 206 \times 10^3 \times \pi \times d^4}{64 \times 300^3} = \mathbf{1223d^4 \times 10^{-6}\,N/mm}$$

Torsions- und Biegeabschnitte der Torsionsstange sind in Reihe geschaltet und ergeben:

$$k_{TB} = \frac{k_T \times k_B}{k_T + k_B} = \frac{144d^4 \times 10^{-6} \times 1223d^4 \times 10^{-6}}{144d^4 \times 10^{-6} + 1223d^4 \times 10^{-6}}$$

$$= \frac{176112 d^8 \times 10^{-12}}{1367 d^4 \times 10^{-6}} = \mathbf{128{,}83 d^4 \times 10^{-6} = 7{,}42\,N/mm}$$

Daher:

$$d = 15{,}5 \text{ mm} \quad (\text{sagen wir } 16 \text{ mm als Standardgröße})$$

3.5 Dämpfer

3.5.1 Arten und Eigenschaften von Dämpfern

Häufig als Stoßdämpfer bezeichnet, sind Dämpfer die Hauptenergieabsorber in einem Fahrwerksystem. Sie sind erforderlich, um Vibrationen zu dämpfen, nachdem ein Rad ein Schlagloch oder Ähnliches getroffen hat. Darüber hinaus bieten sie einen guten Kompromiss zwischen niedriger beschleunigter Masse (bezogen auf den Fahrkomfort) und ausreichender Kontrolle der ungefederten Masse, um eine gute Straßenlage zu gewährleisten.

Fahrwerksdämpfer sind in der Regel teleskopische Vorrichtungen, die Hydraulikflüssigkeit enthalten. Sie sind zwischen der gefederten und ungefederten Masse verbunden und erzeugen eine Dämpfungskraft, die proportional zur relativen Geschwindigkeit an ihren Enden ist. Die Merkmale der beiden häufigsten Arten von passiven Dämpfern sind in Abb. 3.33 dargestellt.

Abb. 3.33a zeigt einen Zweirohrdämpfer, bei dem das innere Rohr der Arbeitszylinder ist, während der äußere Zylinder als Flüssigkeitsreservoir dient. Letzteres ist notwendig, um die überschüssige Flüssigkeit zu speichern, die durch einen Volumenunterschied auf beiden Seiten des Kolbens entsteht. Dies ist das Ergebnis des variablen Stangenvolumens

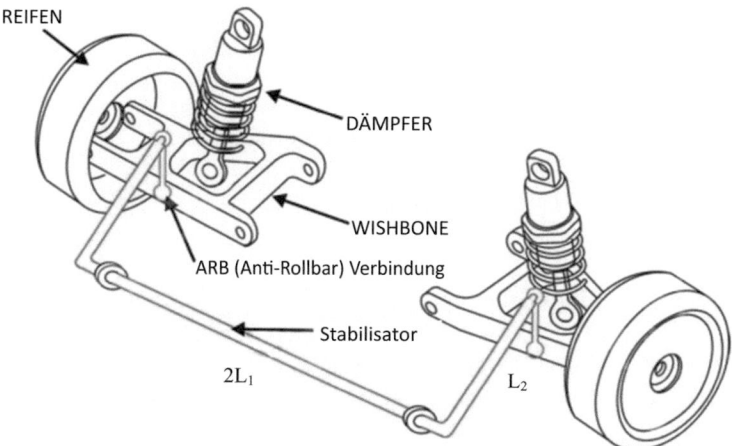

Abb. 3.32 Typische Installation eines Querstabilisators

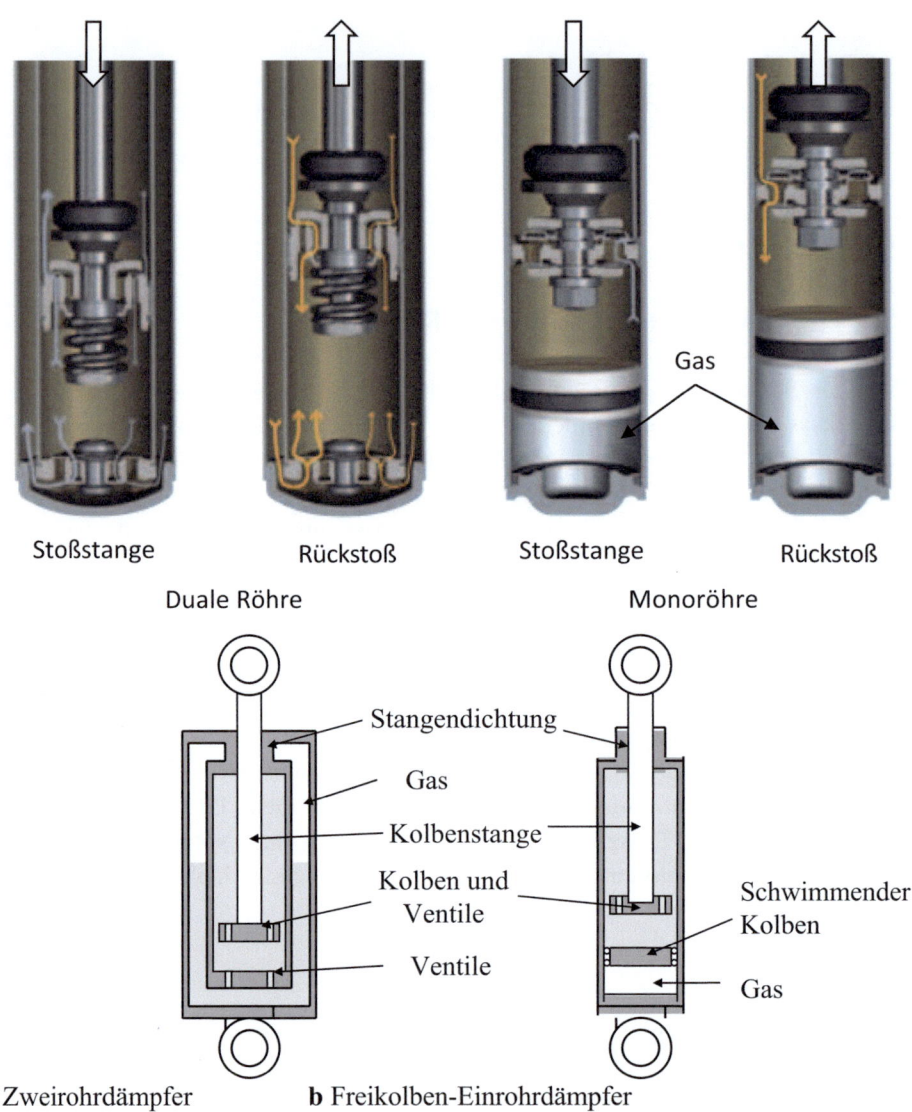

Abb. 3.33 Dämpferarten. (Quelle: ZF Friedrichshafen AG)

im inneren Rohr. Im Einrohrdämpfer, der in Abb. 3.33b gezeigt wird, wird die überschüssige Flüssigkeit durch einen gasdruckbelasteten freien Kolben aufgenommen. Eine alternative Form des Einrohrdämpfers (nicht in Abb. 3.33 gezeigt) verwendet ein Gas-Flüssigkeits-Gemisch als Arbeitsflüssigkeit, um die Volumenunterschiede auszugleichen.

Vergleicht man die beiden in Abb. 3.33 gezeigten Dämpferarten, bietet das Zweirohrdesign einen besseren Schutz gegen von den Rädern aufgeworfene Steine und ist auch

3.5 Dämpfer

eine kürzere Einheit, was die Verpackung erleichtert. Andererseits leitet der Einrohrdämpfer die Wärme besser ab.

Beim Umgang mit Straßenoberflächenunebenheiten in der Druckrichtung (der Dämpfer in Kompression) sind im Vergleich zur Zugbewegung (der Dämpfer in Extension) relativ niedrige Dämpfungsniveaus erforderlich. Dies liegt daran, dass die in der Druckstufe erzeugte Dämpfungskraft dazu neigt, die Beschleunigung der gefederten Masse zu unterstützen, während in der Zugstufe ein erhöhtes Dämpfungsniveau erforderlich ist, um die in der Fahrwerksfeder gespeicherte Energie zu dissipieren. Diese Anforderungen führen zu Dämpferkennlinien, die asymmetrisch sind, wenn sie auf Kraft-Geschwindigkeits-Achsen aufgetragen werden (Abb. 3.34). Die Dämpfungsrate (oder der Koeffizient) ist die Steigung der Kennlinie. Verhältnisse von 3: 1 für Zug- zu Druckstufe sind recht häufig.

Die in Dämpferdesigns geforderten Eigenschaften werden durch eine Kombination aus Drosselströmung und Strömungen durch federbelastete Einwegventile erreicht. Diese bieten viel Spielraum für die Formgebung und Feinabstimmung der Dämpferkennlinien. Abb. 3.35 zeigt das Prinzip des kombinierten Drossel- und Ventilsteuerungssystems und Abb. 3.36 die resultierende Kennlinie. Druck- und Zugstufe hätten unterschiedliche Ventile. Bei niedrigen relativen Geschwindigkeiten erfolgt die Dämpfung durch Drosselsteuerung, bis der Flüssigkeitsdruck ausreicht, um die vorgeladenen Durchflussregelventile zu öffnen. Daher die Form der kombinierten Kennlinie, die in Abb. 3.36 gezeigt wird. Das Problem bei dem in Abb. 3.35 gezeigten Design besteht darin, dass durch die Verwendung einer Kugel im Absperrventil der Betrieb des Ventils dazu neigt, entweder offen oder geschlossen zu sein (an/aus).

Ein vom Fahrer bedienbarer Einstellmechanismus kann verwendet werden, um mehrere Dämpferkennlinien von einer Einheit zu erhalten. Typische Kurven für einen dreistufig einstellbaren Dämpfer sind in Abb. 3.37 dargestellt. Eine kontinuierliche, elektro-

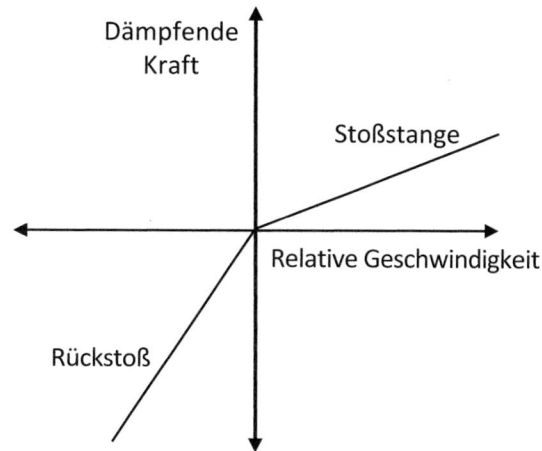

Abb. 3.34 Nichtlineare Dämpferkennlinien

Abb. 3.35 Prinzip der Drossel- und Einwegventil-Steuerungsanordnung

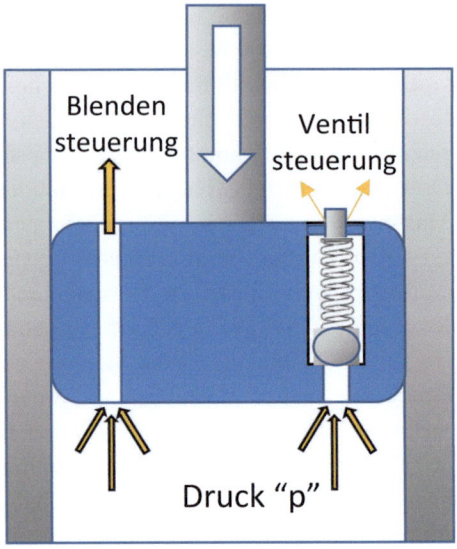

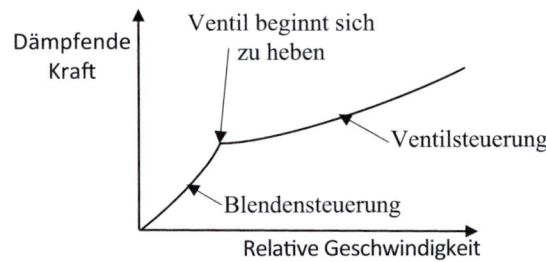

Abb. 3.36 Formgebung der Dämpferkennlinien

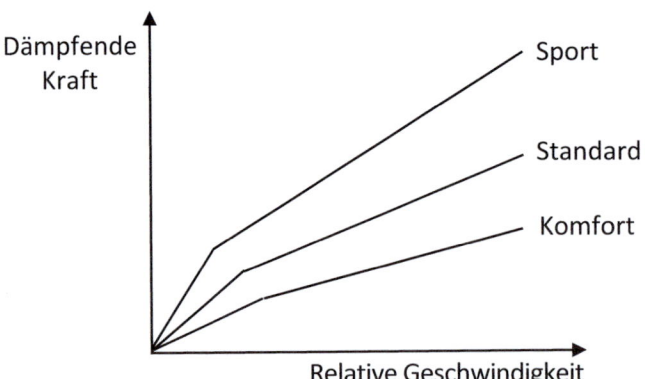

Abb. 3.37 Verschiedene Betriebsmodi für einstellbare Dämpfer

nisch gesteuerte Einstellung bildet die Grundlage einer Art von steuerbarem Fahrwerk, das sowohl den Fahrkomfort als auch die Handhabung verbessern soll.

3.5.2 Aktive Dämpfer

3.5.2.1 Variable Widerstandsdesigns

Das allgemeine Prinzip besteht darin, ein Ventil mit zwei Einstellungen zu haben. In einer Position ist die Öffnung klein und die Federung „fest". Wenn ein Bypass verwendet wird (eine größere Öffnung wird neben der kleinen Öffnung geöffnet), verringert sich der Öffnungswiderstand und die Federung ist „weich". Das Rückschlagventil bleibt gleich, sodass seine Charakteristik (Steigung) unverändert bleibt. In einem solchen Fall sind nur zwei Einstellungen möglich. Das modifizierte System ist vereinfacht in Abb. 3.38 dargestellt und die Charakteristiken sind in Abb. 3.39 gezeigt.

Um mehr Einstellungen zu erhalten, wird ein zweites Ventil verwendet, das dann vier Einstellungen ermöglicht: fest, mittel, weich und extrem weich. Bei dem Ventil mit zwei Einstellungen hängt das Verhältnis der Dämpfung zwischen Einfedern und Ausfedern von den Zylinder- und Stangenabmessungen ab. Es gibt ein zusätzliches Entlastungsventil, das die „Steigung" der Charakteristik bestimmt.

Ein zusätzliches Merkmal neuerer Designs ist die Steuerung der Ventilöffnung mittels eines Nadelventils. Durch diese Modifikation des Grundprinzips können die Kraft-Geschwindigkeits-Charakteristiken durch Änderung des Nadel-Designs (Konus und

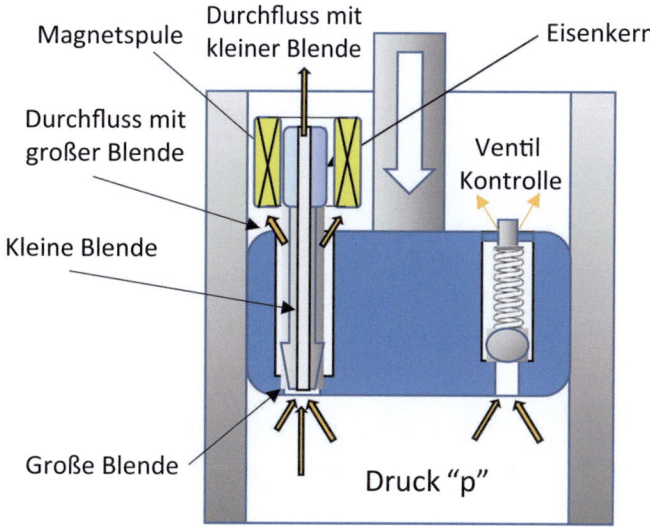

Abb. 3.38 Modifiziertes Grunddesign, um eine magnetgesteuerte Öffnung einzuschließen

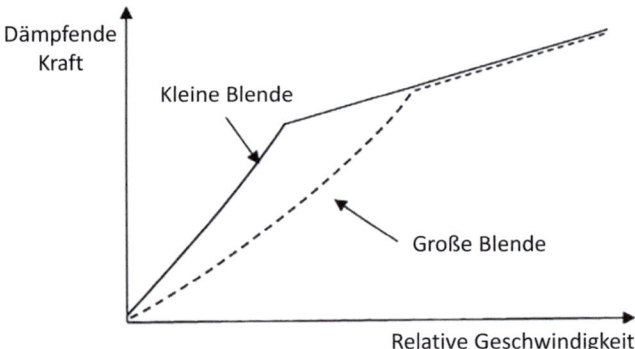

Abb. 3.39 Typische Charakteristiken eines Ventils mit zwei Einstellungen

Form) geformt werden, was mehr Kontrolle über den Fluss ermöglicht. Ein weiterer Fortschritt wäre, auch eine variable Feder-Vorspannung bereitzustellen und so zu steuern, wann das Ventil öffnet. In diesen fortschrittlichen Designs wird ein Magnet verwendet, um die Feder-Vorspannung anzupassen, wobei die Rate durch die Stromversorgung gesteuert wird. Dies ermöglicht es, das Ventil progressiv (anstatt ein/aus) zu öffnen und so die Gesamteigenschaften zu ändern. Das modifizierte Grundprinzip ist in Abb. 3.40 dargestellt und die Charakteristiken in Abb. 3.41.

Ein solches Dämpfungssystem kann als Continuous Damping Control (CDC) bezeichnet werden und ein typisches modernes System ist in Abb. 3.42 zusammen mit der

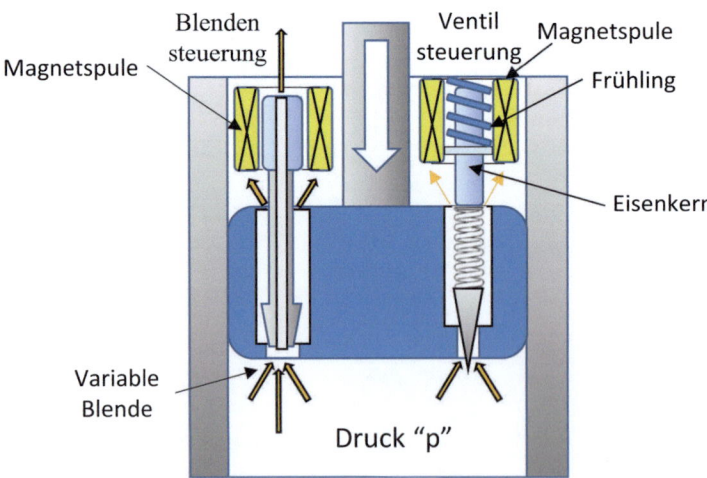

Abb. 3.40 Variable Stromstärke ändert kontinuierlich die Einstellung des Entlastungsventils und die Öffnung der Düse.

3.5 Dämpfer

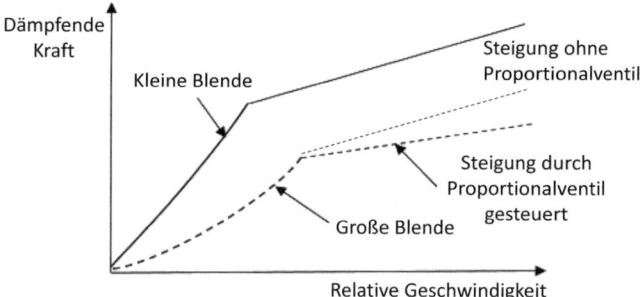

Abb. 3.41 Variable Stromstärke ändert kontinuierlich die Öffnung und die Einstellung des Entlastungsventils.

internen Ventilanordnung dargestellt. Der angezeigte Magnet öffnet das Ventil progressiv, wobei die Öffnung vom angelegten Strom abhängt. Eine typische Charakteristik eines solchen Ventils ist in Abb. 3.43 zu finden

Wenn eine unabhängige Steuerung von Federung und Rückprall erforderlich ist, können zwei Proportionalventile verwendet werden, jeweils eines für Federung und Rückprall, wie in Abb. 3.44 gezeigt.

3.5.2.2 Die Verwendung rheologischer Flüssigkeiten: Technologie der variablen Viskosität

Zwei Arten von rheologisch aktiven Flüssigkeiten werden verwendet, um eine variable Dämpfung zu erzielen:

- magnetorheologische (MR) Flüssigkeit und
- elektrorheologische (ER) Flüssigkeit.

Magnetorheologische Flüssigkeit enthält eine Mischung aus Eisenpartikeln im Dämpferöl. Das „Ventil" ist lediglich ein elektromagnetisches Solenoid, das sich am Kolben befindet und Löcher hat, um die untere mit der oberen Arbeitskammer zu verbinden, durch die das Öl fließt, wie in Abb. 3.45 gezeigt. Ein Magnetfeld wird um das Ventil erzeugt, dessen Stärke die Ausrichtung der Eisenpartikel im Ventilbereich verändert. Dies wiederum verändert die Viskosität der Flüssigkeit und damit den Durchfluss durch die Ventillöcher. Der Effekt erhöht den Strömungswiderstand und erzeugt eine Druckänderung in der aktiven (komprimierten) Kammer des Dämpfers. Die Viskosität der Flüssigkeit in der Arbeitskammer wird nicht verändert und behält die gleichen physikalischen Kompressibilitätseigenschaften bei.

Elektrorheologische Flüssigkeit funktioniert nach einem sehr ähnlichen Prinzip wie die magnetorheologische. In diesem Fall basiert die Flüssigkeit auf einem Silikonöl, das Partikel eines elektroaktiven Polymers enthält. Ein elektrisches Feld wird angelegt, und

Abb. 3.42 Externe Continuous Damping Control (CDC). (Quelle: ZF Friedrichshafen AG)

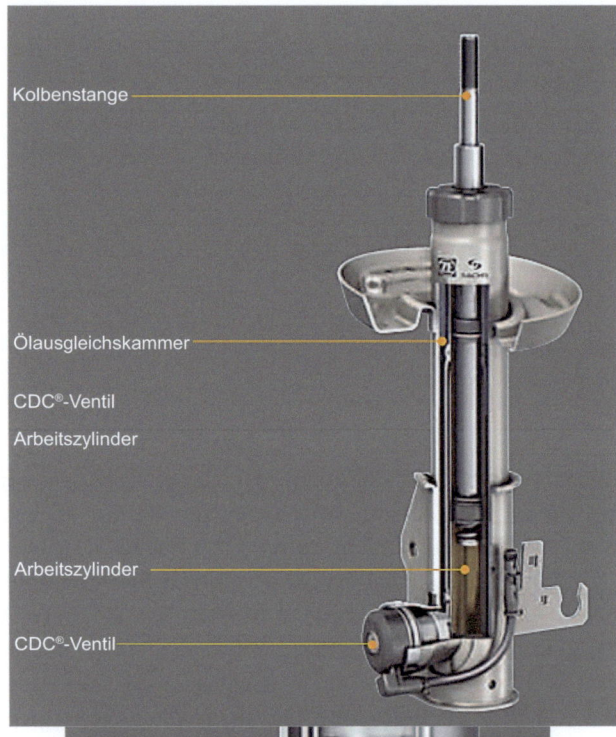

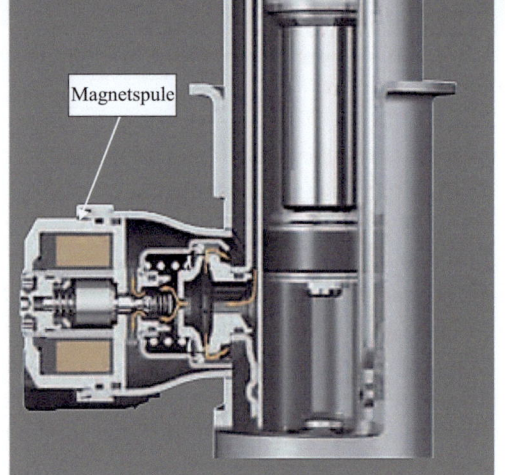

dies erzeugt einen ähnlichen Effekt wie bei einer magnetorheologischen Flüssigkeit. Aufgrund der erforderlichen hohen Spannungen von 1–2 kV und der Herausforderungen der Isolierung wurde dieses Prinzip bisher noch nicht in Serienfahrzeugen angewendet.

3.6 Kinematische Analyse von Aufhängungen

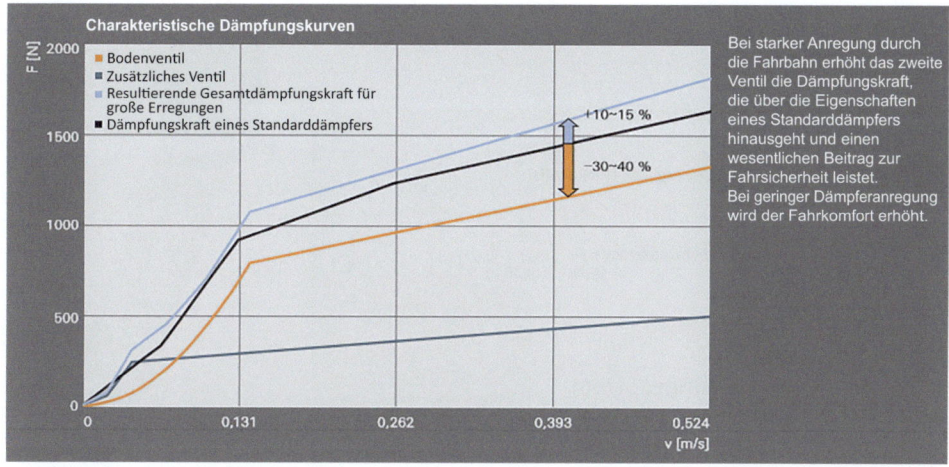

Abb. 3.43 Allgemeine Charakteristik eines CDC-Dämpfers. (Quelle: ZF Friedrichshafen AG)

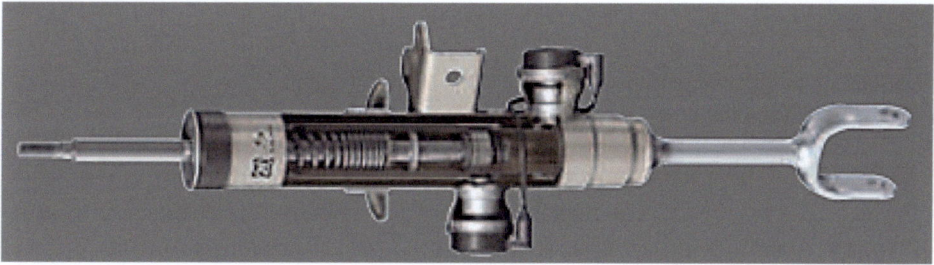

Abb. 3.44 Zwei externe CDC-Ventile zur kontinuierlichen und unabhängigen Steuerung von Federung und Rückprall. (Quelle: ZF Friedrichshafen AG)

Sowohl MR- als auch ER-Prinzipien sind auf Monorohr-Anwendungen beschränkt, da die Flüssigkeiten selbst in dieser Hinsicht ähnlich eingeschränkt sind.

3.6 Kinematische Analyse von Aufhängungen

Kinematik ist die Untersuchung der Geometrie der Bewegung ohne Bezug auf die beteiligten Kräfte. Im Fall von Fahrzeugaufhängungen, die einfach Beispiele für die vielen Verbindungen und Mechanismen sind, die im Maschinenbauingenieurwesen vorkommen, beinhaltet die Untersuchung ihrer kinematischen Eigenschaften einige wichtige An-

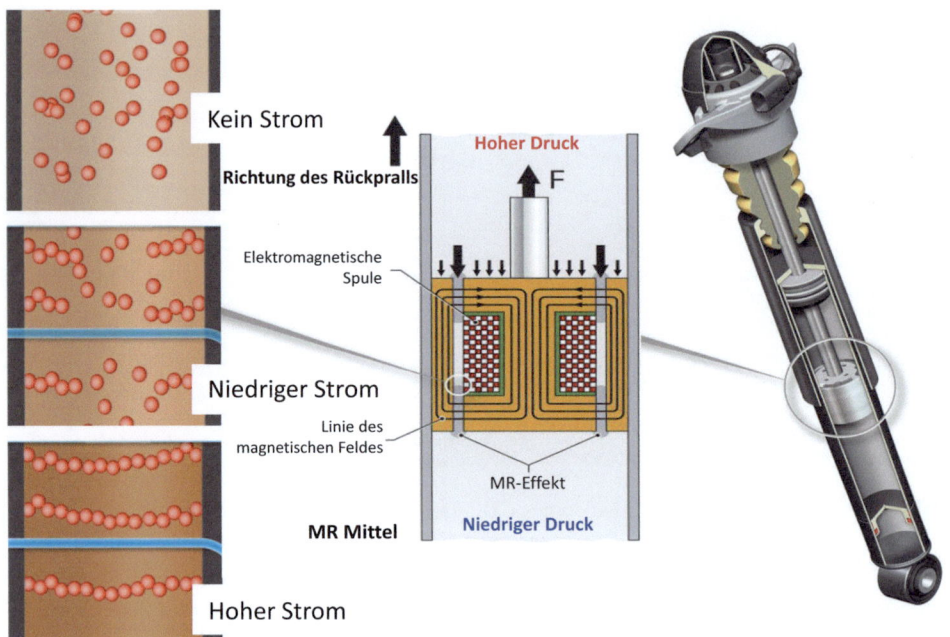

Abb. 3.45 Das allgemeine Prinzip des Regelventils (Kolbenkopf) unter Verwendung einer magnetorheologischen Flüssigkeit. (Quelle: Audi AG)

nahmen in Bezug auf ihren praktischen Betrieb. Zum Beispiel werden elastische Verformungen von der Analyse ausgeschlossen (da Kräfte ausgeschlossen sind). Dies bedeutet, dass Buchsen-Nachgiebigkeiten nicht einbezogen werden können. Daher muss die Aufhängung so behandelt werden, als ob alle Verbindungsstellen perfekte Drehgelenke, Schieber oder Kugelgelenke wären.

Eine kinematische Analyse einer vorgeschlagenen Aufhängung ist in der Regel die erste Analyse, die vom Konstrukteur durchgeführt wird, um…

- zu überprüfen, ob der Mechanismus über den gesamten Federungs-/Rückprallbereich tatsächlich funktioniert und nicht mit der Karosserie interferiert,
- zu überprüfen, wie die Radgeometrie über den Arbeitsbereich der Aufhängung gesteuert wird,
- die effektiven Verhältnisse zwischen Feder- und Dämpferweg relativ zum Radweg zu berechnen.

Aufhängungen sind echte dreidimensionale Mechanismen, sodass kinematische Analysen wirklich dreidimensional sein sollten. Allerdings treten die größten Verschiebungskomponenten in einer Querebene auf, die senkrecht zur Längsachse des Fahrzeugs steht.

3.6 Kinematische Analyse von Aufhängungen

Daraus folgt, dass viele nützliche Informationen aus einer zweidimensionalen Analyse gewonnen werden können.

Es gibt drei Möglichkeiten, wie die Kinematik der Aufhängung analysiert werden kann:

- analytisch unter Verwendung vektorbasierter Methoden,
- unter Verwendung eines Computerprogramms mit Mechanismen-Analysefähigkeit oder
- grafisch (nur wirklich relevant für eine zweidimensionale Analyse).

Es ist der dritte Ansatz, den wir im folgenden Beispiel verwenden werden.

Beispiel 3.4 Eine maßstabsgetreue Zeichnung einer Doppelquerlenkeraufhängung ist schematisch in Abb. 3.46 dargestellt. Der Dämpfer ist zwischen E und F montiert, und E kann als auf der Linie AD liegend angenommen werden. Der Mittelpunkt der Reifenaufstandsfläche befindet sich bei W und WV ist die Mittellinie des Rades.

Verwenden Sie ein Geschwindigkeitsdiagramm, um Folgendes zu bestimmen:

(a) die Ableitung des Schubs zum Stoß an der Reifen-Straßen-Schnittstelle (Verhältnis der horizontalen zu den vertikalen Geschwindigkeiten des Rades),
(b) die Dämpferrate zur Stoßrate (Verhältnis der Relativgeschwindigkeit über den Dämpfer zur vertikalen Geschwindigkeit des Rades),
(c) das Verhältnis der Aufhängung (das Inverse der Dämpferrate zur Stoßrate).

Lösung

Beginnen Sie damit, den Mechanismus maßstabsgetreu zu zeichnen, wie in Abb. 3.47 gezeigt, und nehmen Sie an, dass die Befestigungspunkte des Chassis stationär sind. Wenden Sie eine Einheitswinkelgeschwindigkeit von $\omega = 1$ rad/s auf die Verbindung AD an (die absolute Größe ist nicht wichtig, da die zu bestimmenden Bewegungen alle Verhältnisse sind). Die Größe der Geschwindigkeit von D ist $v_D = 360 \times 1 = 360$ mm/s und der Vektor v_D ist senkrecht zu AD, wie gezeigt.

Die Geschwindigkeit von C wird gegeben durch: $\underline{v}_C = \underline{v}_D + \underline{v}_{CD}$ (eine Vektoraddition, wobei ein unterstrichenes Symbol einen Vektor darstellt). $\underline{v}_C$ ist senkrecht zu BC – seine Größe ist zu diesem Zeitpunkt unbekannt. Da CD als starre Verbindung betrachtet werden kann, ist v_{CD} senkrecht zu CD, aber seine Größe ist zu diesem Zeitpunkt unbekannt. Die Richtungen dieser Vektoren sind ebenfalls unbekannt (siehe gestrichelte Linien in Abb. 3.48). Zeichnen Sie auch eine Linie von D nach W – es wird angenommen, dass diese imaginäre Verbindung starr ist und den Teil einer Verbindung CDW bildet.

Die Konstruktion des Geschwindigkeitsdiagramms (Abb. 3.48) beginnt mit der Lokalisierung des Pols O_v. Von hier aus gezeichnete Vektoren sind „absolute" Geschwindigkeiten.

1. Es sollte ein *Geschwindigkeitsbild* CDW im Geschwindigkeitsdiagramm geben, das eine ähnliche Form wie CDW in Abb. 3.47 hat. Bestimmen Sie W proportional aus Abb. 3.47 und fügen Sie daher den Vektor $\underline{v}_{WD}$ wie in Abb. 3.48 gezeigt hinzu.
2. Die (absoluten) vertikalen und horizontalen Geschwindigkeitskomponenten von W, $\underline{v}_W^{hor}$ und $\underline{v}_W^{vert}$, können dem Diagramm wie in Abb. 3.48 gezeigt hinzugefügt werden.
3. Die (absolute) Geschwindigkeit von E, nämlich $\underline{v}_E$, ist halb so groß wie die von D und kann nun dem Diagramm hinzugefügt werden. Es gibt Komponenten parallel und senkrecht zu EF, die sich jeweils auf die Relativgeschwindigkeit über den Dämpfer und seine Winkelgeschwindigkeit beziehen. Fügen Sie die Komponentenvektoren v_E^r und v_E^t hinzu.
4. Relevante Werte können nun aus dem Diagramm skaliert werden. Diese sind $\underline{v}_W^{vert} = 336$ mm/s, $\underline{v}_W^{hor} = 114$ mm/s und $v_E^r = 168$ mm/s.

Antworten

(a) Ableitung des Schubs zum Stoß:

$$v_W^{hor} / v_W^{vert} = 114/366 = 0{,}393$$

(b) Dämpferrate zur Stoßrate:

$$v_E^r / v_W^{vert} = 168/366 = 0{,}459$$

(c) Verhältnis der Aufhängung:

$$v_W^{vert} / v_E^r = 366/168 = 2{,}18$$

Abb. 3.46 Design der Doppelquerlenkerverbindung

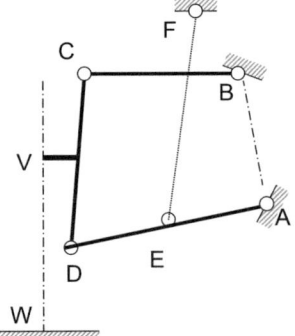

Abmessungen in mm

AE = ED 180
CD = 315
WD = 159

3.6 Kinematische Analyse von Aufhängungen

Abb. 3.47 Zeichnung der Verbindung in einem beliebigen Maßstab

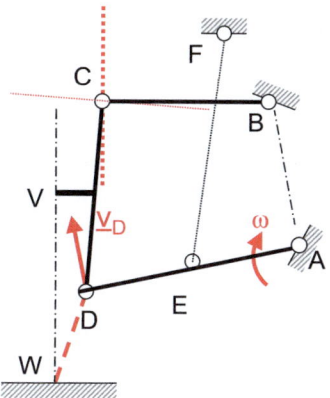

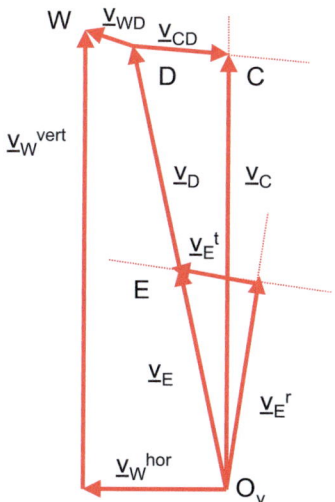

Abb. 3.48 Geschwindigkeitsdiagramm (in einem beliebigen Maßstab)

Das Verhältnis von Stoß zu Schub steht im Zusammenhang mit Spurwechsel und Reifenverschleiß. Dämpferrate zu Stoßrate und Verhältnis der Aufhängung stehen beide im Zusammenhang mit der Modellierung zur Fahrkomfortanalyse und der Bestimmung von Komponentenparametern.

Hinweis: Die Möglichkeit, eine kinematische Analyse dreidimensionaler Mechanismen durchzuführen, ist in vielen CAD-Systemen verfügbar, und einige Pakete wurden speziell zur Analyse der dreidimensionalen Federungskinematik geschrieben, zum Beispiel das in MSC/ADAMS enthaltene.

3.7 Rollzentrum und Rollachse

Die Konzepte von Rollzentrum und Rollachse sind wichtige Hilfsmittel zur Untersuchung des Fahrzeug-Handlings und werden auch bei der Berechnung des seitlichen Lasttransfers für Kurvenfahrten verwendet.

Es gibt zwei Definitionen des Rollzentrums. Eine basiert auf Kräften und die andere auf Kinematik. Die erste Definition (SAE-Definition) besagt:

(1) Das Rollzentrum ist ein Punkt in der Querachse durch ein beliebiges Radpaar, an dem eine Querkraft auf die gefederte Masse ausgeübt werden kann, ohne dass diese sich neigt.

Die zweite, kinematische Definition besagt:

(B) Das Rollzentrum ist der Punkt, um den sich der Körper neigen kann, ohne dass eine seitliche Bewegung an einer der Radaufstandsflächen erzeugt wird.

Im Allgemeinen liegt jedes Rollzentrum auf der vertikalen Linie, die durch den Schnittpunkt der Längsmittelebene des Fahrzeugs und der vertikalen Querachse durch ein Radpaar entsteht. Die Höhen der Rollzentren in den vorderen und hinteren Radachsen tendieren dazu, unterschiedlich zu sein, wie in Abb. 3.49 gezeigt. Die Linie, die die Zentren verbindet, wird Rollachse genannt, mit der Implikation, dass eine Querkraft, die an einem beliebigen Punkt auf dieser Achse auf die gefederte Masse ausgeübt wird, keine Neigung des Körpers verursacht.

3.7.1 Bestimmung des Rollzentrums

Für eine gegebene Vorder- oder Hinterradaufhängung kann das Rollzentrum anhand der kinematischen Definition unter Verwendung des Aronhold-Kennedy-Theorems der drei

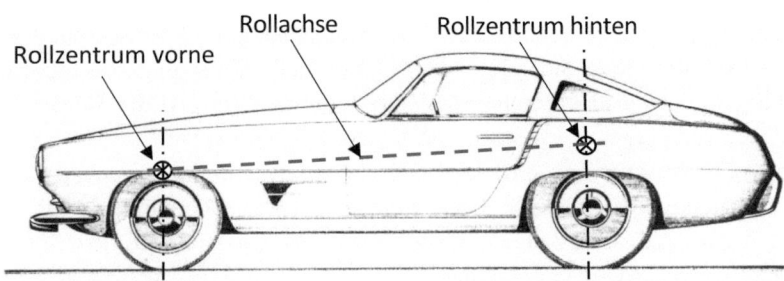

Abb. 3.49 Rollzentren und Rollachse. (Quelle: http://www.carstyling.ru/resources/studios/1955_Ghia_Ferrari_375_MM_Drawing.jpg)

3.7 Rollzentren und Rollachse

Zentren bestimmt werden. Dieses besagt: *„Wenn sich drei Körper relativ zueinander bewegen, haben sie drei momentane Zentren, die alle auf derselben Geraden liegen."*

Um die Bestimmung des Rollzentrums mit dieser Methode zu veranschaulichen, betrachten Sie die Doppelquerlenkeraufhängung, die in Abb. 3.50 gezeigt ist. Betrachten Sie die drei Körper, die relativ zueinander beweglich sind, als die gefederte Masse, das linke Rad und den Boden. Das momentane Zentrum des Rades relativ zur gefederten Masse I_{wb} liegt am Schnittpunkt der oberen und unteren Querlenker, während das des Rades relativ zum Boden bei I_{wg} liegt. Das momentane Zentrum der gefederten Masse relativ zum Boden (das Rollzentrum) I_{bg} muss (gemäß dem obigen Theorem) in der Mittelebene des Fahrzeugs und auf der Linie liegen, die I_{wb} und I_{wg} verbinden, wie im Diagramm gezeigt.

I_{wg} liegt immer in der in Abb. 3.50 gezeigten Position. Durch Ändern der Neigung der oberen und unteren Querlenker kann I_{wb} variiert werden, wodurch der Ort von I_{bg} verändert und letztendlich die Lastverteilung zwischen inneren und äußeren Rädern während der Kurvenfahrt beeinflusst wird. Im Fall der McPherson-Federbeinaufhängung (Abb. 3.51) ist die obere Linie, die I_{wb} definiert, senkrecht zur Federbeinachse. Die Abb. 3.52, 3.53 und 3.54 zeigen die Positionen der Rollzentren für eine Vielzahl von Einzelradaufhängungen. Die Bedeutung der Rollzentrumslage wird unten diskutiert.

Bei der in Abb. 3.51 gezeigten Pendelachse schwenkt das Rad um die innere Schwenkachse, wodurch das Rollzentrum wie angegeben entsteht.

Bei der Schräglenkeraufhängung (Abb. 3.52) schwenkt der Schräglenker um eine Querachse (vor dem Radzentrum). In der Vorderansicht ist das Rad gezwungen, sich in einer vertikalen Ebene zu bewegen (ohne Querverschiebung), und daher liegt I_{wb} im Unendlichen entlang der Schwenkachse (nach rechts). Das Rollzentrum liegt daher in der Bodenebene auf der Mittellinie des Fahrzeugs.

Bei der Schräglenkeraufhängung (Abb. 3.54) ist die Schwenkachse geneigt und schneidet die vertikale Seitenebene durch das Radzentrum bei I_{wb} in einer Entfernung L von der Mittelebene des Rades. Das Rollzentrum I_{bg} liegt auf der Linie, die I_{wb} mit dem momentanen Zentrum des Rades relativ zum Boden I_{wg} verbindet.

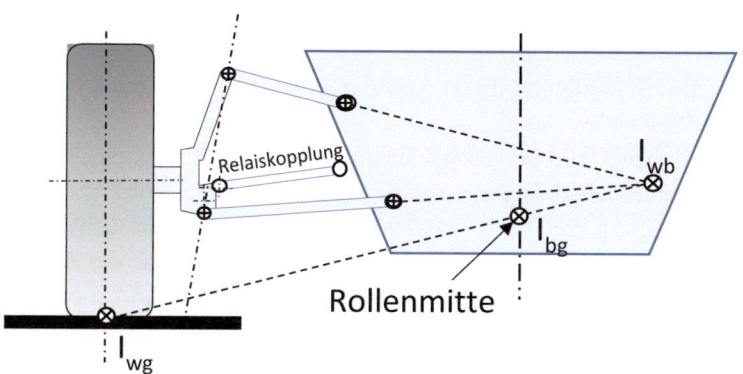

Abb. 3.50 Bestimmung des Rollzentrums für eine Doppelquerlenkeraufhängung

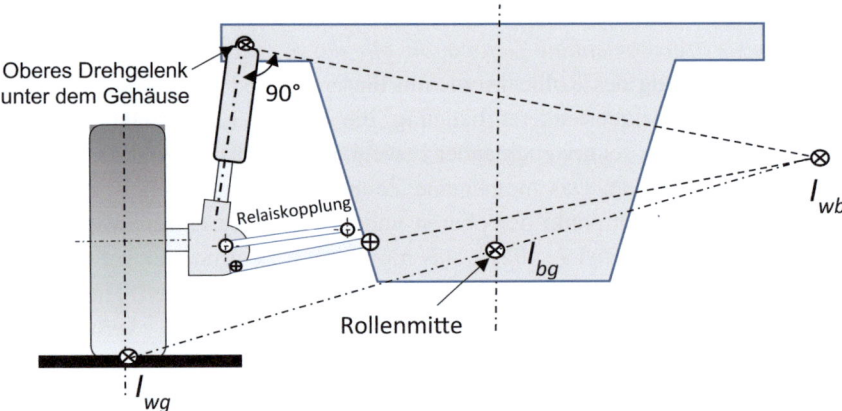

Abb. 3.51 Rollzentrumslage für ein McPherson-Federbein

Abb. 3.52 Rollzentrumslage für eine Pendelachse

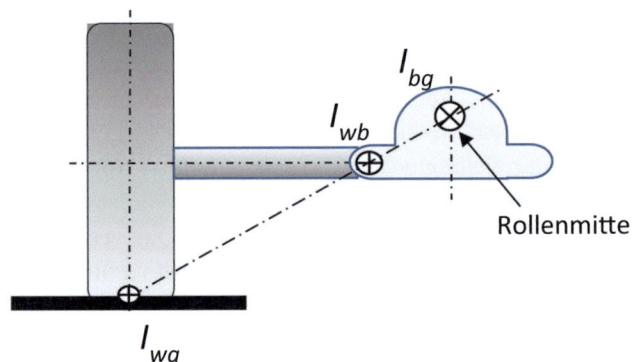

Abb. 3.55 zeigt die Bestimmung des Rollzentrums für eine Vierlenker-Starrachse. In diesem Fall können die Räder und die Achse als starrer Körper betrachtet werden. Die oberen und unteren Querlenker erzeugen momentane Zentren bei A und B (auf die Fahrzeugmittellinie projiziert). Das Verbinden dieser Punkte ergibt eine Rollachse für die Aufhängung. Der Schnittpunkt dieser Achse mit der Querachse des Rades definiert das Rollzentrum.

Das letzte Beispiel zur Veranschaulichung der Bestimmung des Rollzentrums ist die Hotchkiss-Hinterradaufhängung, die in Abb. 3.56 gezeigt wird. Die Analyse unterscheidet sich in diesem Fall etwas von den vorherigen Beispielen. Seitliche Kräfte werden an den gefederten Massen bei A und B übertragen. Die Höhe des Rollzentrums befindet sich am Schnittpunkt der Linie, die diese Punkte verbindet, und der vertikalen Querebene durch die Radmitten. Das Rollzentrum befindet sich natürlich in dieser Höhe in der Mittelebene des Fahrzeugs.

3.7 Rollzentren und Rollachse

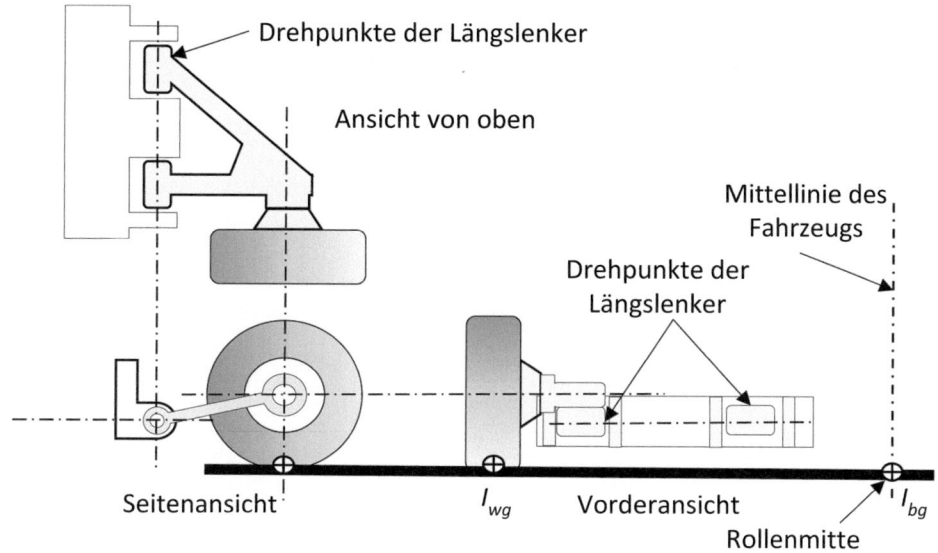

Abb. 3.53 Rollzentrumslage für eine Schräglenkeraufhängung

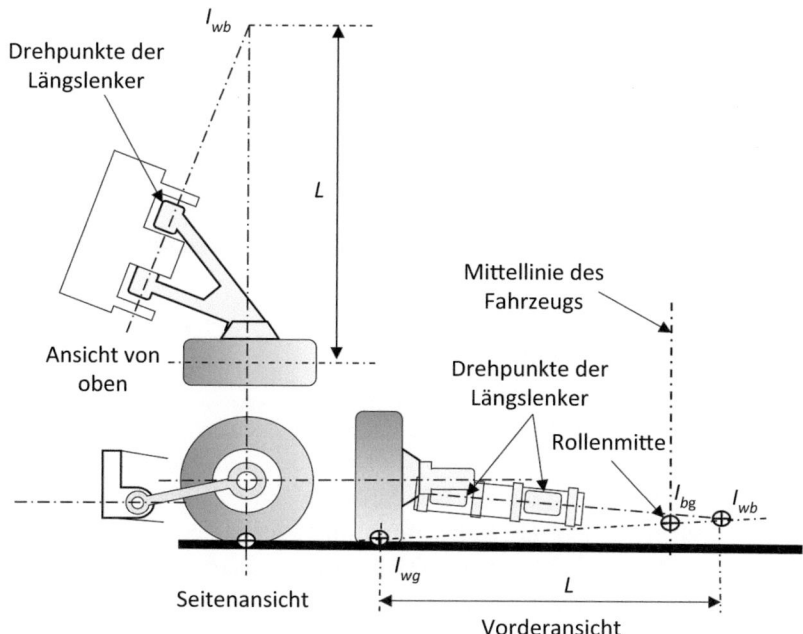

Abb. 3.54 Rollzentrumslage für eine Schräglenkeraufhängung

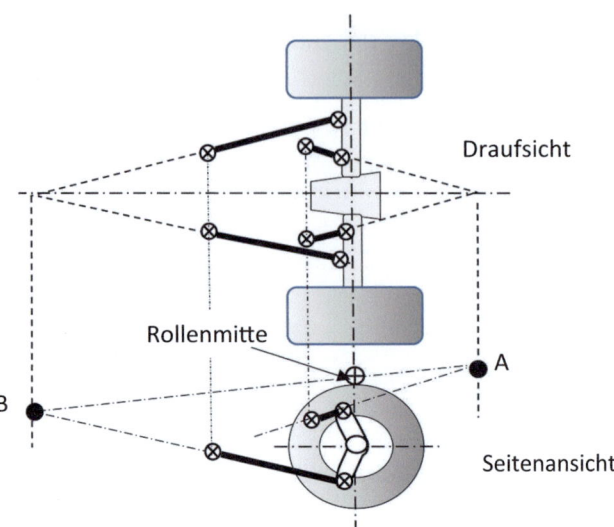

Abb. 3.55 Rollzentrum für eine Vierlenker-Starrachse

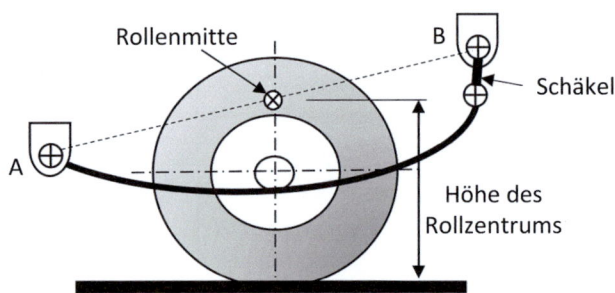

Abb. 3.56 Rollzentrumslage für eine Hotchkiss-Aufhängung

3.7.2 Rollzentrumsmigration

Wenn eine Aufhängung einfedert, bewegen sich die Rollzentrumslagen. Selbst bei geringen Aufhängungsbewegungen kann diese Migration des Rollzentrums, wie in Abb. 3.57 gezeigt, erheblich sein, was in diesem Fall durch die vertikale Bewegung der Fahrzeugkarosserie verursacht wird. Große Rollzentrumsmigrationen können unerwünschte Auswirkungen auf das Fahrverhalten haben. Daher wird versucht, die Migrationseffekte im Designstadium für den gesamten Federweg zu begrenzen. Einige Aufhängungstypen sind besser geeignet als andere, um die Rollzentrumsmigration zu kontrollieren.

Ein hohes Rollzentrum erzeugt eine geringe seitliche Lastübertragung (gute Anti-Roll-Eigenschaften), führt jedoch zu hohen Halbspuränderungen. Das hohe Rollzentrum

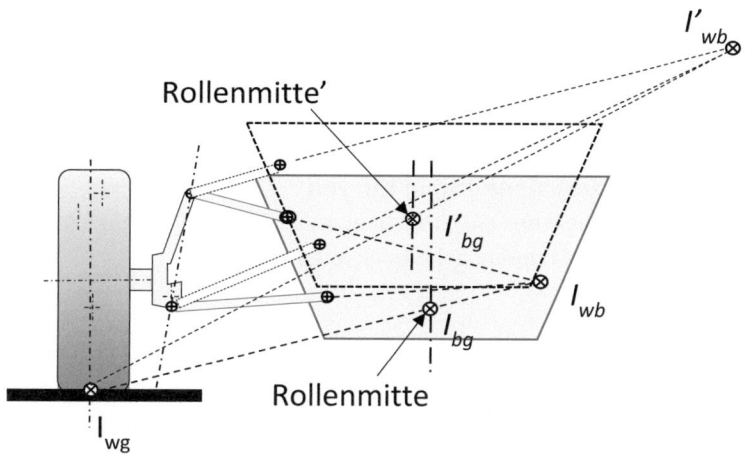

Abb. 3.57 Auswirkung der Aufhängungsbewegung auf die Rollzentrumsmigration

befindet sich typischerweise näher am Schwerpunkt und daher gibt es einen reduzierten Hebelarm und ein geringeres Rollmoment. Seitliche Kräfte, die beim Kurvenfahren erzeugt werden, führen daher zu weniger Rollbewegung. Allerdings bedeutet die Aufhängungsgeometrie, die ein hohes Rollzentrum ergibt, dass der Radschlupf über den Federweg erheblich ist, was zu größeren Halbspuränderungen führt.

Ein niedriges Rollzentrum erzeugt geringe Halbspuränderungen, aber schlechte Anti-Roll-Eigenschaften.

Die Migration des Rollzentrums muss begrenzt werden, um die Variation des Lenkgleichgewichts unter verschiedenen Fahrbedingungen zu minimieren, wie unten beschrieben.

3.7.2.1 Lenkverhalten

Das Gleichgewicht zwischen gleichmäßigem Untersteuern/Übersteuern wird weitgehend durch das Verhältnis der seitlichen Lastübertragung von vorne nach hinten bestimmt, das von den Rollzentrumshöhen abhängt. Dies kann durch Änderungen der Rollsteifigkeit, normalerweise mit Stabilisatoren, modifiziert werden. Die Migration der Rollzentren kann unerwünschte Variationen im Lenkgleichgewicht erzeugen.

3.7.2.2 Geradlinige Stabilität

Eine Erhöhung des Verhältnisses der seitlichen Lastübertragung von vorne nach hinten erzeugt eine Tendenz zum Untersteuern. Unsymmetrische Straßenunebenheiten induzieren Halbspuränderungen, die zu seitlichen Kraftvariationen an den Reifenaufstandsflächen mit resultierenden Lenkeffekten führen. Eine positive Halbspuränderung erzeugt eine Kraft in Richtung der Fahrzeugmittellinie, und dieser Effekt, kombiniert mit Bump Steer, beeinflusst die Fahrzeugstabilität.

3.7.2.3 Bremsstabilität

Die Migration des Rollzentrums aufgrund von bremsinduzierten Nickbewegungen kann zu eintauchenden vorderen und ansteigenden hinteren Rollzentren führen, was eine unerwünschte Tendenz zum Übersteuern zur Folge hat.

3.7.2.4 Lift-off/Traktionslenkung in Kurven

Die Migration des Rollzentrums aufgrund induzierter Nickbewegungen kann zu Variationen im Lenkgleichgewicht führen (siehe Lenkverhalten oben).

3.7.2.5 Fahrkomfort

Halbspuränderungen erzeugen Widerstandskräfte mit einer vertikalen Komponente. In einigen Fällen kann diese groß genug sein, um die Fahrqualität zu beeinträchtigen. Bei asymmetrischen Unebenheiten können die seitlichen Kräfte aufgrund von Halbspuränderungen Rollbewegungen auslösen. Die Fahrzeugneigung ist grundsätzlich mit der Höhe des Rollzentrums verbunden, kann jedoch durch den Einsatz von Stabilisatoren modifiziert werden.

3.7.2.6 Aufbäumen

Das Aufbäumen des Fahrzeugs wird von der Höhe des Rollzentrums beeinflusst.

3.8 Seitliche Lastübertragung durch Kurvenfahrt

Während der Kurvenfahrt wirken Zentrifugalkräfte (Trägheitskräfte) horizontal auf die gefederten und ungefederten Massen. Diese Kräfte wirken oberhalb der Bodenebene durch die jeweiligen Massenschwerpunkte und erzeugen Momente an den jeweiligen Massen. Diese führen wiederum zu Änderungen der vertikalen Lasten an den Reifen, die das Fahrverhalten und die Stabilität des Fahrzeugs beeinflussen. Im Allgemeinen nehmen die vertikalen Lasten an den äußeren Rädern zu, während die Lasten an den inneren Rädern abnehmen.

Der Prozess der Umwandlung der Querkräfte in vertikale Laständerungen wird als *seitliche Lastübertragung* bezeichnet. Die seitliche Lastübertragung durch Kurvenfahrt wurde für ein starres Fahrzeugmodell in Kap. 1 betrachtet. Hier werden die Auswirkungen von Federungen im Fahrzeug berücksichtigt, um genauere Vorhersagen der Effekte der seitlichen Lastübertragung unter Verwendung des D'Alembert-Ansatzes zu geben.

Annahmen

- G ist der Schwerpunkt der gefederten Masse (CofG in Abb. 3.58).
- Die Querbeschleunigung bei G aufgrund des Kurvenfahrens ist $\ddot{x}$.
- Die gefederte Masse rollt um den Winkel ϕ um die Rollachse.

3.8 Seitliche Lastübertragung durch Kurvenfahrt

- Die Zentrifugalkraft (Trägheitskraft) auf die gefederte Masse $m_s \ddot{x}$ wirkt horizontal durch G.
- Die Schwerkraft auf die gefederte Masse $m_s g$ wirkt vertikal nach unten durch G.
- Die Querträgheitskräfte $m_{uf}\ddot{x}$ und $m_{ur}\ddot{x}$ wirken direkt auf die ungefederten Massen an den Vorder- und Hinterachsen. Jede überträgt die Last nur zwischen ihrem eigenen Radpaar.

m_s = gefederte Masse
m_{uf} = ungefederte Masse vorne
m_{ur} = ungefederte Masse hinten
R_f = vorderes Rollzentrum
R_r = hinteres Rollzentrum
$\ddot{x}$ = Querbeschleunigung während des Kurvenfahrens

Unter Berücksichtigung von Abb. 3.58 wird die Analyse in vier Stufen durchgeführt.

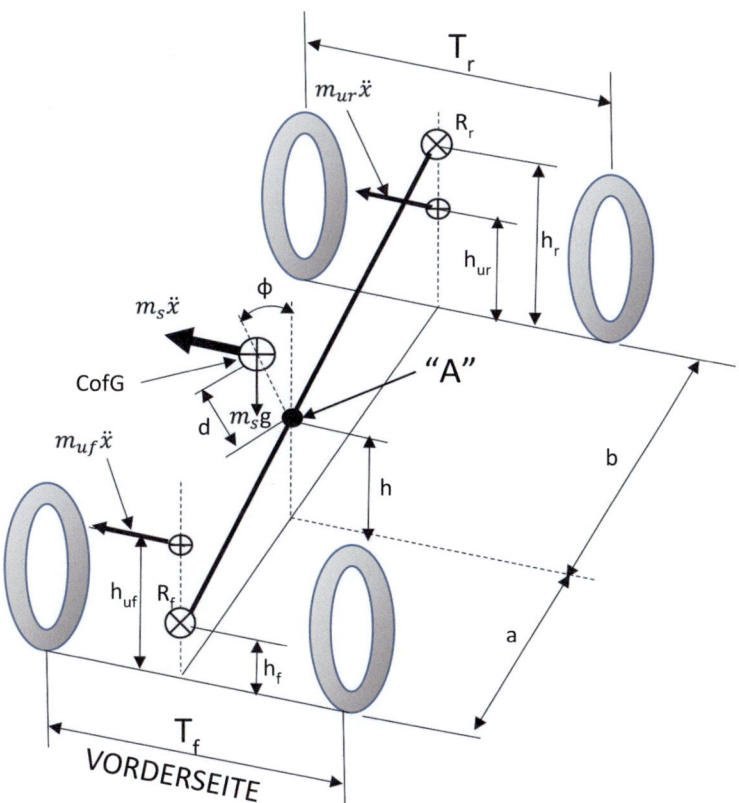

Abb. 3.58 Analyse des stationären Kurvenfahrens

3.8.1 Lastübertragung aufgrund des Rollmoments

Beziehen Sie die Kräfte bei G auf Punkt A auf der Rollachse. Dies erfordert, dass dieselben Kräfte bei A plus ein äquivalentes Moment M_s aufgrund der beiden Kräfte, die um die Rollachse wirken, angewendet werden:

$$M_s = m_s \ddot{x} d \cos \phi + m_s g d \sin \phi \approx m_s \ddot{x} d + m_s g d \phi, \tag{3.9}$$

wobei ϕ als klein betrachtet werden kann.

M_s wird durch ein Wankmoment M_ϕ (an den Federbeinen und Querstabilisatoren) ausgelöst und auf die Vorder- und Hinterradaufhängungen verteilt. Die Beziehung zwischen M_s und M_ϕ wird für kleine Wankwinkel als linear angenommen, d. h.

$$M_s = M_\phi = k_s \phi, \tag{3.10}$$

wobei k_s die Wanksteifigkeit ist.

Aus den obigen Gleichungen:

$$m_s \ddot{x} d + m_s g d \phi = k_s \phi$$

Daraus ergibt sich:

$$\phi = \frac{m_s \ddot{x} d}{k_s - m_s g d} \tag{3.11}$$

M_ϕ kann in Komponenten $M_{\phi f}$ und $M_{\phi r}$ an der Vorder- und Hinterachse aufgeteilt werden; ebenso besteht die Wanksteifigkeit aus vorderen und hinteren Komponenten, sodass

$$k_{sf} + k_{sr} = k_s.$$

Die Lastübertragung aufgrund des Wankmoments ist dann:

$$F_{fsM} = \frac{k_{sf} \phi}{T_f} = \frac{k_{sf} m_s \ddot{x} d}{T_f (k_{sf} + k_{sr} - m_s g d)} \tag{3.12}$$

Ebenso ist die hintere Lastübertragung aufgrund des Wankmoments

$$F_{rsM} = \frac{k_{sr} \phi}{T_r} = \frac{k_{sr} m_s \ddot{x} d}{T_r (k_{sf} + k_{sr} - m_s g d)}, \tag{3.13}$$

wobei T_f und T_r die vorderen und hinteren Spurweiten des Fahrzeugs sind.

3.8.2 Lastübertragung aufgrund der Trägheitskraft der gefederten Masse

Die gefederte Masse wird entsprechend der Position des Schwerpunkts auf die Rollzentren an den Vorder- und Hinterachsen verteilt. Die jeweiligen Massen sind:

3.8 Seitliche Lastübertragung durch Kurvenfahrt

$$m_{sf} = \frac{m_s b}{(a+b)} = \frac{m_s b}{L}$$
$$m_{sr} = \frac{m_s a}{(a+b)} = \frac{m_s a}{L}$$

Die Zentrifugalkraft bei A wird ebenfalls auf die jeweiligen Rollzentren an den Vorder- und Hinterachsen wie folgt verteilt:

$$F_{fs} = m_{sf}\ddot{x} \quad \text{und} \quad \ddot{F}_{rs} = m_{sr}\ddot{x}$$

Und die entsprechenden Lastübertragungen sind:

$$F_{fsF} = \frac{m_{sf}\ddot{x}h_f}{T_f} \quad \text{und} \quad F_{fsF} = \frac{m_{sr}\ddot{x}h_r}{T_r} \tag{3.14}$$

3.8.3 Lastübertragung aufgrund der Trägheitskräfte der ungefederten Masse

Die jeweiligen Lastübertragungen an den Vorder- und Hinterachsen aufgrund der Trägheitskräfte der ungefederten Masse sind:

$$F_{fuF} = \frac{m_{uf}\ddot{x}h_{uf}}{T_f} \quad \text{und} \quad F_{ruF} = \frac{m_{ur}\ddot{x}h_{ur}}{T_r} \tag{3.15}$$

3.8.4 Gesamte Lastübertragung

Kombinieren Sie die Lastübertragungen aufgrund des Rollmoments mit denen aufgrund der Trägheitskräfte auf die gefederten und ungefederten Massen unter Verwendung der oben genannten relevanten Gleichungen, die Lastübertragungen für die Vorder- und Hinterräder sind:

$$F_f = F_{fsM} + F_{fsF} + F_{fuF} \tag{3.16}$$

$$F_r = F_{rsM} + F_{rsF} + F_{ruF} \tag{3.17}$$

3.8.5 Rollwinkelgradient (Rollrate)

Dies stellt die Beziehung zwischen dem Karosserierollwinkel und der Querbeschleunigung dar.

Aus Gl. (3.11) ergibt sich der Rollwinkelgradient k_ϕ wie folgt:

$$k_\phi = \frac{d\phi}{d\ddot{x}} = \frac{m_s d}{k_s - m_s g d} \qquad (3.18)$$

Beispiel 3.5 Die folgenden Daten werden für ein Luxus-Personenfahrzeug angegeben:

Gesamtmasse	1600 kg
Ungefederte Massen, vorne/hinten	140/180 kg
Schwerpunkt der gefederten Masse zur Vorderachse	0,46 × Radstand
Spurweite vorne und hinten	1,46 m
Rollzentrumshöhen vorne/hinten	70/320 mm
Schwerpunkt der gefederten Masse über dem Boden	550 mm
Rollsteifigkeit vorne/hinten	350/150 Nm/Grad
Schwerpunkt der ungefederten Masse vorne/hinten	280/300 mm

(a) Berechnen Sie die Lastübertragungen aufgrund des Kurvenfahrens mit einer Querbeschleunigung von 0,6 g.
(b) Berechnen Sie den Rollwinkelgradienten.

Lösung
(a) Berechnen Sie die Lastübertragungen aufgrund des Kurvenfahrens mit einer Querbeschleunigung von 0,6 g.

Gefederte Masse ist Gesamtmasse − ungefederte Masse = 1600 − (140 + 180) = 1280 kg (Abb. 3.59).

Berechnen Sie die Höhe „h" an der Position des Schwerpunkts der gefederten Masse aus den bekannten Rollzentrumshöhen wie folgt:

$$h = 70 + (320-70)0{,}46 = 185 \text{ mm}$$

Und geben Sie die Schwerpunktshöhe „d" über dieser Rollzentrumshöhe an:

$$d = 550 - 185 = 365 \text{ mm}$$

Bestimmen Sie die kombinierte Rollsteifigkeit in Nm/rad:

$$k_s = k_{sf} + k_{sr} = 350 + 150 = 500 \text{ Nm/deg} = 28650 \text{ Nm/rad}$$

Bestimmen Sie den Rollwinkel aus Gl. (3.11):

$$\phi = \frac{1280 \times 0{,}6 \times 9{,}81 \times 0{,}365}{28650 - 1280 \times 9{,}81 \times 0{,}365} = 0{,}114 \text{ rad} = 6{,}55 \text{ deg}$$

Bestimmen Sie die Lastübertragung aufgrund des Rollmoments:

$$F_{fsM} = \frac{k_{sf}\phi}{T_f} = \frac{350 \times 57{,}3 \times 0{,}114}{1{,}46} = 1566\,N$$

$$F_{rsM} = \frac{k_{sr}\phi}{T_r} = \frac{150 \times 57{,}3 \times 0{,}114}{1{,}46} = 671\,N$$

Bestimmen Sie die Lastübertragung aufgrund der Trägheitskräfte der gefederten Masse aus den folgenden Gleichungen:

$$F_{fsF} = \frac{m_{sf}\ddot{x}h_f}{T_f} \quad \text{und} \quad F_{fsF} = \frac{m_{sr}\ddot{x}h_r}{T_r},$$

wobei

$$m_{sf} = \frac{m_s b}{(a+b)} = \frac{m_s b}{L}$$

und

$$m_{sr} = \frac{m_s a}{(a+b)} = \frac{m_s a}{L}.$$

Für die Vorderachse ergibt sich:

$$F_{fsF} = \frac{m_{sf}\ddot{x}h_f}{T_f} = \frac{m_s b}{L} \times \frac{\ddot{x}h_f}{T_f} = (1280 \times 0{,}54)\left[\frac{0{,}6 \times 9{,}81 \times 0{,}07}{1{,}46}\right] = 195\,N$$

Und für die Hinterachse:

$$F_{fsF} = \frac{m_{sr}\ddot{x}h_r}{T_r} = \frac{m_s a}{L} \times \frac{\ddot{x}h_r}{T_r} = (1280 \times 0{,}46)\left[\frac{0{,}6 \times 9{,}81 \times 0{,}32}{1{,}46}\right] = 760\,N$$

Bestimmen Sie die Lastübertragung aufgrund der Trägheitskräfte der ungefederten Masse aus Gl. (3.14) und (3.15).

Für die Vorderachse ergibt sich:

$$F_{fuF} = \frac{m_{uf}\ddot{x}h_{uf}}{T_f} = \frac{140 \times 0{,}6 \times 9{,}81 \times 0{,}280}{1{,}46} = 158\,N$$

Und für die Hinterachse:

$$F_{ruF} = \frac{m_{ur}\ddot{x}h_{ur}}{r} = \frac{180 \times 0{,}6 \times 9{,}81 \times 0{,}3}{1{,}46} = 218\,N$$

Bestimmen Sie die gesamten Lastübertragungen:

$$\text{Vorderseite} = 1556 + 195 + 158 = \mathbf{1919\,N}$$
$$\text{Ruckseite} = 671 + 760 + 218 = \mathbf{1649\,N}$$

(b) Berechnen Sie den Rollwinkelgradienten aus Gl. (3.18):

$$k_\varphi = \frac{m_s\, d}{k_{s} - m_s\, g\, d} = \frac{1280 \times 0{,}365}{28650 - 1280 \times 9{,}81 \times 0{,}365} = 0{,}0194\,\text{rad}/(\text{ms}^{-2})$$

oder

$$k_\varphi = 0{,}0194 \times 57{,}3 \times 9{,}81 = \mathbf{10{,}9\,\text{deg/g}}$$

3.9 Federkonstante und Radkonstante

In den folgenden Abschnitten wird erläutert, wie dynamische Lasten für einige typische Belastungssituationen quantifiziert und analysiert werden können. Das Verhältnis zwischen der Federsteifigkeit der Aufhängung (Federkonstante) und der äquivalenten Steifigkeit in der Vertikalebene des Rades (Radkonstante) wird untersucht. Dieses Verhältnis ist wichtig, um die Aufhängungskräfte und die Eigenfrequenzen der Fahrzeugvibrationen zu bestimmen.

Ein verallgemeinertes Schema der Radlast gegen die vertikale Radverschiebung ist in Abb. 3.60 dargestellt. Die Abbildung zeigt die kritischen Punkte, an denen sich die Reaktion ändert, z. B. durch das Einsetzen eines Anschlags. Während die Hauptfeder der Aufhängung und ihre zugehörige Federkonstante linear (oder absichtlich nichtlinear) sein können, ist die Radkonstante aufgrund der Aufhängungsgeometrie, die definiert, wie sich die Federkonstante in die Radkonstante übersetzt, fast immer nichtlinear.

3.9.1 Erforderliche Radkonstante für konstante Eigenfrequenz

Die Radkonstante ist die vertikale Steifigkeit der Aufhängung in einer Radebene. Eines der vielen Probleme, mit denen der Aufhängungsdesigner konfrontiert ist, besteht darin, dass sich die Eigenfrequenz der Masse ändern kann, wenn sich die Karosseriemasse eines Fahrzeugs vom unbeladenen zum beladenen Zustand ändert. Dies ist unerwünscht und tritt auf, wenn die Radkonstante k über den Bereich des Federwegs konstant ist. Das Problem kann gelöst werden, indem eine Radkonstante angeordnet wird, die mit dem

Abb. 3.59 Höhe der Rollachse (h) am Schwerpunkt

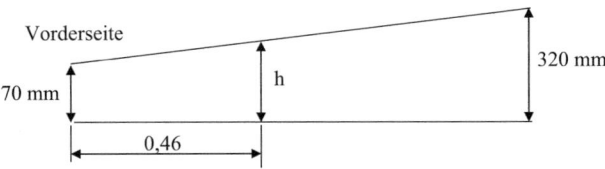

3.9 Federkonstante und Radkonstante

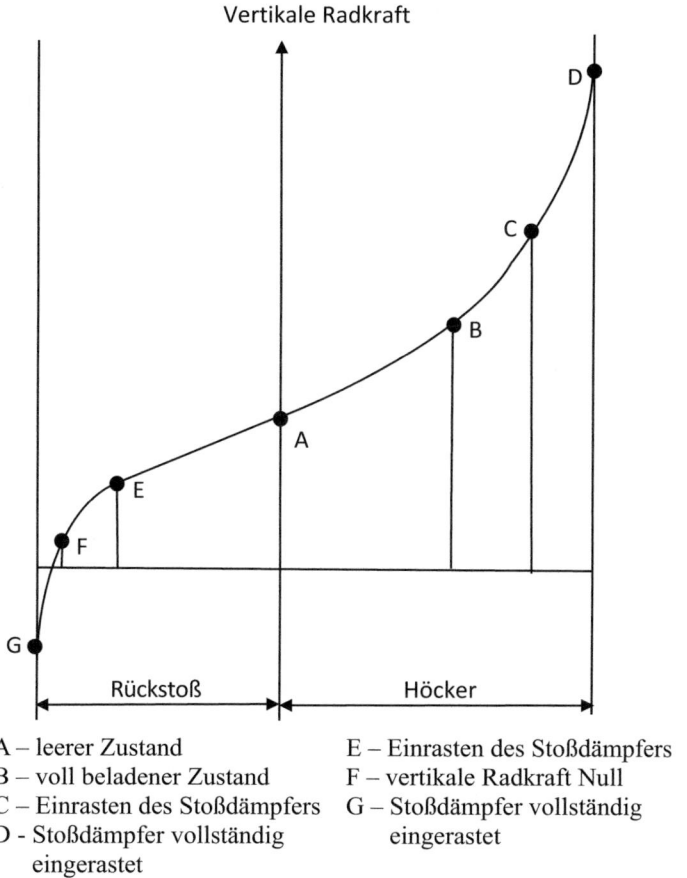

A – leerer Zustand
B – voll beladener Zustand
C – Einrasten des Stoßdämpfers
D – Stoßdämpfer vollständig eingerastet
E – Einrasten des Stoßdämpfers
F – vertikale Radkraft Null
G – Stoßdämpfer vollständig eingerastet

Abb. 3.60 Radlast gegen vertikale Verschiebung

Federweg zunimmt. Die folgende Analyse zeigt, dass es möglich ist zu bestimmen, wie sich die Radkonstante ändern muss, um eine konstante Eigenfrequenz bei wechselnder Nutzlast zu gewährleisten.

Eine auf ihrer Aufhängung abgestützte Fahrzeugkarosseriemasse kann am einfachsten als Masse auf einer Feder modelliert werden, für die die Eigenfrequenz durch folgende Gleichung gegeben ist:

$$\omega_n = \left(\frac{k}{m}\right)^{\frac{1}{2}}, \tag{3.19}$$

wobei $k =$ Radkonstante und $m =$ effektive gefederte Masse.

Gl. (3.19) kann zunächst in Bezug auf eine effektive statische Durchbiegung δ_s geschrieben werden, die definiert ist durch:

$$\delta_s = \frac{mg}{k} \quad (3.20)$$

Daher ergibt das Einsetzen in Gl. (3.19):

$$\omega_n = \left(\frac{g}{\delta_s}\right)^{\frac{1}{2}} \quad (3.21)$$

Beachten Sie die Notwendigkeit der Einheitlichkeit der Einheiten. Wenn g in m/s² und δ in m notiert sind, sind die Einheiten von ω_n rad/s.

Eine typische Last-Durchbiegungskurve für eine progressive Feder ist in Abb. 3.61 dargestellt. Die effektive Rate ist die lokale Steigung dieser Kurve an einem bestimmten Punkt. Um eine konstante Eigenfrequenz aufrechtzuerhalten, ist eine bestimmte Beziehung zwischen der lokalen Federkonstante und der Last erforderlich, um effektiv eine konstante statische Durchbiegung aufrechtzuerhalten, d. h.:

$$\frac{\text{Last}}{\text{Rate}} = \text{konstant} \quad (3.22)$$

Das ergibt:

$$\frac{W}{dW/dx} = \delta_s = \text{konstant} \quad (3.23)$$

Gl. (3.23) muss nun umgestellt und integriert werden, um einen Ausdruck für W als Funktion von x zu erhalten. Das Umstellen ergibt:

$$\frac{dW}{W} = \frac{dx}{\delta_s} \quad (3.24)$$

Daher durch Integration:

$$\log_e W = \frac{x}{\delta_s} + c \quad (3.25)$$

Die Integrationskonstante c wird durch Einsetzen von Werten im statischen Lastzustand, wie in Abb. 3.61 angegeben, bestimmt:

$$W = W_s, \text{ wenn } x = x_s \quad (3.26)$$

Daher:

$$c = \log_e W_s - \frac{x_s}{\delta_s} \quad (3.27)$$

Daher wird Gl. (3.25) zu:

$$\log_e \left(\frac{W}{W_s}\right) = \frac{(x - x_s)}{\delta_s} \quad (3.28)$$

3.9 Federkonstante und Radkonstante

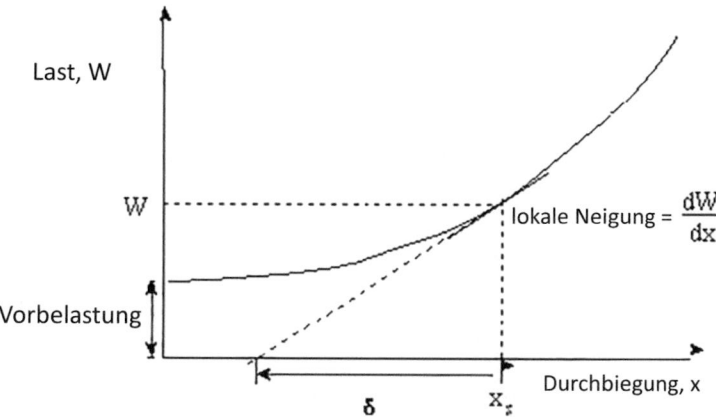

Abb. 3.61 Charakteristik der progressiven Feder

Gl. (3.28) definiert die erforderliche Variation der Last W mit dem Federweg x, um eine konstante Eigenfrequenz zu erzielen.

3.9.2 Die Beziehung zwischen Federhärte und Radlast

Die progressive Steifigkeit der Federung in der Rad-Ebene bestimmt die erforderliche Charakteristik der Feder. Die Beziehung zwischen Radlast und Federhärte hängt von der Kinematik der Federung ab. Im Allgemeinen werden die Verschiebungsbeziehungen zwischen Radweg und Federweg nicht linear sein. Einige Beispiele werden veranschaulichen, wie die Beziehung ermittelt werden kann.

3.9.2.1 Grundlegendes Beispiel – Schwingachsaufhängung
Dieses Beispiel basiert auf der in Abb. 3.62 gezeigten Schwingachse (Starrachse), einem Design, das heutzutage nicht mehr häufig verwendet wird, da es anfällig für das oben erwähnte Aufbocken der Aufhängung ist. Es dient jedoch als nützliches Beispiel, um Berechnungen der Feder-/Radrate einzuführen. Für den in Abb. 3.62 gezeigten Fall kann die Radrate wie folgt berechnet werden.

Angenommen, die Feder der Aufhängung hat eine Steifigkeit k_s.

Eine kleine Verschiebung δw am Rad führt zu einer Verschiebung an der Feder von:

$$\delta s = \frac{c \delta w}{d} \tag{3.29}$$

Daher ist die Federkraft:

$$F_s = k_s \left(\frac{c \, \delta w}{d} \right) \tag{3.30}$$

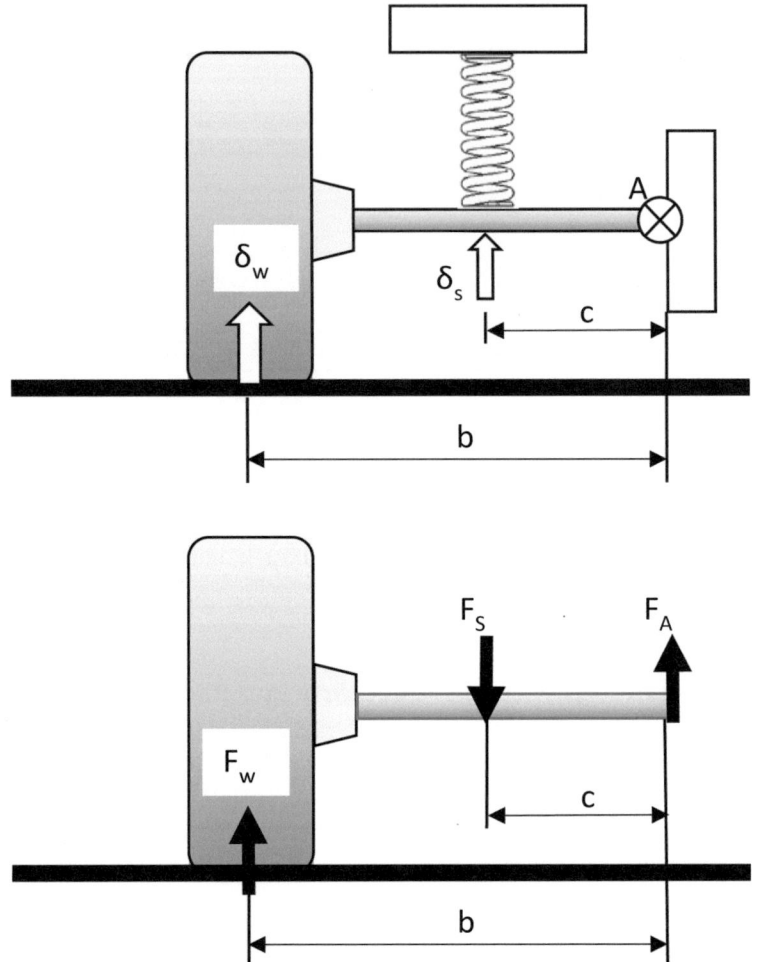

Abb. 3.62 Beispiel einer Schwingachse

Momente um den Drehpunkt bei A (Abb. 3.62) ergeben:

$$F_w d = F_s c \tag{3.31}$$

Die Radkraft in Bezug auf eine effektive Radrate k_w auszudrücken, ergibt:

$$F_w = k_w\, \delta w \tag{3.32}$$

Das Einsetzen in Gl. (3.31) ergibt dann:

$$k_w = k_s \left(\frac{c}{d}\right)^2$$

3.9 Federkonstante und Radkonstante

oder

$$k_w r^2 = k_s. \tag{3.33}$$

In diesem Fall sind die Raten durch das Quadrat des Hebelarmverhältnisses (r) verbunden. Dies ist nur für kleine Verschiebungen um die gezeigte Mittelstellung streng gültig. Bei größeren Verschiebungen ist die Beziehung nichtlinear.

3.9.2.2 Allgemeineres Beispiel – Unabhängige Federung mit Schraubenfeder

Eine allgemeinere Beziehung zwischen Federkonstante und Radrate kann unter Verwendung von Abb. 3.63 abgeleitet werden. Das Federungsverhältnis (R) wird definiert als

$$R = \frac{Federverschiebung}{Radverschiebung} = \frac{S}{F} \tag{3.34}$$

Die Federsteifigkeit ist:

$$k_s = \frac{dS}{dx} = \frac{d(RF)}{dx}, \tag{3.35}$$

$$k_s = R\frac{dF}{dX}\frac{dX}{dx} + F\frac{dR}{dX}\frac{dX}{dx}, \tag{3.36}$$

wobei x die Federverlagerung und X die Radverlagerung ist.

Auch bei der virtuellen Arbeit gilt:

$$Sdx = FdX \tag{3.37}$$

Dies führt zu einer alternativen Definition des Federungsverhältnisses:

$$R = \frac{S}{F} = \frac{dX}{dx} \tag{3.38}$$

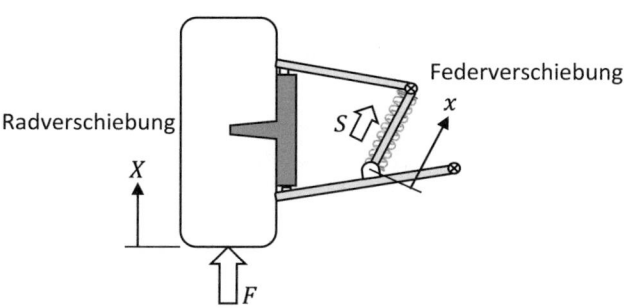

Abb. 3.63 Beispiel für eine unabhängige Federung mit Schraubenfeder

Dabei ist die Radrate:

$$k_w = \frac{dF}{dX} \qquad (3.39)$$

Gl. (3.36) kann dann umgeschrieben werden als:

$$k_s = k_w R^2 + S\left(\frac{dR}{dX}\right) \qquad (3.40)$$

Dies kann für größere Winkel verwendet werden, bei denen sich das Verhältnis ändert, wenn das Rad angehoben wird.

3.10 Analyse der Kräfte in Federungselementen

Eine gründliche Analyse aller Kräfte in einem Federungssystem ist ein komplexes Problem, das den Einsatz von Computerprogrammen erfordert. FEA-Programme können für statische Analysen und Spannungsverteilungen innerhalb der Elemente verwendet werden, während Mehrkörpersystem- (MBS)Programme für die Analyse dreidimensionaler dynamischer Belastungen erforderlich sind. Die Analyse statischer Kräfte ist einfach, aber überlagert werden diese durch dynamische Lasten aufgrund von vertikalen und longitudinalen Straßenunregelmäßigkeiten, Bremsen, Beschleunigen, Kurvenfahren usw., wie in Kap. 5 besprochen. Viele dieser dynamischen Lasten sind transitorischer Natur und sehr schwer zu modellieren. Aus diesem Grund neigen sie dazu, durch dynamische Lastfaktoren modelliert zu werden.

Trotz aller Komplexitäten, die mit praktischen Situationen verbunden sind, ist es dennoch möglich, einige einfache Berechnungen durchzuführen. Diese können grafisch für eine gegebene Lastanwendung durchgeführt werden und ermöglichen die Bestimmung der Lasten in den Federungselementen und an den Karosseriebefestigungspunkten. Unvermeidlich beinhalten diese Berechnungen einige vereinfachende Annahmen. Die folgenden Beispiele veranschaulichen das Verfahren.

3.10.1 Längslasten durch Bremsen und Beschleunigen

Vertikale, longitudinale und seitliche Reifenlasten wurden kurz in Abschn. 3.1.6 besprochen. Es ist nützlich, die Erzeugung von Längslasten, die durch Steuerungsaktionen wie Bremsen und Beschleunigen entstehen, etwas genauer zu untersuchen. In diesen Fällen hängen die Lasten davon ab, wie Brems- und Antriebsmomente umgesetzt werden. Diese hängen wiederum davon ab, ob das Fahrzeug Innen- oder Außenbremsen hat und ob der Antrieb auf eine starre Achse oder über ein unabhängiges Aufhängungssystem erfolgt.

3.10 Analyse der Kräfte in Federungselementen

3.10.1.1 Bremsen – Außenbremsen (Bremsen am Rad)
In diesem Fall wird das Bremsmoment an der Nabenbaugruppe umgesetzt. Betrachten Sie das Freikörperdiagramm des Rades in Abb. 3.64a. Die entsprechenden Kräfte und Momente am Nabenhalter sind in Abb. 3.64b dargestellt. Diese liefern die Aufhängungslast. Eine äquivalente Aufhängungslast ist in Abb. 3.64c dargestellt.

3.10.1.2 Bremsen – Innenbremsen (Bremsen an der Achse)
In diesem Fall (zum Beispiel die De-Dion-Aufhängung) wird das Bremsmoment innen am Fahrzeugkörper umgesetzt. Das Freikörperdiagramm des Rades ist dasselbe wie in Abb. 3.65a. In diesem Fall wird jedoch kein Moment auf den Nabenhalter ausgeübt. Die Aufhängungslast entspricht einfach der Längsreifenlast, die durch die Mitte der Nabe wirkt, Abb. 3.65a. Ein äquivalentes (resultierendes) Kraftsystem ist in Abb. 3.65b dargestellt.

3.10.1.3 Antrieb auf eine starre Achse
In diesem Fall wird das Antriebsmoment außen an den Naben umgesetzt. Die Analyse ist ähnlich wie bei den Außenbremsen. Die äquivalente Kraft ist in Abb. 3.66 dargestellt.

3.10.1.4 Antrieb auf unabhängige Aufhängung
In diesem Fall wird das Antriebsmoment innen umgesetzt. Die Analyse ist ähnlich wie bei den Innenbremsen. Das äquivalente Kraftsystem, das auf die Aufhängung wirkt, ist in Abb. 3.67 dargestellt.

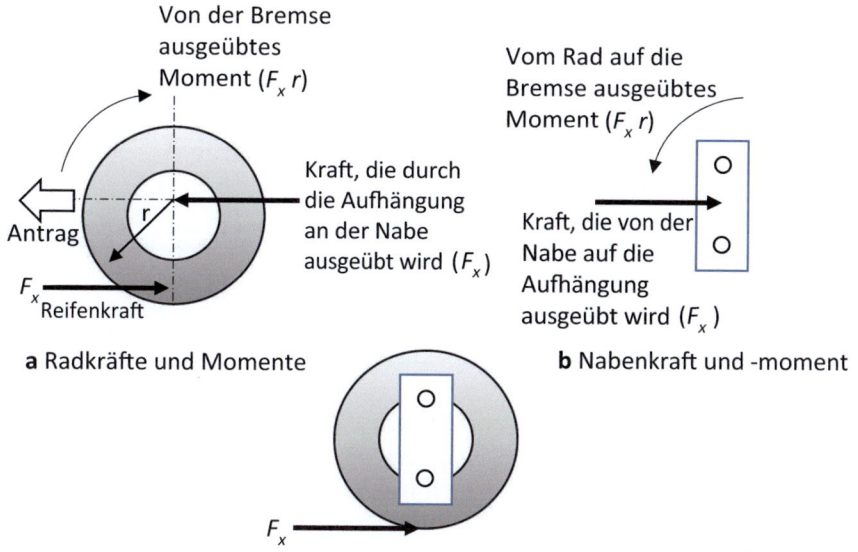

Abb. 3.64 Lasten durch Bremsen mit Außenbremsen

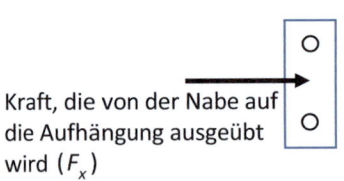 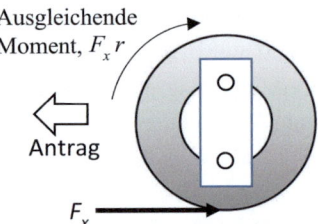

a Auf die Aufhängung ausgeübte Kraft

b Äquivalentes Kraftsystem an der Aufhängung

Abb. 3.65 Lasten durch Bremsen mit Innenbremsen

Abb. 3.66 Aufhängungslast durch Antrieb auf eine starre Achse

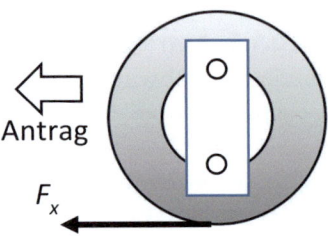

Abb. 3.67 Aufhängungslast durch Antrieb auf eine unabhängige Aufhängung

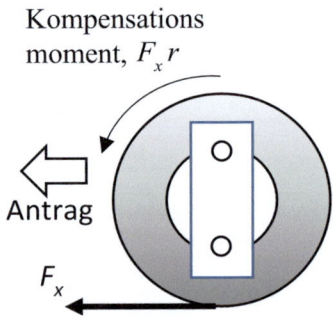

3.10.2 Vertikale Belastung

3.10.2.1 Beispiel einer Doppelquerlenkeraufhängung

Das Diagramm einer Doppelquerlenkeraufhängung, bei der die Feder auf den unteren Arm wirkt, ist in Abb. 3.68 dargestellt. Die folgenden Annahmen werden getroffen:

- Lasten aufgrund der Massen selbst werden ignoriert, da sie im Vergleich zu den Lasten, die sich aus der statischen Radlast F_w ergeben, unbedeutend sein werden.

3.10 Analyse der Kräfte in Federungselementen

- Alle Gelenke werden als einfache Bolzengelenke behandelt, sodass die Auswirkungen von Reibung, Nachgiebigkeit in Buchsen usw. ignoriert werden.
- Das Problem kann zweidimensional behandelt werden.

Die statische Radlast F_W würde typischerweise aus den Fahrzeugdaten berechnet. Das Problem besteht dann darin, die auf die Karosseriebefestigungspunkte übertragenen Kräfte zu berechnen. Offensichtlich handelt es sich um ein statisches Problem, da alle Mitglieder im Gleichgewicht sind, und der einfachste Ansatz ist ein grafischer. Die Freikörperdiagramme und zugehörigen Kraftvektordiagramme sind in Abb. 3.68 dargestellt.

Beachten Sie die folgenden Merkmale bei der Erzielung dieser Ergebnisse:

- Die Kraft im oberen Arm DA muss entlang der Verbindung verlaufen, da sie an beiden Enden bolzenverbunden ist.
- Betrachten Sie zuerst die Rad- und Kingpin-Montage und konstruieren Sie das FBD. Die Richtungen von F_W und F_D sind bekannt, sodass die Richtung von F_C gefunden werden kann (sie muss für das Gleichgewicht durch G verlaufen).
- Als Nächstes kann das FBD für den unteren Arm gezeichnet werden.

Eine vollständige numerische Lösung dieses Problems erfordert, dass (i) das Positionsdiagramm der Verbindung maßstabsgetreu gezeichnet wird, um die gesamte Geometrie zu definieren, und (ii) die Kraftvektordiagramme entweder maßstabsgetreu gezeichnet oder die Kräfte unter Verwendung der durch die Kraftvektordiagramme definierten Geometrie berechnet werden.

Um die Aufhängungskräfte über den gesamten Federweg zu analysieren, kann das Verfahren in geeigneten Schritten zwischen den vollen Einfeder- und Ausfederpositionen wiederholt werden. Dazu müssen einige Daten über entweder die Federrate oder die Radrate bekannt sein oder angenommen werden. Wenn beispielsweise die Last-Verformungskurve der Feder bekannt ist, können die Last-Verformungskurve des Rades gezeichnet und die effektive Radrate berechnet werden (Abb. 3.69). Beachten Sie, dass aufgrund geometrischer Effekte die Beziehung zwischen Radverformung und Federverformung nichtlinear ist und daher selbst eine lineare Feder zu einer nichtlinearen Radrate führt, wie z. B. durch Gl. (3.36) definiert. Eine alternative Berechnung besteht darin, eine bestimmte Radrate anzunehmen und somit die Last-Verformungskurve der Feder zu berechnen (Abb. 3.70). Dies definiert die Federkennlinie, die erforderlich ist, um eine gewünschte Radrate zu erreichen, die wiederum linear oder nichtlinear sein kann.

3.10.2.2 McPherson-Federbein – Beispiel

Ein Diagramm einer McPherson-Federbeinaufhängung ist in Abb. 3.71 dargestellt. Es werden die gleichen Annahmen wie im vorherigen Abschnitt getroffen und zusätzlich wird das Federbein als Kolben behandelt, der frei in einem Zylinder gleiten kann. Die Freikörper- und Kraftvektordiagramme werden wie folgt erstellt:

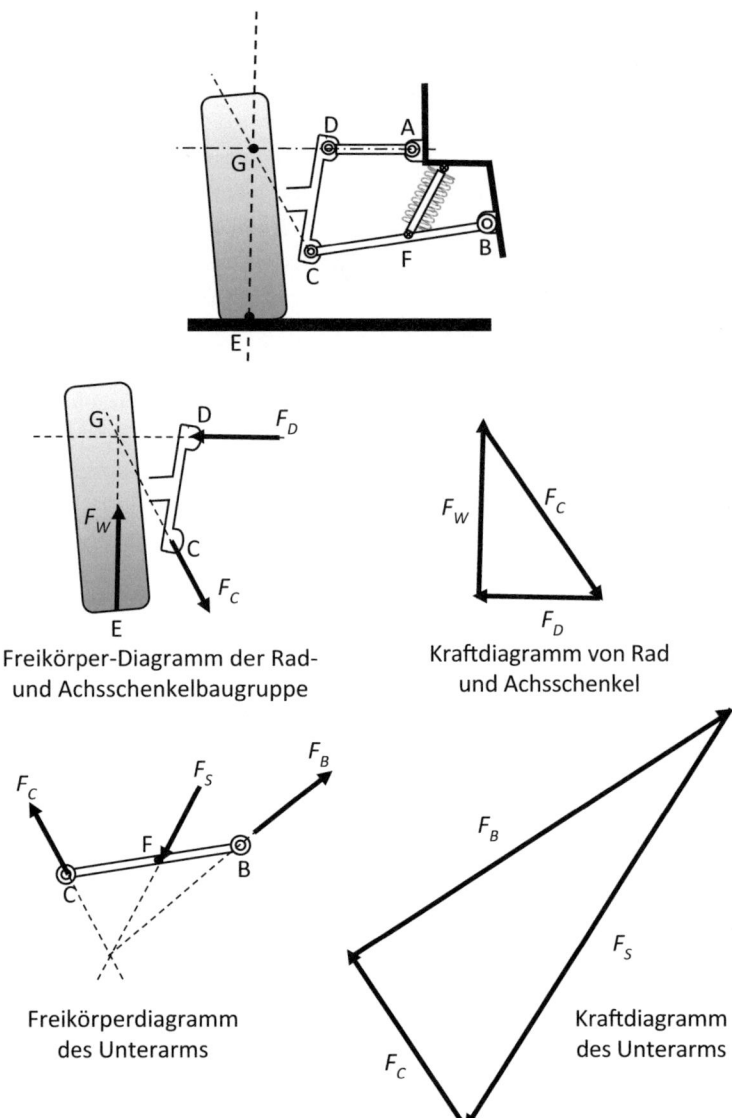

Abb. 3.68 Kraftanalyse einer Doppelquerlenkeraufhängung

- Die Kraft im Arm CB verläuft entlang seiner Längsachse, da er an beiden Enden gelenkig verbunden ist und keine Lasten entlang seiner Länge wirken.
- Für die Rad-Achse-Federbein-Baugruppe DCE muss die resultierende Kraft bei D für das Gleichgewicht durch Punkt G verlaufen.

3.10 Analyse der Kräfte in Federungselementen

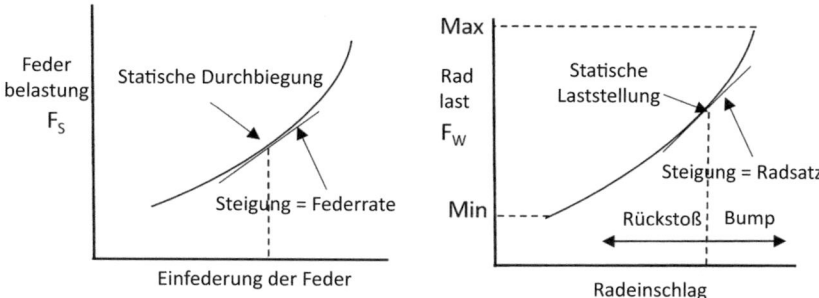

Abb. 3.69 Typische Last-gegen-Verformung-Kennlinien für Feder und Rad

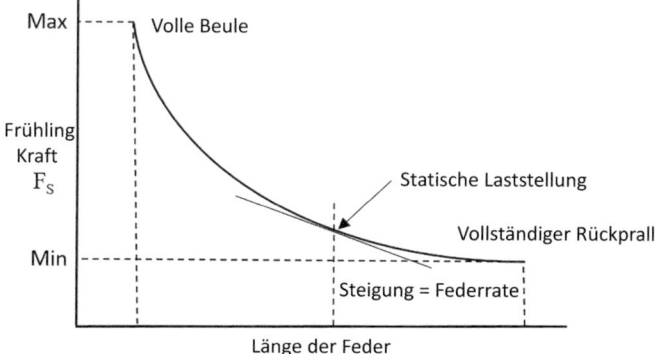

Abb. 3.70 Berechnung der Federrate

- Die Kraft bei D wird durch zwei Komponenten ausgeglichen: die Federkraft in Richtung AC und eine Seitenkraft auf den Zylinder. Beachten Sie, dass dies nur zutrifft, wenn die Feder konzentrisch mit dem Federbein AC ist. Die Seitenkraft ist unerwünscht, da sie Reibung und Verschleiß am Kolben im Federbein verursacht. Das Anbringen der Feder näher an der Linie AG kann diese Seitenkraft reduzieren, und dies wird häufig in McPherson-Federbeindesigns gemacht.

3.10.3 Laterale, Längs- und Mischbelastungen

Wenn eine seitliche Reifenkraft zusätzlich zu einer vertikalen Last angewendet wird, wird die Analyse für das Beispiel in Abb. 3.68 zu der in Abb. 3.72 gezeigten modifiziert. Die resultierende Radkraft wird zunächst aus der Vektorkombination von F_W und F_Y

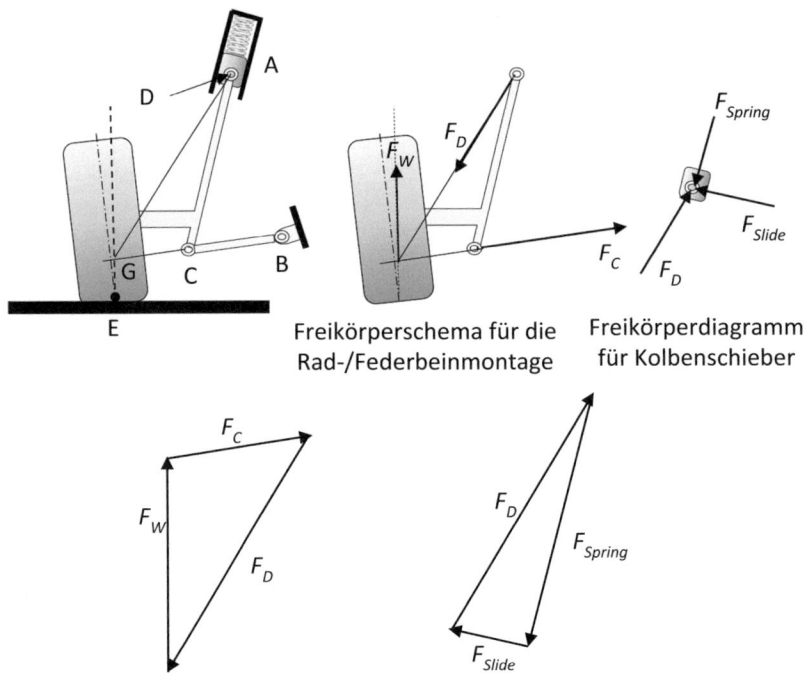

Abb. 3.71 Analyse einer McPherson-Federbeinaufhängung

Abb. 3.72 Kombinierte seitliche und vertikale Lasten auf Doppelquerlenkeraufhängung

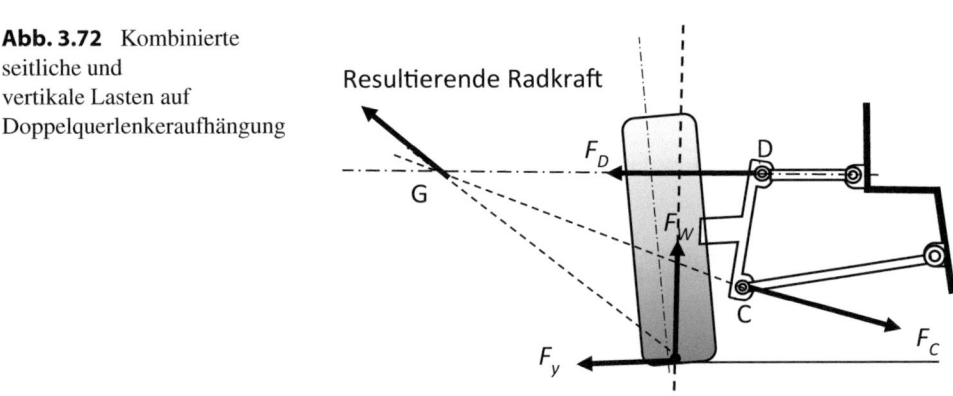

berechnet. Dies definiert dann einen neuen Punkt für G, und die auf den unteren Lenker wirkende Kraft ändert sich sowohl in der Größe als auch in der Richtung im Vergleich zur vorherigen Analyse.

Für Lasten in Längsrichtung ist die Situation in Abb. 3.73 dargestellt. Eine Längskraft kann entweder an den Punkten E oder O (d. h. im rechten Winkel zur Ebene des Dia-

3.10 Analyse der Kräfte in Federungselementen

Abb. 3.73 Definition der Längslastpunkte

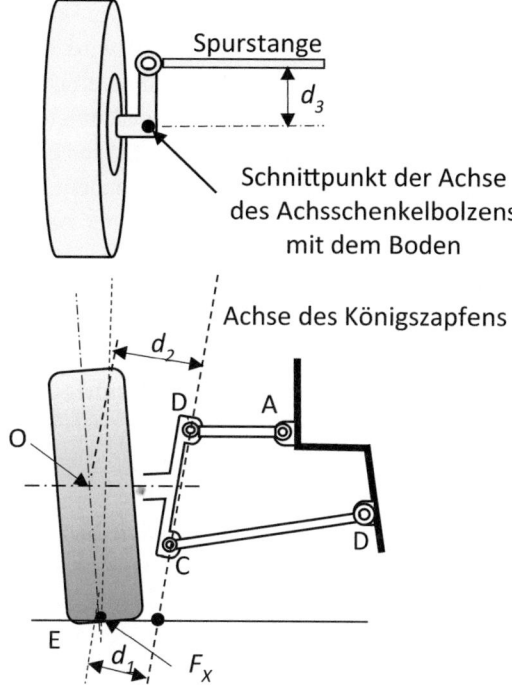

gramms) angewendet werden. Eine Kraft am Reifen-Boden-Kontaktpunkt E würde durch Bremsen mit herkömmlichen Außenbremsen entstehen. Das resultierende Bremsmoment wird durch die Achsschenkel-Königszapfen-Baugruppe übertragen, die als ein einziges starres Bauteil behandelt werden kann. Wenn die Längskraft durch aerodynamischen Widerstand, Stoßbelastung, Bremsen mit Innenbremsen oder Traktion verursacht wird, liegt ihr effektiver Angriffspunkt im Radzentrum O.

Im Allgemeinen kann jede Kraft an einem bestimmten Punkt als dieselbe Kraft an einem anderen Punkt plus ein Moment um diesen Punkt behandelt werden. Dies ist eine bequeme Methode, um die Wirkung dieser Längskräfte zu analysieren. Wenn die Längskraft (F_X) auf die Königszapfenachse verschoben wird, wirkt ein Moment von entweder $F_X d_1$ oder $F_X d_2$ um die Königszapfenachse. Dieses Moment wird in der Praxis durch den Lenkhebel und die Spurstange aufgenommen, sodass die Kraft in der Spurstange entweder

$$\frac{F_X d_1}{d_3} \qquad (3.41)$$

oder

$$\frac{F_X d_2}{d_3} \qquad (3.42)$$

ist, wobei d_3 der effektive Hebelarm des Lenkhebels um die Königszapfenachse ist.

In der Seitenansicht (Abb. 3.74) wird das Drehmoment aufgrund dieser Längskraft durch die Kräfte in den oberen und unteren Armen aufgenommen. Es kann dann möglich sein, alle Kräfte auf den oberen und unteren Armen zu analysieren. Die Analyse wird jedoch nun komplizierter. Denken Sie auch daran, dass wir nicht alle dreidimensionalen Effekte richtig berücksichtigen. Trotzdem liefert unsere einfache Analyse einen guten Hinweis auf die primären Kräfte in der Aufhängung. Die subtilen Effekte, die sich aus einer vollständigen dreidimensionalen Behandlung ergeben, sind von sekundärer Bedeutung.

3.10.4 Begrenzungs- oder Anschlagpuffer

Der Federweg wird durch Anschlagpuffer begrenzt. Normalerweise bestehen diese aus Gummi und erzeugen eine schnell ansteigende Federhärte bei Durchbiegung. Dies verhindert offensichtlich Schäden durch Metall-auf-Metall-Kontakt und bietet eine schnell ansteigende Kraft, um auf die extreme Bewegung des Rades zu reagieren.

Es gibt zwei Philosophien bei der Gestaltung von Anschlagpuffern. Der erste und vielleicht konventionellere Ansatz besteht darin, sie relativ kurz und steif zu machen; das bedeutet, dass der Kontakt relativ selten und auf extreme Ereignisse beschränkt ist. Die dabei auftretenden Kräfte sind hoch. Der zweite Ansatz besteht darin, sie relativ lang und nachgiebig zu machen; das bedeutet, dass sie viel häufiger in Kontakt kommen, aber deutlich geringere Kräfte beteiligt sind, und dass sie als eine sekundäre Feder betrachtet werden können. Dies hilft effektiv, die Federung bei großen Durchbiegungen zu versteifen. Unabhängig davon, welcher Ansatz gewählt wird, verändert der Kontakt mit den Anschlagpuffern das Kraftsystem in den Federungselementen.

Ein Beispiel ist in Abb. 3.75 gezeigt. Eine Methode zur Bewältigung dieses Problems ist die Superposition, d. h. die Trennung der Kräfte, die von der Hauptfeder bei voller Durchbiegung entstehen, von denen, die durch die Anschlagpufferfeder entstehen. Beide

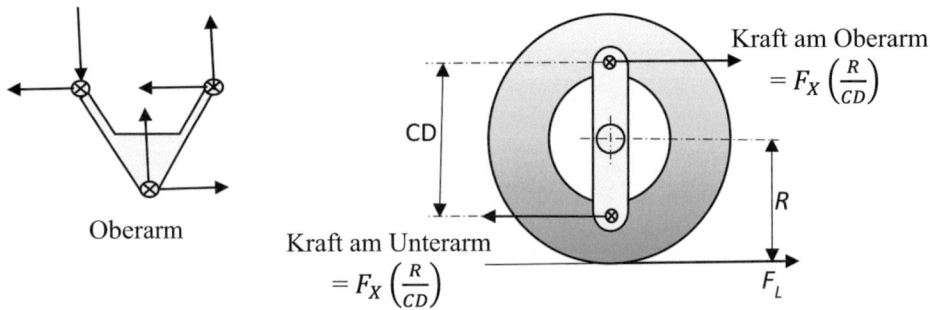

Abb. 3.74 Längskräfte, die durch Aufhängungsarme aufgenommen werden

Abb. 3.75 Auswirkung des Anschlagpuffers auf die Federkraftanalyse

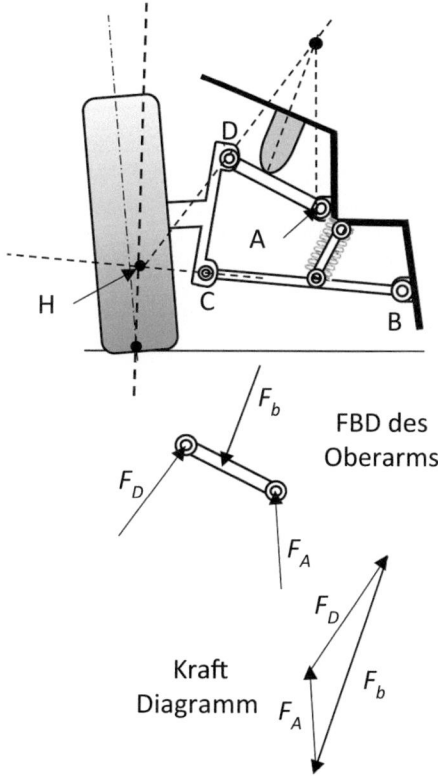

Sätze von Federungslasten werden dann unter Verwendung des Superpositionsprinzips zusammengefügt.

Das Verfahren ist wie folgt:

(a) Zeichnen Sie die Federung in der erforderlichen Position (im Kontakt mit dem Anschlagpuffer).
(b) Ignorieren Sie die Kraft aufgrund der Anschlagpufferkompression und bestimmen Sie die Kräfte und Radlast F'_W.
(c) Berechnen Sie die Kräfte wie zuvor beschrieben – dies ergibt nominale Lasten F'_c und F'_s.
(d) Berechnen Sie die überschüssige Radlast, die vom Anschlagpuffer getragen wird, $F_{ex} = F_W - F'_W$
(e) Ignorieren Sie die Federkraft, zeichnen Sie das FBD des oberen Arms wie in Abb. 3.75 gezeigt und bestimmen Sie die Federungskräfte, die sich aus der Radlast des Anschlagpuffers ergeben F'_W.
(f) Bestimmen Sie die gesamten Federungskräfte, indem Sie die Ergebnisse aus den Schritten (c) und (e) addieren.

Table 3.1 Typische Worst-Case-Beschleunigungen für dynamische Aufhängungslasten

Lastfall	Worst-Case-Beschleunigung		
	längs	quer	vertikal
Schlagloch vorne/hinten	3 g am betroffenen Rad	0	4 g am betroffenen Rad, 1 g an den anderen Rädern
Schlagloch in der Kurve	0	0	3,5 g am betroffenen Rad, 1 g an den anderen Rädern
Seitlicher Bordsteinaufprall	0	4 g an den vorderen und hinteren Rädern auf der betroffenen Seite	1 g an allen Rädern
Panikbremsen	2 g an den Vorderrädern, 0,4 g an den Hinterrädern	0	2 g an den Vorderrädern, 0,8 g an den Hinterrädern

3.10.5 Modellierung von transienten Lasten

Um die Robustheit einer Aufhängung zu gewährleisten, ist es besonders wichtig, die Auswirkungen von Worst-Case-Belastungsszenarien zu analysieren. Diese entstehen tendenziell durch transiente (Schock-)Lasten, die durch das Überfahren von Schlaglöchern und Bordsteinen sowie durch Panikbremsen verursacht werden.

Da jede Ereignisreihe wahrscheinlich unterschiedlich ist, neigen Designer dazu, Worst-Case-Szenarien abzudecken, indem sie Lastfaktoren basierend auf der statischen Radlast verwenden. Verschiedene Hersteller neigen dazu, ihren eigenen Satz von Konstruktionsfaktoren zu übernehmen. Alternativ arbeiten die Hersteller mit einem Satz von Worst-Case-Beschleunigungen entlang der verschiedenen Fahrzeugachsen; ein typisches Beispiel ist in Tabelle 3.1 gezeigt. Die Kraftbelastungen können dann unter Verwendung einer geeigneten Masse für das Rad und die ungefederten Massen ermittelt werden.

3.11 Aufhängungsgeometrie zur Bekämpfung von Squat und Dive

Squat (Nase hoch) und Dive (Nase runter) sind Änderungen der Fahrzeugkarosseriehaltung, die jeweils durch Beschleunigung und Bremsen entstehen. Es ist möglich, eine Aufhängung zu entwerfen, die Squat oder Dive bekämpft, jedoch wird die Geometrie für Anti-Squat anders sein als die für Anti-Dive. Auch dies ist einer der Bereiche des Aufhängungsdesigns, der Kompromisse erfordert. Die Konstruktionsanforderungen zur

3.11 Aufhängungsgeometrie zur Bekämpfung von Squat und Dive

Bekämpfung von Dive hängen davon ab, ob ein Fahrzeug Außen- oder Innenbremsen hat, während das Anti-Squat-Design davon abhängt, ob das Fahrzeug eine abhängige oder unabhängige Aufhängung hat. Im letzteren Fall spielt auch die Aufhängungssteifigkeit eine Rolle.

3.11.1 Anti-Dive-Geometrie

Das Freikörperdiagramm für ein Auto während des Bremsens ist in Abb. 3.76 dargestellt. Beachten Sie die Pseudo-(D'Alembert)-Kraft $m\ddot{x}$, in der $\ddot{x}$ die Verzögerung ist. Die Bremskräfte B_f und B_r werden an den vorderen und hinteren Radpaaren angewendet und die Beziehung zwischen ihnen wird durch das feste Bremsverhältnis definiert:

$$k = \frac{B_f}{B_f + B_r} \tag{3.43}$$

Unter diesen Bedingungen sind die vertikalen Lasten auf den Achsen anders als ihre statischen Werte und können wie folgt berechnet werden.

Momente um den hinteren Reifenaufstandspunkt nehmen:

$$N_f l - m\ddot{x}h - mbg = 0 \tag{3.44}$$

Das ergibt:

$$N_f = \frac{mgb}{l} + \frac{m\ddot{x}h}{l} \tag{3.45}$$

Der erste Term ist die statische Last und der zweite Term die Lastübertragung durch Bremsen.

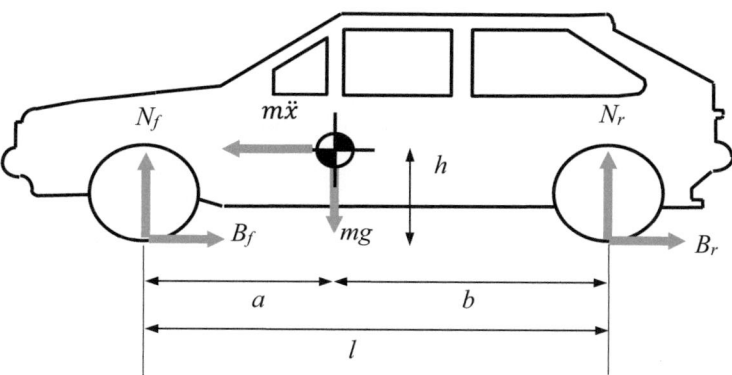

Fig. 3.76 Freikörperdiagramm des Fahrzeugs während des Bremsens

Daher ist die Last an der Hinterachse:

$$N_r = \frac{mga}{l} - \frac{m\ddot{x}h}{l} \tag{3.46}$$

Dieser Lastübertragungsterm wird eine erhöhte Durchbiegung an der Vorderachse und eine verringerte Durchbiegung an der Hinterachse verursachen. Daher gibt es eine Änderung der Haltung (Eintauchen) der Fahrzeugkarosserie beim Bremsen, wie in Kap. 2 quantifiziert.

3.11.1.1 Außen liegende Bremsen (Bremsen am Rad)

Betrachten Sie nun das Diagramm der Vorderachsfederung, das in Abb. 3.77 gezeigt ist. Die Achse der Gelenkpunkte ist so geneigt, dass das effektive Drehzentrum des Rades in der Seitenansicht bei O_f liegt.

Die Federkraft kann als statische Last plus eine Störung durch Bremsen ausgedrückt werden:

$$S_f = S'_f + \delta S_f \tag{3.47}$$

Unter statischen Bedingungen ($B_f = 0$) ist die statische Federlast:

$$S'_f = \frac{mgb}{l} \tag{3.48}$$

Für die Bremsbedingung ergibt das Moment um O_f:

$$N_f\, d - S_f\, d - B_f\, e = 0 \tag{3.49}$$

Durch Einsetzen von N_f aus Gl. (3.45) und S_f aus Gl. (3.47) ergibt sich:

$$d\left(\frac{mgb}{l} + \frac{m\ddot{x}h}{l}\right) - d\left(S'_f + \delta S_f\right) - B_f e = 0 \tag{3.50}$$

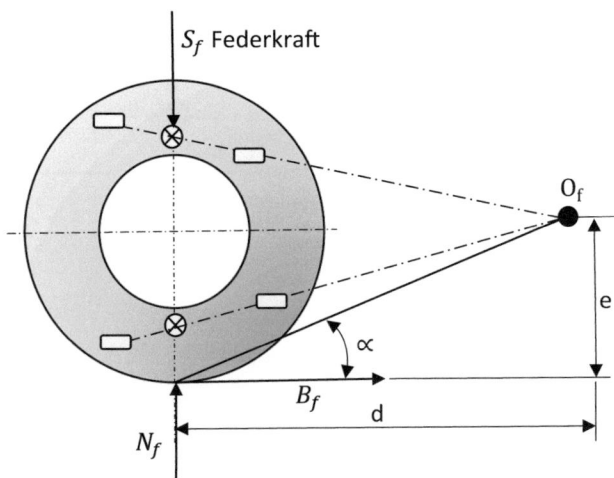

Abb. 3.77 Freikörperdiagramm der Vorderachsfederung

3.11 Aufhängungsgeometrie zur Bekämpfung von Squat und Dive

Durch Entfernen der statischen Last und Setzen von δS_f auf null, um den Fall darzustellen, in dem sich die Federlast nicht ändert (kein Eintauchen), ergibt sich:

$$\frac{m\ddot{x}hd}{l} - B_f e = 0 \qquad (3.51)$$

Die vordere Bremskraft ist durch die folgende Gleichung gegeben:

$$B_f = mk\ddot{x}, \qquad (3.52)$$

wobei k das Bremsverhältnis ist, so wie in Gl. (3.43) definiert.

Daher ergibt sich aus Gl. (3.51):

$$\frac{e}{d} = \frac{h}{lk} = \tan\alpha \qquad (3.53)$$

Wenn also das momentane Zentrum der Aufhängung O_f irgendwo entlang der durch Gl. (3.53) definierten Linie liegt, dann ist die Bedingung für keine vordere Aufhängungsablenkung (kein Eintauchen) erfüllt. Wenn das momentane Zentrum so gestaltet ist, dass es unterhalb dieser Linie in einem Winkel von α' liegt, dann wird der Prozentsatz des Anti-Dive wie folgt definiert:

$$\left(\frac{\tan\alpha'}{\tan\alpha}\right) \times 100\% \qquad (3.54)$$

Eine ähnliche Analyse kann am Heck (Abb. 3.78) durchgeführt werden, um zu ergeben:

$$\tan\beta = \frac{e}{d} = \frac{h}{l(1-k)} \qquad (3.55)$$

Wenn wiederum das momentane Zentrum entlang der durch Gl. (3.55) definierten Linie liegt, wird es keine Änderung der Federkraft geben und daher kein Anheben auftreten.

Abb. 3.78 Freikörperdiagramm für die hintere Aufhängung

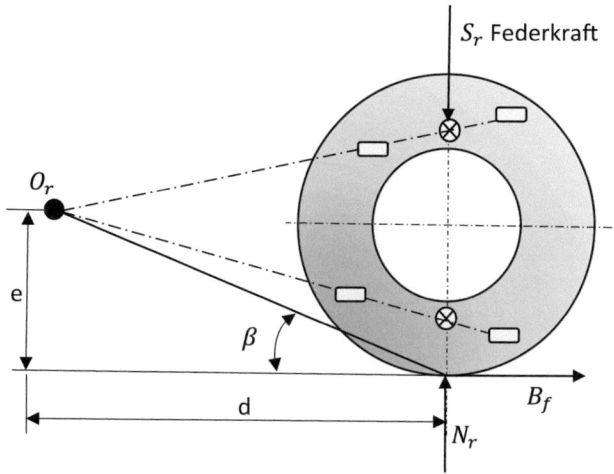

Deshalb ist die Bedingung für 100 % Anti-Dive, dass die vorderen und hinteren momentanen Zentren entlang der beiden in Abb. 3.79 gezeigten Linien liegen.

Es ist gängige Praxis, nur etwa 50 % Anti-Dive anzustreben. Die Gründe sind:

- Null Neigung während des Bremsens scheint aus subjektiver Fahrersicht unerwünscht zu sein.
- Volles Anti-Dive steht im Widerspruch zum Anti-Squat, sodass ein Kompromiss gefunden werden muss.
- Volles Anti-Dive kann große Änderungen des Nachlaufwinkels verursachen, da das gesamte Bremsmoment über die Aufhängungsglieder umgesetzt wird. Solche Nachlaufänderungen können dazu führen, dass die Lenkung während des Bremsens unakzeptabel schwer wird.

3.11.1.2 Innen liegende Bremsen (innen an der Achse, z. B. De-Dion-Aufhängung)

Die obige Analyse gilt für den häufigsten Fall, bei dem die Bremsen außen, d. h. am Rad montiert sind. Innen liegende Bremssysteme (z. B. regenerative Bremsen) unterscheiden sich dadurch, dass das Bremsmoment über die Antriebswelle aufgebracht wird. Die Situation für (zum Beispiel) ein Vorderrad ist in Abb. 3.80 dargestellt. Das zusätzliche Drehmoment, das von der Antriebswelle auf die Radeinheit ausgeübt wird, muss im Freikörperdiagramm berücksichtigt werden. Momente um das Radzentrum (Radius „r") zu nehmen, ergibt:

$$M_f = B_f r = m\ddot{x}kr \tag{3.56}$$

Nimmt man Momente um O_f, ergibt dies:

$$N_f d - S_f d - B_f e + m\ddot{x}kr = 0 \tag{3.57}$$

Vergleicht man dies mit Gl. (3.49), so sieht man, dass nun ein zusätzlicher Term enthalten ist.

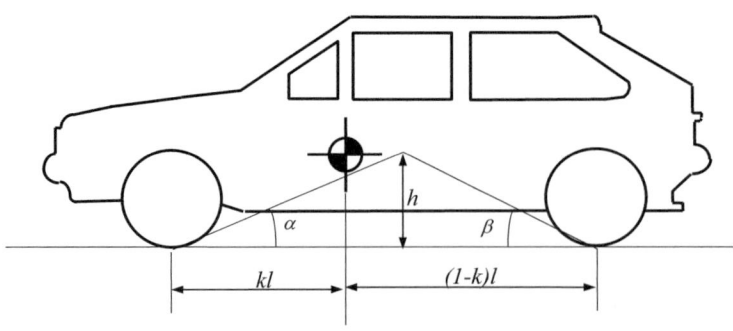

Abb. 3.79 Bedingung für 100 % Anti-Dive

3.11 Aufhängungsgeometrie zur Bekämpfung von Squat und Dive

Abb. 3.80 FBD für Vorderradaufhängung mit innen liegenden Bremsen

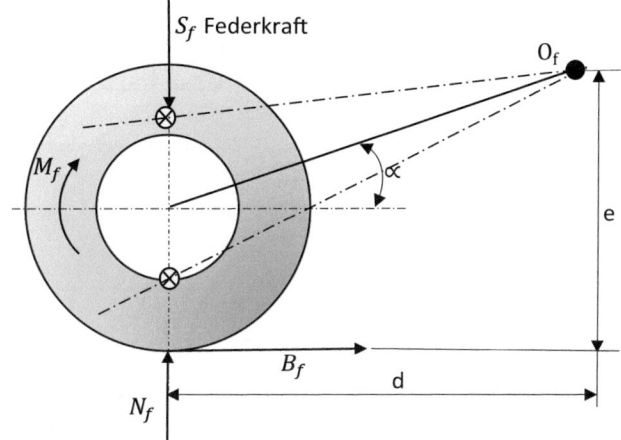

Die gleiche Analyse wie zuvor führt zu:

$$\frac{(e-r)}{d} = \frac{h}{kl} = \tan \alpha \tag{3.58}$$

Beachten Sie aus dem obigen Ausdruck, dass der Winkel α nun vom Radzentrum $(e - r)$ und nicht mehr vom Boden aus definiert ist. Eine analoge Situation tritt am Heck auf, um zu ergeben:

$$\frac{(e-r)}{d} = \frac{h}{l(1-k)} = \tan \beta \tag{3.59}$$

3.11.2 Anti-Squat-Geometrie

Die Analyse für Anti-Squat- oder Anti-Nick-Design während der Beschleunigung folgt einem sehr ähnlichen Prozess wie im vorherigen Abschnitt. In Abb. 3.81 ist die Pseudokraft in umgekehrter Richtung definiert, wobei f nun als Beschleunigung definiert ist. Traktionskräfte können an einer der beiden Achsen oder in dem speziellen Fall des Allradantriebs an beiden Achsen angewendet werden. Es gibt zwei allgemeine Fälle zu berücksichtigen: Starrachsenantrieb oder unabhängige Aufhängungs-/Antriebswellendesigns.

3.11.2.1 Starre Hinterachse

Diese Konfiguration ist in Abb. 3.82 dargestellt, wobei die angetriebene Hinterachse auf zwei Längslenkern montiert ist mit einem momentanen Drehzentrum bei O_r. Dieser Punkt wird manchmal als *virtueller Reaktionspunkt* bezeichnet (d. h. der Punkt, an dem die Kräfte in den Aufhängungsarmen aufgelöst und als auf die Fahrzeugkarosserie wirkend angenommen werden können). Beachten Sie, dass diese Behandlung der Aufhängung genau die gleiche ist, als ob ein Längslenker der Länge d starr mit der

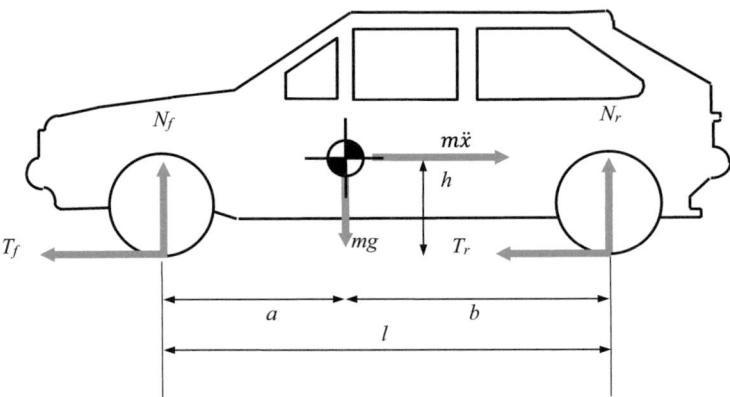

Abb. 3.81 FBD für ein beschleunigendes Auto (Allradantrieb)

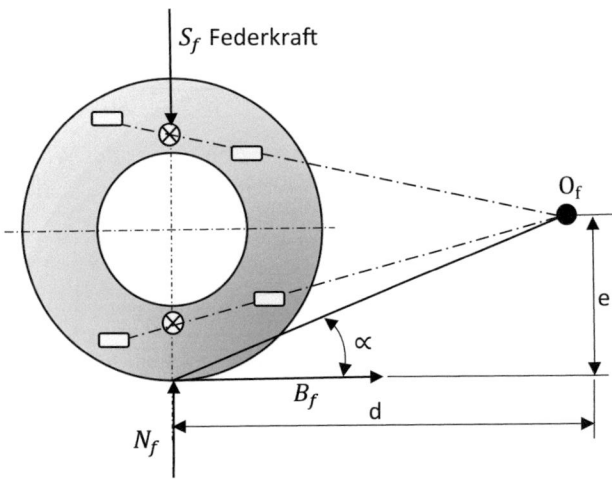

Abb. 3.82 Hinterachse auf zwei Längslenkern montiert

Hinterachse verbunden wäre und um einen Drehpunkt bei O_r wirkt. Beachten Sie, dass das Antriebsmoment durch das Achsgehäuse und die Aufhängungselemente umgesetzt wird (was die Analyse analog zum Fall der außen liegenden Bremsen macht). Die Analyse geht davon aus, dass die Achsmasse im Verhältnis zur Fahrzeugmasse gering ist.

Die vertikale Radlast ist

$$N_r = \frac{mga}{l} + \frac{m\ddot{x}h}{l}, \tag{3.60}$$

wobei $\frac{m\ddot{x}h}{l}$ die Lastübertragung auf die Hinterachse aufgrund der Beschleunigung ist.

3.11 Aufhängungsgeometrie zur Bekämpfung von Squat und Dive

Die Zugkraft ist:

$$T_r = m\ddot{x} \tag{3.61}$$

Das Moment um O_r ergibt:

$$T_r e + S_r d - N_r d = 0 \tag{3.62}$$

Aus Gl. (3.47) haben wir:

$$S_r = S'_r + \delta S_r$$

Auch:

$$N_r = \frac{mga}{l} + \frac{m\ddot{x}h}{l} = S'_r + \frac{m\ddot{x}h}{l}$$

Durch Einsetzen aller Kräfte und Eliminieren der statischen Federkraft ergibt sich:

$$\begin{aligned}m\ddot{x}e + \left(S'_r + \delta S_r\right)d - \left(S'_r + \frac{m\ddot{x}h}{l}\right)d &= 0 \\ \delta S_r = m\ddot{x}\left(\frac{h}{l} - \frac{e}{d}\right) &= k_r \delta_r\end{aligned} \tag{3.63}$$

wobei δ_r = Hinterachsaufhängungsdurchbiegung und k_r = Hinterachsfederrate.

Die Vorderachsaufhängung muss unter diesen Bedingungen ebenfalls durch den Lastübertragungsterm $m\ddot{x}h/l$ dort reagieren. Beachten Sie, dass es nicht möglich ist, die Vorderachsaufhängung so zu konstruieren, dass sie dies direkt berücksichtigt. Es war nur möglich, dies für den Bremsfall zu tun, weil ein Teil der Bremskraft dort reagierte. Daher ergibt sich die Federkraftänderung an der Vorderachse durch:

$$\delta S_f = k_f \delta_f = -\frac{m\ddot{x}h}{l} \tag{3.64}$$

Der Nickwinkel θ des Fahrzeugs ist einfach:

$$\theta = \frac{(\delta_r - \delta_f)}{l} \tag{3.65}$$

$$\theta = \frac{\frac{m\ddot{x}}{k_r}\left(\frac{h}{l} - \frac{e}{d}\right) + \frac{m\ddot{x}h}{lk_f}}{l} \tag{3.66}$$

$$\theta = \frac{m\ddot{x}}{l}\left(\frac{h}{lk_f} + \frac{h}{lk_r} - \frac{e}{k_r d}\right) \tag{3.67}$$

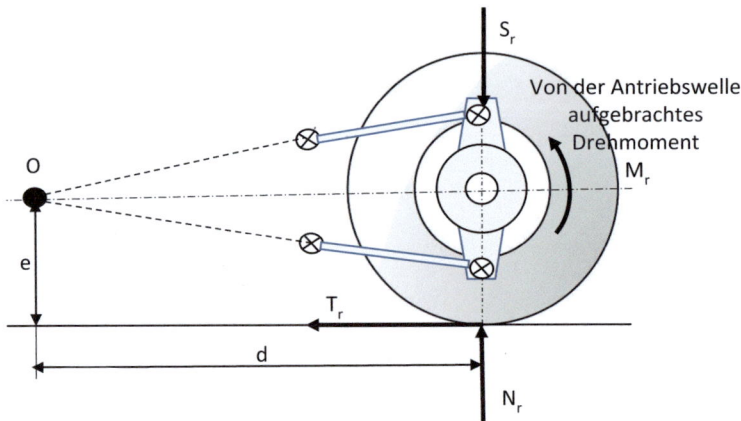

Abb. 3.83 Unabhängige Hinterradaufhängung

Daher kann die Bedingung für null Nickwinkel ausgedrückt werden als:

$$\frac{e}{d} = \frac{\left(1 + \frac{k_r}{k_f}\right)h}{l} \tag{3.68}$$

3.11.2.2 Unabhängige Aufhängung – Hinterradantrieb

Das Freikörperdiagramm für das Hinterrad wird nun geändert, um das vom Antriebsstrang erzeugte Moment einzubeziehen (Abb. 3.83). Beachten Sie, dass dies dem Fall der innen montierten Bremsen ähnlich ist. Somit wird Gl. (3.62) zu:

$$T_r e + S_r d - N_r d - M_r = 0, \tag{3.69}$$

wobei $M_r = T_r r$ und r = Reifenradius.

Die Berücksichtigung dieses kleinen Unterschieds in der Analyse führt zur Bedingung für null Neigung:

$$\frac{(e - r)}{d} = \frac{\left(1 + \frac{k_r}{k_f}\right)h}{l} \tag{3.70}$$

Eine ähnliche Analyse könnte für ein unabhängiges Vorderradantriebssystem durchgeführt werden, das die häufigste Konfiguration für kleine bis mittelgroße Personenkraftwagen ist.

Beispiel 3.6 Ein Mehrzweckfahrzeug hat eine starre Hinterachse mit außen liegenden Bremsen. Der Drehpunkt der Hinterradaufhängung befindet sich bei O_r, der relativ zur Unterseite der Räder durch die Abmessungen d und e positioniert ist, wie in Abb. 3.84 gezeigt.

3.11 Aufhängungsgeometrie zur Bekämpfung von Squat und Dive

Relevante Fahrzeugdaten sind wie folgt:

Fahrzeugmasse m	2,8 m
Radstand L	0,85 m
Fahrzeugschwerpunkt Höhe über der Straße h	52,5 kN/m
Vorderfedersteifigkeit (beidseitig) k_f	35,2 kN/m
Hinterfedersteifigkeit (beidseitig) k_r	70:30
Bremsverhältnis (vorne: hinten) k	

(a) Bestimmen Sie das Verhältnis e/d für null Neigung während der Beschleunigung.

(b) Was ist dann der Hub an der Hinterradaufhängung, wenn das Fahrzeug mit einer konstanten Verzögerung von 0,3 g gebremst wird?

Lösung

(a) Das Freikörperdiagramm von Rad und Achse während der Beschleunigung ist in Abb. 3.85 dargestellt:
Es wurde gezeigt, dass für null Neigung während der Beschleunigung gilt:

$$\frac{e}{d} = \frac{(1 + \frac{k_r}{k_f})h}{l}$$

Unter Verwendung der gegebenen Fahrzeugdaten ergibt sich:

$$\frac{e}{d} = \frac{\left(1 + \frac{35,2}{52,5}\right)0,85}{2,8} = 0,507$$

Um den Auftrieb an der Hinterradaufhängung aufgrund einer Verzögerung von 0,3 g zu berechnen, beachten Sie, dass das Fahrzeug Außenbremsen hat. In diesem Fall ersetzt eine Bremskraft die Traktionskraft in Abb. 3.85 und wirkt in die entgegengesetzte Richtung.
Die Momentengleichgewichtsgleichung um O_r im Bremsfall ist:

$$-B_r e + S_r d - N_r d = 0$$

Wir haben die folgenden Ausdrücke:

$$N_r = \frac{mga}{l} - \frac{m\ddot{x}h}{l} \quad S_r = S'_r + \delta S_r \quad \text{und} \quad B_r = (1-k)m\ddot{x}$$

Das Einsetzen und Kürzen der Terme ergibt:

$$\delta_{sr} = m\ddot{x}(1-k)\frac{e}{d} - \frac{m\ddot{x}h}{l} = m\ddot{x}\left[(1-k)\frac{e}{d} - \frac{h}{l}\right]$$

Änderung der Federkraft:

$$\delta S_r = 2100 \times 0{,}3 \times 9{,}81 \left(0{,}3 \times 0{,}507 - \frac{0{,}85}{2{,}8}\right) = -936 \text{ N}$$

Beachten Sie, dass das negative Vorzeichen eine Kraftreduzierung anzeigt.
Der Auftrieb an der Hinterradaufhängung ist:

$$\delta_r = \frac{\delta S_r}{k_r} = -\frac{936 \text{ N}}{35{,}2 \text{ N/mm}} = -26{,}6 \text{ mm}$$

Das negative Vorzeichen zeigt den Auftrieb an der Hinterachse an.

3.12 Fahrkomfortanalyse

Der Fahrkomfort ist eine der wichtigsten Eigenschaften, die die Qualität eines Fahrzeugs definieren. Er bezieht sich hauptsächlich auf die Vibrationen der Fahrzeugkarosserie, deren dominierende Quelle die Unebenheiten der Straßenoberfläche sind. Um Fahrzeuge

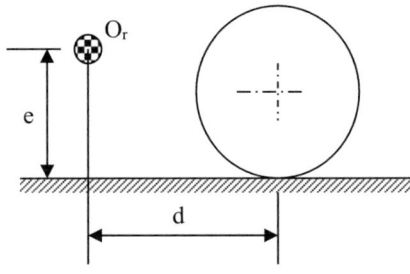

Abb. 3.84 Position des Drehpunkts der Hinterradaufhängung

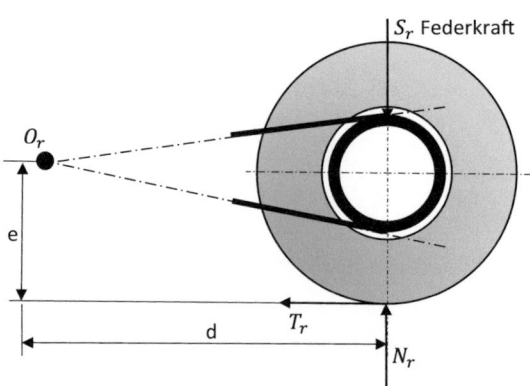

Abb. 3.85 Allgemeine Anordnung der Hinterradbelastung

3.12 Fahrkomfortanalyse

mit guten Fahreigenschaften zu entwerfen, ist es unerlässlich, die Fahrleistung in den frühen Entwicklungsphasen des Fahrzeugs modellieren zu können. Dies erfordert ein Verständnis der Straßenoberflächenmerkmale, der menschlichen Reaktion auf Vibrationen und der Prinzipien der Fahrzeugmodellierung. Diese werden in den folgenden Abschnitten eingeführt.

3.12.1 Unebenheit der Fahrbahnoberfläche und Fahrzeuganregung

Wenn ein Fahrzeug über ein Straßenprofil fährt, werden die Unregelmäßigkeiten im Profil in zeitlich veränderliche vertikale Verschiebungsanregungseingaben an jedem Reifenaufstandspunkt umgewandelt. Im Allgemeinen haben Straßenoberflächen zufällige Profile, was bedeutet, dass die von ihnen erzeugten Anregungen ebenfalls zufälliger Natur sind.

Das räumliche Zufallsprofil einer Straßenoberfläche kann frequenzanalysiert und gezeigt werden, dass es aus einer Reihe harmonischer Komponenten mit unterschiedlichen Amplituden und Wellenlängen besteht, wie in Abb. 3.86 dargestellt. Im Allgemeinen haben die Komponenten mit den längsten Wellenlängen die größten Amplituden. Während in Abb. 3.86 nur drei Komponenten gezeigt werden, gibt es in Wirklichkeit eine unendliche Anzahl. Für eine gegebene Frequenzkomponente ist es möglich, die räumliche Frequenz n als die Anzahl der Zyklen pro Meter zu definieren. Es kann dann gezeigt werden, dass die Frequenzeigenschaften des Profils als Funktion von n durch die räumliche Leistungsdichte $S(n)$ beschrieben werden. Die Einheiten von $S(n)$ sind m³/Zyklus.

Anhand großer Mengen gemessener Straßendaten wurde festgestellt, dass S und n näherungsweise miteinander verbunden sind:

$$S(n) = \kappa \, n^{-2,5} \quad (3.71)$$

wobei κ der Rauheitskoeffizient der Straße ist. Typische Werte von κ für eine Autobahn, eine Hauptstraße und eine Nebenstraße sind $0{,}25 \times 10^{-6}$, 4×10^{-6} und 15×10^{-6} m²/(Zyklus/m) jeweils für $0{,}01 < n < 10$ Zyklen/m.

Wenn ein Fahrzeug mit einer Geschwindigkeit von V m/s über ein zufälliges Straßenprofil fährt, das durch $S(n)$ beschrieben wird, wird die resultierende zufällige Anregung des Fahrzeugs durch eine zeitliche Spektraldichte $S(f)$ beschrieben, wobei $f = nV$ die Anregungsfrequenz in Hertz ist. Die Einheiten für $S(f)$ sind m²/Hz.

Es kann gezeigt werden, dass

$$S(f) = \frac{S(n)}{V}, \quad (3.72)$$

da

$$n = \frac{f}{V}.$$

Abb. 3.86 Harmonische Komponenten eines zufälligen Straßenoberflächenprofils

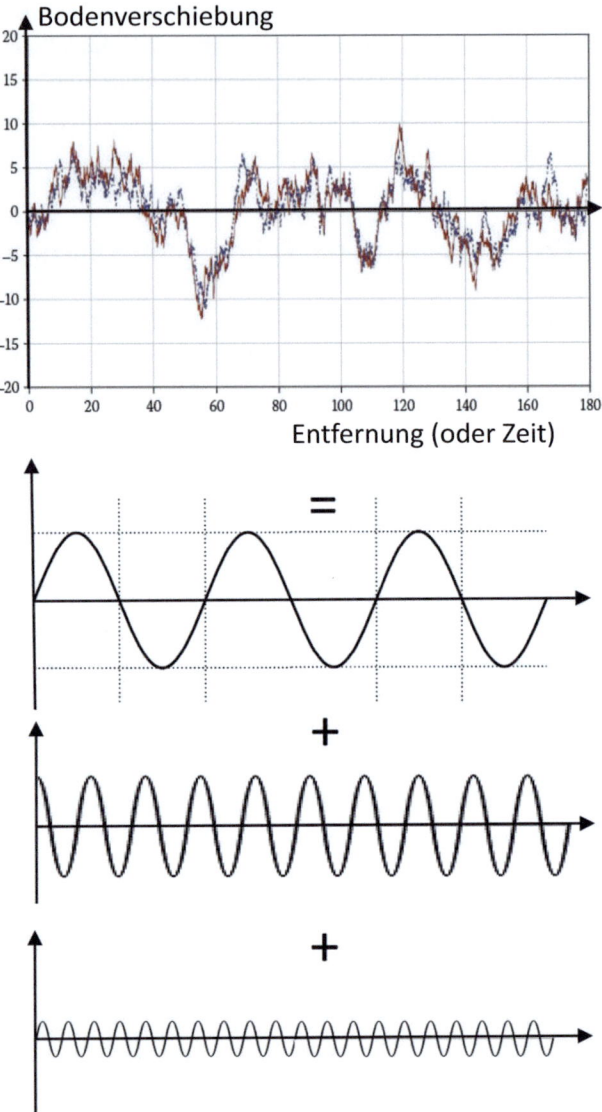

Aus Gl. (3.71) folgt, dass

$$S(f) = \kappa \, V^{1,5} \, f^{-2,5}. \tag{3.73}$$

Die Variation von $S(f)$ für ein Fahrzeug, das mit 20 m/s eine schlechte Nebenstraße befährt, ist in Abb. 3.87 dargestellt. Es ist wichtig, die Verteilung der Frequenzkomponenten in diesem Spektrum in Bezug auf die Eigenfrequenzen eines gefederten Fahrzeugs zu beachten.

Abb. 3.87 Spektraldichte eines Straßeneingangs als Funktion der Fahrzeuggeschwindigkeit (schlechte Nebenstraße)

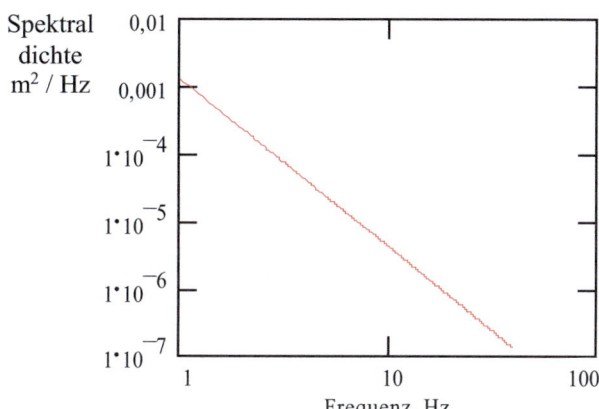

3.12.2 Wahrnehmung der Fahrt durch den Menschen

Die Fahrt wird von den durch die Straße induzierten Vibrationen in der Fahrzeugkarosserie dominiert. Bei der Bewertung der Fahrleistung eines Fahrzeugs ist es notwendig, die Empfindlichkeit des menschlichen Körpers gegenüber Vibrationen zu berücksichtigen.

Der menschliche Körper ist empfindlich gegenüber Vibrationen und hat eine Reihe eigener natürlicher Frequenzen. Daraus folgt, dass, wenn der menschliche Körper einer Anregung bei einer dieser Frequenzen ausgesetzt wird, Resonanz und Unbehagen entstehen. Aus dem vorherigen Abschnitt ist ersichtlich, dass die durch die Straße induzierten Vibrationen breitbandig sind und daher einige der Komponenten der Anregung dazu neigen, Resonanzen im menschlichen Körper zu erzeugen. Mit dem Verständnis der Resonanzen des menschlichen Körpers ist es möglich, die Reaktion der Fahrzeugkarosserie zu gewichten, um eine einzelne Zahl zur Bewertung der Fahrleistung zu erhalten.

Aus Sicht der Vibration kann der menschliche Körper als eine komplexe Anordnung von Massen-, elastischen und Dämpfungselementen betrachtet werden, die zu einer Reihe von natürlichen Frequenzen im Bereich von 1 bis 900 Hz führen. Aus Sicht der Fahrt sind wir an Ganzkörpervibrationen einer sitzenden Person im Bereich von 0,5 bis 15 Hz interessiert. In diesem Bereich gibt es zwei Ganzkörper-Naturfrequenzen. Sie sind mit den Resonanzen von Kopf-Hals (1–2 Hz) und Thorax-Abdomen (4–8 Hz) verbunden. Die Kopf-Hals-Resonanz kann durch das Nicken und Rollen des Fahrzeugs angeregt werden, während die Thorax-Abdomen-Resonanz durch die Auf- und Abbewegung des Fahrzeugs erzeugt werden kann.

Im Allgemeinen nimmt die Toleranz gegenüber Ganzkörpervibrationen mit der Zeit ab, sodass ein hohes Maß an Vibrationen für kurze Zeit das gleiche Maß an Unbehagen erzeugen kann wie ein niedriges Maß für eine lange Zeit. Gleichwertige Unbehagenkurven wurden in Normen erstellt, z. B. in der internationalen Norm ISO 2631 und der britischen Norm BS 6841:1987. Einige Beispiele sind in Abb. 3.88 für vertikale und longitudinale/laterale Anregung gegeben. Es sollte beachtet werden, dass der menschliche Körper beschleunigungsempfindlich ist und die Minimalwerte der Grafiken den oben diskutierten Resonanzen entsprechen.

Die Formen der Grafiken werden verwendet, um Gewichtungskurven zu erstellen, die auf die Fahrzeugkarosseriebeschleunigungen angewendet werden können, die aus Simulationen der Fahrzeugreaktion auf durch die Straße induzierte Vibrationen bestimmt werden. Dies ermöglicht eine einzelne Schätzung der menschlichen Reaktion. Eine typische Gewichtungskurve für vertikale Vibrationen ist in Abb. 3.89 gezeigt. Diese Gewichtung würde auf das gemessene/berechnete Vibrationsniveau an der Position des Fahrgastsitzes angewendet.

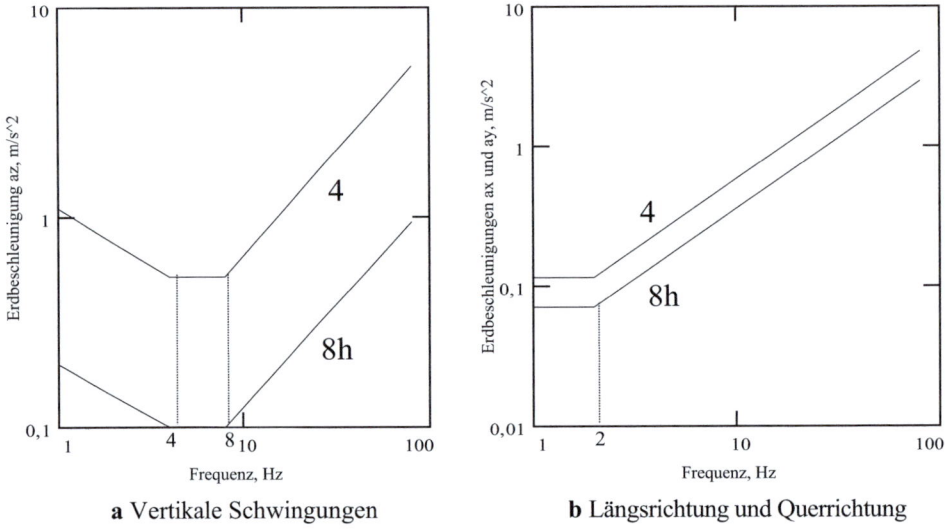

Abb. 3.88 Gleichwertige Unbehagenkurven für unterschiedliche Zeitdauern

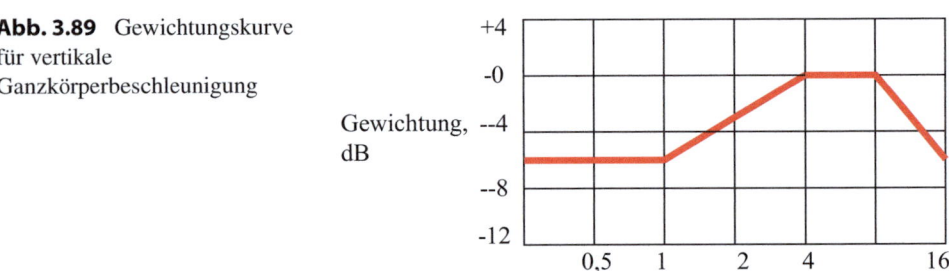

Abb. 3.89 Gewichtungskurve für vertikale Ganzkörperbeschleunigung

3.13 Fahrzeugmodelle für die Fahrt

Die Fahrleistung wird in der Entwurfsphase durch Simulation der Fahrzeugreaktion auf Straßenanregung bewertet. Dies erfordert die Entwicklung eines Fahrzeugmodells und die Analyse seiner Reaktion. Modelle unterschiedlicher Komplexität werden verwendet. Für einen Personenkraftwagen hat das umfassendste dieser Modelle sieben Freiheitsgrade (DOFs), wie in Abb. 3.90 gezeigt. Diese umfassen drei Freiheitsgrade für die Fahrzeugkarosserie (Nicken, Hüpfen und Rollen) und einen weiteren vertikalen Freiheitsgrad an jeder der vier ungefederten Massen. Dieses Modell ermöglicht die Untersuchung der Nick-, Hüpf- und Rollleistung des Fahrzeugs.

Die Feder- und Dämpfungsraten im Modell werden aus den einzelnen Feder- und Dämpfungseinheiten unter Verwendung des in Abschn. 3.3 diskutierten kinematischen Ansatzes abgeleitet. Verschiedene Reifenmodelle wurden vorgeschlagen. Das Einfachste davon verwendet ein Punktkontaktmodell, um die Elastizität und Dämpfung im Reifen mit einer einfachen Feder und einem viskosen Dämpfer darzustellen. Da die Reifendämpfung um mehrere Größenordnungen niedriger ist als die Federdämpfung, kann sie in grundlegenden Fahrzeugmodellen vernachlässigt werden.

Aus einfacheren Fahrzeugmodellen als in Abb. 3.90 gezeigt, können viele nützliche Informationen abgeleitet werden. Da für ein normales Straßenoberflächenprofil die Komponenten mit den längeren Wellenlängenkomponenten phasengleich (kohärent) über die linken und rechten Spuren eines Fahrzeugs sind, besteht keine Tendenz, die Karosserie zum Rollen anzuregen. Dies rechtfertigt dann die Verwendung eines Halbfahrzeugmodells, wie in Abb. 3.91 gezeigt. Dieses hat vier Freiheitsgrade: eine

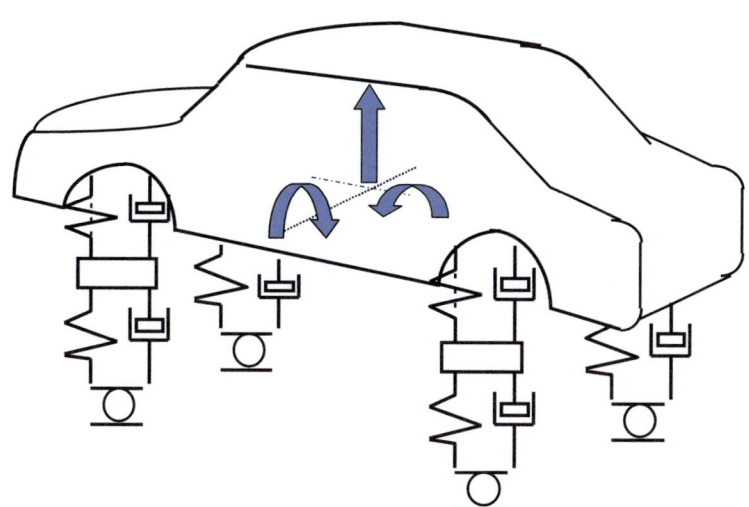

Abb. 3.90 Vollständiges Fahrzeugmodell

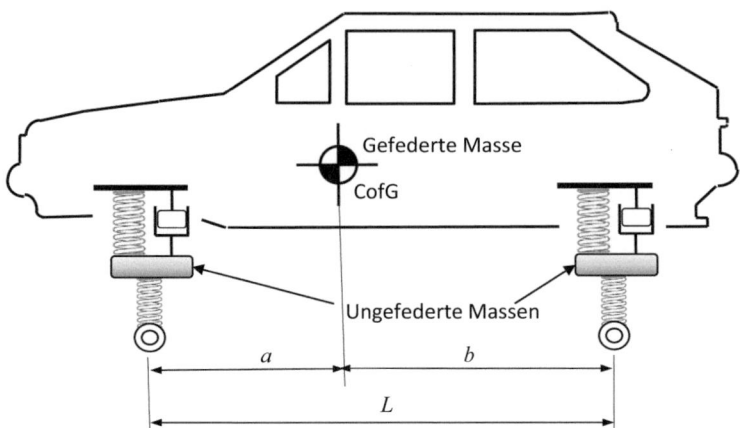

Abb. 3.91 Halbfahrzeugmodell

Körpermasse-Translation und -Rotation sowie eine Translation für jede der ungefederten Achsmassen.

Das Halbfahrzeugmodell kann weiter zu einem Viertelfahrzeugmodell vereinfacht werden, wenn die Karosseriemasse bestimmte Bedingungen erfüllt. Sei die gesamte gefederte Masse in Abb. 3.90 mit M und ihr Trägheitsmoment um ihren Schwerpunkt (CofG) mit I bezeichnet. Der CofG befindet sich längs von den Radzentren in den Abständen a und b. Der Radstand ist L. Damit die gefederte Masse in Abb. 3.91 dynamisch äquivalent zu der in Abb. 3.92 ist, müssen die folgenden Bedingungen für die dynamisch äquivalenten gefederten Massen M_f und M_r erfüllt sein, die sich jeweils über den Vorder- und Hinterradaufhängungen befinden.

Die gleiche Gesamtmasse:

$$M_f + M_r + M_G = M \tag{3.74}$$

Abb. 3.92 Halbfahrzeugmodell mit dynamisch äquivalenter gefederter Masse

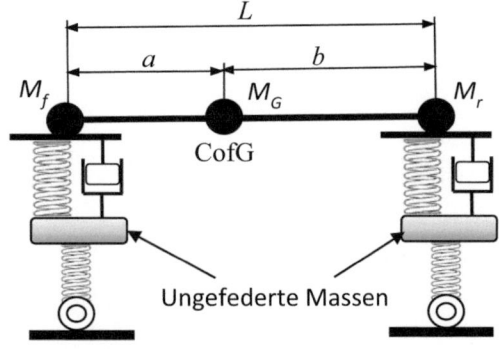

3.13 Fahrzeugmodelle für die Fahrt

Massenschwerpunkt an der gleichen Position:
$$M_f \, a = M_r \, b \tag{3.75}$$

Das gleiche Trägheitsmoment:
$$M_f \, a^2 + M_r \, b^2 = I \tag{3.76}$$

Aus den Gl. (3.75) und (3.76):
$$M_f \, a^2 + M_f \frac{a}{b} b^2 = I$$

Umstellen:
$$M_f \, a \, (a+b) = I$$

Aber:
$$a + b = L$$

Folglich:
$$M_f = \frac{I}{a \, L} \tag{3.77}$$

Und aus Gl. (3.75):
$$M_r = \frac{I}{b \, L} \tag{3.78}$$

Einsetzen in Gl. (3.74):
$$M_G = M - \frac{I}{a \, L} - \frac{I}{b \, L} = M - I \frac{(a+b)}{a \, b \, L} = M - \frac{I}{a \, b}$$

Bezeichnet man I als MR_G^2, wobei R_G der Trägheitsradius der gefederten Masse um die Querachse durch den Schwerpunkt ist, folgt daraus:

$$M_G = M \left(1 - \frac{R_G^2}{a \, b} \right) \tag{3.79}$$

Daher ergibt sich: Wenn das Trägheitskopplungsverhältnis $\frac{R_G^2}{a\,b} = 1$, dann ist $M_G = 0$.

Das Trägheitskopplungsverhältnis reicht typischerweise von 0,8 für Sportwagen bis 1,2 für einige Frontantriebsfahrzeuge. Für ein Trägheitskopplungsverhältnis in diesem Bereich umfasst das dynamisch äquivalente System eine gefederte Masse M_f an der Vorderachse und eine gefederte Masse M_r an der Hinterachse, die Bewegungen an der Vorder- und Hinterachse sind entkoppelt. In diesem Fall kann ein Viertelfahrzeugmodell, wie in Abb. 3.93 gezeigt, entweder die Vorder- oder die Hinterachse darstellen.

Abb. 3.93 Viertelfahrzeugmodell

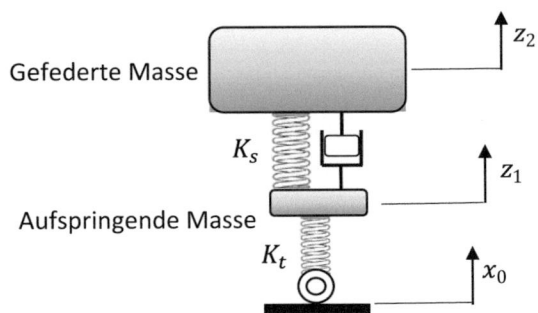

3.13.1 Schwingungsanalyse des Viertelfahrzeugmodells

Es wird angenommen, dass das in Abb. 3.93 gezeigte Modell aus linearen Elementen besteht, d. h., die Federn und Dämpfer haben lineare Eigenschaften. Diese sind gültige Annahmen für kleine Schwingungen um die statische Gleichgewichtslage des Systems. Lassen Sie x_0, z_1 und z_2 zeitlich variierende Verschiebungen von dieser Gleichgewichtslage sein.

Um die Modi und Frequenzen der Schwingungen des in Abb. 3.93 gezeigten Systems zu verstehen, ist es lehrreich, die freie Schwingungsantwort des entsprechenden ungedämpften Systems zu betrachten. Für diesen Fall wird angenommen, dass die Fahrwerksdämpfung $C_s = 0$ ist und die freie Schwingung des Modells ($x_0 = 0$) dann:

$$\begin{bmatrix} M_u & 0 \\ 0 & M_s \end{bmatrix} \begin{Bmatrix} \ddot{z}_1 \\ \ddot{z}_2 \end{Bmatrix} + \begin{bmatrix} (K_t + K_s) & -K_s \\ -K_s & K_s \end{bmatrix} \begin{Bmatrix} z_1 \\ z_2 \end{Bmatrix} = \begin{Bmatrix} 0 \\ 0 \end{Bmatrix} \quad (3.80)$$

Nehmen Sie als Lösungen an: $z_1 = A_1 \sin \omega t$ und $z_2 = A_2 \sin \omega t$. Setzen Sie diese Ausdrücke und ihre zweiten Ableitungen in Gl. (3.80) ein und streichen Sie die zeitlich variierenden sinusförmigen Terme:

$$\begin{bmatrix} (K_t + K_s - M_u \omega^2) & -K_s \\ -K_s & (K_s - M_s \omega^2) \end{bmatrix} \begin{Bmatrix} A_1 \\ A_2 \end{Bmatrix} = \begin{Bmatrix} 0 \\ 0 \end{Bmatrix} \quad (3.81)$$

Die nichttriviale Lösung von Gl. (3.81) ist:

$$\begin{vmatrix} (K_t + K_s - M_u \omega^2) & -K_s \\ -K_s & (K_s - M_s \omega^2) \end{vmatrix} = 0 \quad (3.82)$$

Dies wird als Frequenz- oder Charakteristikdeterminante bezeichnet, d. h., es beschreibt die freien Schwingungseigenschaften des ungedämpften Systems.

3.13 Fahrzeugmodelle für die Fahrt

Beispiel 3.7 Betrachten Sie einen typischen Datensatz für die hintere Ecke einer Mittelklasse-Limousine:

Gefederte Masse M_s	= 317,5 kg
Ungefederte Masse M_u	= 45,4 kg
Steifigkeit der Federung(Radsatz) K_s	= 22 kN/m
Steifigkeit des Reifens K_t	= 192 kN/m

Durch Einsetzen in Gl. (3.82), Erweitern und anschließendes Vereinfachen des Ergebnisses ergibt sich:

$$\omega^4 - 4786\,\omega^2 + 293 \times 10^3 = 0$$

Die Lösung dieser quadratischen Gleichung in ω^2 ist:

$$\omega_1^2,\ \omega_2^2 = \frac{4786 \mp \sqrt{(4786)^2 - 4 \times 293 \times 10^3}}{2},$$

aus der sich die Eigenfrequenzen $\omega_1 = 7{,}87$ rad/s ($f_1 = 1{,}25$ Hz) und $\omega_2 = 68{,}73$ rad/s ($f_2 = 10{,}9$ Hz) ergeben. Diese Ergebnisse sind sehr typisch für das, was man bei einer Fahrzeugfederung erwarten würde. Entsprechend jeder Eigenfrequenz gibt es eine Schwingungsform. Diese beschreiben die relativen Amplituden der freien Schwingung der Massen bei jeder der Eigenfrequenzen. Sie werden bestimmt, indem zuerst ω_1^2 und dann ω_2^2 in Gl. (3.81) eingesetzt werden.

Erste Schwingungsform
Durch Einsetzen von ω_1^2 in die zweite Zeile von Gl. (3.81) und Hinzufügen eines zweiten Suffixes 1 zu A_1 und A_2, um anzuzeigen, dass sie die Amplituden bei der ersten Eigenfrequenz sind, ergibt sich:

$$-K_s A_{11} + \left(K_s - M_s\,\omega_1^2\right) A_{21} = 0$$

Für die gegebenen numerischen Daten: $\left(\frac{A_1}{A_2}\right)_1 = 0{,}104$

Da das Ergebnis positiv ist, bewegen sich beide Massen zu jedem Zeitpunkt in die gleiche Richtung und die Amplitude der ungefederten Masse beträgt 0,104-mal die der gefederten Masse. Diese Schwingungsform wird als *Karosseriesprung*-Modus bezeichnet und kann grafisch wie in Abb. 3.94a dargestellt werden. Beachten Sie, dass die Amplituden zur Klarheit horizontal dargestellt sind.

> *Zweite Schwingungsform*
> Durch Einsetzen von ω_2^2 in die zweite Zeile von Gl. (3.81) und Hinzufügen eines zweiten Suffixes 2 zu A_1 und A_2, um anzuzeigen, dass sie die Amplituden bei der zweiten Eigenfrequenz sind, ergibt sich:
>
> $$-K_s A_{12} + (K_s - M_s \omega_2^2) A_{22} = 0$$
>
> Für die gegebenen numerischen Daten: $\left(\frac{A_1}{A_2}\right)_2 = -67,1$
>
> Das negative Verhältnis zeigt an, dass sich die Massen zu jedem Zeitpunkt in entgegengesetzte Richtungen bewegen und die Amplitude der ungefederten Masse 67,1-mal die der gefederten Masse beträgt. Diese Schwingungsform wird als *Radaufhängungs*-Modus bezeichnet und kann grafisch wie in Abb. 3.94b dargestellt werden.

Aus dem obigen Beispiel ist ersichtlich, dass für den Karosserie-Modus die Amplitude der ungefederten Masse im Vergleich zu der der gefederten Masse sehr klein ist, sodass in diesem Fall das System, wie in Abb. 3.95a gezeigt, angenähert werden könnte. Auch für den Radaufhängungs-Modus ist die Amplitude der gefederten Masse im Vergleich zu der der ungefederten Masse sehr klein. Für diesen Modus könnte das System, wie in Abb. 3.95b gezeigt, angenähert werden. Die entsprechenden approximativen Eigenfrequenzen und Dämpfungsverhältnisse für ein leicht gedämpftes System sind in Abb. 3.95 dargestellt. Beachten Sie, dass die Federn im Radaufhängungs-Modus parallel wirken, sodass die effektive Steifigkeit $K_s + K_t$ ist.

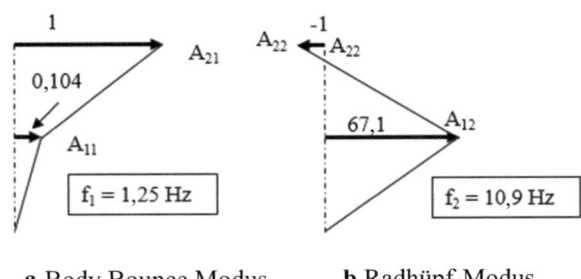

Abb. 3.94 Schwingungsmodi für die Viertelfahrzeugfederung des Beispiels 3.7

a Body Bounce Modus   **b** Radhüpf-Modus

3.13 Fahrzeugmodelle für die Fahrt

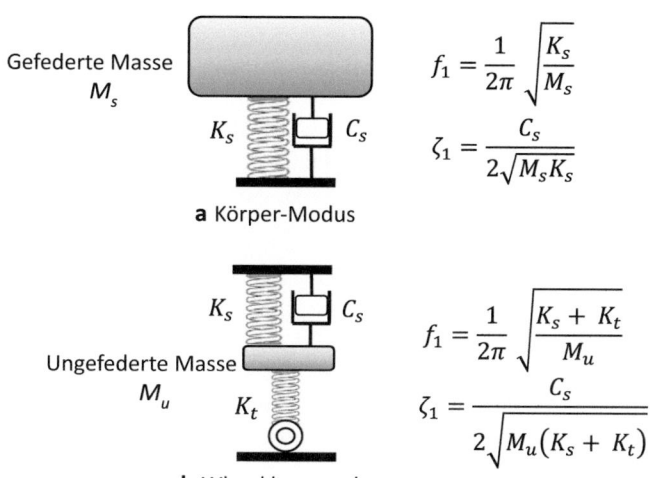

Abb. 3.95 Annäherungsmodelle für Karosserie-Modus und Radaufhängungs-Modus

---

Beispiel 3.8 Ein Straßenfahrzeug hat die folgenden Parameter:

Allgemein:

Leergewicht (m)	1140 kg
Gewichtsverteilung	42 % vorne und 58 % hinten
Radstand (WB)	2718 mm
Vordere ungefederte Masse	40 kg

Reifen:

Federsteifigkeit des Vorderreifens	300 N/mm
Federsteifigkeit des Hinterreifens	350 N/mm

Federung:

Vordere Karosserieschwingfrequenz	1,43 Hz
Hintere Karosserieschwingfrequenz	1,80 Hz

Federung:

Drahtdurchmesser (d)	12,7 mm
Mittlerer Durchmesser der vorderen Feder (D_f)	120 mm

Mittlerer Durchmesser der hinteren Feder (D_r)   100 mm
Schermodul (G)   79,3 GPa

Nehmen Sie an, dass die Reifensteifigkeit linear ist und die Federkonstante der Schraubenfeder durch die folgende Gleichung gegeben ist:

$$\text{Federrate} = \frac{Gd^4}{8nD^3},$$

wobei n die Anzahl der Windungen ist.

Das Auto fährt mit einer Geschwindigkeit über Kopfsteinpflaster, die typisch für die in Abb. 3.96 gezeigten sind: 200 mm groß und mit einer oberen Krümmung, die eine Gesamtwelligkeit von $2A$ mm ($\pm A$ mm) ergibt.

Es ist erforderlich, Folgendes zu berechnen:

(a) die Anzahl der aktiven Windungen der vorderen und hinteren Schraubenfedern,
(b) die sichere Geschwindigkeit, mit der das Auto fahren kann, ohne Resonanzeffekte zu verursachen,
(c) die maximale Amplitude der Welligkeit, ohne dass die Vorderreifen aufgrund von Radaufhängung den Straßenkontakt verlieren.

Vernachlässigen Sie jegliche variable Last aufgrund von Feder-/Reifendurchbiegung infolge der Welligkeiten und jegliche Dämpfereffekte.

Lösung

(a) Verwenden Sie die Karosserieschwingfrequenzen, um die Anzahl der aktiven Windungen in den vorderen und hinteren Aufhängungen zu bestimmen:

$$f\,\text{vorne} = 1{,}43\,\text{Hz ergeben}\,\omega = 2\pi f = 8{,}986\,\text{rad/s}$$
$$f\,\text{hinten} = 1{,}80\,\text{Hz ergeben}\,\omega = 2\pi f = 11{,}31\,\text{rad/s}$$

Da $\omega = \sqrt{(K/m)}$, ist dann $K = m\omega^2$.

Das ergibt:

$$K\,\text{vorne} = (0{,}42 \times 1140/2) \times 8{,}986^2 \times 10^{-3} = 19{,}3\,\text{N/mm}$$
$$K\,\text{hinten} = (0{,}58 \times 1140/2) \times 11{,}31^2 \times 10^{-3} = 42{,}3\,\text{N/mm}$$

Für den Karosserie-Modus wird die Reifensteifigkeit nicht berücksichtigt (Abb. 3.95a) und die gesamte Federkonstante ergibt sich aus der Schraubenfeder durch:

$$k_{\text{Feder}} = \frac{Gd^4}{8nD^3}$$

Daher ergibt sich die Anzahl der aktiven Windungen in der Vorderachsfederung durch

$$n = \frac{Gd^4}{8k_{\text{Feder}}D^3} = \frac{79,3 \times 10^3 \times 12,7^4}{8 \times 19,3 \times 120^3} = 7,73 \text{ Spulen}$$

und die Anzahl in der Hinterachsfederung durch

$$n = \frac{Gd^4}{8k_{\text{Feder}}D^3} = \frac{79,3 \times 10^3 \times 12,7^4}{8 \times 42,3 \times 100^3} = 6,10 \text{ Spulen}.$$

(b) Verwenden Sie die Hüpffrequenzen des Vorderrads, um die sichere Geschwindigkeit zu bestimmen, bevor die Vorderräder aufgrund von Resonanz Radschlupf erfahren.

Für den Radschlupf-Modus wirken die Reifenfederkonstante und die Schraubenfederkonstanten nun parallel (Abb. 3.95b):

$$f = \frac{1}{2\pi}\sqrt{\frac{k_s + k_t}{M_u}}$$

$$f = \frac{1}{2\pi}\sqrt{\frac{(20,63 + 300)10^3}{40}}$$

$$f = 14,25 \, Hz$$

Betrachten Sie die Anregungsfrequenz aufgrund von Kopfsteinpflaster:

$f_c = $ (Fahrzeuggeschwindigkeit)/(Größe des Kopfsteinpflasters) $= v/0,2 = 14,25 \, Hz$ für Resonanz

Daher ist maximale Geschwindigkeit vor Resonanz (Radschlupf):

$$v = 2,85 \text{ m/s} = \mathbf{10{,}26\,kph}$$

(c) Bestimmen Sie die Amplitude der Unebenheiten, wenn die Vorderräder den Kontakt zur Straße verlieren.

Die Vorderreifen verlieren den Kontakt zur Straße, wenn die vertikale Trägheitskraft bei der Radschlupffrequenz der Vorderreifenlast entspricht.

Vertikale Last auf jedem Vorderreifen $= 0,5 \times 0,42 \times 1140 \times 9,81 = 2349$ N

Trägheitskraft aufgrund von Kopfsteinpflaster $= mA\omega^2 = 40A(2\pi 14,25)^2 = 2349$ N für den Verlust des Kontakts

> Das ergibt eine maximale Amplitude des Kopfsteinpflasters $A = \pm 7{,}32$ **mm** vor Verlust des Kontakts.
>
> **Hinweis**: Die Reifensteifigkeit umfasst die Kernsteifigkeit, die hauptsächlich durch den Reifendruck bestimmt wird, und die Reifenkrone oder das Profil. Die Gummisteifigkeit wird deutlich niedriger sein als die des Kerns, und da Kern und Gummi in Serie geschaltet sind, wird die Kernsteifigkeit keinen signifikanten Einfluss auf die Gesamtsteifigkeit haben. Der Gummi wird sich erheblich mehr komprimieren als der Kern und es ist dieser Kontaktbereich, der den seitlichen Reifengriff bietet. Die obige Amplitude zeigt das Anheben des Kerns und die Gummikompression; der Gummi wird möglicherweise noch Kontakt zur Straße haben, jedoch mit einer viel geringeren Belastung und daher einer stark reduzierten Fähigkeit, seitlichen Grip zu bieten.

3.14 Abschließende Bemerkungen

Das Kapitel bietet eine Grundlage für das Verständnis von Aufhängungssystemen und der Prozesse, die für die Durchführung von Erstanalysen der Dynamik und Kinematik von Aufhängungssystemen erforderlich sind. Es liefert Informationen über aktuelle Designs und führt den Leser dazu, fortschrittlichere Systeme in Betracht zu ziehen, da Elektrofahrzeuge zunehmend gefragt sind. Weitere Bereiche, die der Designer berücksichtigen muss, sind die Bestimmung des sicheren Arbeitsraums oder der Federwege des Aufhängungssystems. Dies umfasst die Bestimmung des Arbeitswegs der Feder und des

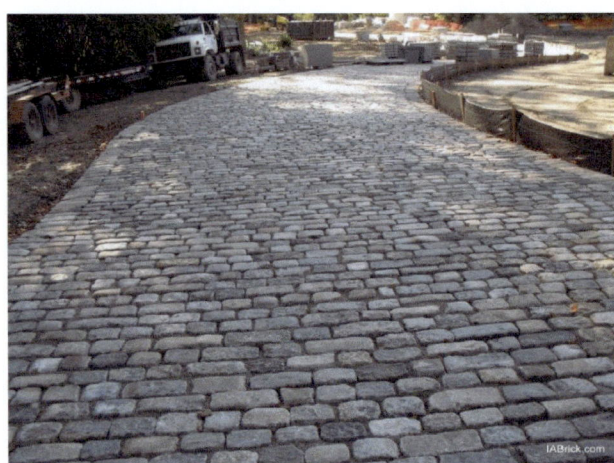

Abb. 3.96 Typische Kopfsteinpflasterstraße

3.14 Abschließende Bemerkungen

Dämpfers, bevor die Anschlagpuffer aktiviert werden. Es ist notwendig, dass der Designer auch sicherstellt, dass die Schraubenfedern unter Volllast niemals auf Block gehen, da erhöhte Spannungen in den Federn zu einer Verkürzung der Lebensdauer und Leistung führen. Schließlich muss festgestellt werden, welche Kräfte auf das Aufhängungssystem entweder durch Straßenbedingungen oder ungewöhnliche Stöße einwirken, um sicherzustellen, dass das System ausreichend robust ist, um solchen Belastungen standzuhalten, ohne dass das Fahrzeug zu schwer wird. Diese Themen werden weiter in Kap. 5 behandelt. Am wichtigsten ist die Erkenntnis, dass kein Designbereich für sich allein steht und dass das Design der Fahrwerksaufhängung die Designentscheidungen für andere Fahrzeugsysteme beeinflussen muss (und *umgekehrt*).

Lenksysteme 4

Zusammenfassung

Der Hauptzweck dieses Kapitels ist es, dem Automobilingenieur ein grundlegendes Verständnis der Lenksysteme zu vermitteln. Es werden aktuelle und moderne Designs mit den dazugehörigen Theorien bezüglich der Kräfte innerhalb der Systeme, sowohl statisch als auch dynamisch, überprüft. Es berücksichtigt die Servounterstützung und den Übergang zu Steer-by-Wire, da die vollständige elektronische Steuerung zunehmend zuverlässiger wird. Die Theorie wird durch ausgearbeitete Beispiele und „Fallstudien" unterstützt, die ihre Anwendung besser veranschaulichen. Der Ingenieur sollte somit in der Lage sein, geeignete hausinterne computergestützte Designpakete zu entwickeln, die einen spezifischen Bedarf ohne unnötige periphere Funktionen erfüllen. Das Kapitel beginnt mit der Einführung der Anforderungen und Vorschriften, die die grundlegenden Designstrategien bestimmen. Es wird mit der Betrachtung der Lenkgeometrie und der aktuellen gängigen Designs fortgesetzt. Die auf das Lenksystem wirkenden Kräfte, sowohl für ein stehendes als auch für ein fahrendes Fahrzeug, werden zusammen mit dem Übergang zu elektrischen Lenksystemen eingeführt. Das Kapitel schließt mit der Betrachtung von Vierradlenkung und zusätzlicher Lenkunterstützung ab.

4.1 Lenkanforderungen/-vorschriften

4.1.1 Allgemeine Ziele und Funktionen

In der Automobilindustrie gibt es kein eigenständiges Fachgebiet, da alle Systeme miteinander interagieren und die Designentscheidungen in einem Bereich Auswirkungen auf einen anderen Bereich haben. Daher sollten Lenk- und Aufhängungssysteme in enger

Zusammenarbeit zwischen den jeweiligen Designern entwickelt werden. Wie immer spielt die Sicherheit bei jedem Design und insbesondere bei Lenksystemen eine bedeutende Rolle, da Fahrer mit der Lenkung interagieren, während sie im Allgemeinen keine Kontrolle über das Aufhängungssystem haben. Fahrkomfort und Straßenlage werden daher eher als Qualitäts- und Verfeinerungsfragen angesehen. Aufgrund der Sicherheitsimplikationen und der Fahrer-Schnittstelle wird das Lenkdesign durch internationale Vorschriften bestimmt, denen alle OEMs entsprechen müssen. Diese Richtlinien werden zu Beginn des nächsten Abschnitts skizziert.

Das grundlegende Ziel eines Lenksystems besteht darin, die gelenkten Räder in Reaktion auf die Eingaben des Fahrers zu drehen und somit die Gesamtsteuerung des Fahrzeugs zu gewährleisten.

Um dies zu erreichen, müssen die Funktion eines effektiven Lenksystems sein,

- ein zuverlässiges Verbindungssystem zwischen den gelenkten Rädern und den Lenkradeingaben des Fahrers bereitzustellen.
- kontrollierte kinematische Beziehungen bereitzustellen, um die korrekten Lenkwinkel sowohl der inneren als auch der äußeren Räder zu erreichen.
- den Lenkaufwand zu minimieren und dennoch das „Gefühl" des Fahrers zu erhalten.

4.1.2 Gesetzliche Anforderungen

In allen Fällen muss das verwendete Lenksystem sicher sein und den aktuellen länderspezifischen Vorschriften entsprechen. Die häufigsten Anforderungen, basierend auf den aktuellen ECE-Vorschriften, sind im Folgenden skizziert:

- Die Betätigungskraft muss harmonisch bis zum Anschlag sein und darf nicht abnehmen, um sicherzustellen, dass der Fahrer immer die Kontrolle über die Eingabe hat.
- Es muss möglich sein, das Fahrzeug genau zu fahren, d. h. ohne ungewöhnliche Lenkkorrekturen.
- Spiel in den mechanischen Teilen ist unzulässig. Das bedeutet, dass es beim Richtungswechsel des Fahrers kein „Spiel" oder „Nachgeben" im System geben darf.
- Die Gesamtheit der mechanischen Übertragungsvorrichtungen muss in der Lage sein, alle im Betrieb auftretenden Lasten und Belastungen zu bewältigen.
- Ungewöhnliche Fahrmanöver, wie das Überfahren von Hindernissen oder unfallähnliche Vorkommnisse, dürfen nicht zu Rissen oder Brüchen führen. Ein Riss ist möglicherweise das schlimmste Szenario, da sich dieser ausbreiten und zu einem späteren Zeitpunkt zum Versagen führen kann.
- Wenn die Betätigungskraft am Lenkrad für ein normales Personenfahrzeug 150 N überschreitet, ist eine Servounterstützung erforderlich. Wenn eine solche Servounterstützung ausfällt, darf eine Betätigungskraft von 300 N nicht überschritten werden.

4.1 Lenkanforderungen/-vorschriften

Tab. 4.1 Maximal zulässiger Lenkaufwand mit und ohne Servounterstützung

Fahrzeug-kategorie	Intakte Servounterstützung			Bei Ausfall der Servounterstützung		
	Maximaler Aufwand (N)	Zeit (s)	Wenderadius (m)	Maximaler Aufwand (N)	Zeit (s)	Wenderadius (m)
M1	150	4	12	300	4	20
M2	150	4	12	300	4	20
M3	200	4	12[a]	450[b]	6	20
N1	200	4	12	300	4	20
N2	250	4	12[a]	400	4	20
N3	200	4	12	450[b]	6	20

[a] Oder voller Einschlag, wenn 12 m nicht erreichbar
[b] 500 N für starre Fahrzeuge mit zwei oder mehr gelenkten Achsen

- Für ein normales Personenfahrzeug muss es möglich sein, die Vorderräder in die Position zu drehen, die einem Wendekreis von 12 m in 4 s mit einer Kraft von 150 N (oder vollem Einschlag, wenn ein 12-Meter-Wendekreis nicht erreichbar ist) bei einer Geschwindigkeit von 10 km/h entspricht, und bei Ausfall der Servounterstützung einem Wendekreis von 20 m in 4 s (siehe Tab. 4.1).
- Grenzwerte für andere Fahrzeugklassen sind in Tab. 4.1 aufgeführt:
  - Kategorie M1: Fahrzeuge, die für den Personentransport ausgelegt und gebaut sind und nicht mehr als acht Sitzplätze zusätzlich zum Fahrersitz umfassen.
  - Kategorie M2: Fahrzeuge, die für den Personentransport ausgelegt und gebaut sind, mehr als acht Sitzplätze zusätzlich zum Fahrersitz umfassen und eine maximale Masse von nicht mehr als 5 t haben.
  - Kategorie M3: Fahrzeuge, die für den Personentransport ausgelegt und gebaut sind, mehr als acht Sitzplätze zusätzlich zum Fahrersitz umfassen und eine maximale Masse von mehr als 5 t haben.
  - Kategorie N1: Fahrzeuge, die für den Gütertransport ausgelegt und gebaut sind und eine maximale Masse von nicht mehr als 3,5 t haben.
  - Kategorie N2: Fahrzeuge, die für den Gütertransport ausgelegt und gebaut sind und eine maximale Masse von mehr als 3,5 t, aber nicht mehr als 12 t haben.
  - Kategorie N3: Fahrzeuge, die für den Gütertransport ausgelegt und gebaut sind und eine maximale Masse von mehr als 12 t haben.

4.1.3 Lenkverhältnis

Das Lenkverhältnis ist definiert als das Verhältnis des Lenkraddrehwinkels (von Anschlag zu Anschlag) zur Lenkwinkelbewegung der Straßenräder (von Anschlag zu Anschlag).

Normale Lenkraddrehung (von Anschlag zu Anschlag)	3–3,5 Umdrehungen
Typische Lenkwinkel der Räder, um den kleinsten Wendekreis für Personenkraftwagen zu erreichen	±75°

Hinweis:

(1) Es werden derzeit Designs entwickelt, bei denen ein Lenkwinkel von ±75° realistisch wird.
(2) Londoner Taxis haben einen hohen Lenkwinkel von ±60°, was eine größere Manövrierfähigkeit ermöglicht.

Typische Lenkverhältnisse (Lenkradwinkel zu Lenkwinkel der Räder):

- Personenkraftwagen 15:1–20:1
  (niedrigerer Wert für Servolenkung und höherer Wert für manuelle Lenkung)
- Lastwagen 30:1–40:1

Das tatsächliche Lenkverhältnis kann vom Konstruktionswert abweichen, da Lenkdrehmomentreaktionen gegen die Nachgiebigkeit innerhalb des Lenksystems wirken.

4.1.4 Lenkverhalten

Die Anforderungen an das Lenkverhalten lassen sich wie folgt zusammenfassen:

- Stöße durch Unebenheiten auf der Straße müssen gedämpft werden, bevor sie das Lenkrad erreichen. Eine solche Dämpfung darf jedoch nicht dazu führen, dass der Fahrer den Kontakt zur Straße verliert – das „Gefühl"-Element.
- Die Grundkonstruktion der Lenkkinematik muss die Ackermann-Bedingungen erfüllen (siehe unten). Dies wird nicht unbedingt immer erreicht oder gewünscht, aufgrund externer Einflüsse wie Reifenrutschen, Lenkgeometrie (Sturz) und Aufhängungs-/geometrische Einflüsse.
- Durch geeignete Steifigkeit des Lenksystems (insbesondere bei Verwendung von Gummielementen) muss das Fahrzeug auf kleinste Lenkbewegungen reagieren.
- Wenn das Lenkrad losgelassen wird, müssen die gelenkten Räder automatisch in die Geradeausstellung zurückkehren und in dieser Position stabil bleiben.
- Das Lenkverhältnis muss so niedrig wie möglich sein, um eine einfache Handhabung und ein reaktionsschnelles Lenksystem zu gewährleisten.
- Die resultierenden Lenkkräfte am Lenkrad werden nicht nur vom Lenkverhältnis beeinflusst, sondern auch von der Vorderachslast, der Größe des Wendekreises, der Radaufhängung (Nachlauf, Lenkachsneigung, Lenkrollradius), dem Reifenprofil und der Fahrzeuggeschwindigkeit (den dynamischen Kräften).

4.2 Lenkgeometrie und Kinematik

4.2.1 Grundlegende Designanforderungen

Eine grundlegende Anforderung aller aktuellen Lenksysteme besteht darin, beide gelenkten Räder an einer Achse zu verbinden, um sicherzustellen, dass sie unabhängig vom Lenkwinkel in einer verwandten Position zueinander bleiben, d. h., es muss eine kinematische Beziehung zwischen den beiden Rädern sichergestellt werden. Eine einfache Möglichkeit, dies zu erreichen, ist in Abb. 4.1 dargestellt. Jedes Rad ist mit einem Achsschenkel oder einer Radaufhängung verbunden, die über einen Schwenkmechanismus mit dem Chassis verbunden ist. Jeder der Achsschenkel ist dann über Kugelgelenke mit einer Spurstange verbunden, sodass, wenn eine seitliche Kraft auf diese Spurstange ausgeübt wird, sich beide Räder gemeinsam bewegen, um ihre jeweiligen Drehpunkte rotieren/rollen und so die Fahrtrichtung des Fahrzeugs ändern.

Die Kraft entlang der Spurstange kann hydraulisch, mechanisch oder elektrisch oder durch eine Kombination dieser Mittel aufgebracht werden. Ein solches einfaches System verbindet die Räder während des Lenkens, sorgt jedoch nicht dafür, dass die Räder die Ackermann-Winkelanforderungen erfüllen. Dieses Ackermann-Kriterium erfordert, dass jedes der gelenkten Räder um einen unterschiedlichen Betrag gedreht wird, sodass sie so ausgerichtet sind, dass sie einen echten Rollradius um einen gemeinsamen Wendepunkt nachzeichnen, wie in Abb. 4.2 dargestellt.

Echtes Ackermann-Lenken ist über den gesamten Bereich der Lenkwinkel mit praktischen Gestaltungsmechanismen nahezu unmöglich zu erreichen. Es ist auch nicht unbedingt wünschenswert, da reale Wendemanöver unvermeidlich einen gewissen Reifenrutsch beinhalten, wie unten diskutiert. Die trapezförmige Geometrie, die im Design in Abb. 4.3 gezeigt wird, kommt jedoch der Bereitstellung der Ackermann-Geometrie nahe, die möglicherweise erfordert, dass das innere Rad durch erheblich größere Winkel als das äußere Rad gedreht wird, wie in Abb. 4.4 dargestellt.

Die bequemste Geometrie, um diesem Bedarf nahezukommen, besteht darin, die Lenkhebel so auszurichten, dass sie die hintere starre Achse in ihrer Mitte schneiden, wie in Abb. 4.3 gezeigt. Mit einer solchen Geometrie drehen sich die Räder um die Drehpunkte des Chassis, um die in Abb. 4.4 angegebenen Winkel einzunehmen. Die Winkel

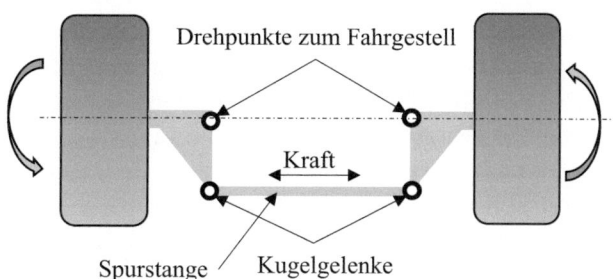

Abb. 4.1 Grundlegendes Design zur Verbindung der beiden gelenkten Räder

Abb. 4.2 Idealisierter Radwinkel, um ein echtes Rollen der gelenkten Räder um eine konstante Radiuskurve zu ermöglichen: das Ackermann-Kriterium

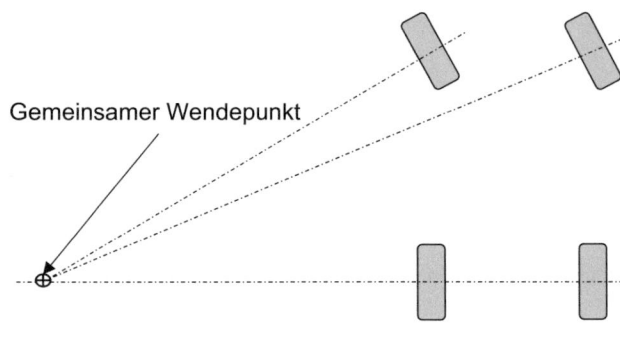

Abb. 4.3 Lenkanordnung, die ungefähr die Ackermann-Geometrie bereitstellt

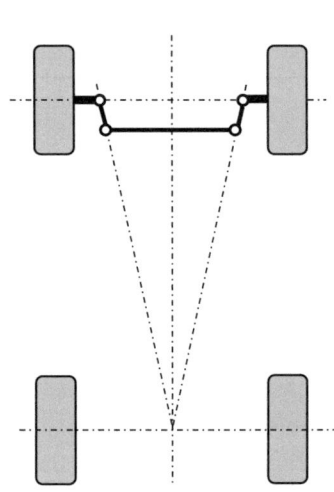

der Lenkhebel sollten beachtet werden, da dies dazu führt, dass unterschiedliche Drehmomente auf jedes Rad ausgeübt werden und möglicherweise eine Schwankung der Lenkkräfte am Lenkrad spürbar ist. Wenn dies der Fall ist, muss das Drehmoment über den Lenkbereich modifiziert werden, um eine gleichmäßige Lenkradkraft zu gewährleisten. Es muss beachtet werden, dass Vorschriften besagen, dass diese Kraft am Lenkrad nicht abnehmen darf, wenn das Rad aus der Neutralstellung herausgedreht wird.

Es sollte auch beachtet werden, wie sich der Lenkhebel bewegt, um Ackermann-Lenken zu erreichen. Diese Bewegung muss in jedem Lenkgetriebedesign berücksichtigt werden, das starr am Chassis montiert ist. Spurstangen werden normalerweise verwendet, um eine solche Bewegung der Lenkhebel zu ermöglichen, wie in Abb. 4.4 dargestellt.

Die Aufrechterhaltung der Ackermann-Geometrie ist wichtiger für spezialisierte, langsamere Fahrzeuge, z. B. Taxis und Lieferfahrzeuge, die mehr Zeit mit langsamen Wendemanövern verbringen; eine Minimierung des Reifenabriebs und der Lenkkräfte ist unter diesen Bedingungen wichtig. Das klassische Londoner Taxi ist so konzipiert, dass es bis zu seinem maximalen inneren Lenkwinkel von 60° nahezu perfekte Ackermann-Geometrie aufweist.

4.2 Lenkgeometrie und Kinematik

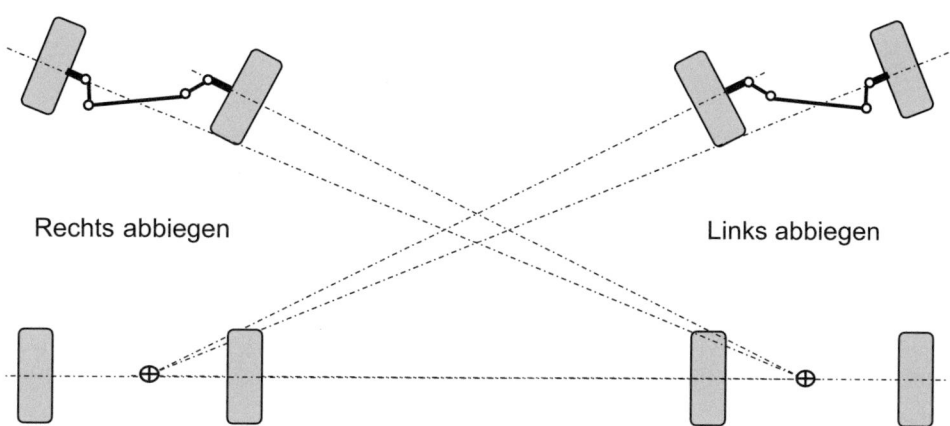

Abb. 4.4 Die Einstellungen der Räder beim Durchfahren einer Rechts- oder Linkskurve. Beachten Sie die Bewegung (Schwenken) der Lenkhebel und die Einbeziehung von Spurstangen, um Flexibilität zu gewährleisten.

4.2.2 Ideale Ackermann-Lenkgeometrie

Die nominal idealisierte Geometrie, die bei einem Fahrzeug, das einer gekrümmten Bahn folgt, beteiligt ist, wird als Ackermann-Geometrie definiert, wie in Abb. 4.5 dargestellt.

Aus Abb. 4.5 ist ersichtlich, dass, vorausgesetzt die Räder rollen perfekt (d. h. kein Seitenschlupf), die folgenden grundlegenden Ausdrücke die Winkel des inneren und äußeren Rades beschreiben:

$$\tan \delta_i = \frac{L}{\left[R - T/2\right]} \quad (4.1)$$

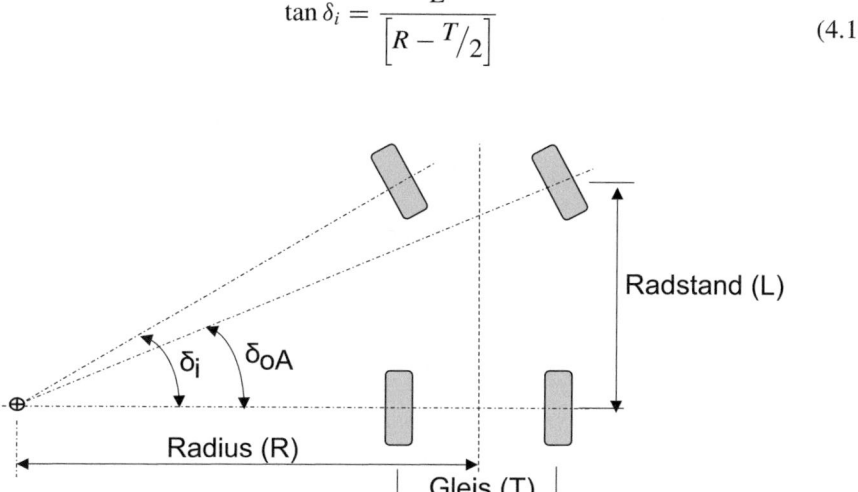

Abb. 4.5 Ackermann-Lenkgeometrie

$$\tan \delta_{oA} = \frac{L}{\left[R + T/2\right]} \quad (4.2)$$

Vereinfacht, sodass der äußere Winkel aus dem inneren Winkel berechnet werden kann, ergibt sich:

$$\cot \delta_{oA} = \cot \delta_i + R/L, \quad (4.3)$$

wobei L der Radstand und R der mittlere Wenderadius an der Hinterachse ist.

Der theoretische Durchmesser des Wendekreises der Spur (D_s), gemessen am Schnittpunkt der Aufhängung am Boden (Abb. 4.6), wird dann durch die folgende Gleichung gegeben:

$$\sin \delta_{oA} = \frac{L}{D_s/2 - d} \quad (4.4)$$

Das ergibt:

$$D_s = 2\left(\frac{L}{\sin \delta_{oA}} + d\right) \quad (4.5)$$

Offensichtlich muss, um D_s zu minimieren, der Radstand (L) so klein wie möglich und der äußere Radwinkel (δ_{oA}) so groß wie möglich sein. Dies erfordert einen noch größeren inneren Radwinkel (δ_i). Dieser innere Radwinkel ist jedoch durch Platzierungsbeschränkungen wie Fußraum, Achsen- und Aufhängungskomponenten sowie bei Fahrzeugen mit Frontantrieb durch den Arbeitswinkel der Antriebsgelenke und die Notwendigkeit, Schneeketten zu montieren, begrenzt.

Der Unterschied zwischen dem inneren (δ_i) und äußeren Lenkwinkel (δ_{oA}) ist als Differenziallenkwinkel oder Spurwinkeldifferenz (δ_A) bekannt:

$$\delta_A = \delta_i - \delta_{oA} \quad (4.6)$$

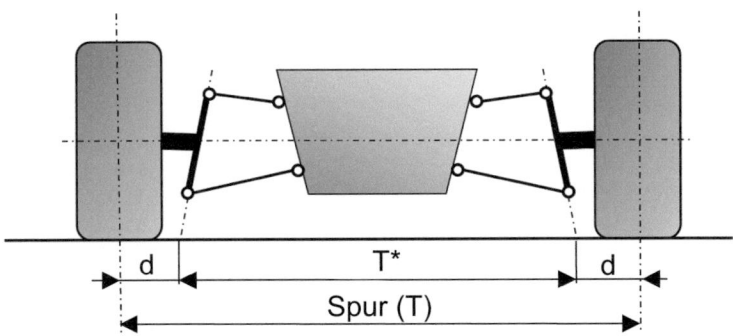

Abb. 4.6 Diagramm zeigt den Schnittpunkt der Lenkdrehachse, gemessen am Boden.

Wenn ein Lenkwinkelfehler akzeptabel ist, dann muss, da das innere Rad aufgrund von Platzbeschränkungen eingeschränkt ist, das äußere Rad in einem größeren Winkel drehen, um den Wendekreis zu verkleinern. Der Unterschied zwischen dem wahren Ackermann-Außenwinkel (δ_{oA}) und dem tatsächlichen Außenwinkel (δ_o) ist als Lenkfehler (δ_F) bekannt:

$$\delta_F = \delta_o - \delta_{oA} \tag{4.7}$$

Testmessungen zeigen, dass eine Reduzierung des Spurwendekreises von $\Delta D_s \approx 0{,}1 \; m/1°$ Lenkabweichung erreicht werden kann; somit wird der überarbeitete Spurwendekreisdurchmesser:

$$D_s = 2\left(\frac{L}{\sin \delta_{oA}} + d\right) - 0{,}1 \Delta \delta_F \tag{4.8}$$

Es ist normal, den „Fehler" innerhalb eines Industriestandards zu begrenzen, wobei technische Handbücher verpflichtet sind, die Abweichung oder den Fehler bei einem inneren Radwinkel von 20° anzugeben. Bei einigen Fahrzeugen kann die Abweichung in Wirklichkeit bei niedrigen Winkeln negativ werden, was darauf hinweist, dass das äußere Rad mehr als das innere Rad dreht, selbst bei niedrigen Lenkwinkeln, bei denen Platzbeschränkungen kein so großes Problem darstellen. Dies kann eine zusätzliche Designabsicht sein, da der Radsturz mit dem Nachlaufwinkel (siehe Nachlaufneigungswinkel) zusammenhängt und der Sturz zu einem wichtigen Merkmal wird. Bei hohen Geschwindigkeiten (niedrige Lenkwinkel) kann es wünschenswert sein, den negativen Sturz am äußeren, stärksten belasteten Rad zu erhöhen. Darüber hinaus sind bei Hochgeschwindigkeitsmanövern Reifenschlupfwinkel beteiligt und die Notwendigkeit, die Ackermann-Lenkgeometrie zu erfüllen, wird weniger wichtig.

Im Allgemeinen wäre es normal, dass ein OEM eine Art Richtlinie hat, um eine Zielabweichung zu erreichen, typischerweise 60 % des wahren Ackermann-Außenwinkels (d. h. 60% des erforderlichen Differenziallenkwinkels) bei vollem Lenkeinschlag. Wenn der Bordstein-zu-Bordstein-Wendedurchmesser benötigt würde, wäre der theoretische Wendedurchmesser durch folgende Gleichung gegeben:

$$D_s = 2\left(\frac{L}{\sin \delta_{oA}} + d + \frac{\text{\textit{Breite der Reifenlauffläche}}}{2}\right) \tag{4.9}$$

4.3 Überblick über gängige Designs

4.3.1 Manuelles Lenken

Die Hauptfunktion des Lenksystems besteht darin, eine Verbindung zwischen den gelenkten Rädern und dem Lenkrad des Fahrers herzustellen. Es ist das primäre Mittel, mit dem der Fahrer die Richtungssteuerung über das Fahrzeug ausübt. In der Vergangenheit bestanden Vorschriften auf einer mechanischen Verbindung zwischen dem Lenkrad und den gelenkten Rädern. Technologische Fortschritte haben ein Niveau erreicht, bei dem diese mechanische Verbindung nicht mehr erforderlich ist, was den Einsatz echter „Steer-by-Wire"-Systeme ermöglicht. Diese Technologie ist mittlerweile weit verbreitet, aber es ist immer noch üblich, eine mechanische Verbindung zwischen dem Lenkrad und den gelenkten Rädern als Sicherheitsmaßnahme einzubeziehen.

Da die beteiligten Kräfte und Momente groß sein können, wird üblicherweise eine Form der Servounterstützung bereitgestellt, um den vom Fahrer aufgebrachten Aufwand auf akzeptable Werte zu begrenzen (das Arbeitselement von Kraft versus Strecke). Wenn das System vollständig kraftgesteuert ist, muss eine Form von Lenkradwiderstand eingeführt werden, um dem Fahrer ein „Gefühl" für die Interaktion zwischen Reifen und Straße während den Lenkmanövern zu geben.

Das Design einer Lenkverbindung beinhaltet die Kontrolle der kinematischen Beziehungen, um die richtigen Lenkwinkel an den inneren und äußeren gelenkten Rädern zu erreichen, wie oben besprochen. Diese grundlegenden kinematischen Beziehungen werden jedoch durch mehrere Merkmale modifiziert: Änderungen in der Federwegabstimmung, Nachgiebigkeiten von Fahrwerksbuchsen und Kräfte/Momente, die aus dem Antriebsstrang (Zugkraft) resultieren. Daher muss, obwohl einige der Designprinzipien der Lenkkinematik isoliert betrachtet werden können, eine vollständige Verhaltensanalyse in der Praxis das gesamte Fahrwerkssystem plus Antriebsstrang, falls zutreffend, umfassen.

Die Diskussion hier konzentriert sich auf Fahrzeuge mit Vorderradlenkung (FWS). Die Hinterradlenkung (RWS) war im Allgemeinen auf spezialisierte Offroad-Fahrzeuge (typischerweise Muldenkipper) oder Ladefahrzeuge (Gabelstapler) beschränkt, obwohl sie in Kombination mit FWS eingeführt wurde, um Vierradlenksysteme zu schaffen. Solche fortschrittlichen Systeme ermöglichen eine größere Manövrierfähigkeit beim Parken und ein besseres dynamisches Handling bei Hochgeschwindigkeitsspurwechseln.

Es gibt zwei grundlegend unterschiedliche Lenksystemdesigns: das Zahnstangen- und Ritzelsystem sowie die unten diskutierten Lenkgetriebesysteme. Alle Verbindungsdesigns werden maßgeblich durch den verfügbaren Platz bestimmt.

4.3.2 Zahnstangen- und Ritzelsystem

Im Pkw-Design ist der am häufigsten verwendete Mechanismus das Zahnstangen- und Ritzelsystem (Abb. 4.7). Die Drehung des Lenkrads steuert die Drehung des Ritzels, oft über eine Lenksäule, die aus Zugangsgründen ein Paar Kreuzgelenke enthält, das dann die translatorische Bewegung der Zahnstange steuert. Die Enden der Zahnstange sind über Spurstangen mit den Lenkarmen der gelenkten Räder verbunden, wie in Abb. 4.8 gezeigt. Es sind diese Spurstangen, die die Bewegung der Spurlenker, wie in Abb. 4.4 angegeben, ausmachen.

4.3 Überblick über gängige Designs

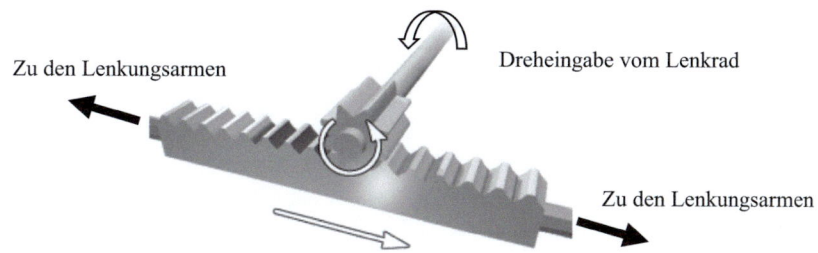

Abb. 4.7 Zahnstangen- und Ritzelmechanismus. (*Quelle:* https://upload.wikimedia.org/wikipedia/commons/6/6b/Rack_and_pinion.png)

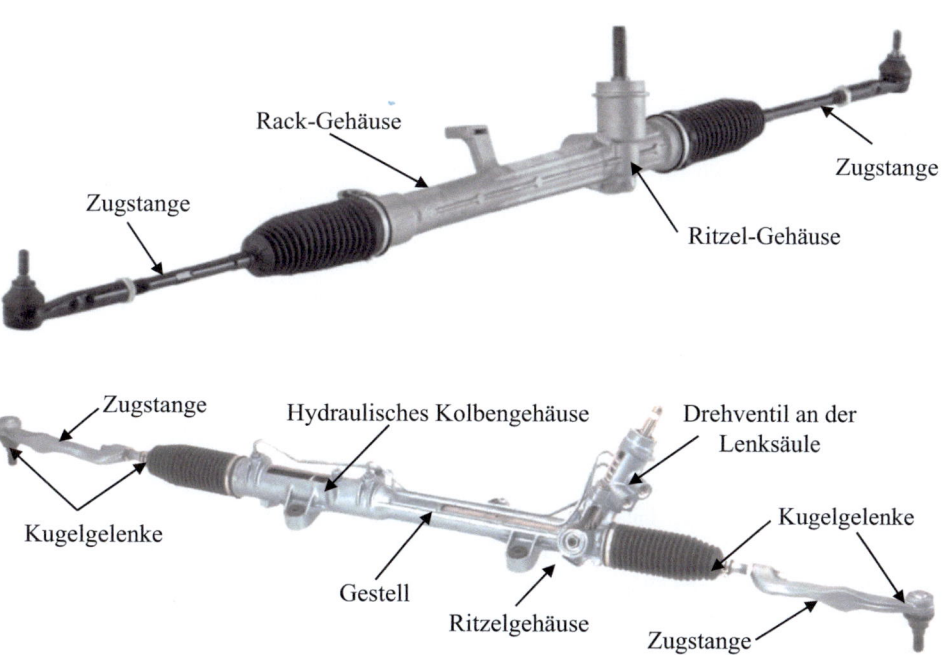

Abb. 4.8 Allgemeine Zahnstangen- und Ritzelbaugruppen (*Quelle:* ZF Friedrichshafen AG). Oben: mechanisches System (als „Wegwerf"-Komponente konzipiert), unten: mechanische hydraulische Servounterstützung

Neuere Entwicklungen bei Zahnstangen- und Ritzellenksystemen konzentrieren sich auf variable Übersetzungsdesigns, bei denen das effektive Lenkgetriebeverhältnis mit dem Lenkradwinkel variiert, sowie auf Verbesserungen der Servounterstützungssysteme, um den besten Kompromiss zwischen einfacher Steuerung und gutem Feedback an den Fahrer zu bieten. Abb. 4.9 zeigt die Geometrie einer Zahnstange mit variabler Steigung, die eine gleichmäßigere Lenkkraft über den gesamten Bereich der gelenkten

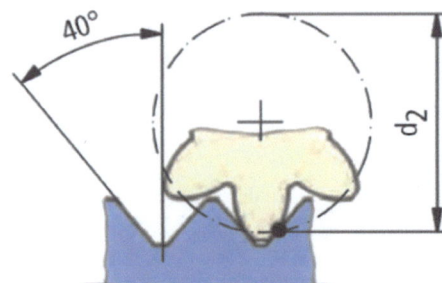 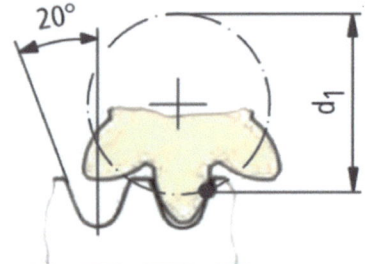

Zahnstangenzähne im Endbereich Zahnstangenzähne um die Mittelstellung

Abb. 4.9 Schematisches Übersetzungsdiagramm für ZF-Zahnstangen- und Ritzel-Servolenkgetriebe mit variabler Übersetzung, das eine nahezu konstante Lenkkraft über den gesamten Bereich bietet. (*Quelle:* ZF Friedrichshafen AG)

Radbewegung bietet, um „effektive" Änderungen der Lenkkräfte zu berücksichtigen. Aus Abb. 4.9 haben wir für die End- oder Mittelpositionen der Zahnstange:

$$\text{Lenkungsübersetzung} = \frac{\text{Durchmesser des Lenkrads}}{d_2} \quad \text{or} \quad \frac{\text{Durchmesser des Lenkrads}}{d_1}$$

Offensichtlich gilt: Je kleiner der Nenner, desto höher das Lenkverhältnis, was zu einer geringeren erforderlichen Kraft am Lenkrad um die Mittelstellung (geradeaus) führt.

4.3.3 Lenkgetriebesysteme

0Aufgrund ihres robusten Designs sind Lenkgetriebesysteme normalerweise bei schweren Autos und Nutz- oder Geländefahrzeugen zu finden. Abb. 4.10 zeigt ein Schrauben- und Nockenfolger-Design, bei dem der Nockenfolger mit der Pitman-Arm-Welle verbunden ist. Es gibt viele verschiedene Designs, typischerweise Nocken und Rolle, Schnecke und Mutter, Schnecke und Rolle sowie Umlaufkugel, wie in Abb. 4.11 gezeigt. Der grundlegende Unterschied im Vergleich zum Zahnstangen- und Ritzeldesign besteht darin, dass das Lenkgetriebe die Drehbewegung des Lenkrads in eine Drehbewegung eines Lenkarms umwandelt, der allgemein als „Pitman"-Arm bezeichnet wird. Dieser „Pitman"-Arm ist mit einer Lenkverbindung verbunden, die die Räder lenkt. Zwei verschiedene Installationen sind in Abb. 4.12 (einfacher Schlepphebel, der direkt mit dem Lenkarm eines Rades verbunden ist, mit einer Verbindungsstange zwischen den beiden Rädern) und Abb. 4.13 gezeigt, die einen komplexeren Verbindungsmechanismus mit Unterstützung durch den Hydraulikzylinder zeigt.

Ein gutes Lenkgetriebesystem erfordert Präzision zwischen der Eingangs- und Ausgangsseite des Lenkgetriebes, daher wird besonderes Augenmerk auf die Vermeidung von Spiel (Verlustbewegung zwischen sich paarenden Teilen aufgrund von

4.3 Überblick über gängige Designs

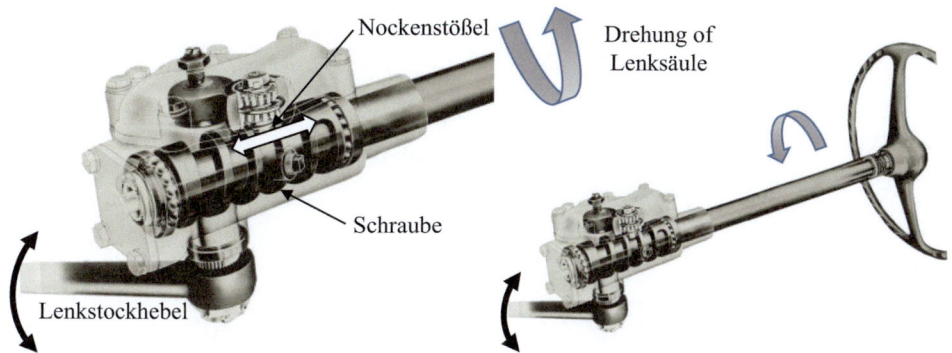

Abb. 4.10 Lenkgetriebesystem. (*Quelle:* ZF Friedrichshafen AG). Links: Schrauben- und Nockenfolger-Design, rechts: Pitman-Arm verbunden mit Lenkverbindungsgetriebe

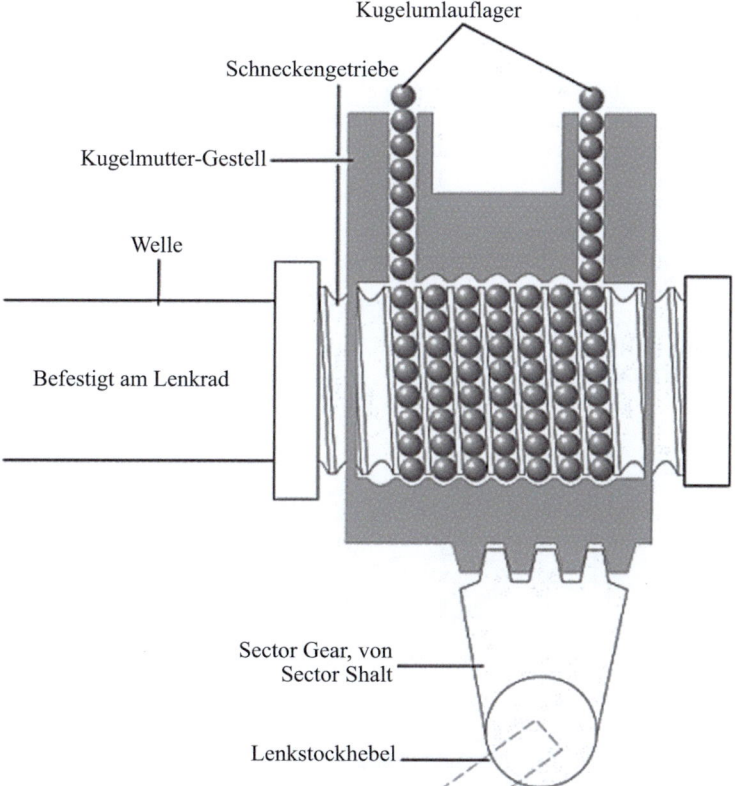

Abb. 4.11 Lenkgetriebe mit Umlaufkugelschraubensystem. Wenn sich die Welle dreht, bewegt sich die Mutter linear, ist jedoch daran gehindert, sich zu drehen. Die Mutter greift in ein Zahnsegment ein, das den „Pitman"-Arm zum Drehen bringt. (*Quelle:* https://upload.wikimedia.org/wikipedia/commons/0/0c/RecirculatingBall.png)

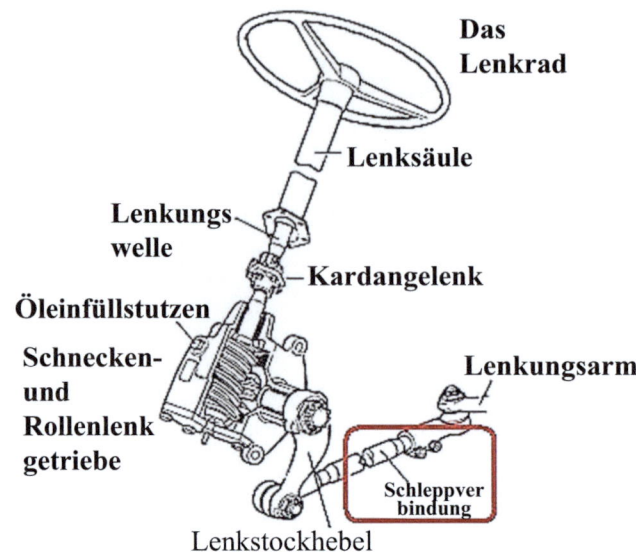

Abb. 4.12 Lenkgetriebe mit einfachem Schlepphebel zu einem der gelenkten Räder. Die mechanische Verbindung zum anderen Rad erfolgt über eine Verbindungs-/Spurstange. (*Quelle:* https://www.bing.com/images/search?&q=steering+box&qft=+filterui:license-L2_L3&FORM=R5IR45)

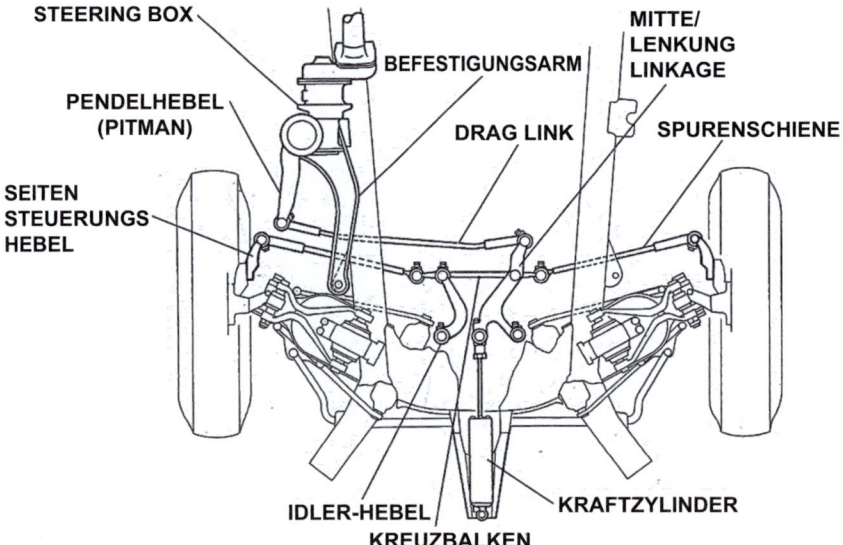

Abb. 4.13 Servounterstütztes Lenkgetriebesystem und Verbindungsmechanismus. (*Quelle:* Bentley Motors Ltd.)

Zwischenräumen) gelegt. Spiel kann auftreten, wenn die Bewegungsrichtung umgekehrt und die Verlustbewegung aufgenommen wird, bevor die Umkehrung der Bewegung beginnt. Lenkungseffizienzen in Vorwärts- und Rückwärtsrichtung waren einst ein wichtiges Designkriterium, obwohl sie mit der zunehmenden Verwendung von ausgeklügelten Servolenkungssystemen weniger wichtig geworden sind. Für ein manuelles Lenkungssystem ist es vorteilhaft, eine hohe Vorwärtseffizienz beizubehalten, um die Lenkkräfte niedrig zu halten. Die Rückwärtseffizienz (Rücktreiben) ist jedoch ein Kompromiss; ein niedriger Wert minimiert die Übertragung von Straßenunebenheiten auf den Fahrer, geht jedoch auf Kosten des Fahrgefühls.

4.3.4 Hydraulische Servolenkung (HPAS)

Um die zum Lenken erforderliche Kraft zu reduzieren, kann hydraulischer Druck verwendet werden, um die Bewegung entweder des Zahnstangengetriebes oder die lineare Bewegung der Kugelumlaufspindel in einem Lenkgetriebe zu unterstützen. In beiden Fällen muss das System nun ein hydraulisches „Powerpack" in Form eines Reservoirs und einer Pumpe enthalten. Da die Lenkung unter der Kontrolle des Fahrers bleiben muss, muss der Ölfluss zum Lenksystem stoppen, wenn der Fahrer zu lenken aufhört. Dies kann entweder durch eine orbitale Dosierpumpe oder einen rotierenden Durchflussverteiler erreicht werden.

4.3.4.1 Orbitale Dosierpumpe

Diese besteht aus einer kleinen orbitalen Dosierpumpe, die mit unter Druck stehendem Fluid versorgt wird. Ihre einzige Funktion besteht darin, Öl vom „Powerpack" in kontrollierter Weise zum Lenkmechanismus zu leiten. Die Verbindung zwischen Lenkrad und Lenkmechanismus erfolgt nun über Hydraulikschläuche anstelle von mechanischen Verbindungen. Der Fluidfluss ist linear proportional zur Drehung des Lenkrads. Wenn das Lenkrad nicht gedreht wird, wird kein Fluid durch die Einheit dosiert und das Öl umgeht sie unter nominalem Rückdruck. Der Druck wird also nur bei Bedarf erzeugt, sodass keine Energie verschwendet wird. Diese Art der Lenkung wird bei schweren Industriefahrzeugen wie Erdbewegungsmaschinen, Planierraupen, Baggern, Kränen usw. verwendet.

4.3.4.2 Rotationsdurchfluss-(Ventil-)Verteiler

In diesem Fall wird der Fluidfluss durch einen Grad der „Verdrehung" in einer Torsionsstange (Element 6 in Abb. 4.14) innerhalb der Lenksäule gesteuert. Der Grad der Verdrehung ist durch eine lose Verzahnung an ihrem inneren Ende begrenzt. Beachten Sie, dass es diese mechanische Verbindung ist, die es ermöglicht, die Lenkung weiterhin zu bedienen, wenn die Hydraulik ausfällt (obwohl die manuelle Belastung hoch sein wird). Wenn das Lenkrad gedreht wird, wird die Torsionsstange verdreht, während die Straßenräder stationär bleiben. Dieser Unterschied in der Torsionsverlagerung bewirkt, dass

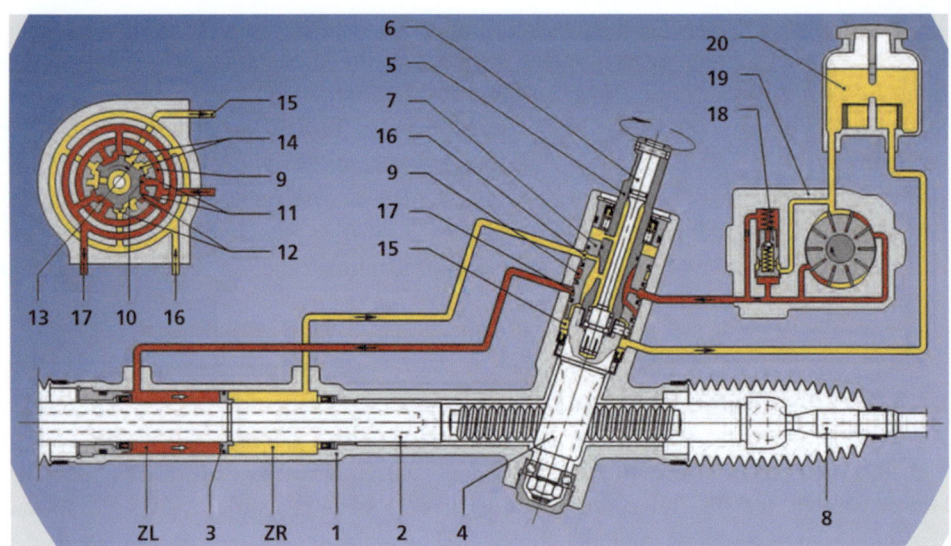

Abb. 4.14 Hydraulischer Servolenkungskreislauf mit einem Drehventil. (*Quelle:* ZF Friedrichshafen AG)

sich ein Drehventil öffnet, das es ermöglicht, Fluid zum entsprechenden Ende des Lenkmechanismus zu leiten. Wenn das Lenkrad aufhört zu drehen, wird das Fluid weiterhin zum Lenkmechanismus übertragen, bis die „Verdrehung" in der Lenksäule auf null zurückkehrt. Das Drehventil schließt dann. Ein solches System ist in Abb. 4.14 für eine Zahnstangenlenkung dargestellt, wobei eine ähnliche hydraulische Anordnung für ein Lenkgetriebe verwendet wird.

4.3.4.3 Reaktionssteuerungsventil

Das Reaktionssteuerungsventil ist ein Schieberventil, das in Lenkgetriebe-Baugruppen verwendet wird. Wenn das Lenkrad gedreht wird, greift die Umlaufkugelspindel in die Mutter ein und bewegt sie in die gewünschte Richtung. Dies ist die normale Funktion des Lenkgetriebes, die zur Drehung des Pitman-Arms führt. Gleichzeitig gibt es einen verbleibenden Drehwiderstand zwischen der Spindel und der Mutter, welcher, wenn er zugelassen wird, dazu führt, dass sich die Mutter leicht in die gleiche Richtung wie die Spindeldrehung dreht. Ein kleiner Hebel an der Mutter greift in das Schieberventil ein, und wenn sich die Mutter dreht, bewegt er das Ventil linear. Unter Druck stehendes Öl wird dann auf die entsprechende Seite des Getriebes geleitet, um die Lenkung zu unterstützen. Wenn eine entgegengesetzte Drehung auf das Lenkrad angewendet wird, dreht sich die Mutter leicht in die entgegengesetzte Richtung, was eine Änderung der Schieberposition und der Lieferrichtung verursacht. Ohne Eingabe vom Lenkrad nimmt das Schieberventil aufgrund selbstzentrierender Federn eine zentrale Position ein und das Öl wird unter nominalem Rückdruck zurück zum Reservoir geleitet.

4.3.5 Elektrische Servolenkung (EPAS)

Das Problem bei der hydraulischen Servolenkung besteht darin, dass der Betriebsdruck der Hydraulik immer verfügbar sein muss. In nahezu allen Fällen wird die Pumpe eine Festförderpumpe sein, typischerweise eine Flügelzellenpumpe. Auch wenn Überdruckventile verwendet werden können (Öl „bläst" nicht über ein Druckventil ab), muss der Motor Energie aufwenden, um den Rückdruck zu überwinden, was Kraftstoff erfordert. Um dieses Problem zu mildern, kann das „Assist"-Element durch Elektromotoren bereitgestellt werden. Dieses Betriebsprinzip kann auch mehr Lenksteuerung bieten, wie variable Geschwindigkeits-/Kraftcharakteristiken (typischerweise steigt die erforderliche Lenkkraft bei Parkmanövern). Die allgemeinen Kriterien für EPAS können wie folgt aufgelistet werden:

- sicherer Betrieb in allen Fahrsituationen und ein sehr hohes Maß an Verfügbarkeit,
- hochdynamische Reaktionscharakteristiken in den unterschiedlichsten Fahrsituationen,
- ein ausreichendes Maß an Lenkunterstützung für den Fahrer bei intensiven Betätigungskräften, beispielsweise bei Parkmanövern,
- minimale Geräuschentwicklung bei allen Lenkmanövern; für diese Fahrzeugfunktion ist akustisches Feedback nicht wünschenswert,
- hochwertige Lenkcharakteristiken im Einklang mit der Philosophie der Fahrzeugmarke.
- Immer mehr Lenkfunktionen werden in moderne EPAS-Systeme integriert, die die Sicherheit oder den Komfort für den Fahrer verbessern und von den Fahrzeugherstellern entsprechend vermarktet werden können.

Die allgemeine Anordnung eines säulenmontierten EPAS-Systems ist in Abb. 4.15 dargestellt. Beachten Sie, dass die Lenksäule weiterhin existiert. Dies stellt sicher, dass manuelles Lenken im Fall eines elektrischen Ausfalls weiterhin „möglich" ist. Um das Motordrehmoment und damit die Größe zu minimieren, wird die Motordrehzahl hoch sein, und daher ist ein hohes Übersetzungsverhältnis zwischen Motor und Lenkgetriebe notwendig. Zwei solche Methoden der Reduktion sind die Schnecke und das Rad, wie in Abb. 4.16 gezeigt, sowie der Harmonic Drive, wie in Abb. 4.17 gezeigt.

Die „Schnecke" wird von einem Elektromotor angetrieben, der das Rad dreht. Das Rad kann mit einer Umlaufkugel-Mutter ausgestattet sein, die sich dreht und eine Kugelspindel linear bewegt, wodurch die Funktion der Zahnstange ersetzt wird. Das Verhältnis wird wie folgt angegeben:

$$\text{Schnecke-Rad-Verhältnis} = \frac{\text{Zahl der Zahnräder}}{\text{Zahl der Starts in der Schnecke}}$$

Der Harmonic Drive wird in einer säulenmontierten Lenkeinheit (Abb. 4.18) zusammen mit elektrischer Servounterstützung verwendet. Er nutzt ein starres Außenrad (Ring), das

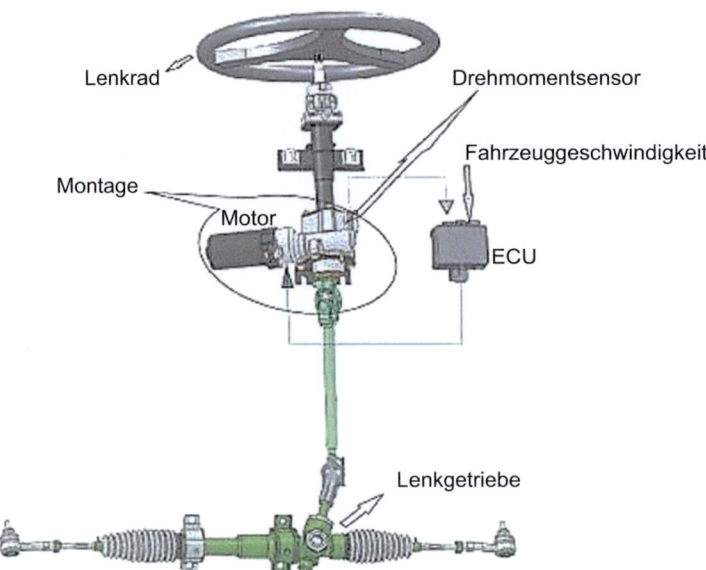

Abb. 4.15 Allgemeine Anordnung des säulenmontierten EPAS-Systems. (*Quelle:*https://i.stack.imgur.com/GLRa2.jpg)

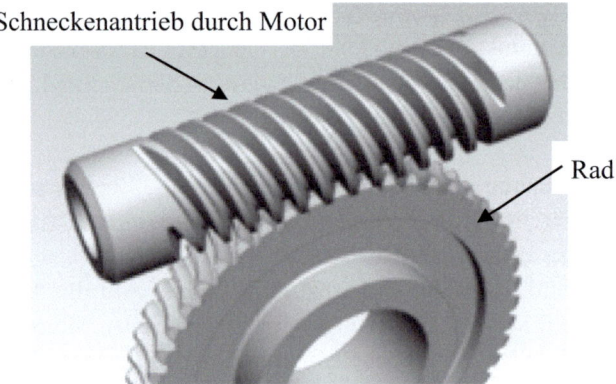

Abb. 4.16 Schnecken- und Radantriebssystem. (*Quelle:* https://upload.wikimedia.org/wikipedia/commons/thumb/c/c3/Worm_Gear.gif/220px-Worm_Gear.gif)

mehr Zähne hat als sein flexibles Innenzahnrad. Ein elliptischer Nocken dreht sich innerhalb des flexiblen Zahnrads und bewirkt, dass die Zähne an den Extremen ineinandergreifen und sich an der schmalen Stelle des Nockens lösen. Der Unterschied in der Anzahl der Zähne am Ring und am flexiblen Zahnrad bewirkt, dass sich das Innenzahnrad erheblich langsamer dreht (abhängig von der Anzahl der Zahndifferenzen) als die

4.3 Überblick über gängige Designs

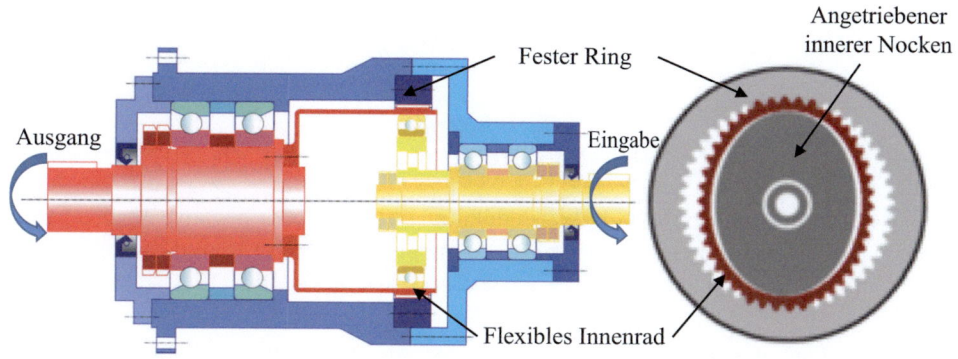

Abb. 4.17 Prinzip eines Harmonic Drive. (*Quelle:* https://upload.wikimedia.org/wikipedia/commons/thumb/d/d6/Harmonic_drive_xsection.svg/1024px-Harmonic_drive_xsection.svg.pngmonic.drive)

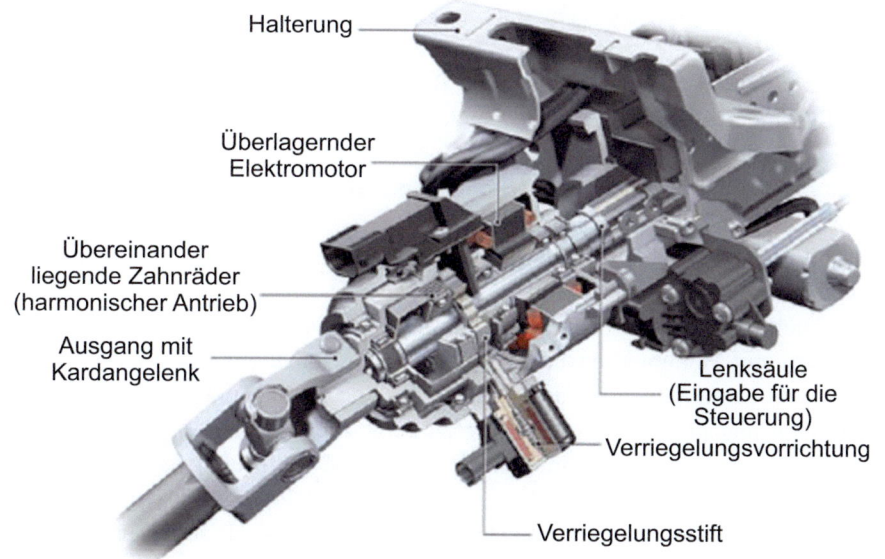

Abb. 4.18 Harmonic Drive innerhalb des säulenmontierten EPAS-Systems, wie er im Audi A8 verwendet wird. (*Quelle:* Audi AG)

Eingangs-Nockengeschwindigkeit (Motor). Daher wird das Ausgangsdrehmoment im gleichen Verhältnis höher sein (bei 100 % Effizienz angenommen):

$$\text{Harmonic-Drive-Verhältnis} = \frac{\text{Zähne flexibles Innenrad} - \text{Zähne starres Auenrad}}{\text{Flexible Zähne}}$$

(4.10)

> ***Beispiel 4.1*** Wenn der Ring 202 Zähne hat und das flexible Zahnrad 200 Zähne, dann:
>
> $$\text{Übersetzungsverhältnis} = \frac{200 - 202}{200} = -0{,}01$$
>
> Daher beträgt die Geschwindigkeitsreduktion 100:1 und das negative Vorzeichen zeigt eine Ausgangsdrehung in entgegengesetzter Richtung zur Eingabe an.

Das Schnecken- und Radgetriebe ist stärker als der Harmonic Drive und auch in der Lage, relativ hohe Übersetzungsverhältnisse (typischerweise 100:1) zu erreichen. Es neigt dazu, ziemlich sperrig und schwerer zu sein, was ein Nachteil ist. Spiel wird vermieden, indem die Lager in „elastischen" Halterungen montiert werden, und die Schnecke kann dann in positive Bindung mit dem Rad gebracht werden.

Die Überlagerungslenkung reagiert auf die Eingaben des Fahrers und ist geschwindigkeitsabhängig. Der Drehmomentbedarf wird durch Induktionsspulen im EPAS-System erfasst. Je größer die Drehverlagerung (z. B. beim Parken), desto größer der Drehmomentbedarf. Es gibt auch eine Rückmeldung der Fahrzeuggeschwindigkeit, die den Drehmomentbedarf mit zunehmender Geschwindigkeit reduziert, wie z. B. beim Fahren mit hoher Geschwindigkeit.

Abhängig von den Verpackungsbeschränkungen können die Motoren in der Lenksäule oder am Lenkmechanismus selbst integriert werden. Der Antrieb kann weiterhin Zahnstange und Ritzel sein, aber rotierende Kugelgewindetriebe sind jetzt eine Option, wie in den Abb. 4.19, 4.20 und 4.21 gezeigt.

Mit vollelektrischer Lenkung könnte es möglich werden, lineare Bewegungen am Lenkgetriebe mit Hohlmotoren und Umlaufkugelgewindetrieben bereitzustellen. Wenn dieses System übernommen würde, könnte jedes Rad unabhängig gesteuert werden, um Reifenschlupf und individuellen Radsturz zu berücksichtigen. Im Fall der Verwendung des Umlaufkugelgewindetriebs im Lenkgetriebe wird die Mutter axial gehalten, aber durch den Elektromotor zum Drehen gebracht. Die Schraube wird daran gehindert, sich zu drehen, sodass sie sich axial bewegt und die axiale Kraft zum Lenken der Räder bereitstellt. Ein solches System ist in Abb. 4.22 dargestellt. Die vom Motor benötigte Leistung hängt von der Kraftanforderung, der zurückgelegten Strecke und der Zeit für die vollständige Bewegung ab.

4.3.6 Steer-by-Wire

Es wird darauf hingewiesen, dass es sowohl bei HPAS als auch bei EPAS, wie oben gezeigt, immer noch eine mechanische Verbindung zwischen dem Lenkrad und den gelenkten Rädern gibt, wie es zuvor von den Vorschriften gefordert wurde. Da die

4.3 Überblick über gängige Designs

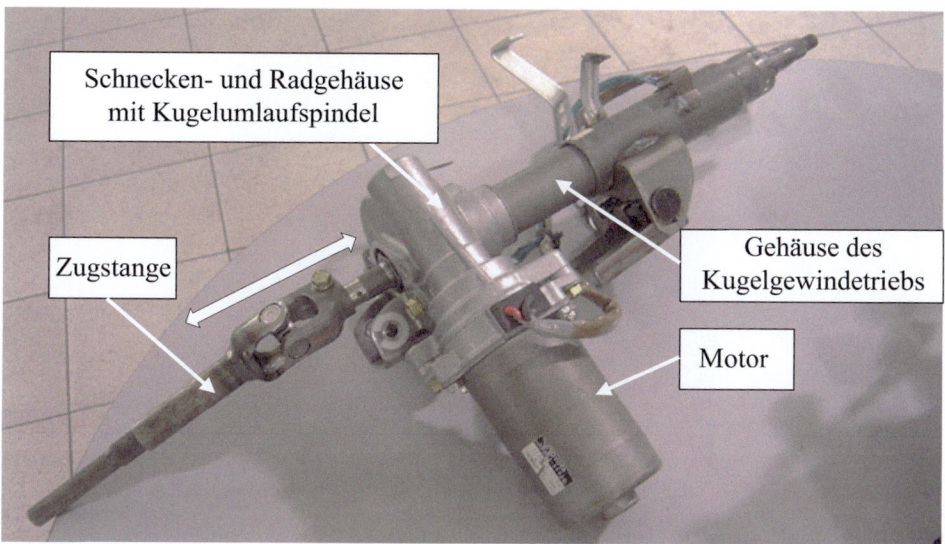

Abb. 4.19 Schnecken- und Radanordnung. (*Quelle:* https://www.bing.com/images/search?&q =electric+power+steering&qft=+filterui:license-L2_L3_L4&FORM=R5IR43)

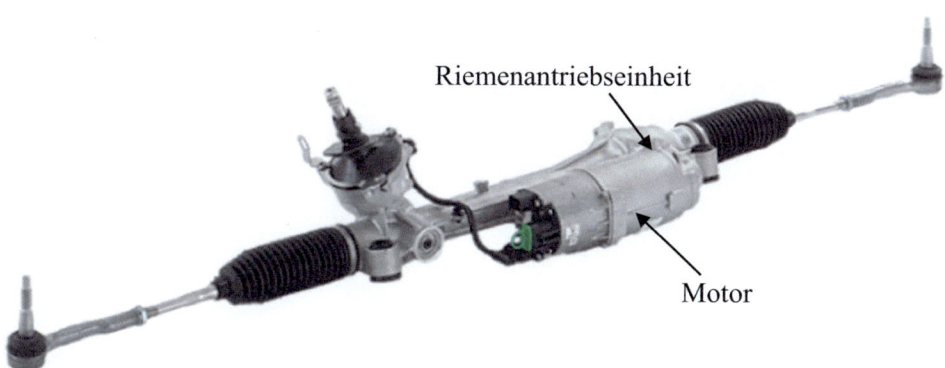

Abb. 4.20 Riemenantriebsanordnung. (*Quelle:* ZF Friedrichshafen AG)

Steuerungssysteme und Sicherheitsprotokolle fortgeschritten sind, wurden die Vorschriften gelockert und dies ist nicht mehr erforderlich. Dies eröffnet dem Designer mehr Vielseitigkeit bei der Positionierung des Lenkrads/der Lenkeinheit. Tatsächlich wäre ein Fahrzeug möglich, bei dem die Lenkung über das Fahrzeug hinweg übertragen werden könnte, sodass innerhalb von Minuten von Links- auf Rechtslenkung umgestellt werden kann. Das Gefühl, ein Lenkrad zu benutzen, bleibt bestehen, ist aber nicht mehr auf konventionelle Mechanismen beschränkt, sodass Joysticks, Drehgriffe oder andere Formen der manuellen Steuerung jetzt eine Option sind.

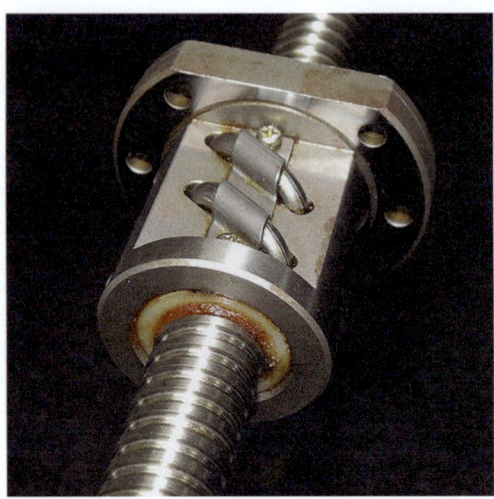

Abb. 4.21 Umlaufkugelgewindetrieb, wie er in einem Lenksystem verwendet wird. (*Quelle:* https://c1.staticflickr.com/1/76/190364399_16c7137a7a_z.jpg?zz=1)

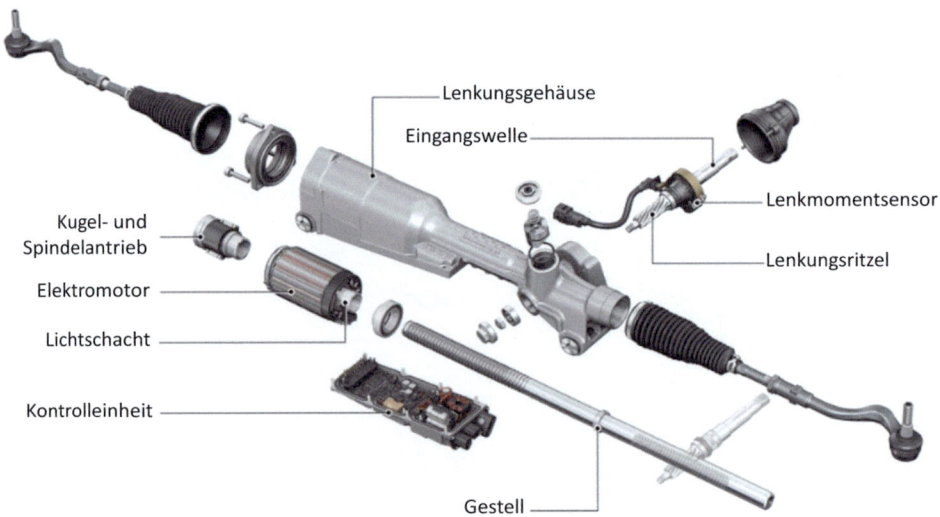

Abb. 4.22 Explosionsansicht des Hohlmotor-Umlaufkugelgewindetriebs. (*Quelle:* Audi AG)

Da es keine mechanische Verbindung mehr zwischen den gelenkten Rädern und dem Lenkrad gibt, muss ein „Reaktionsdrehmomentaktuator" eingebaut werden, der dem Fahrer ein Lenkgefühl vermittelt. Dies kann durch die Verwendung eines Widerstandspotentiometers erreicht werden, um ein Widerstandsdrehmoment bereitzustellen, das direkt mit der Fahrzeuggeschwindigkeit in Beziehung stehen kann. Darüber hinaus ist, wie oben erwähnt, jetzt eine unabhängige Lenkung der linken und rechten Räder möglich. In solchen Fällen kann die Lenkung geschwindigkeitsabhängig angepasst werden, z. B. beim Parken oder tatsächlich beim Bremsen oder Beschleunigen (Spurweite). Darüber hinaus können Beschleunigungs-/Verzögerungsregler verwendet werden, um die Raddrehmomente und die Lenkung zu integrieren und eine vorausschauende Gierkontrolle zu ermöglichen.

4.4 Lenkfehler

Die obigen Abschnitte haben die verschiedenen Möglichkeiten beschrieben, wie die Räder gedreht werden können, um die Fahrtrichtung des Fahrzeugs zu bestimmen. Die idealisierte Situation wäre, die Räder in einem echten Bogen mit null Reifenschlupf zu drehen. Es wurde gezeigt, dass dies theoretisch mit Ackermann-Geometrie erreicht werden kann. Es ist schwierig genug, dies durch geometrisches Design zu erreichen, und seine Verwirklichung wird aus verschiedenen Gründen, die als Lenkfehler klassifiziert werden, zunehmend schwierig. Diese sind auf allgemeine Nachgiebigkeit und Betriebseigenschaften wie Reifenschlupf, Nachgiebigkeit im mechanischen System (elastomere Komponenten) und Einrichtungsfehler (geometrisch) zurückzuführen. Die Herausforderung für den Designer besteht darin, diese Anomalien zu verstehen und sie in die Designstrategie einzubeziehen, um die Fahrzeughandhabung zu verbessern.

4.4.1 Reifenschlupf und Reifenschlupfwinkel

Die vorherige idealisierte Geometrie basiert auf einem Fahrzeug mit harten Reifen. Moderne Reifen nehmen einen anderen Weg als beabsichtigt, wenn sie einer Seitenkraft ausgesetzt sind. Abb. 4.23 zeigt die Draufsicht und die Endansicht eines Rades, das sich zunächst in die angegebene Richtung bewegt. Wenn eine Seitenkraft auf das Rad ausgeübt wird, wie angegeben, wird das Rad einen anderen Weg einschlagen als die Richtung, in die das Rad zeigt, obwohl das Rad immer noch in die ursprüngliche Richtung zeigt. Der Winkel zwischen dem tatsächlichen Weg des Rades und der Ebene des Rades wird als „Schlupfwinkel (α)" bezeichnet. Dieser Begriff ist etwas irreführend, da der Reifen tatsächlich nicht rutscht und der Begriff „Kriechwinkel" daher eine bessere Beschreibung sein könnte, aber Schlupfwinkel hat sich eingebürgert.

Der Schlupfwinkel wird durch die Ablenkung der Seitenwand und des Profils verursacht. Er ist proportional zur Seitenkraft, die auf den Reifen wirkt, jedoch nicht linear. Je größer das Reifenquerschnittsverhältnis (Reifenwandhöhe zu -breite), desto größer der Schlupf. Daher haben Reifen mit niedrigem Querschnittsverhältnis weniger Schlupf als Reifen mit hohem Querschnittsverhältnis. Dies gilt, bis der Reifen zum Rutschen gebracht wird. Bis zu diesem Punkt gilt Folgendes:

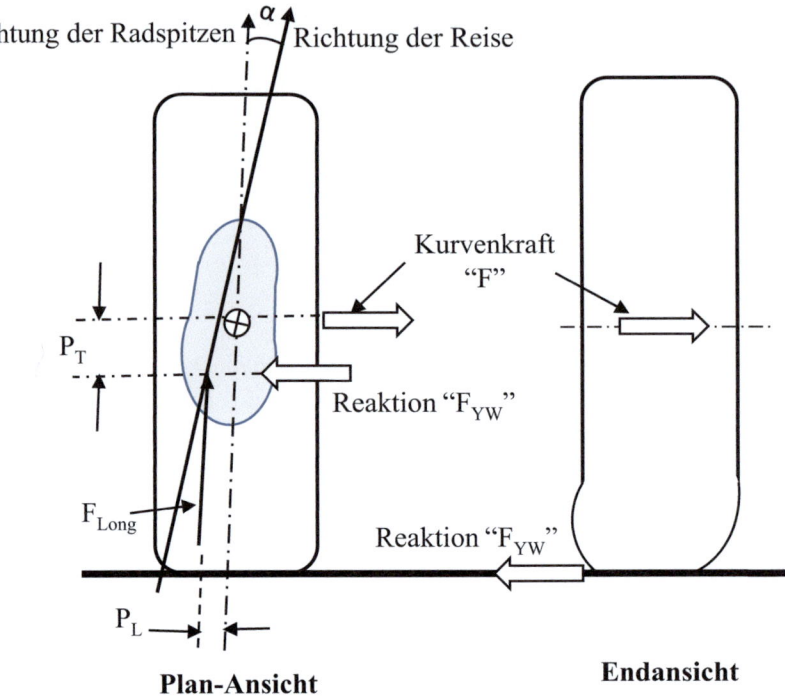

Abb. 4.23 Verzerrung des Reifenaufstandsbereichs bei Einwirkung einer Seitenkraft, die zu Seitenschlupf führt

$$Kurvensteifigkeit = \frac{Seitenkraft}{Schräglaufwinkel} \quad (4.11)$$

Die Kurvenkraft (CP) eines Reifens wird bestimmt durch:

- Reifendruck – eine Erhöhung erhöht die CP.
- Reifenkonstruktion – ein Radialreifen hat eine höhere CP als ein Diagonalreifen.
- Reifengröße – ein Niedrigprofilreifen hat eine kleinere Wand, sodass eine höhere CP erreicht wird.
- Sturz (Neigung) des Rades – das Neigen des Rades weg von der Seitenkraft erhöht die CP.
- Belastung des Rades – wenn die Belastung vom Normalwert erhöht wird, steigt die CP.

4.4.1.1 Auswirkung von Schlupfwinkeln auf die Ackermann-Geometrie

Wie bereits erwähnt, ist die Notwendigkeit, eine echte Ackermann-Geometrie zu entwickeln, in der Realität nicht so wichtig, da die Auswirkungen des Schlupfwinkels auf

4.4 Lenkfehler

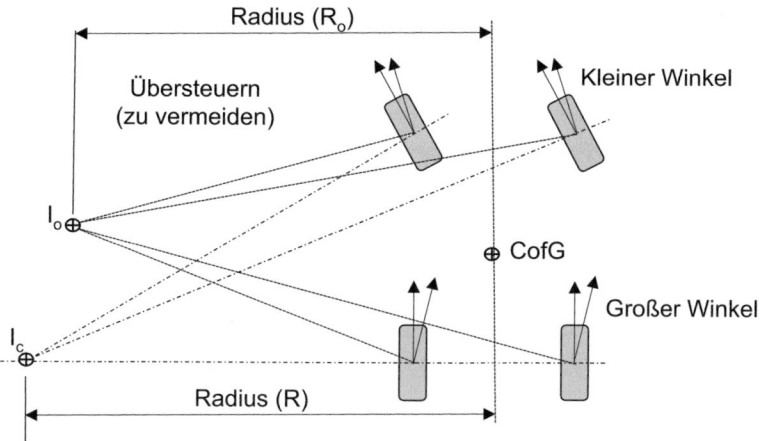

Abb. 4.24 Die Auswirkung von Schlupfwinkeln auf das Fahrverhalten des Fahrzeugs. Größere Schlupfwinkel hinten führen zu Übersteuern. Es ergibt sich ein kleinerer Wendekreis als erwartet.

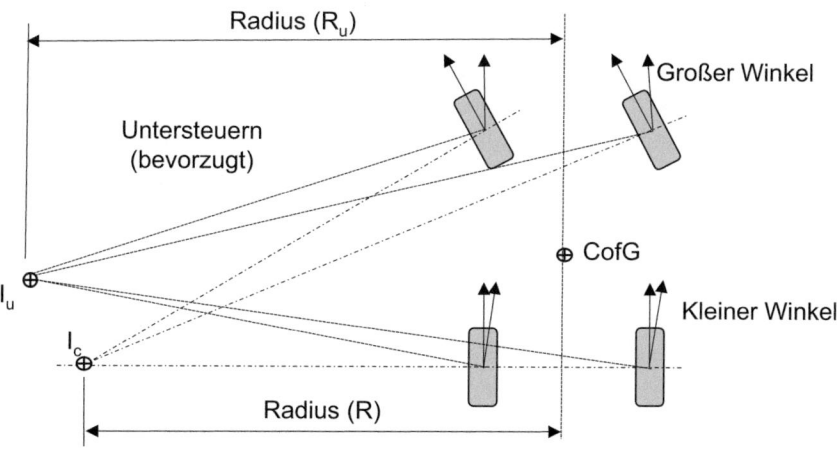

Abb. 4.25 Die Auswirkung von Schlupfwinkeln auf das Fahrverhalten des Fahrzeugs. Größere Schlupfwinkel vorne führen zu Untersteuern. Es ergibt sich ein größerer Wendekreis als erwartet.

die resultierende Geometrie berücksichtigt werden müssen. Dies wird in den Abb. 4.24 und 4.25 deutlicher gezeigt.

Untersteuern wird bei normalen Straßenfahrzeugen bevorzugt, da dies dazu neigt, dem Fahrer die Kontrolle über das Fahrzeug zu belassen. Rennfahrer bevorzugen möglicherweise Übersteuern, um die Kurvenfähigkeiten zu verbessern, aber dies erfordert fortgeschrittene Fahrfähigkeiten, die bei normalen Fahrern im Allgemeinen nicht vorhanden sind. Wenn sowohl die vorderen als auch die hinteren Schlupfwinkel gleich sind, dann „rutscht" das Auto zwar immer noch, es gibt jedoch kein Über- oder Untersteuern, und dann wird der Begriff „neutrales Steuern" verwendet.

4.4.2 Compliance Steer – Elastokinematik

„Compliance Steer" ist die Änderung des Lenkwinkels der Vorder- oder Hinterräder, die durch Nachgiebigkeit in den Aufhängungs- und Lenkverbindungen infolge von Kräften und/oder Momenten am Reifen-/Straßenkontaktpunkt verursacht wird. Im Wesentlichen resultiert der Compliance Steer aus der Verformung elastomerer Elemente innerhalb des Lenk- und Aufhängungssystems infolge von Radkräften aus der Reifen-Straßen-Schnittstelle.

Es gibt über 70 elastomere Komponenten (Elastomer-/Metall-Verbundwerkstoffe) in einem typischen Auto. Kurz gesagt sind sie Pseudo-Lager, d. h., die beiden verbundenen Teile dürfen sich relativ zueinander bewegen, aber nicht kontinuierlich wie bei Wälzlagern. Sie sind in verschiedenen Formen konstruiert und bieten im Allgemeinen eine Dreh- und/oder Translationsbeschränkung. Sie werden verwendet, um den Komfort zu verbessern, können jedoch mit der Zeit verschleißen und die Fahrzeughandhabung beeinträchtigen. Die Wissenschaft der Elastomere und der Elasto-Kinematik ist komplex und kann verwendet werden, um unterschiedliche Eigenschaften in verschiedenen Bewegungsrichtungen der Bauteile zu bieten (Abb. 4.26). Diese Bilder zeigen einen zylindrischen oder Buchsentyp (hauptsächlich drehend) und einen Sandwich-Typ (hauptsächlich komprimierend). Wenn die Elastomerverbindung in einem Bereich entfernt wird, ändert sich die Nachgiebigkeit (Federsteifigkeit) in dieser Richtung. Dieser Abschnitt befasst sich nur mit den elastomeren Teilen, die in Aufhängungs- und Lenksystemen zu finden sind, wie in Abb. 4.27 gezeigt.

Es gibt zwei Arten von Compliance Steer:

Compliance Untersteuern – Compliance Steer, der das Untersteuern des Fahrzeugs erhöht oder das Übersteuern des Fahrzeugs verringert.

Compliance Übersteuern – Compliance Steer, der das Untersteuern des Fahrzeugs verringert oder das Übersteuern des Fahrzeugs erhöht.

Im Allgemeinen ist Untersteuern besser als Übersteuern, da die Lenkungskontrolle beim Fahrer bleibt – der Fahrer lenkt immer in die Kurve. Übersteuern kann eine korrigierende Richtungsumkehr des Fahrers erfordern. Die Abb. 4.28 und 4.29 zeigen die Auswirkungen solcher Verformungen auf das Über- und Untersteuern eines Fahrzeugs.

Die Tendenz eines Fahrzeugs zum Übersteuern beim Verzögern wird durch die nachgiebigen Buchsen, die in den meisten Schräglenkeraufhängungen zu finden sind, verstärkt. Wenn das Fahrzeug verzögert, schwenkt der Schräglenker nach hinten, da das

4.4 Lenkfehler

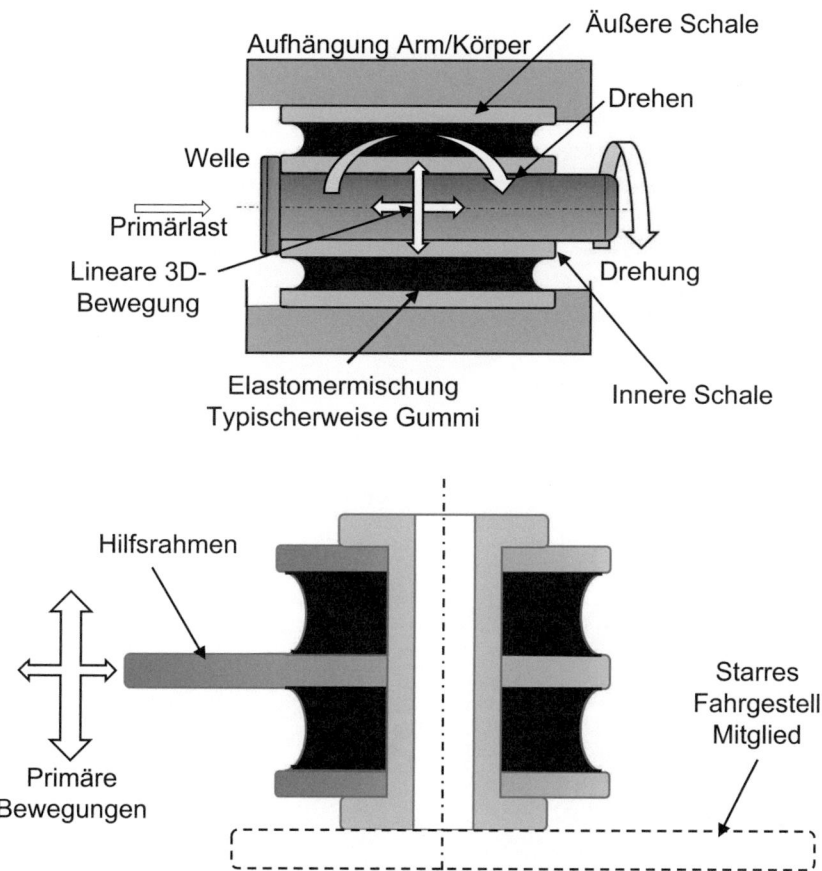

Abb. 4.26 Typische elastomere Teile, wie sie in Aufhängungssystemen verwendet werden. Oben: rotierender Schalentyp ermöglicht Bewegung in alle Richtungen, unten: Sandwich-Typ, hauptsächlich zur Unterstützung vertikaler Lasten verwendet

Rad relativ zum Chassis „nach hinten gezogen" wird (Abb. 4.28). Dies führt zum „Ausstellen", was das Fahrzeug instabil macht, da es die gewünschte Lenkrichtung verstärkt und Übersteuern verursacht.

Bei der Weissach-Achse (Abb. 4.29) wird die vordere Schwenkbuchse des Schräglenkers durch ein kurzes Glied ersetzt. In dieser Anordnung führen das Verzögern des Fahrzeugs und das „Zurückziehen" des Rades zum „Einlenken" an der Hinterachse. Dies erhöht die Stabilität, indem es das Übersteuern verringert, und ist ein von Porsche angewandtes Konstruktionsprinzip. Es zeigt, wie der Konstrukteur die Elastomerverformungen genutzt hat, um das Übersteuern zu reduzieren, indem er von der gewählten Lenkrichtung des Fahrers abweicht, was zum gewünschten Effekt des Untersteuerns führt.

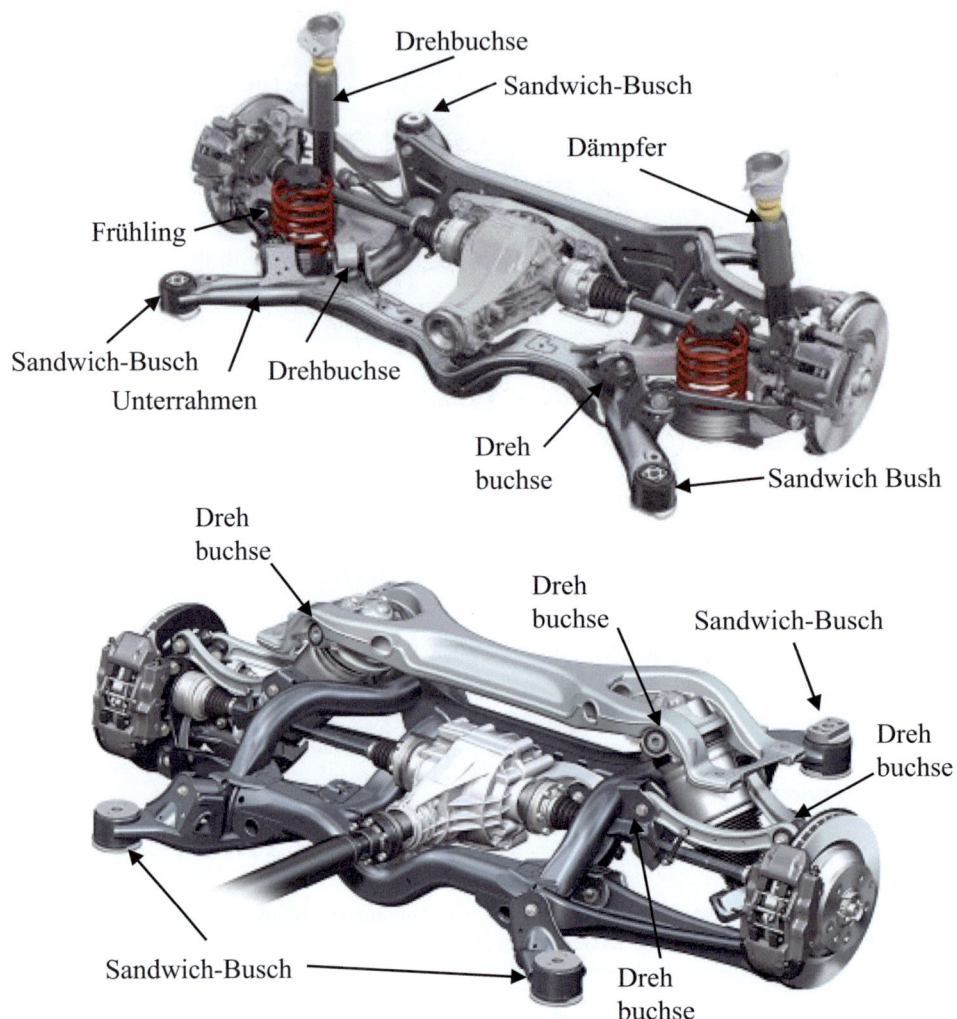

Abb. 4.27 Positionen der nachgiebigen Komponenten. Oben: Hinterradaufhängung des Audi A6, unten: Hinterradaufhängung des Audi Q7. (*Quelle:* Audi AG)

Es sollte beachtet werden, dass jeder konstruierte „Einlenk"-Effekt das Untersteuern berücksichtigen sollte, das durch einen negativen Nachlauf an der Hinterachse verursacht wird, der während des Kurvenfahrens durch Seitenkräfte Untersteuern (Einlenken) verursacht.

Während des normalen Betriebs kann sich ein Rad typischerweise um insgesamt 26 mm vorwärts und rückwärts bewegen, das heißt 14 mm vorwärts und 12 mm rückwärts. Im Allgemeinen ist es wünschenswert, dass sich das Rad linear vorwärts/rückwärts bewegt und nicht an der Vorderachse einlenkt oder ausstellt. Daher werden die Positionen

4.4 Lenkfehler

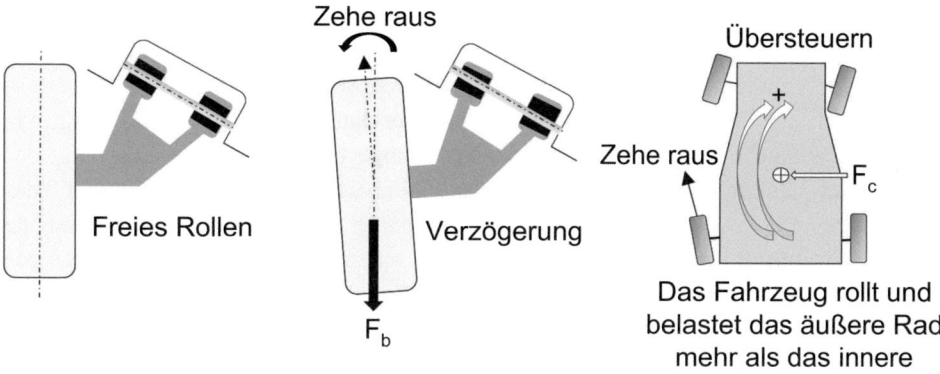

Abb. 4.28 Konventionelle Schräglenkeraufhängung

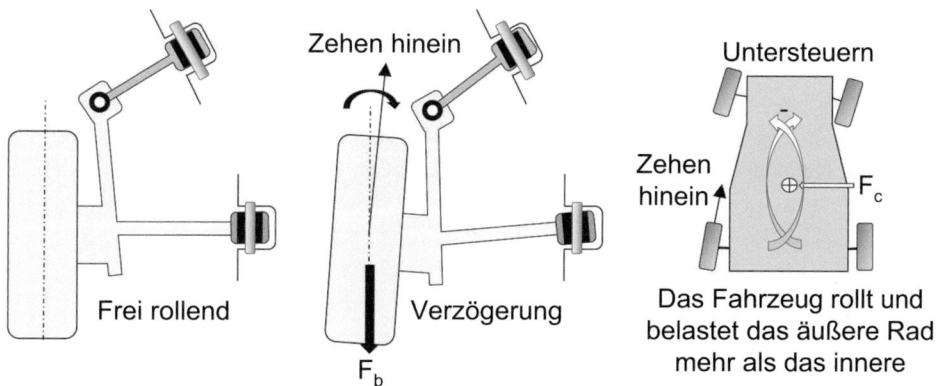

Abb. 4.29 Weissach-Achse Schräglenkeraufhängung

der Enden der Spurstangen (Verbindungen zu den Spurstangen) und der Lenkhebel sorgfältig ausgewählt, zusammen mit nachgiebigen Buchsen, um jede Tendenz zum Einlenken zu vermeiden. Wenn diese Positionen falsch gewählt werden, entstehen geometrische Fehler, die zu Bump Steer und Roll Steer führen.

4.4.3 Lenkgeometriefehler

Die idealisierte Behandlung betrachtet normalerweise die Aufhängungsgeometrie in der Draufsicht und isoliert. In der Praxis wird diese Geometrie verändert, wenn sich das Rad auf der Aufhängung auf- und abbewegt. Die zusätzliche Einschränkung der Radbewegung durch die Spurstange, die mit dem Lenkmechanismus verbunden ist, kann zusätzliche Lenkeffekte während der Einfeder- oder Rollbewegungen verursachen. Solche Effekte sind normalerweise gering, können aber dennoch einen wichtigen Einfluss auf das Fahrverhalten, das Lenkgefühl und den Reifenverschleiß haben.

Die Wechselwirkung zwischen Lenkung und vertikaler Aufhängungsbewegung wird durch den Verlauf des äußeren Endes der Spurstange gesteuert. Wenn dieser mit dem Verlauf des Lenkhebelgelenks (am Radträger befestigt) übereinstimmt, treten keine Lenkeffekte auf. In Bezug auf die zweidimensionale Ansicht in Abb. 4.30 kann das ideale Drehzentrum für die Spurstange geometrisch berechnet werden. Selbst diese geometrische Berechnung kann ungenau sein, da dreidimensionale Effekte ignoriert werden. Daher werden normalerweise CAD-Systeme oder speziell entwickelte Aufhängungskinematik-Pakete für das Layout von Aufhängung und Lenkung verwendet.

4.4.3.1 Einfeder- und Rolllenkung

Abb. 4.30b, c veranschaulichen zwei mögliche Effekte in qualitativer Weise. In Abb. 4.30b verursacht die Position der Spurstange, vorausgesetzt, sie ist hinten an der Aufhängung montiert, einen Toe-out-Effekt, wenn sich das Rad entweder beim Einfedern (Bounce) oder Ausfedern bewegt. Wenn jedoch das innere Ende der Spurstange innerhalb des idealen Punktes montiert wäre, würde ein Toe-in-Effekt auftreten. Wenn der Fehler symmetrisch wäre, würde kein resultierender Lenkeffekt auftreten. Wenn jedoch eine Radspurstange innen und die andere außen montiert wäre, würden sich die

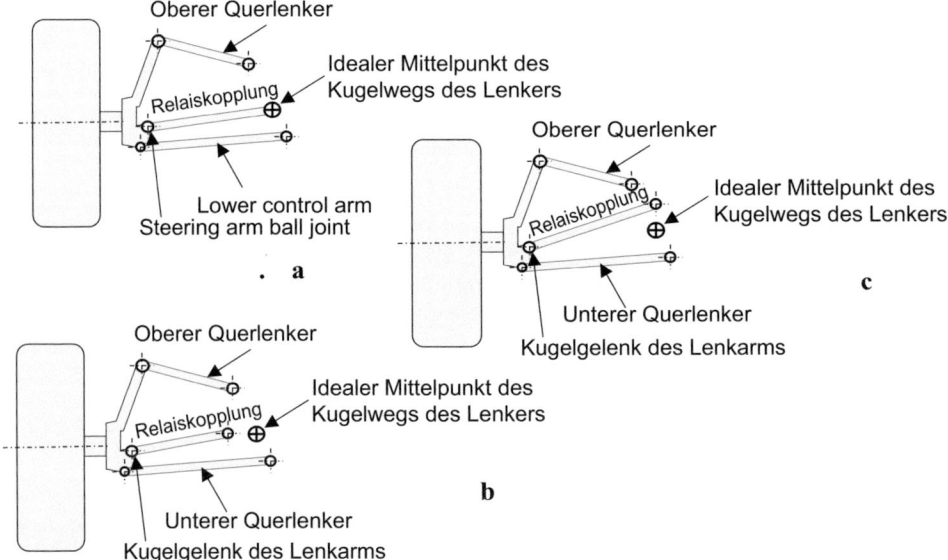

Abb. 4.30 Rückansicht der linken Aufhängung bei Annahme, der Lenkhebel ist zum Betrachter hin ausgerichtet

Räder bei einem Einfeder- oder Ausfederereignis entweder nach links oder rechts zusammen lenken, was zu **Einfederlenkung** führt.

In Abb. 4.30c ist die Spurstange am linken Rad oberhalb des idealen Punktes montiert. Dies verursacht eine Rechtslenkung beim Einfedern (Toe-in) und eine Linkslenkung beim Ausfedern (Toe-out). Der gegenteilige Effekt tritt am rechten Rad auf. Somit lenken beide Räder während des Karosserierollens in die gleiche Richtung. Beispielsweise verursacht eine Rechtskurve (positive Lenkung) ein Ausrollen der Karosserie nach links, was zu einer Einfederbewegung am linken Rad und einer Ausfederbewegung am rechten Rad führt. Beide Räder lenken nach rechts (d. h. in die Kurve), was zu einem Übersteuereffekt führt, der als **Rolllenkung** bezeichnet wird. Es ist klar, dass diese Anordnung bei „normalen" Fahrzeugdesigns vermieden werden sollte.

4.4.3.2 Selbstbestätigung

Schlagen Sie einen echten Radius unter Verwendung der Relaisverbindungsdetails von Abb. 4.30a. Dann schlagen Sie auf derselben Zeichnung einen neuen Radius unter Verwendung der äußeren Position der Lenkverbindung in Abb. 4.30b – beachten Sie, wie der kürzere Radius am Kugelgelenk des Lenkhebels anliegt, aber den Lenkhebel in jeder anderen Position „zieht" (aufgrund des kürzeren Radius), was dazu führt, dass das Rad nach außen zeigt (Sie können dies mit der inneren Position wiederholen, wobei das Rad nach innen zeigt, da der Radius größer ist). Schlagen Sie in ähnlicher Weise einen überarbeiteten Radius unter Verwendung der neuen Position der Relaisverbindung wie in Abb. 4.30c. Beachten Sie, wie diese Kurve und die idealisierte Kurve sich am Kugelgelenk des Lenkhebels kreuzen, oberhalb des Kugelgelenks nach außen und unterhalb des Kugelgelenks nach innen. Dies führt dazu, dass der Lenkhebel während des Einfederns „nach außen drückt" (Toe-in) und während des Ausfederns „nach innen zieht" (Toe-out). Dies führt dazu, dass die Räder während des Fahrzeugrollens in die gleiche Richtung lenken, was zu einer Rolllenkung führt.

4.5 Wichtige geometrische Parameter zur Bestimmung der Lenkkräfte

4.5.1 Vorderradgeometrie

Die wichtigen Elemente eines Lenksystems umfassen nicht nur die oben beschriebenen Lenkverbindungen, sondern auch die Lenkdrehung um die Lenkdrehachse. Der Lenkwinkel wird durch die Drehung des gelenkten Rades um eine Drehachse erreicht. Diese ist in der Regel nicht vertikal und ist oben nach innen geneigt, wodurch ein seitlicher Neigungswinkel entsteht, und auch in einer Längsebene geneigt, um einen Nachlaufwinkel zu erzeugen. Diese Kombination aus zwei geneigten Winkeln bildet die „Achsschenkelachse" und ist die Achse, um die sich das Rad dreht. Die allgemeine Geometrie für den seitlichen Neigungswinkel und den Nachlaufwinkel ist in Abb. 4.31 dargestellt.

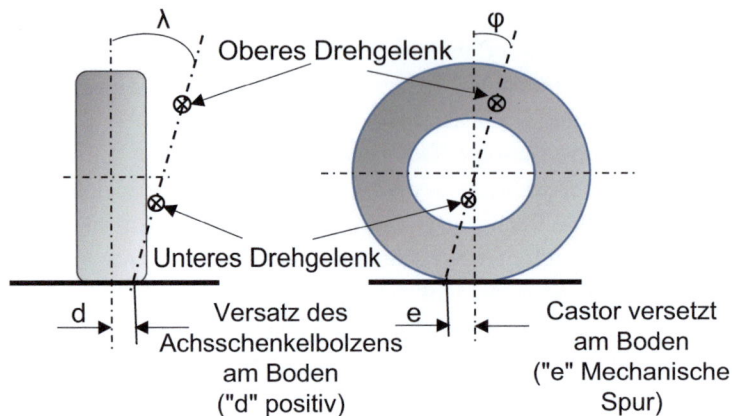

Abb. 4.31 Die beiden Achsen, die die „Achsschenkelachse" bilden, zeigen den seitlichen Neigungswinkel und den Nachlaufwinkel.

Abb. 4.32 Lenkdrehgeometrie eines typischen Kraftfahrzeugs mit positivem seitlichem Versatz am Boden

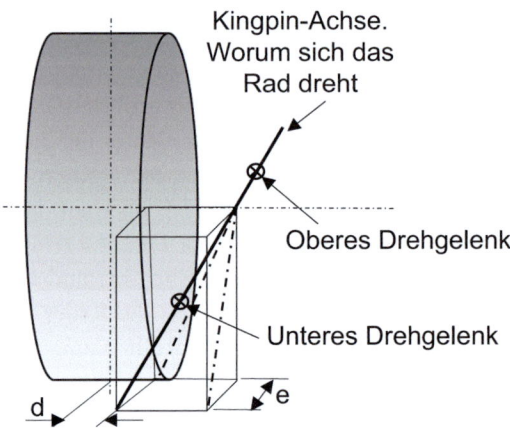

Es ist diese Geometrie, die die Kräfte und Momentreaktionen innerhalb des Lenksystems bestimmt.

Dieser kombinierte Winkel ist die Raddrehachse oder die Schwenkachse, wie in Abb. 4.32 gezeigt. Der seitliche Neigungswinkel, allgemein bekannt als „Achsschenkel"-Neigungswinkel, kann zwischen 0–5° für Lastwagen und 10–15° für Personenkraftwagen variieren, wobei der Unterschied auf den verfügbaren vertikalen Raum zurückzuführen ist. Der Schnittpunkt der Achsschenkelachse mit dem Boden fällt normalerweise nicht mit dem Zentrum der Reifenaufstandsfläche zusammen, es gibt einen absichtlichen Versatz. Dieser seitliche Versatz kann als „Spurweite" bezeichnet werden und wird als negativ angesehen, wenn er außerhalb des Zentrums der Reifenaufstandsfläche liegt, dagegen als positiv, wenn er innerhalb des Aufstandsflächenzentrums liegt, wie in den Abb. 4.32 und 4.33 gezeigt.

4.5 Wichtige geometrische Parameter zur Bestimmung ...

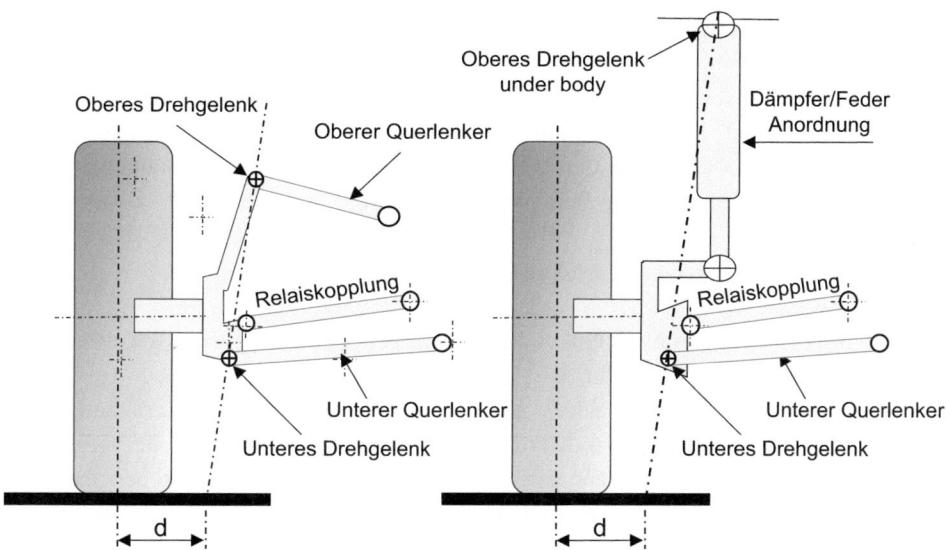

Abb. 4.33 Anordnung von Doppelquerlenker und McPherson-Federbein mit positivem seitlichem Versatz am Boden

Der Längsneigungswinkel wird als mechanischer (oder kinematischer) Nachlauf bezeichnet, wobei der positive Nachlauf dann vorliegt, wenn der Schnittpunkt am Boden vor der Reifenaufstandsfläche liegt. Diese Entfernung wird als kinematischer Nachlauf oder mechanischer Nachlauf bezeichnet. Nachlaufwinkel liegen normalerweise im Bereich von 0 bis 5°.

4.5.2 Achsschenkelneigungswinkel (seitlicher Neigungswinkel)

Der Achsschenkelneigungswinkel hat die Wirkung, das Fahrzeug anzuheben, wenn die Räder eingeschlagen werden. Dies erzeugt ein selbstlenkendes Moment, das vom Achsschenkelneigungswinkel, der Spurweite (Versatz am Boden) und dem Nachlaufneigungswinkel abhängt.

Abb. 4.33 zeigt Anordnungen für eine Doppelquerlenkeraufhängung und eine McPherson-Federbeinaufhängung, beide mit positivem seitlichem Versatz. Es sollte beachtet werden, dass die Achse sowohl durch das obere als auch das untere Schwenkgelenk für den Doppelquerlenker verläuft, während für ein McPherson-Federbein die Achse durch das obere Schwenkgelenk am Karosseriekörper und das untere Schwenkgelenk am unteren Querlenker verläuft – es ist nicht die Achse durch den Dämpfer/die Feder selbst. Mit dieser Anordnung hat das Gewicht der Karosserie die Wirkung, das Rad in der Geradeausstellung zu halten.

4.5.3 Nachlaufwinkel (mechanischer Nachlauf)

Die Nachlaufachse ist die Neigung der Schwenkachse in Längsrichtung, die in Abb. 4.34 positiv dargestellt ist. Der Schnittpunkt der Achse mit dem Boden ergibt einen Hebelarm (kinematischer Nachlauf), der wiederum ein geschwindigkeitsabhängiges selbstlenkendes Moment aufgrund von Seitenkräften erzeugt:

$$\text{Selbstlenkendes Moment} = \frac{mv^2}{R} \times \text{Hebelarm}(e\cos\varphi) \quad (4.12)$$

wobei v die Fahrzeuggeschwindigkeit, m der Anteil der Fahrzeugmasse auf den Vorderrädern und R der Wendekreisradius ist.

Ein erhöhter Versatz auf der Straße neigt dazu, die Selbstlenkung zu erhöhen, sodass sie am Lenkrad spürbar wird und dadurch der Lenkaufwand steigt. Um die Vorteile von Nachlauf-/Sturzversätzen zu nutzen, aber einen akzeptablen Lenkaufwand beizubehalten, kann es notwendig sein, einen „Nachlaufversatz an der Nabe" einzuführen, der in Abb. 4.34 als t dargestellt ist. Dies reduziert den Hebelarm am Reifenaufstandspunkt um die Distanz t und ist negativ, wodurch ein insgesamt reduzierter Versatz am Boden $(e–t)$ entsteht. Die Vorteile eines negativen Nachlaufversatzes an der Nabe in Kombination mit einem positiven Nachlaufwinkel bestehen darin, dass der kinematische Nachlauf reduziert wird, sodass der Einfluss auf die Lenkung von unebenen Straßenoberflächen verringert und die Sturzänderung beibehalten wird, wenn die Räder eingeschlagen werden (Abb. 4.35).

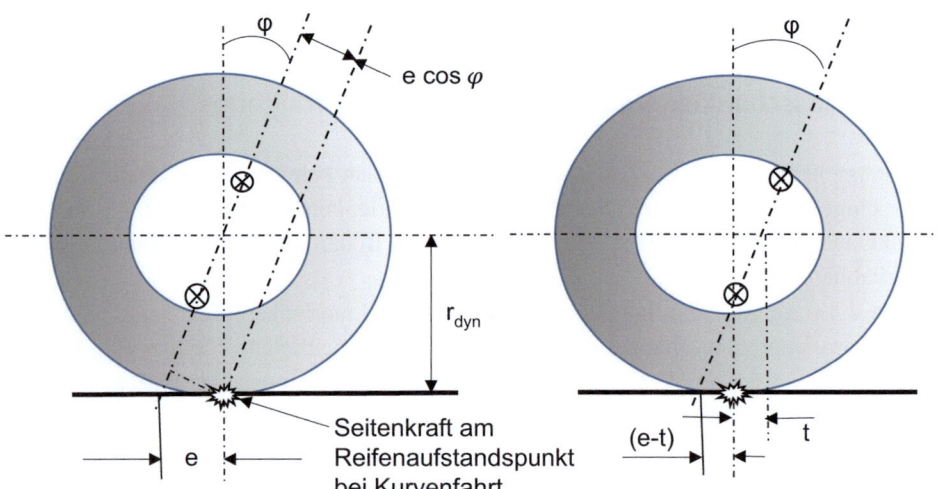

Abb. 4.34 Darstellung des Nachlaufwinkels und seines Versatzes am Boden (e)

4.5 Wichtige geometrische Parameter zur Bestimmung ...

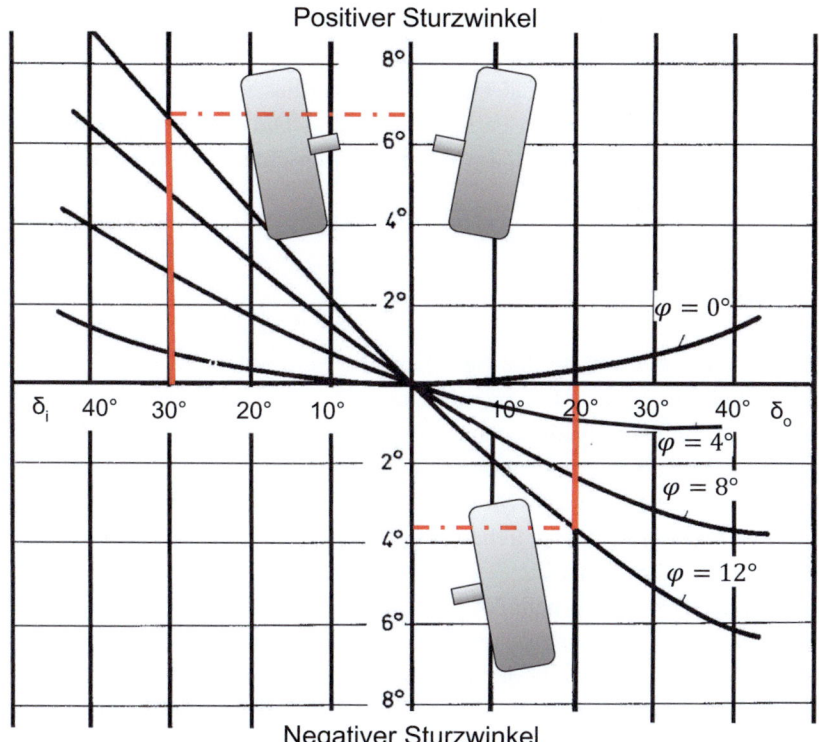

Abb. 4.35 Auswirkungen des Sturzwinkels mit Nachlaufwinkel (wobei δ_i und δ_o die inneren und äußeren Radlenkwinkel sind)

Bei den gelenkten Rädern ändert sich der Sturzwinkel in Abhängigkeit vom Lenkwinkel, wie in Abb. 4.35 gezeigt. In diesem Beispiel ist zu sehen, dass mit zunehmendem Nachlaufwinkel eine Tendenz besteht, positiven Sturz am inneren Rad (ca. 6,5°) und negativen Sturz am äußeren Rad (ca. 3,8°) zu erzeugen, was die Einlenkreaktion verbessert. Da Fahrzeuge mit Frontantrieb auch ein selbstaufrichtendes Moment aufgrund der Antriebskräfte erzeugen, veranlasste das resultierende erhöhte selbstaufrichtende Moment den Konstrukteur in diesem Fall, negativen Nachlauf einzuführen. Dies hatte den Nachteil, dass während einer Kurve positiver Sturz am äußeren Rad erzeugt wurde und möglicherweise eine instabile Situation entstand – der negative Nachlauf führt zu Übersteuern, was wiederum erhöhte Seitenkräfte verursacht. Wenn negativer Nachlauf an den nichtgelenkten Hinterrädern eingeführt wird, erzeugen das resultierende Moment und die Systemnachgiebigkeit einen Nachspur-Effekt, der Untersteuern bewirkt und bei Spurwechseln mit hoher Geschwindigkeit unterstützt.

4.6 Kräfte beim Lenken eines stehenden Fahrzeugs

Die maximalen Kräfte am Lenkrad treten auf, wenn das Fahrzeug steht; in der Praxis treten diese Kräfte bei langsamen Parkmanövern auf. Die Kräfte entstehen durch zwei Effekte: den Reibungswiderstand aufgrund des Reifenschleifens auf der Straße und das Anheben des Fahrzeugs.

4.6.1 Reifenschleifen

Der Reifenaufstandspunkt und seine Beziehung zur Schwenkachse sind in Abb. 4.36 dargestellt. Die Schätzung des Moments, das um die Schleifachse wirkt (Schleifmoment M_S), beruht auf einigen Annahmen und empirischen Beweisen. Wenn der Reifenaufstandspunkt als kreisförmig angenommen wird (Durchmesser $= a$) und die Druckverteilung gleichmäßig ist, kann das Moment, das erforderlich ist, um den Reifen um das Zentrum des Kontaktbereichs zu drehen, berechnet werden, indem zunächst der Fall der Mittelachslenkung betrachtet wird.

Bei der Mittelachslenkung befindet sich die Schwenkachse in der Mitte des Reifens. Obwohl dies zu geringen dynamischen Lenkkräften während der Fahrt führt, verursacht es hohe statische Lenkkräfte, da der Reifen um seinen Aufstandspunkt „schleift". Bei einer solchen Anordnung wird das Moment, um ein Rad um sein eigenes Zentrum zu

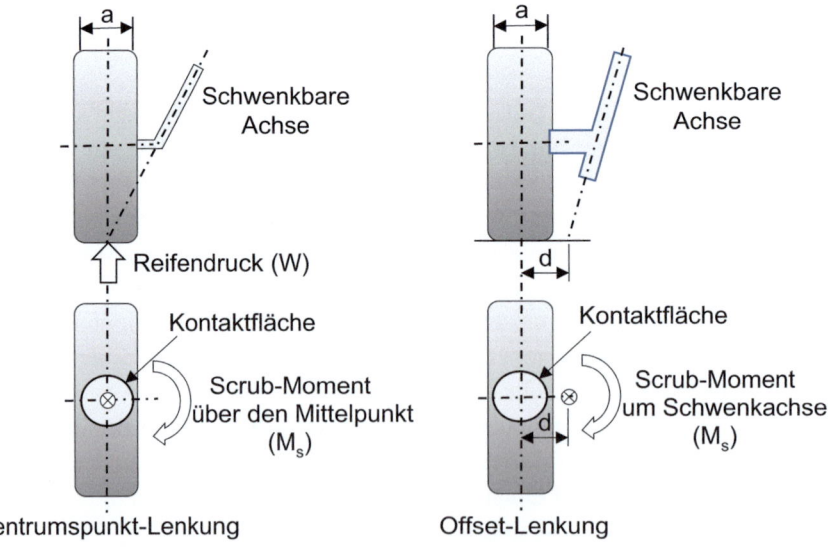

Abb. 4.36 Der Reifenaufstandspunkt und seine Beziehung zur Schwenkachse. Links: Mittelachslenkung; rechts: konventionelle Versatzlenkung

4.6 Kräfte beim Lenken eines stehenden Fahrzeugs

drehen, durch die folgende Herleitung gegeben, wobei a der Durchmesser des Reifenaufstandspunkts ist, der als gleich mit der Kontaktbreite des Reifens angenommen wird.

Bestimmung des „Schleifmoments" oder „Trockenparkmoments" eines Reifens um sein Zentrum

Betrachten Sie den Reifenabdruck als einen Kreis mit dem Radius R, den Durchmesser des Kontaktbereichs a, der eine vertikale Last W trägt. Nehmen Sie außerdem an:

Reibungskoeffizient zwischen Straße und Reifen μ
Gleichmäßiger Druck zwischen Straße und Reifen p

Betrachten Sie ein kleines Element innerhalb des idealisierten Abdrucks, wie in Abb. 4.37 gezeigt.

Das elementare Drehmoment dT, um das Element um das Zentrum des Kontaktbereichs zu drehen, wird gegeben durch:

$$dT = \mu.p.dA.r = \mu.\frac{W}{\pi R^2}.r.dr.d\theta.r = \mu.\frac{W}{\pi R^2}.r^2.dr.d\theta$$

Daher wird das gesamte Drehmoment gegeben durch:

$$T = \int_0^R \int_0^{2\pi} dT = \mu.\frac{W}{\pi R^2} \int_0^R \int_0^{2\pi} r^2.dr.d\theta$$

$$T = \mu.\frac{W}{\pi R^2}.\frac{R^3}{3}.2\pi = \mu.W.\frac{2R}{3} = \mu.W.\left(\frac{a}{3}\right),$$

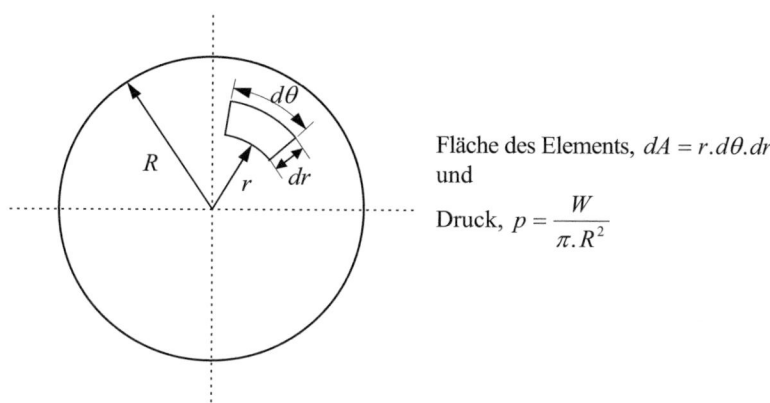

Fläche des Elements, $dA = r.d\theta.dr$
und
Druck, $p = \dfrac{W}{\pi.R^2}$

Abb. 4.37 Idealisiertes Modell des Reifen-Kontaktbereichs

was dem Schubdrehmoment M_s entspricht, d. h.:

$$M_s = \mu W \left(\frac{a}{3}\right) \quad (4.13)$$

Um diese Last zu reduzieren und dem Fahrer ein dynamisches „Gefühl" zu vermitteln, wird das Schwenkzentrum um eine Entfernung d vom Zentrum des Reifens wegbewegt. Mit dieser Anordnung neigt der Reifen dazu, einen höheren Rollgrad und weniger „Schub" zu haben.

Eine empirische Gleichung wird nun verwendet, um mit dieser Geometrie umzugehen, die die Identifizierung eines effektiven Hebelarms und eines überarbeiteten Reibungskoeffizienten beinhaltet.

Der effektive Hebelarm wird durch die Gleichung gegeben:

$$h = \sqrt{\left[d^2 + \left(\frac{a}{3}\right)^2\right]} \quad (4.14)$$

Die Gleichung für das Schubmoment M_s lautet nun:

$$M_s = \mu_e W h \quad (4.15)$$

Der effektive Reibungskoeffizient (μ_e) wird aus empirischen Kurven ermittelt, die vom Reifenhersteller bereitgestellt werden. Ein typisches Beispiel ist in Abb. 4.38 für einen Pkw-Reifen auf trockenem Beton dargestellt. Bei Mittelpunktslenkung und $d/a = 0$ ist zu sehen, dass der Reibungskoeffizient mit etwa 0,8 am höchsten ist. Die Reibung fällt dann schnell auf einen ungefähr konstanten Wert von etwa 0,2 über den typischen Bereich der in der Praxis verwendeten d/a-Werte ab. Ein solches Diagramm kann auch als M_s/W auf der y-Achse gegen den Schwenkversatz d auf der x-Achse dargestellt werden.

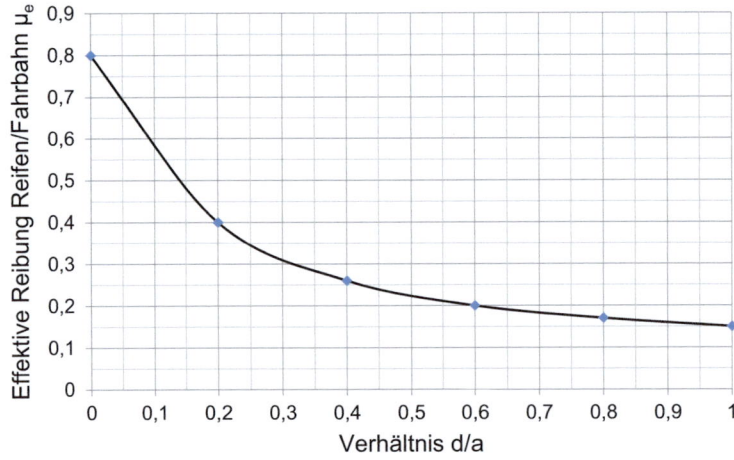

Abb. 4.38 Empirische Kurven für den Reibungskoeffizienten

4.6.2 Anheben des Fahrzeugs

Wenn das Rad gedreht wird, bewegt sich der Körper nach oben, und das Anhebemoment M_J um die Schwenkachse, um dies zu erreichen, kann abgeleitet werden, indem zunächst die Arbeitsrate an der Schwenkachse mit der beim Anheben verglichen wird. Abb. 4.39 zeigt die Geometrie mit einer Ansicht entlang der Schwenkachse und unterhalb des Rades, die den Ort des Radzentrums bei zunehmendem Lenkwinkel α anzeigt.

Der Verweis auf Abb. 4.39 zeigt, dass die vertikale Verschiebung (x) mit α zunimmt und durch folgende Gleichung gegeben ist:

$$x = d\sin\lambda(1 - \cos\alpha)\cos\lambda$$

Die Differenzierung ergibt:

$$\frac{dx}{dt} = \frac{dx}{d\alpha}\frac{d\alpha}{dt}$$

$$\frac{dx}{dt} = d\sin\lambda\cos\lambda\sin\alpha\frac{d\alpha}{dt}$$

Die Arbeitsrate beim Anheben wird daher durch folgende Gleichung gegeben:

$$W\frac{dx}{dt} = Wd\sin\lambda\cos\lambda\sin\alpha\frac{d\alpha}{dt}$$

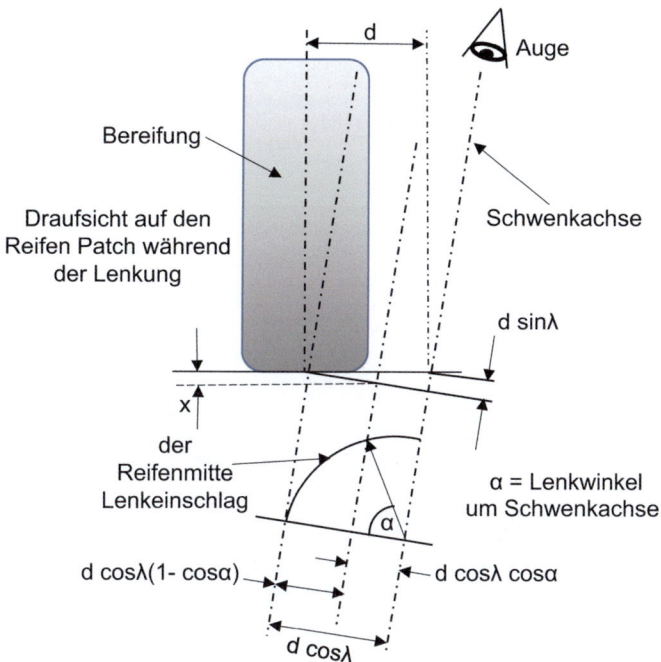

Abb. 4.39 Geometrie, die den Grad der Fahrzeuganhebung beim Drehen des Rades zeigt

Die Arbeitsrate um die Schwenkachse ist:

$$M_J \frac{d\alpha}{dt}$$

Das Gleichsetzen dieser Arbeitsraten führt zu:

$$M_J = Wd\sin\lambda \cos\lambda \sin\alpha \qquad (4.16)$$

In Kombination mit dem Schubmoment wird das gesamte Drehmoment um die Schwenkachse (M_T), das beim Lenken beteiligt ist, durch folgende Gleichung gegeben:

$$M_T = M_s + M_J \qquad (4.17)$$

Dies sollte für jedes Rad, links und rechts, berechnet werden, da die Lasten und Lenkwinkel für jedes Rad variieren.

4.6.3 Kräfte am Lenkrad

Eine Draufsicht eines Lenksystems mit einem Lenkgetriebe ist in Abb. 4.40 dargestellt. Die horizontale Kraft in der Mitte der Spurstange ist die Summe von zwei horizontalen Komponenten, die aus den Momenten um die Schwenkachsen an jedem Rad resultieren. Die Kraft F an der Spurstange wird wie in Abb. 4.41 angegeben bestimmt.

Zur Berechnung der Kraft in der Mitte der Spurstange
Betrachten Sie das linke Rad (Rad 1) wie in Abb. 4.41 gezeigt:
Die Auflösung des Moments M_{T1} entlang der Verbindung (Strebe) ergibt:

$$F = M_{T1}/a_1$$

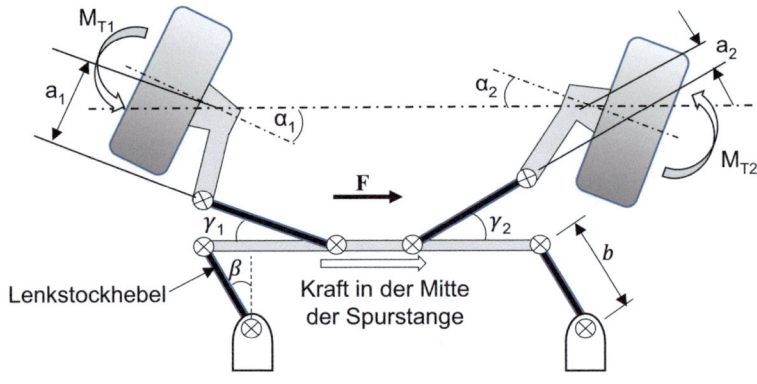

Abb. 4.40 Allgemeine Verbindungsanordnung für ein Lenkgetriebe

4.6 Kräfte beim Lenken eines stehenden Fahrzeugs

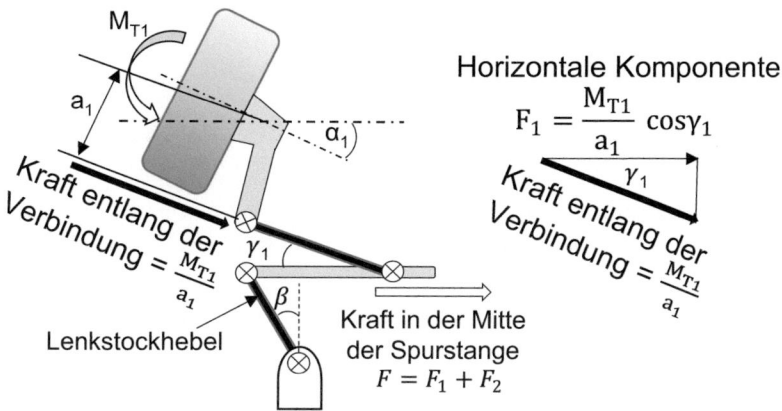

Abb. 4.41 Momente und Kräfte im Zusammenhang mit dem linken Rad (Rad 1)

Dies führt zu einer horizontalen Kraft entlang der Spurstange aufgrund des Moments am linken Rad (Rad 1) als:

$$F_1 = \frac{M_{T1}}{a_1} \cos \gamma_1$$

Ähnlich für das rechte Rad (Rad 2):

$$F_2 = \frac{M_{T2}}{a_2} \cos \gamma_2$$

Die gesamte horizontale Kraft entlang der Spurstange wird gegeben durch:

$$F = F_1 + F_2 = \frac{M_{T1}}{a_1} \cos \gamma_1 + \frac{M_{T2}}{a_2} \cos \gamma_2$$

Die Momente am Lenkgetriebe aufgrund der aufgelösten vertikalen Kräfte wirken einander entgegen und tendieren gegen null, wenn der Pitman-Arm sein Maximum erreicht, d. h. $\beta = 0$, und können vernachlässigt werden:

$$F_{v1} = \frac{M_{T1}}{a_1} \sin \gamma_1 \quad \text{und} \quad F_{v2} = \frac{M_{T2}}{a_2} \sin \gamma_2$$

$$F_v = F_{v1} - F_{v2} \cong 0$$

Das Moment am Lenkgetriebe wird gegeben durch:

$$M_{SB} = Fb = T_{SB}$$

wobei T_{SB} das Drehmoment am Lenkgetriebe ist.

Das Drehmoment am Lenkrad ist dann

$$T_{SW} = \frac{M_{SB}}{n\eta} \quad \text{oder} \quad \frac{T_{SB}}{n\eta}$$

wobei

- n Lenkgetriebeübersetzung (diese wird sich in Vorwärts- oder Rückwärtsrichtung unterscheiden),
- η Effizienz des Lenkgetriebes (oder des verwendeten Mechanismus).

Hinweis: Wenn die Kraft das Ergebnis eines Radaufpralls ist, wie z. B. ein Bordsteinaufprall, dann wird das „Feedback"-Drehmoment, das am Lenkrad gespürt wird, wie folgt angegeben:

$$T_{SW} = \frac{M_{SB}\eta}{n} \quad oder \quad \frac{T_{SB}\eta}{n}$$

d. h., die Effizienz des Lenkgetriebes reduziert nun die am Rad gespürte Kraft.

Aus Abb. 4.42 haben wir:

Linearkraft am Zahnstangengetriebe (F) × Teilkreisdurchmesser des Ritzels (r) = Tangentialkraft am Lenkrad (E) × Radius des Lenkrads (R)

Für eine gegebene Lenkkraft, die an der Zahnstange erforderlich ist, wird das gesamte Lenkverhältnis daher durch folgendes Verhältnis bestimmt:

$$\text{Steering force (gear) ratio} = F/E = R/r$$

Es ist ersichtlich, dass das Verhältnis umgekehrt proportional zum Ritzelradius ist. Wenn sich der Radius ändert, ändert sich auch das Verhältnis. Dies kann dazu beitragen, eine konstante Kraft bereitzustellen, wenn die Kraft an der Zahnstange variiert, da sich die

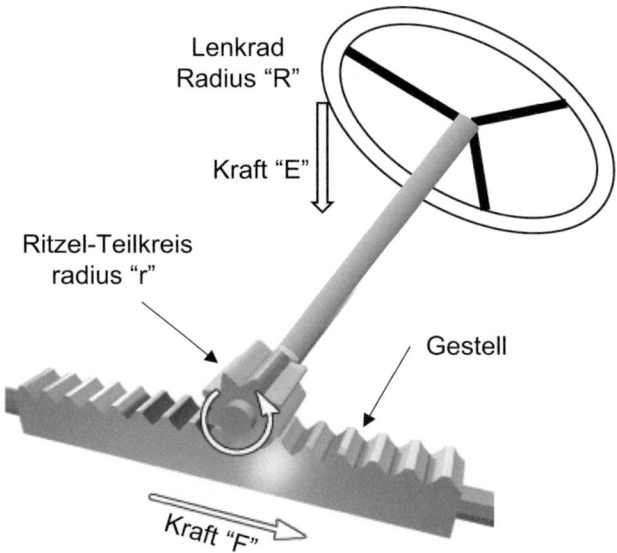

Abb. 4.42 Diagramm, das den mechanischen Vorteil des Lenkrads zeigt

4.6 Kräfte beim Lenken eines stehenden Fahrzeugs

effektive Länge der Lenkhebel ändert, wenn sich die Straßenräder drehen. Eine solche Technik ist in Abb. 4.9 oben gezeigt, wo eine Zahnstange mit variabler Teilung zu einer effektiven Änderung des Ritzelradius und somit zu einem variablen Lenkverhältnis führt.

> ***Beispiel 4.2*** Das Lenksystem eines mittelgroßen Lieferwagens hat die folgenden Eigenschaften:
>
> | | |
> |---|---|
> | Vertikale Last des Vorderrads (W) | 1200 kg |
> | Seitliche Neigungswinkel (λ) | 12° |
> | Reifenbreite | 250 mm |
> | Durchmesser der Kontaktfläche (a) | 250 mm |
> | Seitliche Neigung vom Reifenmittelpunkt (d) | 25 mm |
> | Lenkraddurchmesser | 400 mm |
> | Lenkhebellänge (b) | 120 mm |
> | Maximaler Lenkhebelwinkel (β) | 37° |
> | Lenkradumdrehungen von Anschlag zu Anschlag | 2,5 |
> | Effizienz | 80 % |
> | Lenkraddurchmesser | 400 mm |
>
> Angenommen, W ist die vertikale Last pro Rad und der effektive Reibungskoeffizient μ_e wird durch die in Abb. 4.38 gezeigte Kurve gegeben.
>
> **(a) Bestimmen Sie die Schub- und Hebemomente sowie die Gesamtmomente an jedem Rad.**
>
> **Lösung für das Schubmoment:**
>
> $$h = \left[d^2 + \left(\frac{a}{3}\right)^2\right]^{1/2} = \sqrt{\left(25^2 + \left[250/3\right]^2\right)} = 87 \text{ mm}$$
>
> und $d/a = 25/250 = 0,1$.
> Aus Abb. 4.38 beträgt der Reibungskoeffizient $\mu_e = 0,58$.
> Das ergibt
>
> $M_s = \mu_e W h = 0,58 \times 1200 \times 9,81 \times 0,087 =$ **594 Nm/Rad** oder **1188 Nm Gesamt-Schubmoment.**
>
> **Lösung für das Aufbäumungsmoment:**
>
> $$M_J = Wd \sin\lambda \cos\lambda \sin\alpha$$

Linkes Rad = 1200 × 9,81 × 0,025 × sin12 × cos 12× sin 28 = **28 Nm**

Rechtes Rad = 1200 × 9,81 × 0,025 x sin12 × cos 12× sin 45 = **42 Nm**

Lösung für das Gesamtmoment:

Die Summe von Schub- und Aufbäumungsmoment ergibt das Gesamtmoment an jedem Rad:

Gesamtmoment am linken Rad = 594 + 28 = **622 Nm**

Gesamtmoment am rechten Rad = 594 + 42 = **636 Nm**

Hinweis: Größenordnungsunterschied zwischen Schub- und Aufbäumungsmoment

(b) **Bestimmen Sie die erforderliche tangentiale Handkraft am Lenkrad für die folgenden Bedingungen:**

Linkes Rad (Rad 1)   Rechtes Rad (Rad 2)
$A_1 = 127$ mm $A_2 = 30$ mm
$\gamma_1 = 8°$ $\gamma_2 = 12°$
$\alpha_1 = 28°$ $\alpha_2 = 45°$

Lösung:

Die horizontale Kraft entlang der Spurstange aufgrund der Momente wird durch die allgemeine Gleichung gegeben:

$$F = \frac{M \cos \gamma}{a}$$

Gesamte horizontale Kraft $= \dfrac{622 \times \cos 8}{0,127} + \dfrac{636,6 \times \cos 12}{0,030} = 25606,3\,\text{N}$

Drehmoment am Lenkgehäuse $= Kraft \times Hebelarm$

$= 25606,3 \times 0,120 \times \cos 37 = 2454\,\text{Nm}$

Gesamter Weg des Pitman-Arms = 74° (±37°) und Lenkradanschlag zu Anschlag = 2,5 × 360°.

Das ergibt ein Lenkgetriebeverhältnis = 2,5 × 360/74 = 12.

Lenkrad-Drehmoment $= \dfrac{\text{Drehmoment am Lenkgehüuse}}{\eta \times \text{Verhältnis}} = \dfrac{2454}{0,8 \times 12} = 255,63\,\text{Nm}$

4.6 Kräfte beim Lenken eines stehenden Fahrzeugs

Von jeder Hand benötigte Tangentialkraft $= \dfrac{\text{Lenkrad-Drehmoment}}{\text{Lenkrad-Durchmesser}} = \dfrac{255{,}63}{0{,}4} = 640\,\text{N}$

Dies überschreitet den in den Vorschriften erlaubten Wert, daher wäre eine Servounterstützung erforderlich.

Beispiel 4.3 Die in Abb. 4.40 gezeigte Lenkungsanordnung verwendet ein Lenkgetriebe mit einem Wirkungsgrad von 80 % und einer Pitman-Armlänge von 140 mm. Während des Betriebs wird festgestellt, dass das Drehmoment am Lenkrad 75 Nm beträgt. Der maximale Winkel „β", wie in Abb. 4.40 angegeben, beträgt ±37° und der Lenkradanschlag zu -anschlag beträgt 3,5 Umdrehungen. Es ist beabsichtigt, das Lenkgetriebe durch einen Zahnstangen- und Ritzelmechanismus zu ersetzen, wobei eine anfängliche Auswahl mit einer konstanten Zahnstange und einem 7-Zahn-Ritzel mit 3-Modul-Zahnform (3 mm Zahnkopfhöhe) und einem erwarteten Gesamtwirkungsgrad von 97 % getroffen wird.

Die Aufgabe besteht darin, die Machbarkeit des Austauschs des Lenkgetriebes und die Auswirkungen auf die Fahrerwahrnehmung zu untersuchen.

Erste Analyse:

Es ist erforderlich, das Lenkraddrehmoment mit der neuen Anordnung zu bestimmen und ob es vom Fahrer als signifikant unterschiedlich wahrgenommen wird. Die geleistete Arbeit ist die Grundlage dieser Analyse.

Aufgrund geometrischer und Verpackungsbeschränkungen muss die lineare Strecke, die die Zahnstange zurücklegt, dieselbe sein wie die Strecke am Ende des Pitman-Arms *(L)*.

Linearbewegung $L = 2 \times 40 \sin 37 = 168{,}5\,\text{mm}$

Teilkreisdurchmesser des Ritzels = Anzahl der Zähne × Modul = $7 \times 3 = 21\,\text{mm}$

Anzahl der Umdrehungen des Ritzels, um die Zahnstange zu bewegen: $N = 168{,}5/21\pi = 2{,}55$ Umdrehungen

$$\text{Neues Drehmoment} = \text{Anlaufmoment} \times \dfrac{\text{Gehäuse-Effizienz}}{\text{Zahnstangen-Effizienz}} \times \dfrac{\text{Gehüuse-Lenkraddrehung}}{\text{Zahnstangen-Lenkraddrehung}}$$

Ergibt das neue Drehmoment $= 50 \times \dfrac{0,8}{0,97} \times \dfrac{3,5}{2,55} = 56,59$ **Nm** i.e.13% erhüht.

Dies wird als zu großer Anstieg betrachtet und es müssen Änderungen in Betracht gezogen werden, um das Lenkraddrehmoment so nah wie möglich am ursprünglichen Drehmoment von 50 Nm zu halten.

Zweite Analyse:

Untersuchen Sie das überarbeitete Zahnmodul, wenn die Anzahl der Zähne am Ritzel bei 7 Zähnen bleibt.

Die Umdrehungen des Lenkrads würden nur gleich bleiben, wenn die Wirkungsgrade der beiden Systeme gleich wären, was sie jedoch nicht sind. Daher:

Anzahl der Umdrehungen $= N = 3,5 \times \frac{0,8}{0,97} = 2,89$ d.h. weniger Umdrehungen aufgrund der erhöhten Effizienz.

Aber Länge des Weges $= 168,5 = N \times PCD \times \pi = 2,89 \times PCD \times \pi$.

Dies ergibt:

$$PCD = \frac{168,5}{2,89\pi} = 18,55 \text{ mm}$$

Wenn die Anzahl der Zähne bei 7 bleibt, dann: überarbeitetes Zahnmodul $= 18,55/7 = 2,65$ – sagen wir 2,5 mm (als Standardgröße). Dies ergibt PCD $= 7 \times 2,5 = 17,5$ mm und für die Anzahl der Umdrehungen des Ritzels:

$$N = \frac{132,4}{\pi\, 17,5} = 3,06 \; Umdrehungen$$

Somit ergibt sich für das Drehmoment am Lenkrad:

$$T = 50 \times \frac{0,8}{0,97} \times \frac{3,5}{3,06} = \mathbf{47{,}16\,Nm}$$

Dies ergibt eine Reduktion des Drehmoments um 4 %, was als akzeptabel angesehen wird.

Dritte Analyse:

Eine weitere Überlegung wäre, die Anzahl der Zähne zu überarbeiten und das gleiche Zahnmodul beizubehalten.

4.6 Kräfte beim Lenken eines stehenden Fahrzeugs

Wenn das Zahnmodul bei 3 mm bleiben und die Spurbewegung gleich bleiben würde (geleistete Arbeit), wenn das Drehmoment nahe bei 50 Nm liegen würde, dann müsste der Teilkreisdurchmesser des Ritzels nahe bei 18,55 mm bleiben. Die Anzahl der Zähne wäre dann:

$$n = PCD/m = 18{,}55/3 = 6{,}18 = \mathbf{6\,Zähne}$$

Dies tendiert dazu, aus einer Design- oder Fertigungsperspektive etwas niedrig zu sein, würde aber als potenzielle Lösung gelten.

In allen Fällen müssen die **Zahnstärke und der Verschleiß** berücksichtigt werden.

Option 1 – Für einen Teilkreisdurchmesser von 17,5 mm und ein Modul von 2,5 mm wäre der Fußkreisdurchmesser des Ritzels:

$$\text{Fußkreisdurchmesser} = PCD - (2 \times \text{Zahntiefe}) = 17{,}5 - (2 \times [2{,}5 \times 1{,}25]) = \mathbf{11{,}25\,mm}$$

Hinweis: Für eine unkorrigierte Zahnform beträgt die Zahntiefe $= 1{,}25 \times$ Zahnkopfhöhe (oder Modul).

Option 2 – Eine ähnliche Analyse mit 6 Zähnen und einem Modul von 3 führt zu einem Fußkreisdurchmesser von **10,5 mm.**

Schlussfolgerung – Eine Modifikation wäre am besten einzuführen, wenn die Anzahl der Zähne bei 7 bleibt, aber das Modul auf 2,5 mm reduziert wird.

Beispiel 4.4 Es ist beabsichtigt, das in Abb. 4.43 gezeigte elektrische Lenkungssystem zu entwerfen, das folgende Merkmale aufweist:

- Ein Gleichstrom-Elektromotor treibt einen Schnecken- und Radmechanismus (S/R) an.
- Diese S/R-Getriebeeinheit dreht eine Umlaufmutter, die eine schraubenförmige Spurstange antreibt, die sich seitlich bewegt, um beide Räder zu lenken.

Die allgemeinen Details der Anordnung sind wie folgt:

Vertikale Last des Vorderrads (gleich pro Rad)	W	400 kg
Seitlicher Neigungswinkel	λ	12°
Durchmesser des Kontaktbereichs	a	200 mm
Seitlicher Neigungsversatz vom Reifenmittelpunkt	d	20 mm

Steigung der Umlaufschraube	p	6 mm
Effizienz der Schraubenanordnung	η_s	90 %
Schneckenrad-Übersetzungsverhältnis	R	12:1
Effizienz des Schneckengetriebes	η_w	60 %
Seitliche Bewegung der Schraube, um die Räder von Anschlag zu Anschlag zu lenken		180 mm
Zeit, um die Räder von Anschlag zu Anschlag zu bewegen	t	6 s

Die geometrischen Parameter für jedes Rad am betrachteten Lenkwinkel sind:

Rad 1
$X_1 = 127$ mm
$\gamma_1 = 8°$
$\alpha_1 = 28°$

Rad 2
$X_2 = 30$ mm
$\gamma_2 = 12°$
$\alpha_2 = 45°$

Es sei angenommen, dass die effektive Schnittstellenreibung μ_e durch die in Abb. 4.38 gezeigte Kurve gegeben ist. Berechnen Sie Folgendes:

(i) Schleppmoment an jedem Reifen
(ii) Hebemoment an jedem Reifen
(iii) Erwartete Motorleistung unter Verwendung der berechneten Drehmomente
(iv) Motordrehzahl

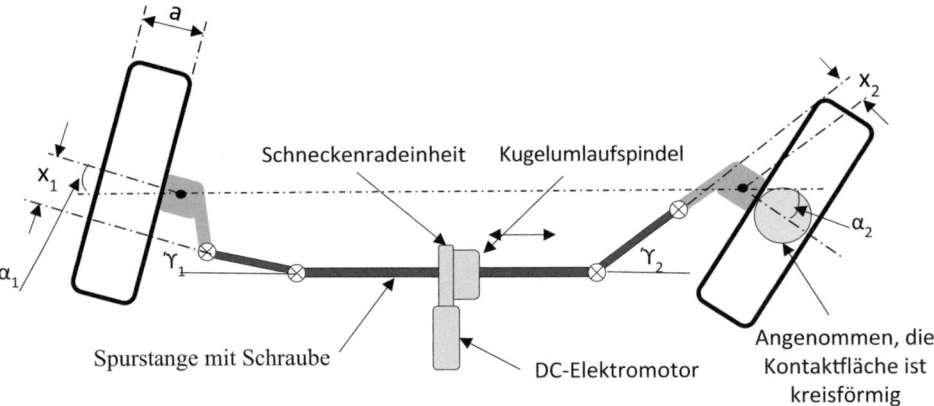

Abb. 4.43 Elektrische Lenkungsanordnung

Lösung

(i) **Schleppmoment an jedem Reifen bestimmen**

Zuerst den effektiven Reibungskoeffizienten bestimmen:

d/a = 20/200 = 0,1 ergibt $\mu_e = 0{,}55$ aus Abb. 4.38.

$$h = \sqrt{\left[d^2 + \left(\tfrac{a}{3}\right)^2\right]} = \sqrt{\left(20^2 + \left[200/3\right]^2\right)} = 69{,}6 \text{ mm ergibt}$$

$M_s = \mu_e\, W\, h = 0{,}55 \times 400 \times 9{,}81 \times 0{,}0696 = \mathbf{150{,}2\ Nm/Rad.}$

(ii) **Hebemoment an jedem Reifen bestimmen**

Das Hebemoment wird gegeben durch:

$$M_J = Wd\, \sin\lambda\, \cos\lambda\, \sin\alpha$$

Linkes Rad = $400 \times 9{,}81 \times 0{,}02 \times \sin 12 \times \cos 12 \times \sin 28 = 7{,}5$ Nm

Rechtes Rad = $400 \times 9{,}81 \times 0{,}02 \times \sin 12 \times \cos 12 \times \sin 45 = 11{,}3$ Nm

Die Gesamtdrehmomente werden dann gegeben durch:

Gesamtdrehmoment des linken Rades = 150,2 + 7,5 = **157,7 Nm**

Gesamtdrehmoment des rechten Rades = 150,2 + 11,3 = **161,5 Nm**

(iii) **Motorleistung unter Verwendung der berechneten Drehmomente schätzen**

Die horizontale Kraft entlang der Spurstange aufgrund des an jedem Rad wirkenden Moments wird gegeben durch:

$$F = \frac{M \cos\gamma}{a}$$

Daher für beide Räder:

$$\text{Horizontale Gesamtkraft} = \frac{157{,}7 \times \cos 8}{0{,}127} + \frac{161{,}5 \times \cos 12}{0{,}030} = 6495 \text{ N}$$

$$\text{Leistungsbedarf an der Spurstange} = \text{Kraft} \times \text{Entfernung} \div \text{Zeit}$$

$$= \frac{6495 \times 0{,}180}{6} = 195 \text{ W}$$

$$\text{Motorleistung} = \frac{\text{Leistung an der Spurstange}}{\text{Wirkungsgrade}} = \frac{195}{0,6 \times 0,9} = \mathbf{361\,W}$$

(iv) **Motordrehzahl bestimmen**

Schneckensteigung= 6 mm ergibt Umdrehung der Kugelgewindemutter = $180/6 = 30$ Umdrehungen
Daher:

$$\text{Motordrehzahl} = \frac{\text{Kugelgewindeumdrehungen} \times \text{Schneckenverhältnis}}{\text{Zeit}}$$

$$= \frac{30 \times 12}{6} \times 60$$

$$= \mathbf{3600\ rev/min}$$

4.7 Kräfte im Zusammenhang mit der Lenkung eines fahrenden Fahrzeugs

Die vollständigen Sätze von Kräften und Momenten, die auf einen rollenden Reifen wirken, sind in Abb. 4.44 unter Verwendung des SAE J670e Reifenachssystems dargestellt. Alle drei Kräfte plus drei zugehörige Momente beeinflussen das Moment um die Schwenkachse. Diese sind:

- Vertikalkraft (normale Radlast) und rotierendes Ausrichtmoment
- Seitenkraft (Kurvenfahrt) und rotierendes Kippmoment
- Längskraft (Antrieb/Bremsen) und rotierendes Rollwiderstandsmoment

Die Momente um die Schwenkachse jedes Rades werden durch das Lenksystem summiert und wirken schließlich durch das Lenkgetriebe, um am Lenkrad spürbar zu sein. Jede dieser Kräfte wird im Folgenden nacheinander betrachtet.

4.7.1 Normalkraft

4.7.1.1 Auswirkung des seitlichen Neigungswinkels

Dies hat Auswirkungen sowohl aufgrund der Schwenkachse als auch des Nachlaufwinkels. Der erste dieser Effekte ist derselbe wie der oben diskutierte Hebeeffekt. Unter Verwendung des SAE-Achssystems führt der Schwenkachseneffekt zu einem Moment

4.7 Kräfte im Zusammenhang mit der Lenkung eines ...

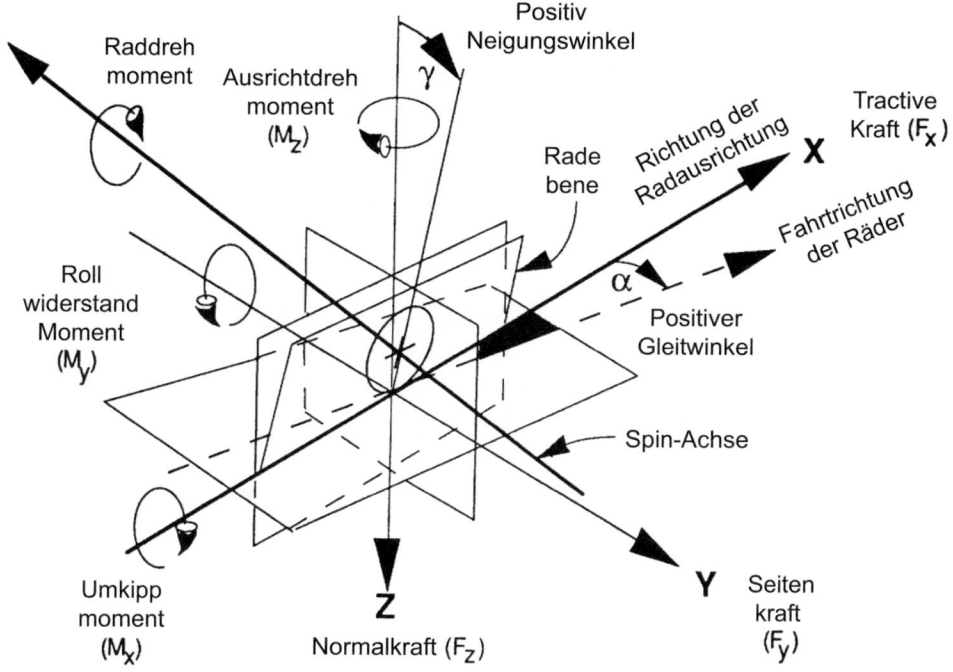

Abb. 4.44 SAE J670e Reifenachssystem

für das linke Rad, wie in Abb. 4.45 gezeigt, das ungefähr durch die folgende Gleichung gegeben ist:

$$\text{Moment} = -F_{zl}\sin\lambda d\sin\alpha \tag{4.18}$$

Das Moment ist negativ, weil die Drehung gegen den Uhrzeigersinn erfolgt. Beachten Sie, dass das Moment in eine Richtung wirkt, die das Rad in eine geradeaus gerichtete Position zurückführt und einen selbstzentrierenden Effekt erzeugt.

Ähnlich ist das Moment für das rechte Rad:

$$\text{Moment} = -F_{zr}\sin\lambda d\sin\alpha \tag{4.19}$$

Das ergibt:

$$\text{Gesamtmoment um die Kingpin-Achse} = -(F_{zl} + F_{zr})\sin\lambda d\sin\alpha \tag{4.20}$$

wobei:

F_{zl}, F_{zr} vertikale Lasten am linken und rechten Rad
d Schwenkachsenversatz am Boden
λ Schwenkachsenneigungswinkel
α mittlerer Lenkwinkel (dieser wird sich für jedes Rad leicht unterscheiden)

Abb. 4.45 Moment aufgrund der vertikalen Last und des seitlichen Neigungswinkels

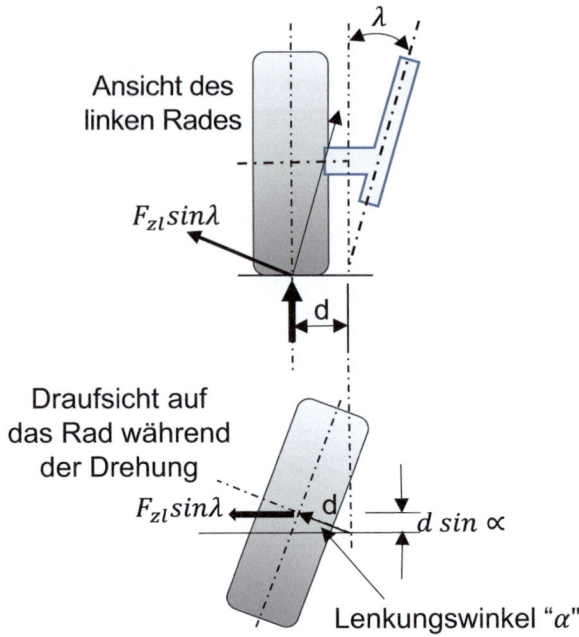

Während des Lenkens wirken die Momente, die durch die vertikale Last und den Schwenkachsenneigungswinkel an beiden Rädern entstehen, zusammen, um ein kumulatives zentrierendes Moment zu erzeugen.

Es ist angebracht, die Momente um die vertikale Achse aufzulösen, was ergibt:

$$\text{Gesamtmoment um die Vertikalachse} = -(F_{zl} + F_{zr})\sin\lambda\, d\sin\alpha\cos\lambda \quad (4.21)$$

Beachten Sie, dass, wenn λ klein ist, cos λ → 1. Ebenso kann durch Beobachtung der Momentengleichungen geschlossen werden (aufgrund der doppelten Sinus-Terme und kleinen Winkel), dass die Momente klein sein werden. Unabhängig davon ist es aus einer Designperspektive am besten, die Größen zu bestätigen, bevor entschieden wird, ob die Werte weiter berücksichtigt werden müssen.

4.7.1.2 Auswirkung des Nachlaufwinkels

Aus Abb. 4.46 ergibt sich, dass die Komponente von F_{zr} senkrecht zur Ebene des Nachlaufwinkels $F_{zr}\sin\varphi$ ist, und wenn das Rad gedreht wird, ist der entsprechende Momentarm ungefähr $d\cos\alpha$. Beachten Sie, dass die Momente am linken und rechten Rad, die sich aus dieser Geometrie ergeben, einander entgegenwirken.

Für den Nachlaufwinkel ist das Moment, das vom rechten Vorderrad während einer Kurve erzeugt wird:

$$\text{Moment um die rechte Lenkradachse} = -F_{zr}\sin\varphi\, d\cos\alpha$$

(negativ, weil das Moment am rechten Rad gegen den Uhrzeigersinn wirkt)

(4.22)

4.7 Kräfte im Zusammenhang mit der Lenkung eines ... 247

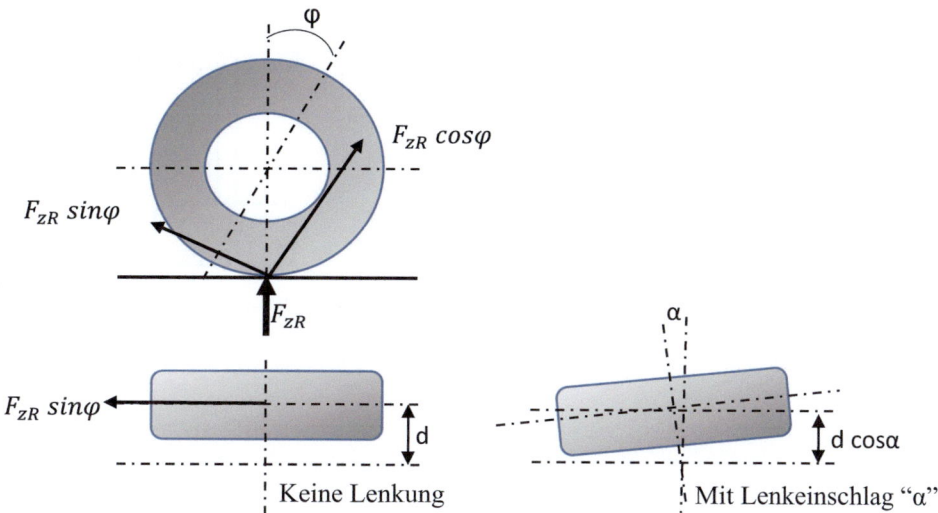

Abb. 4.46 Moment, das durch die vertikale Kraft aufgrund des Nachlaufwinkels entsteht, wenn das Rad gelenkt wird

Für das linke Vorderrad ist das Moment im Uhrzeigersinn (daher positiv):

$$\text{Moment um die linke Lenkradachse} = +F_{zl}\sin\varphi\, d\cos\alpha \qquad (4.23)$$

$$\text{Gesamtmoment um die Lenkradachse} = (F_{zl}\sin\varphi\, d\cos\alpha - F_{zr}\sin\varphi\, d\cos\alpha) \qquad (4.24)$$

wobei φ = Nachlaufwinkel und α = Lenkwinkel.

Erneut, bei der Auflösung um die vertikale Achse, wird das Moment zu:

$$\text{Gesamtmoment um die Vertikalachse} = (F_{zl}\sin\varphi\, d\cos\alpha - F_{zr}\sin\varphi\, d\cos\alpha)\cos\varphi \qquad (4.25)$$

Da jedoch φ klein ist, geht $\cos\varphi \to 1$. Ebenso zeigt die Beobachtung der Momentterme, dass sich die Momente gegenseitig aufheben, sodass der Gesamteffekt minimal ist.

Beispiel 4.5 Ein Auto hat eine Masse von 1200 kg mit einer Gewichtsverteilung von 52 % vorne und 48 % hinten. Das Auto ist rechtsgelenkt und die Fahrermasse (m_d) beträgt 100 kg. Der Anteil der Fahrermasse auf der Vorderachse verteilt sich zu zwei Dritteln auf das vordere rechte Rad und zu einem Drittel auf das vordere linke Rad, wie in Abb. 4.47 gezeigt.

In einer Automobilproduktionslinie wird festgestellt, dass die Nachlaufwinkel auf jeder Seite des Autos im Durchschnitt um 0,1° abweichen. Weitere wichtige Eigenschaften des Autos sind:

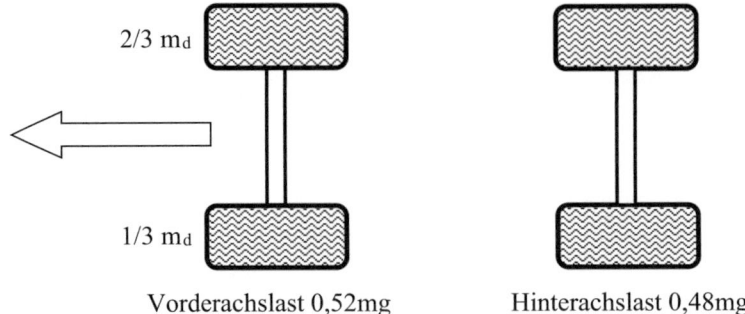

Abb. 4.47 Planansicht des Autos und der Beladung

Nachlaufwinkel auf der linken Seite (φ_L)	5°
Nachlaufwinkel auf der rechten Seite (φ_R)	5,1°
Achsschenkelversatz am Boden (d)	18 mm
Seitliche Neigungswinkel (λ)	12°
Radstand	2,55 m
Lenkwinkel	α
Vertikale Radlast	F

Durch eine Analyse erster Ordnung wird der Ingenieur gebeten, Folgendes zu bestimmen:

(i) das notwendige Drehmoment an beiden Vorderrädern, um die Räder aufgrund der Unterschiede in Nachlauf und Radlasten im Null-Lenkwinkel zu halten.
(ii) den Lenkwinkel, bei dem das Drehmoment aus dem seitlichen Neigungswinkel jenes aus dem Nachlauf ausgleicht, wenn das Lenkrad losgelassen wird.
(iii) die Strecke, die das Fahrzeug zurücklegen kann, bevor es bei diesem Lenkwinkel seitlich um 1 m (bis zum Rand der Fahrspur) abweicht, wenn das Fahrzeug zunächst zentriert und ausgerichtet in einer Fahrspur ist.

Lösung:

Gesamte unbeladene Vorderachslast $= 0{,}52 \times 1200 = 624$ kg $= 6121$ N, was 3061 N/Rad ergibt.

Zusätzliche Last durch den Fahrer $= 100$ kg $= 981$ N mit einer Verteilung von 2 : 1 rechts zu links.

Dies ergibt 654 N rechts und 327 N links durch den Fahrer.

Das ergibt eine vertikale Last des rechten Rades von = 3715 N und eine vertikale Last des linken Rades von = 3388 N.

(i) **Berechnen Sie das notwendige Drehmoment an beiden Straßenrädern, um die Räder aufgrund der Unterschiede in Nachlauf und Radlasten im Null-Lenkwinkel zu halten.**

Wir haben cos φ= cos 5° = 0,996, also sagen wir = 1.

Angenommen, der Nachlauf des linken Rades beträgt 5° und der des rechten Rades 5,1°, dann wird das Lenkmoment aus dem Unterschied im Nachlaufwinkel und den Radlasten durch Gl. (4.25) wie folgt angegeben:

$M_{Nachlauf} = F_{zl}d \sin \varphi_l \cos \alpha - F_{zr}d \sin \varphi_r \cos \alpha$

$M_{Nachlauf} = 3388 \times 0,018 \sin 5 \cos 0 - 3715 \times 0,018 \sin 5,1 \cos 0$

$M_{Nachlauf} = -0,63$ **Nm** (negativ, ergibt CCW-Moment und Lenkmoment nach links)

(ii) **Berechnen Sie den Lenkwinkel, bei dem das Drehmoment aus dem seitlichen Neigungswinkel jenes aus dem Nachlauf ausgleicht, wenn das Lenkrad losgelassen wird.**

Wir haben cos λ= cos 12° = 0,978, also sagen wir = 1.

Der Lenkwinkel, bei dem das Drehmomentgleichgewicht auftritt, wird dann durch Gl. (4.21) wie folgt angegeben:

$$M_{lat.Incl} = -(F_{zl} + F_{zr})d \sin \lambda \sin \alpha = -0,63 \, \text{Nm}$$
$$= -(7103 \times 0,018 \sin 12 \sin \alpha) = -26,58 \sin \alpha$$

Das ergibt:

$$\sin \alpha = 0,0237 \quad oder \quad \alpha \quad 1,358°$$

(iii) **Berechnen Sie die Strecke, die das Fahrzeug zurücklegen kann, bevor es bei diesem Lenkwinkel seitlich um 1 m (bis zum Rand der Fahrspur) abweicht, wenn das Fahrzeug anfangs zentriert und in einer Fahrspur ausgerichtet ist.**

Die seitliche Abweichung kann aus der Geometrie eines Fahrzeugs bestimmt werden, das auf dem Bogen eines Kreises fährt:

$$R = \frac{57,3 \text{ deg/rad}}{\alpha} \times \text{Radstand}$$

$$R = \frac{57,3}{1,358} \times 2,55 = 107,6 \, \text{m}$$

Für einen gegebenen Fahrwinkel (ψ[CDATA[]]) auf dem Kreis ist die seitliche Abweichung (Y):

$$Y = R(1 - \cos\psi) = 1\,\text{m mit } R = 107{,}6\,\text{m, das ergibt } \cos\psi = 0{,}9907$$

$$\text{oder } \psi = 7{,}82\,\text{deg}.$$

Die zurückgelegte Längsstrecke beträgt:

$$X = R\sin\psi = 107{,}6\sin 7{,}82 = \mathbf{14{,}64\,m}$$

Ohne Lenkkorrektur durch den Fahrer würde das Fahrzeug somit nach etwa 14,64 m Fahrt die Fahrspur verlassen.

4.7.2 Seitenkraft

4.7.2.1 Moment aufgrund allgemeiner Versetzung

Seitliche Kräfte erzeugen ein selbstzentrierendes Moment, weil sie am Mittelpunkt des Reifens in einem Abstand von $r\tan\varphi$ hinter dem durch den Nachlaufwinkel definierten effektiven Drehzentrum wirken, wie in Abb. 4.48 gezeigt. Der Term $r\tan\varphi$ (wobei $r=$ Reifenradius) wird oft als Nachlauf (oder mechanischer Nachlauf) bezeichnet.

Die seitliche Kraft (F_{yr}), aufgelöst über den seitlichen Neigungswinkel, ist $F_{yr}\cos\lambda$. Dies ergibt ein selbstzentrierendes Moment um die Nachlaufachse des rechten Rades.

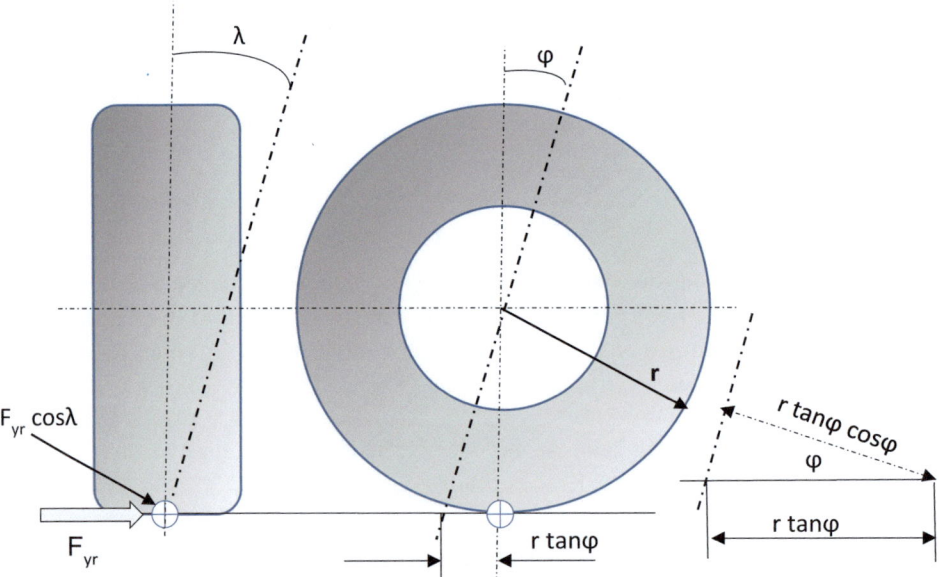

Abb. 4.48 Geometrie des selbstzentrierenden Momentarms aufgrund des Nachlaufs

$$M_r = F_{yr}\cos\lambda r\tan\varphi\cos\varphi \quad (4.26)$$

Tatsächlich erzeugen beide Räder ein selbstzentrierendes Moment, das ein Gesamtmoment ergibt:

$$\text{Selbstzentrierendes Gesamtmoment} = (F_{yr} + F_{yl})\cos\lambda r\tan\varphi\cos\varphi \quad (4.27)$$

wobei allgemein gilt: $F_{yr} = \mu_r \times F_{zr}$ und $F_{yl} = \mu_l \times F_{zl}$

4.7.2.2 Einbeziehung des Nachlaufversatzes

Wenn der Nachlaufversatz einbezogen wird, dann wird der effektive mechanische Nachlauf um einen Betrag reduziert, der dem Nachlaufversatz (t) entspricht, wie in Abb. 4.49 gezeigt, um den kinematischen Nachlauf ($r\tan\varphi - t$) zu ergeben.

Gl. (4.27) wird dann zu:

$$\text{Selbstzentrierendes Gesamtmoment} = (F_{yr} + F_{yl})\cos\lambda(r\tan\varphi - t)\cos\varphi \quad (4.28)$$

4.7.2.3 Einbeziehung der Reifenspur (auch Pneumatikspur)

Während des Kurvenfahrens verformt sich der Reifenaufstandspunkt zu einer Nierenform, wie in Abb. 4.50 gezeigt.

Der Druckmittelpunkt des Reifens, an dem die Seitenkraft am Rad (F_{yw}) und die Längskraft (F_{Long}) wirken, verlagert sich hinter die Radmitte, um eine zusätzliche Spur zu bieten, die als Reifenspur oder Pneumatikspur (P_T) bekannt ist. Beim Bremsen oder bei Zugkraft während des Kurvenfahrens verschiebt sich der Druckpunkt auch seitlich vom Reifenzentrum um einen Betrag (P_L), um ein zusätzliches Moment zu erzeugen, das aus der Zug- oder Bremskraft resultiert.

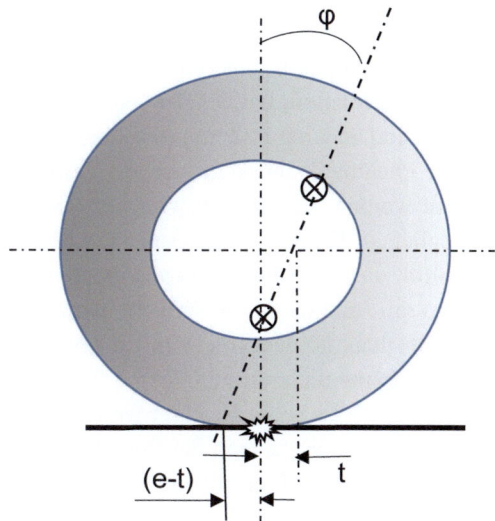

Abb. 4.49 Geometrie des selbstzentrierenden Momentarms aufgrund des Nachlaufs und des Nachlaufversatzes an der Nabe (t)

Abb. 4.50 Reifenaufstandspunkt während des Kurvenfahrens

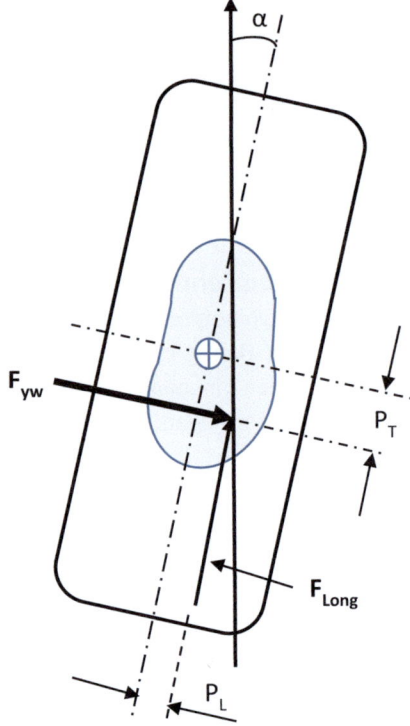

Wenn die Pneumatikspur einbezogen wird, lautet die Gleichung für das äußere Rad:

$$\text{Selbstzentrierendes Gesamtmoment} = (F_{yr} + F_{yl})\cos\lambda (r\tan\varphi - t + P_T)\cos\varphi \tag{4.27}$$

Beachten Sie, dass sich der effektive seitliche Reifen-Druckpunkt beim äußeren Reifen nach innen und beim inneren Reifen nach außen bewegt. Dies führt zu der in Abb. 4.51 gezeigten Situation, bei der der seitliche Momentarm des Reifenaufstandspunkts für die inneren und äußeren Räder unterschiedlich ist.

Die Pneumatikspur kann nur aus Testinformationen zu einem bestimmten Reifen bestimmt werden. Der Reifen wird auf einem Trommel- oder Reifenprüfstand mit einem beweglichen Flachtisch getestet. Letzterer läuft auf einem hydrostatischen Flüssigkeitsfilm, um die Reibung zu verringern. Beide Prüfstände können die Radlastkraft, die Seitenkraft (und damit die seitliche dynamische Reibung μ_y), den Schräglaufwinkel und das Selbstlenkmoment in einem Prozess messen, wobei die Radlast als Parameter dient. Es ist dann möglich, die Reifenspur für eine Reihe von Radlasten und Schräglaufwinkeln zu berechnen. Es sollte beachtet werden, dass die Bewegung von der Reifenlast abhängt, sodass sich die Positionen der Pneumatikspur für die äußeren und inneren Reifen unterscheiden. Dies wird das allgemeine Lenkgefühl (Feedback) während des Kurvenfahrens beeinflussen.

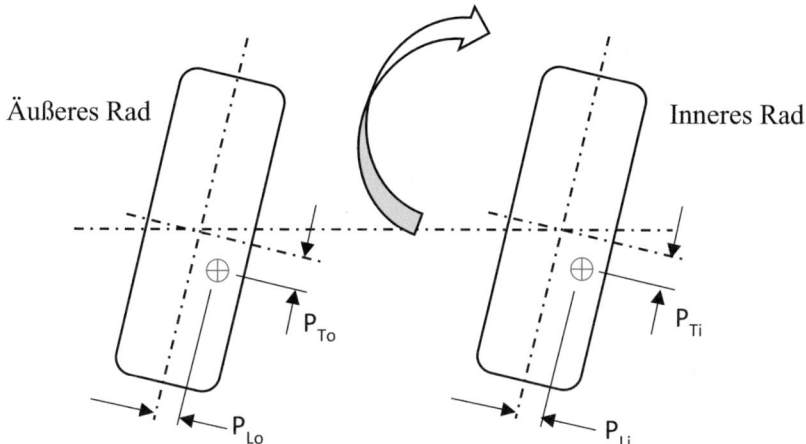

Abb. 4.51 Der Mittelpunkt des Reifenaufstandspunkts verschiebt sich nach hinten und zur Mitte des Wenderadius. Dies verändert den Angriffspunkt für vertikale und seitliche Kräfte.

4.7.3 Längskraft – Zugkraft (Frontantrieb) oder Bremsen

Diese Kräfte, ob sie nun aus dem Antrieb (Vorderradantrieb) oder dem Bremsen resultieren, wirken durch den Momentenarm, der durch den Schwenkachsoffset d definiert ist, wie in Abb. 4.52 für ein rechtes Rad gezeigt. Die Längskraft F_{xr} wird um die Nachlaufachse aufgelöst, um $F_{xr}\cos\varphi$ zu ergeben.

Wie in Abb. 4.53 gezeigt, wird der Offset d während des Lenkens auf $d\cos\alpha$ reduziert, wobei α der Lenkwinkel des Rades ist. Dies ergibt ein Moment am rechten Rad als:

$$M_r = +F_{xr}\cos\varphi d\cos\alpha \qquad (4.30)$$

Dies ist positiv, weil das Moment am rechten Rad im Uhrzeigersinn ist. Am linken Rad ist das Moment gegen den Uhrzeigersinn, d.h. negativ:

$$\text{Gesamtmoment} = F_{xr}\cos\varphi d\cos\alpha - F_{xr}\cos\varphi d\cos\alpha \qquad (4.31)$$

Wenn $\alpha = 0$, reduziert sich dies auf:

$$\text{Gesamtmoment} = (F_{xr} - F_{xr})\cos\varphi d \qquad (4.32)$$

Beachten Sie, dass sich die Effekte auf jeder Seite tendenziell gegenseitig aufheben, aber das resultierende Gesamtmoment empfindlich auf die Kräfte der linken/rechten Räder

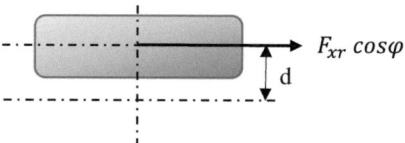

Abb. 4.52 Längskraft (Bremsen), die aufgrund des seitlichen Offsets am Boden ein Moment am rechten Rad erzeugt

Abb. 4.53 Rollwiderstandskräfte, die an den Vorderrädern wirken

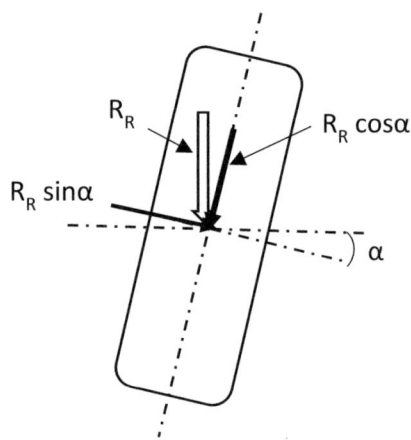

reagiert. Wenn es einen Unterschied zwischen diesen Kräften gibt, wird das Fahrzeug während des Antriebs/Bremsens zu einer Seite ziehen.

Wenn der seitliche Reifenoffset während des Kurvenfahrens (Abb. 4.53) berücksichtigt wird, dann für die Zugkraft aufgrund des Vorderradantriebs:

$$\text{Moment}_{(\text{üußeres Rad})} = F_{xo} \cos\varphi (d - P_{Lo}) \quad (4.33)$$

wobei d der Offset am Boden ist und negativ oder positiv sein kann.

Ähnlich ist das Moment für das innere Rad:

$$\text{Moment}_{(\text{inneres Rad})} = F_{xi} \cos\varphi (d + P_{Li}) \quad (4.34)$$

Die Definition von $F_{xi} = F_{xo} = F_a$ und $P_{Li} = P_{Lo} = P_L$ ergibt:

$$\text{Gesamtmoment} = F_a(d - P_L)\cos\varphi - F_a(d + P_L)\cos\varphi \quad (4.35)$$

Dies führt zu dem endgültigen einfachen Ausdruck

$$\text{Gesamtmoment} = -F_a 2 P_L \cos\varphi \quad (4.36)$$

wobei F_a = Achsenantriebskraft oder Bremskraft (wenn sich das Vorzeichen ändert).

Es ist zu beachten, dass das richtige Vorzeichen dem Versatz d und dem pneumatischen seitlichen Versatz des Reifens P_L sowie der Richtung der Längskräfte zugeordnet werden muss.

4.7.4 Rollwiderstand und Kippmomente

Dies wirkt wie in Abb. 4.53 gezeigt und kann in zwei Kräfte aufgelöst werden: eine normal zum Rad ($R_R \sin\alpha$) und die andere entlang des Rades ($R_R \cos\alpha$), wobei α der Lenkwinkel ist.

4.7 Kräfte im Zusammenhang mit der Lenkung eines ...

Die $R_R\sin\alpha$-Komponente wirkt, um ein zentrierendes Moment auf beide Räder zu erzeugen, wie folgt:

$$\text{Moment} = R_R\cos\lambda(r\tan\varphi - t + P_T)\cos\varphi \tag{4.37}$$

Die $R_R\cos\alpha$-Komponente erzeugt ein zusätzliches entgegenwirkendes Moment an jedem Rad wie folgt:

$$\text{Moment} = R_R\cos\alpha\ \cos\varphi(d - P_{Lo}) \text{ für das äußere Rad} \tag{4.38}$$

$$\text{Moment} = R_R\cos\alpha\ \cos\varphi(d + P_{Li}) \text{ für das innere Rad} \tag{4.39}$$

Dabei sind:

- P_L pneumatischer seitlicher Versatz, angenommen unterschiedlich an inneren und äußeren Rädern
- d Lenkrollradius auf der Straße
- R_R Rollwiderstand, angenommen gleich an inneren und äußeren Rädern

Das Gesamtmoment wird gegeben durch:

$$\text{Gesamtmoment} = R_R\cos\alpha\ \cos\varphi(d + P_{Li}) + R_R\cos\alpha\ \cos\varphi(d - P_{Lo})$$

oder

$$\text{Gesamtmoment} = 2dR_R\cos\alpha\ \cos\varphi \tag{4.40}$$

Beachten Sie, dass der seitliche pneumatische Versatz irrelevant wird.

Im Vergleich zu den anderen Kräften, die auf das Rad wirken, sind diese Effekte so gering, dass sie normalerweise vernachlässigt werden. Typischerweise kann die Haftung an der Reifen/Straßen-Oberfläche für Brems- und Antriebskräfte bis zu 0,8 betragen. Der Rollwiderstandskoeffizient kann so bis zu 0,01 betragen. Da beide Kräfte eine Funktion der Radlast sind, beträgt der Unterschied zwischen ihnen etwa zwei Größenordnungen.

Beispiel 4.6 Ein frontgetriebenes Auto fährt mit 60 km/h durch eine Rechtskurve mit einem Radius von 300 m. Das während dieses Manövers aufgebrachte Drehmoment an der Vorderachse beträgt 1200 Nm.

Die Anordnung der Vorderräder ist wie folgt:

Masse, die auf die Vorderachse wirkt (gleiche Masse pro Rad)	700 kg
Effektiver Reifenrollradius	320 mm
Nachlaufwinkel (φ)	5°
Seitlicher Neigungswinkel (λ)	13°
Reifen-Seitenversatz am Boden (positiv)	50 mm
Nachlaufversatz hinter dem Radzentrum	10 mm

Pneumatischer Nachlauf (hinter dem Reifen)	25 mm
Seitlicher pneumatischer Versatz	±15 mm
Lenkverhältnis	17:1

Angenommen, dass das Drehmoment gleichmäßig auf die beiden Vorderräder verteilt wird, berechnen Sie:

(i) Moment an jedem Rad aufgrund der Seitenkräfte
(ii) Moment an jedem Rad aufgrund der Antriebskraft
(iii) Resultierendes Drehmoment am Lenkrad aufgrund der Seiten- und Antriebskräfte

Lösung

(i) **Berechnen Sie das Moment an jedem Rad aufgrund der Seitenkräfte.**

Betrachten Sie die Seitenkräfte aufgrund des Kurvenfahrens (beide Seiten) wie in Abb. 4.54 dargestellt.

Zentrifugalkraft (CF) = $m\omega^2 R = mv^2/R$ = 700(60 × 1000/3600)^2/300 = 648 N (gesamt)

Nachlauf = r tan φ = 320 tan 5°

Pneumatischer Nachlauf = 25 mm

Nachlaufversatz = 10 mm

Gesamtnachlauf = (320 tan 5°) − 10 + 25 = 43 mm
   Der Bezug auf Abb. 4.55 ergibt:

$$\text{Moment} = \text{Seitenkraft} \times \text{Nachlauf} = 648 \times 0{,}043 = 27{,}86\,\text{Nm}$$

Die Auflösung des Moments um die Schwenkachse ergibt:

Gesamtmoment an den Rädern aufgrund der Seitenkraft M_{lat} = 648 × 0,043 cosν cosλ = 648 × 0,043 × cos5° cos13° = 27 Nm **gegen den Uhrzeigersinn.**

Hinweis: Die Auflösung um die Schwenkachse hat minimalen Einfluss auf das endgültige Moment und aus Sicht des Designers kann es vorteilhafter sein, den Grundwert von 27,86 Nm zu berücksichtigen, da dies eine kleine Sicherheitsmarge bietet.

Abb. 4.54 Auswirkung der seitlichen Kurvenkräfte

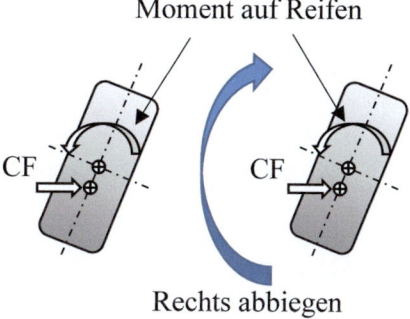

Abb. 4.55 Auswirkung der Zugkraft

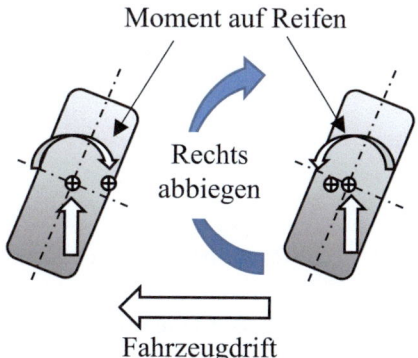

(ii) **Berechnen Sie das Moment an jedem Rad aufgrund der Zugkraft.**

Zugkraft (TE) = Drehmoment/Reifenrollradius

Daher: TE pro Rad = 300/0,031 = 1935 N
  Aus Abb. 4.55:

$$\text{Moment} = \text{Längskraft} \times \text{Offset} = \text{TE} \times (50 \pm 15)$$

Betrachten Sie das linke Rad (Fahrzeugdrift erhöht den Versatz auf der Straße):

$$\text{Moment} = 1935 \times (0{,}050 + 0{,}015) = 1935 \times 0{,}065$$

Und um die Schwenkachse ist das Moment = $1935 \times 0{,}065 \cos 5° =$ **125 Nm im Uhrzeigersinn.**

Betrachten Sie das rechte Rad (Fahrzeugdrift verringert den Versatz auf der Straße):

Moment = $1935 \times (0{,}050 - 0{,}015) \cos 5° =$ **68 Nm gegen den Uhrzeigersinn**

Gesamtmoment aufgrund der Längskraft: $M_{long} = 125 - 68 =$ **57 Nm im Uhrzeigersinn**

(iii) **Berechnen Sie das resultierende Drehmoment am Lenkrad aufgrund von Quer- und Traktionskräften.**

Gesamtdrehmoment $M_{total} = M_{long} + M_{lat} = 57$ c/w + 27 c–c/w = $57 - 27 =$ **30 Nm im Uhrzeigersinn**

Drehmoment am Lenkrad $= M_{total}/$Lenkverhältnis$= 30/17 =$ **1,8 Nm im Uhrzeigersinn**

Beachten Sie, dass bei Berücksichtigung der Effizienz das am Lenkrad fühlbare Drehmoment reduziert wird, da sich für das Drehmoment am Lenkrad dann ergibt:

$$T_{sw} = \frac{M_{total} \times \eta}{Lenkungsübersetzung}$$

4.8 Vierradlenkung (4WS)

Die Steuerung der Hinterräder zusätzlich zu den Vorderrädern kann einen erheblichen Einfluss auf das Fahrverhalten des Fahrzeugs haben. Es gibt zwei unterschiedliche Methoden, um die Hinterradlenkung zu erreichen: (a) durch passive Mittel, die auf die Wirkung der Querkräfte in Kombination mit der Federungskompatibilität setzen, oder (b) durch aktive Mittel, bei denen ein Aktuator die Hinterradlenkwinkel steuert. Passive Lenkungseffekte werden im vorhergehenden Kapitel über Federungssysteme und -komponenten diskutiert, da diese Effekte ein wesentlicher Bestandteil des Federungsdesigns sind. Aktive Geräte werden hier besprochen, da sie direkt mit dem Lenksystemdesign verbunden sind. Verschiedene Systeme wurden vorgeschlagen, die auf mechanischer, hydraulischer und elektrischer Betätigung basieren, und die japanischen Hersteller waren besonders daran interessiert, 4WS-Fahrzeuge zu vermarkten.

Die 4WS-Systeme sind normalerweise so angeordnet, dass bei Manövern mit niedriger Geschwindigkeit die Hinterräder in entgegengesetzter Richtung zu den Vorderrädern lenken. Bei hohen Geschwindigkeiten lenken die Hinterräder in die gleiche Richtung wie die Vorderräder. Bei niedrigen Geschwindigkeiten wird die Manövrierfähigkeit durch den reduzierten Wendekreis erhöht. Eine Folge der Hinterradlenkung ist jedoch die erhöhte Tendenz des Fahrzeughecks, nach außen zu schwingen (d. h. der Off-Tracking-Effekt); dies kann beispielsweise beim Parken in der Nähe von Wänden Schwierigkeiten verursachen. Bei hohen Geschwindigkeiten sind die Vorteile der phasengleichen

4.8 Vierradlenkung (4WS)

Hinterradlenkung in einem besseren Einschwingverhalten, z. B. bei Spurwechselmanövern, sowie einer verbesserten Kontrolle der Gierdämpfung nach einem transienten Eingriff.

Vorteile der 4WS:

- Überlegene Kurvenstabilität
- Verbesserte Lenkansprechbarkeit und Präzision
- Stabilität bei hohen Geschwindigkeiten in gerader Linie
- Deutliche Verbesserung bei schnellen Spurwechselmanövern
- Kleinerer Wendekreis und Manövrierfähigkeit auf engem Raum bei niedriger Geschwindigkeit

Im Allgemeinen werden bei niedrigen Lenkwinkeln die Hinterräder in die gleiche Richtung wie die Vorderräder gedreht, während bei hohen Lenkwinkeln die Hinterräder in die entgegengesetzte Richtung gedreht werden. Dies wird in Abb. 4.56 demonstriert. Offensichtlich muss die Lenkcharakteristik der Hinterräder mit der der Vorderräder verknüpft sein. Wenn die Vorderräder in einem kleinen Winkel gedreht werden, drehen sich die Hinterräder in einem kleinen Winkel in die gleiche Richtung. Wenn der Winkel der Vorderräder allmählich zunimmt, werden die Hinterräder in eine zentrale Position

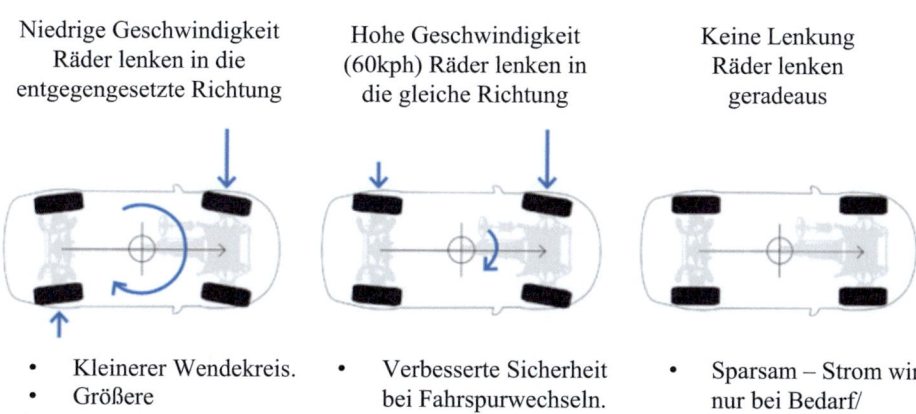

Abb. 4.56 Richtung der Räder bei der Vierradlenkung während des allgemeinen Fahrens. (*Quelle:* ZF Friedrichshafen AG)

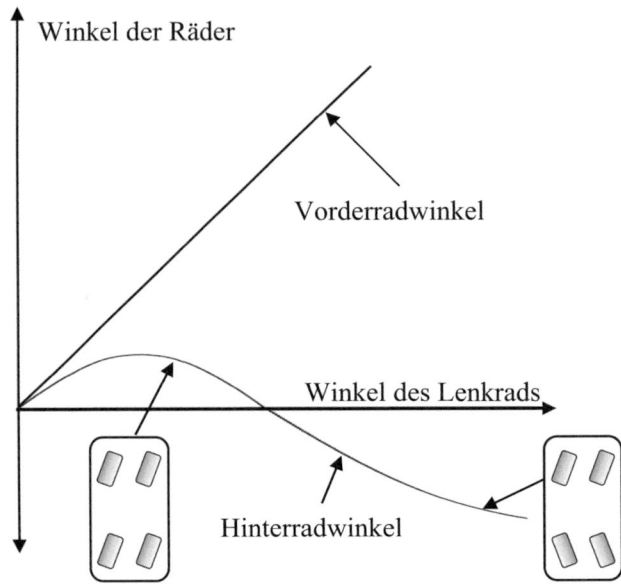

Abb. 4.57 Beziehung zwischen Vorder-/Hinterrädern und Lenkradwinkel

zurückgeführt und beginnen sich dann in die entgegengesetzte Richtung zu drehen. Diese Charakteristik ist in Abb. 4.57 dargestellt. Frühere mechanische Designs erreichten dies durch ein Hinterachslenkgetriebe, das mechanisch mit dem Vorderachslenkgetriebe verbunden war. Diese Systeme wurden komplexer, als die Servolenkung eingeführt wurde, aber mit der Einführung der elektrischen Lenkung wurden sie in gewissem Maße vereinfacht.

Neuere Designs, die als aktive kinematische Steuerung bezeichnet werden, umfassen Varianten zur Lenkung der Hinterräder. Das Gesamtkonzept ist in Abb. 4.58 dargestellt, das eine aktive Überlagerungslenkungseinheit und eine elektromechanische Lenkung sowohl an der Vorder- als auch an der Hinterachse umfasst. Die Hinterradlenkung kann ein gemeinsames zentrales Modul (oder einen einzelnen Aktuator) oder ein Modul für jedes Rad, das als Doppelaktuator bezeichnet wird, verwenden. Der Doppelaktuator ermöglicht die Lenkung jedes der Hinterräder und bietet eine bessere Kontrolle über die Gesamtgeometrie des Systems. Beide Systeme sind grundsätzlich in Abb. 4.59 dargestellt. Es wird erwartet, dass die Vorderachse ebenfalls auf Doppelaktuierung erweitert wird, um eine bessere Kontrolle der Lenkgeometrie mit den damit verbundenen Sturzänderungen zu ermöglichen. Die primäre Einschränkung wird der Platz sein.

Die Anordnung für einen einzelnen Aktuator ist in Abb. 4.60 und der einzelne (zentrale) Aktuator in Abb. 4.61 dargestellt. Ein Paar Doppelaktuatoren ist in Abb. 4.62

4.8 Vierradlenkung (4WS)

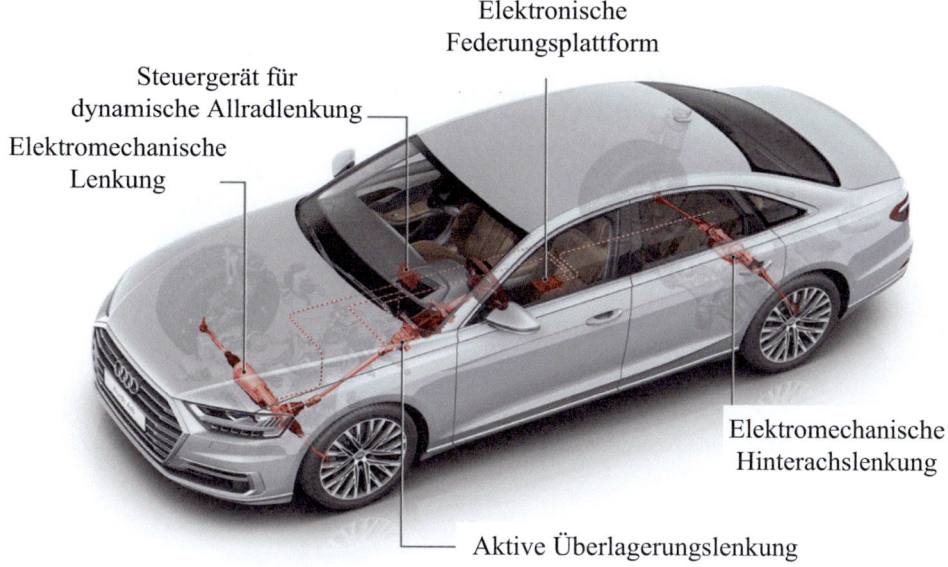

Abb. 4.58 Lenkanordnung für 4WS: „aktive kinematische Steuerung" (AKC). (*Quelle:* ZF Friedrichshafen AG)

Abb. 4.59 Doppel- und zentrale Einzelaktuierung für 4WS. (*Quelle:* ZF Friedrichshafen AG)

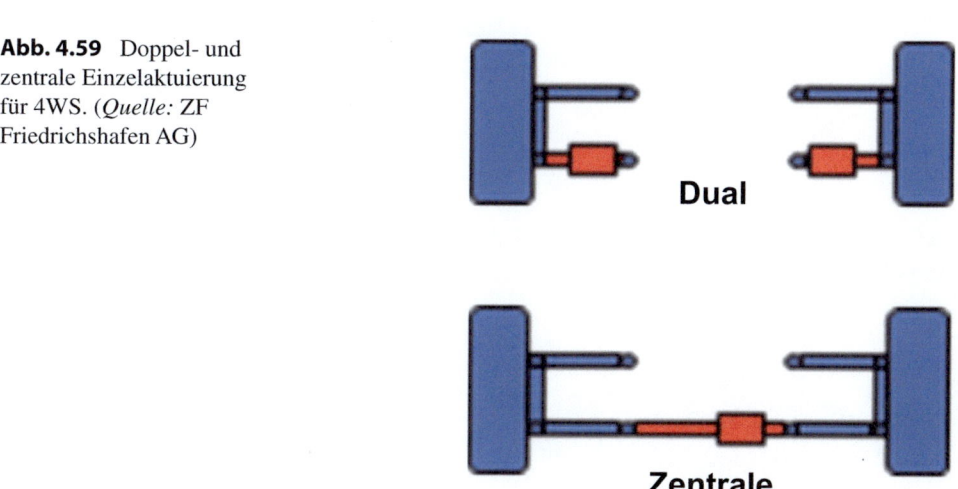

dargestellt. Mit den Doppelsensoren wird es notwendig sein, Positionssensoren für jedes Rad zu haben, um eine Positionsrückmeldung und eine „Null"-Einstellung für das Geradeausfahren zu ermöglichen.

Abb. 4.60 Die allgemeine Anordnung eines einzelnen (zentralen) Aktuators. (*Quelle:* ZF Friedrichshafen AG)

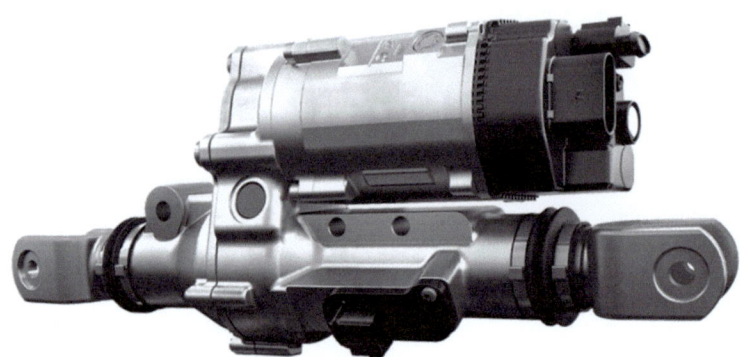

Abb. 4.61 Bild eines einzelnen (zentralen) Aktuators, der beide Hinterräder zusammen lenkt. (*Quelle:* ZF Friedrichshafen AG)

Abb. 4.62 Bild eines Doppelaktuators, bei dem jedes Hinterrad unabhängig gelenkt wird. (*Quelle:* ZF Friedrichshafen AG)

4.9 Entwicklungen in der Lenkunterstützung – Aktive Drehmomentdynamik

Betrachten Sie einen Körper, der auf vier Lenkrollen montiert ist – er kann sich in jede ebene Richtung frei bewegen. Wenn es gewünscht wird, den Körper zu lenken, wäre es notwendig, zuerst die Richtung einer Achse zu kontrollieren (zum Beispiel lateral für die Vorderachse). Die Richtung wird erreicht, indem eine Längskraft am Heck, aber zur Seite hin versetzt, bereitgestellt wird. Diese versetzte Kraft liefert die lineare Kraft für die Vorwärtsrichtung, erzeugt aber auch ein Moment, um die Lenkung zu induzieren. Im Wesentlichen ist dies die Methode, die verwendet wird, um einen Einkaufswagen zu lenken und anzutreiben. Die Vorderräder sind fest (laterale Begrenzung) und die Hinterräder sind Lenkrollen. Das Heck wird bewegt und der Wagen dann geschoben. Wenn ein ähnliches Prinzip auf ein Fahrzeug angewendet wird, ist zusätzliche Lenkunterstützung möglich. Bei Allradfahrzeugen kann dies auf zwei Arten erreicht werden, wie im Folgenden beschrieben.

4.9.1 Aktive Gierdämpfung

Hauptsächlich bei Allradfahrzeugen verwendet, nutzt diese die vorderen und hinteren Differentiale, um das auf jedes Rad angewendete Drehmoment zu modulieren, indem sie je nach dynamischer Situation gesperrt und entsperrt werden. Somit kann das System das an jedes Rad bereitgestellte Drehmoment in Echtzeit modulieren. Wenn das Lenksystem feststellen kann, dass eine Kurve durchfahren wird, kann es dem Fahrzeug erlauben, die Kurve mit dem notwendigen Hinterradantrieb zu durchfahren, um das Fahrzeug in die Kurve zu „schieben" (da auf die Hinterräder weniger Zentrifugalkraft wirkt). Während das Fahrzeug die Kurve durchfährt, erhöht sich das Raddrehmoment progressiv auf die Vorderräder, um es aus der Kurve „herauszuziehen" (weniger Zentrifugalkraft auf die Vorderräder). Im Allgemeinen wird das Drehmoment von den Hinterrädern auf die Vorderräder übertragen, während die Kurve durchfahren wird, wobei die Verteilung zugunsten der Vorderräder erfolgt, wenn die Kurve verlassen wird. Dies bietet maximales Geradeausdrehmoment, wenn das Fahrzeug die Kurve verlässt, und erhöht so die Stabilität.

Die Modulation des Drehmoments von Seite zu Seite, basierend auf Gier- und Raddrehzahldaten, erhöht die Stabilität weiter, insbesondere auf rutschigen Oberflächen und in Notsituationen.

4.9.2 Aktiver Drehmomenteingang

Dieser Prozess erkennt eine Verringerung der Lenkfähigkeit, möglicherweise aufgrund von Frontend-Drift. In einer solchen Situation wird der Geradeausantrieb auf eines der Hinterräder erhöht und unterstützt so die Kurvenfähigkeit, indem die Drift korrigiert wird. Umgekehrt kann während eines kombinierten Kurven- und Bremsmanövers das Bremsen ausgeglichen werden, um festgestelltes Über- oder Untersteuern zu kompensieren. Diese Methode bezieht sich direkt auf das Eingangsdrehmoment (Zug- oder Bremskraft) auf jedes Rad und kann daher als aktive Drehmomentverteilung bezeichnet werden.

4.10 Abschließende Bemerkungen

Dieses Kapitel hat grundlegende Themen rund um die Lenkung von Straßenfahrzeugen eingeführt. Besonderes Augenmerk wurde auf die allgemeinen geometrischen und kinematischen Anforderungen gelegt, um das Fahrzeug sicher und zuverlässig steuern zu können. Die Bedeutung der Berechnung von Lenkradlasten sowohl für quasistatische als auch für dynamische Manöver wurde hervorgehoben. Kap. 3 hat bereits die engen Verbindungen zwischen Lenk- und Aufhängungssystemen betont, insbesondere bei modernen Frontantriebsfahrzeugen, bei denen der Platzbedarf sehr gering ist.

Entwicklungen in Lenksystemen werden mehr aktive Steuerung und weitere Leistungsverbesserungen umfassen. Zum Beispiel liefern Vorschriften Informationen zu Wendekreisen, aber nicht zu Lenkwinkeln. Im Allgemeinen haben Autos einen Lenkwinkel von etwa $\pm 35°$, aber dies bietet möglicherweise nicht die erforderliche Manövrierfähigkeit für beengtes Parken. Die Entwicklung der Allradlenkung hilft, solche Manöver zu verbessern, kann jedoch zu unnötigen Kosten führen, wenn das Fahrzeug nur für den städtischen Gebrauch bestimmt ist. Wenn eine verbesserte Parkfähigkeit erforderlich ist, sind größere Lenkwinkel vonnöten, daher werden normalerweise $\pm 65°$ für Taxis angegeben. Solche Bedürfnisse werden mit Konzeptentwürfen für verbesserte urbane Mobilität angesprochen, die darauf hindeuten, dass ein Lenkwinkel von bis zu $\pm 75°$ erreichbar ist. Dies wird die Wende- und Parkmanövrierfähigkeit verbessern und allen Fahrzeugen beim Betrieb in der Stadt zugutekommen. Abb. 4.63 zeigt ein solches Konzeptdesign für ein städtisches Fahrzeug.

4.10 Abschließende Bemerkungen

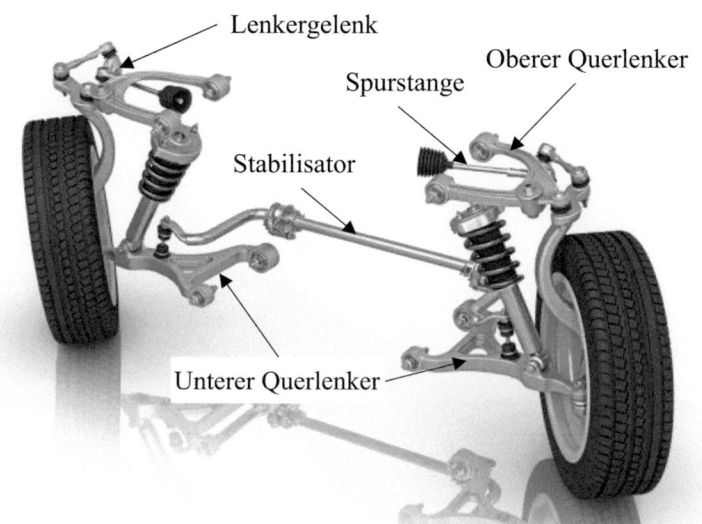

Abb. 4.63 Konzeptlenkanordnung für verbesserte Manövrierfähigkeit eines städtischen Fahrzeugs. (*Quelle:* ZF Friedrichshafen AG)

5. Fahrzeugstrukturen und -materialien

Zusammenfassung

Dieses Kapitel beginnt mit einer Überprüfung der Fahrgestellstrukturen für die verschiedenen Klassen von Straßenfahrzeugen, einschließlich serienmäßig hergestellter Personenkraftwagen, Hochleistungsfahrzeuge, kleiner Sportwagen und Nutzfahrzeuge. Es fährt fort, die verschiedenen, in Fahrzeugstrukturen verwendeten Materialien zu betrachten, wobei der Schwerpunkt auf der Reduzierung des Fahrzeuggewichts und damit der CO_2-Emissionen durch den Einsatz von hochfestem Stahl, Aluminium und Verbundwerkstoffen liegt. Der folgende Abschnitt skizziert verschiedene Methoden zur Analyse von Fahrzeugstrukturen, einschließlich sowohl traditioneller theoretischer Methoden als auch moderner computergestützter Techniken. Die Crashsicherheit von Fahrzeugen bei Stoßbelastung wird dann betrachtet und eine spezielle Fallstudie zur Crashsicherheit eines kleinen Raumrahmen-Sportwagens ausführlich vorgestellt. Der letzte Abschnitt des Kapitels befasst sich mit der Dauerhaftigkeitsbewertung von Fahrzeugstrukturen und enthält erneut eine detaillierte Fallstudie zur Ermüdungsbewertung und Optimierung einer Fahrwerkskomponente.

5.1 Überprüfung der Fahrzeugstrukturen

Der Zweck jeder Straßenfahrzeugstruktur besteht darin, alle Hauptkomponenten und Baugruppen, die das vollständige Fahrzeug ausmachen (d. h. Motor, Getriebe, Aufhängung usw.), zu tragen und auch die Passagiere und/oder die Nutzlast auf sichere und komfortable Weise zu transportieren.

In den frühen Jahren der Kraftfahrzeuge wurden sowohl Personenkraftwagen als auch Nutzfahrzeuge auf traditionelle Weise mit einem separaten Fahrgestellrahmen hergestellt, an den eine nichtstrukturelle Karosserie angebracht wurde. Diese Bauweise hat bei Nutzfahrzeugen und auch bei spezialisierten Automarken wie Morgan überlebt. Da der Fahrgestellrahmen alle aufgebrachten Lasten trägt (d. h. Eigengewichtslasten durch das Eigengewicht des Fahrzeugs und der Nutzlast sowie „lebende" Lasten durch aerodynamische und dynamische Reifenlasten), muss er ausreichend stark und steif sein. Die meisten Fahrgestellrahmen haben eine Leiterform, das heißt zwei Längsträger, die durch eine Anzahl von Quer- oder Kreuzträgern verbunden sind, die nicht alle senkrecht zu den Längsträgern stehen müssen, sondern eine diagonale oder kreuzförmige Form annehmen können. Die Karosserie dient hauptsächlich als Schutz vor den Elementen; sie ist im Allgemeinen über flexible Lagerungen (meistens Gummi) vom Fahrgestell isoliert und trägt daher nur sehr wenig zur Gesamtsteifigkeit des Fahrzeugs bei.

Der Hauptnachteil des separaten Fahrgestellrahmens besteht darin, dass es sich im Wesentlichen um eine 2-D-Struktur handelt und die Elemente daher einen hohes Widerstandsmoment aufweisen müssen und relativ schwer sind. Darüber hinaus führt dies unvermeidlich zu Montageproblemen aufgrund des großen Unterschieds in der Steifigkeit zwischen dem Rahmen und der Karosserie. Diese Bauweise hat jedoch bei Nutzfahrzeugen überlebt, da eine Vielzahl unterschiedlicher Karosserieformen auf einem gemeinsamen Leiterrahmen montiert werden kann und das Gewicht der Fahrzeugstruktur weniger von Bedeutung ist als ihre Gesamttragfähigkeit, siehe Abb. 5.1 für ein typisches Beispiel.

Nach dem Zweiten Weltkrieg führte der Drang, eine effizientere Struktur für Personenkraftwagen zu entwickeln, zur Entwicklung halbintegrierter Bauweisen. Diese behalten eine starke Fahrgestellstruktur bei, aber durch die steifere Montage der Karosserie muss letztere einen Teil der aufgebrachten Lasten tragen. Natürlich muss die Karosserie dann so konstruiert sein, dass sie diesen Lasten standhält, und es muss noch mehr Aufmerksamkeit auf die Befestigungspunkte zwischen Rahmen und Karosserie gelegt werden, da zwischen den beiden Strukturen erhebliche Kräfte übertragen werden. Darüber hinaus bleiben halbintegrierte Fahrzeuge relativ schwer und müssen sorgfältig mit engen Toleranzen montiert werden, da kleine Fehlstellungen die Spannungen in der Nähe der Befestigungspunkte stark erhöhen können.

Die letzte Stufe in der Entwicklung der Struktur von in Massenproduktion hergestellten Personenkraftwagen war das Aufkommen von einheitlichen oder integralen Bauweisen. Wie der Name schon sagt, haben solche Fahrzeuge kein erkennbares separates Fahrgestell und die gesamte Karosserie ist als integrale Einheit ausgelegt, die die aufgebrachten Lasten aufnehmen und die notwendige Steifigkeit für das Fahrzeug bereitstellen kann. Diese Bauweise erzeugt eine Struktur, die in der Art und Weise, wie sie sich verformt und Lasten trägt, wirklich 3-D ist. Daher kann sie so konstruiert werden, dass sie deutlich leichter ist als Fahrzeuge mit traditionellem Fahrgestellrahmen, aufgrund der relativ großen Tiefe der gefertigten Strukturen, die zur Aufnahme der Biege- und Torsionslasten verwendet werden. Da diese Strukturen jedoch konventionell aus relativ dünnem Stahl- oder Aluminiumblech hergestellt werden, müssen sie sehr oft mit Verstärkungen versteift oder als Kastensektionen ausgeführt werden. Dies erfordert komplexe Werkzeuge und Montagetechniken, deren Kosten nur für in Massenproduktion hergestellte Fahrzeuge gerechtfertigt werden

5.1 Überprüfung der Fahrzeugstrukturen

Abb. 5.1 Typisches kleines Lkw-Fahrgestell. (*Quelle:* Christopher Ziemnowicz, lizenziert unter [CC BY-SA 2.5] via Wikimedia Commons)

können. Abb. 5.2 zeigt eine moderne Aluminium-Integral-Karosserie auf einer Roboter-Montagelinie. Die Komplexität der Karosseriekonstruktion sowie die robotergestützten Fertigungsprozesse sind offensichtlich.

Neben den in Massenproduktion hergestellten Fahrzeugen mit integraler Stahl- und (in jüngerer Zeit) Aluminiumstruktur existiert eine Reihe alternativer Bauweisen für spezialisierte, in geringen Stückzahlen hergestellte Personenkraftwagen. Diese reichen von dem herkömmlichen Fahrgestell plus separater Karosserie, die bei traditionellen Sportwagen wie dem Morgan verwendet wird, bis hin zu der High-Tech-Aluminium- plus Verbundbauweise, die bei den neuesten Hochleistungssportfahrzeugen wie denen von Lotus verwendet wird. Verbundwerkstoffe, die aus einem duroplastischen Epoxid- oder Polyesterharz bestehen, das mit Glasfasermatten verstärkt ist, werden natürlich seit Langem beim Bau von Karosserieteilen für Nischensportwagen (oder als Ersatz für korrodierte Stahlteile bei in Massenproduktion hergestellten Fahrzeugen) verwendet. Kürzlich wurden fortschrittlichere Verbundwerkstoffe mit einer zäheren thermoplastischen Matrix und stärkeren, steiferen Fasern wie Kohlenstoff oder Kevlar als tragende Elemente in Sportwagen und anderen spezialisierten Fahrzeugen eingeführt. Natürlich basiert die Karosseriestruktur von F1-Grand-Prix-Autos und ähnlichen Fahrzeugen fast ausschließlich auf der Verwendung von Kohlefaser-Verbundwerkstoffen, um die außergewöhnliche Steifigkeit, Stärke und Leichtigkeit dieser Fahrzeuge zu gewährleisten.

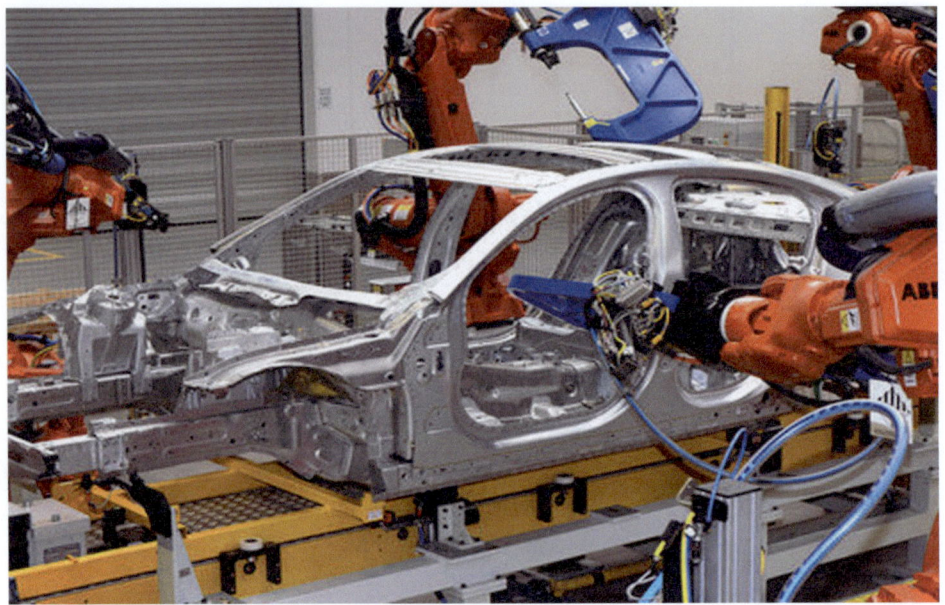

Abb. 5.2 Aluminium-Integral-Karosserie während der Herstellung. (*Quelle:* Jaguar Land Rover Ltd.)

Eine wichtige Fahrzeugklasse im Bereich der kleinen Sportwagen nutzt die sogenannte Raumrahmen-Fahrgestellbauweise. Ein echter Raumrahmen ist eine Ansammlung von Rohrprofilen, die normalerweise zusammengeschweißt und so trianguliert sind, dass die Profile nur Zug- und Drucklasten tragen und nicht in nennenswertem Maße Biege- oder Torsionsbelastungen ausgesetzt sind. Ein gutes Beispiel für diese Bauweise ist der Caterham Super Seven (ehemals der Lotus Seven), der in Abb. 5.3 dargestellt ist. Die Hauptprofile bestehen überwiegend aus quadratischen 16 SWG- oder 18 SWG-Stahlrohren (mit einigen Rundrohren an bestimmten Stellen), die MIG-geschweißt sind, um einen starken und steifen Rahmen zu erzeugen, an dem alle anderen Komponenten des Fahrzeugs (Motor, Aufhängung, Karosserieteile usw.) direkt montiert sind. Solche Raumrahmen-Fahrgestelle werden weit verbreitet im Kit-Car-Markt sowie beim Bau von kostengünstigen Rennwagen wie in Formula Student/SAE-Rennwagen verwendet, und das aufgrund der geringen Werkzeugkosten für solche Raumrahmen.

Wenn man kurz die Strukturen von Nutzfahrzeugen betrachtet, verwenden die meisten von ihnen ein separates Fahrgestell, das in der Regel aus gewalzten Stahlprofilen in Form von U- oder I-Trägern hergestellt wird. Zwei Hauptlängsträger erstrecken sich normalerweise über die gesamte Länge des Fahrzeugs. Diese sind durch Querträger verbunden, um eine Leiter- und/oder Kreuzform zu bilden, wie in Abb. 5.1 dargestellt. Die Antriebseinheit, die Fahrsteuerungen, die Achsen und die Fahrerkabine sind direkt auf dem Fahrgestell montiert und bilden oft eine eigenständige Einheit. Eine separate Ladefläche

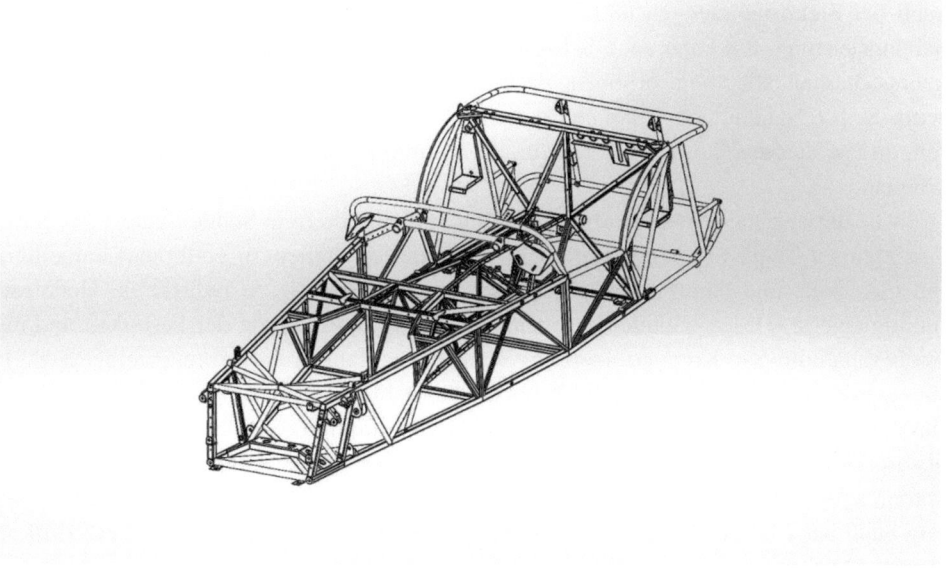

Abb. 5.3 Typisches Raumrahmen-Fahrgestell für einen kleinen Sportwagen. (*Quelle:* Caterham Cars Ltd)

oder ein Aufbau wird ebenfalls je nach Verwendungszweck auf dem Rahmen montiert. Eine starke Strukturplatte (oder Trennwand) erstreckt sich normalerweise bis zur vollen Höhe der Kabine, um den Fahrer zu schützen und zu verhindern, dass die Ladung bei starker Belastung nach vorne rutscht. Gelenkfahrzeuge, die aus einer Zugmaschine und einem separaten Anhänger bestehen, verwenden eine ähnliche Bauweise, außer dass nur die Zugmaschine die Kabine und den Antriebsstrang aufnehmen muss. Schließlich verwenden Busstrukturen normalerweise einen stabilen 3-D-Rahmen, der starr auf dem Fahrgestell montiert ist und an dem die Karosserieteile befestigt sind. Überschlags- und Seitenaufprallschutz sind offensichtlich von großer Bedeutung im Strukturdesign von Bussen und Reisebussen, während für schwere Nutzfahrzeuge hintere und seitliche Schutzvorrichtungen vorgeschrieben sind, um zu verhindern, dass andere Fahrzeuge bei Unfallszenarien unter die Fahrgestellstruktur „untertauchen".

5.2 Materialien für leichte Karosseriestrukturen

Die verpflichtenden Anforderungen an Fahrzeughersteller, die durchschnittlichen Flottenemissionen von CO_2 zu reduzieren, haben nicht nur zu Entwicklungen bei Antrieben wie verkleinerten Verbrennungsmotoren und Hybrid-/Elektroantrieben geführt, sondern auch zu einer starken Motivation, das Fahrzeuggewicht zu reduzieren. Eine reduzierte Fahrzeugmasse verringert den Energieverbrauch sowohl bei Verbrennungsmotoren als auch bei Elektrofahrzeugen und verbessert die Beschleunigungs-/Verzögerungs-/Handhabungsleistung. Sie kann auch Schäden an Straßenoberflächen verringern und die Verkehrssicherheit allgemein erhöhen, da die kinetische Energie der Fahrzeuge reduziert wird. Selbst Nutzfahrzeuge können von einer leichten Fahrgestellkonstruktion profitieren, da Spediteure dann die Nutzlast für ein bestimmtes Gesamtgewicht (GVW) erhöhen können.

In Bezug auf integrale Bauformen wurden interstitielle freie Stähle (legiert mit geringen Mengen Titan, um Kohlenstoff aus interstitiellen Stellen zu entfernen) eingeführt, um die Dicke und damit das Gewicht der Karosseriebleche zu reduzieren. Hochfeste niedriglegierte (HSLA-)Stähle (legiert mit Mangan zur Erhöhung der Festigkeit und mit Niob/Vanadium zur Kornverfeinerung) wurden ebenfalls weit verbreitet eingesetzt. In jüngerer Zeit wurden fortschrittliche hochfeste Stähle (AHSS) eingeführt, die aufgrund ihrer verbesserten mechanischen Eigenschaften, einschließlich eines guten Energieabsorptionsverhaltens bei Aufprall (außer bei den sehr hochfesten Stählen, die relativ spröde sind), bevorzugt werden. Diese AHSS enthalten typischerweise Phasen von hartem Stahl wie Martensit, Bainit oder Austenit zusätzlich zur üblichen Ferrit/Perlit-Mikrostruktur. Die resultierende erhöhte Streckgrenze ermöglicht es, die Blechdicken weiter zu reduzieren, verursacht jedoch auch Fertigungsschwierigkeiten aufgrund der verringerten Duktilität und der hohen Mengen an gespeicherter elastischer Energie, die Probleme wie das „Rückfedern" nach Umformvorgängen verschärfen können (Rückfedern ist die Tendenz eines gepressten Blechs, nach dem Umformvorgang in seine ursprüngliche Form zurückzukehren).

Eine Möglichkeit, diese Umformschwierigkeiten zu mildern, ist die Verwendung von maßgeschneiderten Schweißblechen (TWBs). Diese bestehen aus mehreren Blechen unterschiedlicher Formen und Dicken, die zusammengeschweißt und dann in die gewünschte Form gepresst werden. Dies bedeutet, dass die Dicke dort erhöht werden kann, wo strukturelle Steifigkeit erforderlich ist, aber an anderen Stellen dünner gemacht werden kann, um die Formbarkeit zu verbessern und das Gewicht weiter zu reduzieren. Die Optimierung der Vorteile von TWBs erfordert ein detailliertes Verständnis und eine Analyse der Belastung der Karosserieschale im Einsatz sowie Kenntnisse der Fertigungsprozesse und der relevanten Formbarkeitseigenschaften der verwendeten Materialien sowie ihrer Kosten.

In den letzten Jahren wurde im oberen Segment des Pkw-Marktes dem Ersatz von Stahlkarosserien durch Aluminiumlegierungen viel Aufmerksamkeit geschenkt, die eine viel geringere Dichte haben (etwa 2700 kg/m^3 im Vergleich zu 7800 kg/m^3 für Stahl). Wie bei Stahl gibt es viele verschiedene Aluminiumlegierungen und verschiedene Wärmebehandlungen sind möglich, um eine breite Palette von Materialeigenschaften mit Streckgrenzen von etwa 70 bis 700 MPa nach dem Aushärten zu erzielen. Wie bei jedem metallischen Material haben Legierungen mit höherer Streckgrenze eine geringere Duktilität und sind daher schwieriger zu formen. Aus diesem Grund verwenden

5.2 Materialien für leichte Karosseriestrukturen

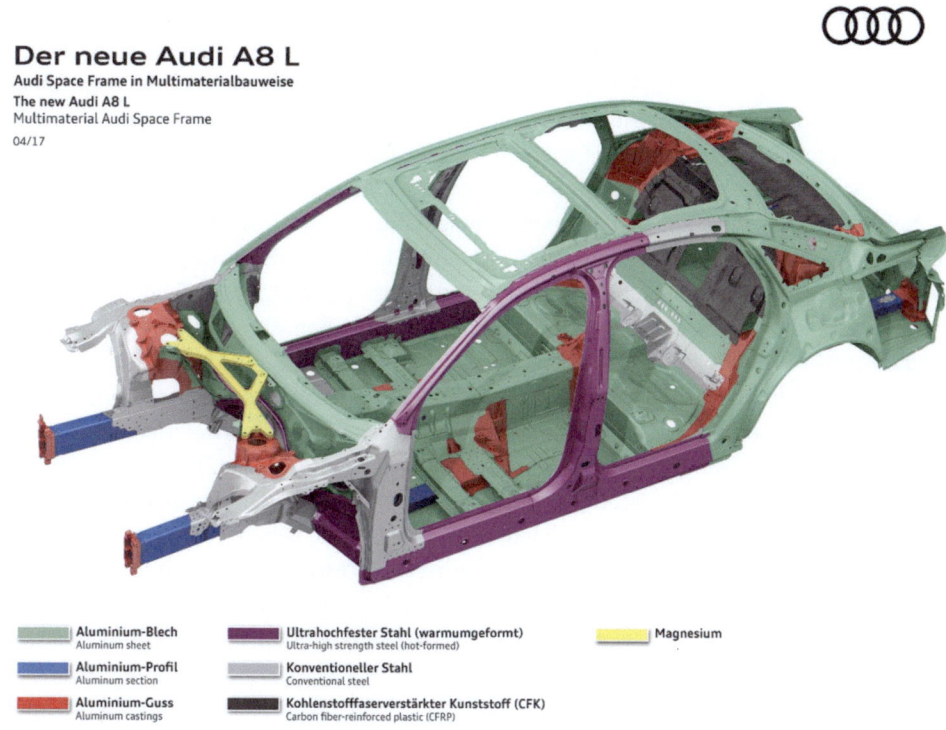

Abb. 5.4 Audi A8-Multimaterialkarosserie. (*Quelle:* Audi AG)

fortschrittliche Karosserien oft eine Mischung aus gepressten Blechen, extrudierten und gegossenen Aluminiumkomponenten – wie im Audi-Design in Abb. 5.4, das Stahl-, Kohlefaserverbund- und sogar Magnesiumkomponenten sowie Aluminium verwendet, um eine Hybridstruktur zu bilden, die als Raumrahmen betrachtet werden kann. Sowohl Aluminium- als auch Magnesiumlegierungen können im Druckgussverfahren (mit oder ohne Vakuumunterstützung) hergestellt werden, was komplexe Teile mit guten Eigenschaften insbesondere in Bezug auf dynamische Belastungen erzeugt.

Aluminiumlegierungen können laser-, punkt- oder metallinertgasgeschweißt (MIG) werden und sind auch sehr gut für Klebeverbindungen geeignet. Hochfeste Legierungen (z. B. die in der Luftfahrt häufig verwendete 6000er-Serie) werden zunehmend verwendet, oft mit schnell härtenden Zusammensetzungen, sodass das Aushärten während der Beschichtungs- oder Lackierprozesse erfolgen kann. Entwicklungen in den Eigenschaften von Gusslegierungen haben zur Erwägung von Aluminium für anspruchsvolle Anwendungen wie die in Blau dargestellten Längsträger für Frontalaufprall in Abb. 5.4 und sogar in Bremsscheiben, bei denen derzeit schwere Eisenwerkstoffe verwendet werden, geführt.

Abgesehen von den höheren Kosten im Vergleich zu Stahl ist ein weiteres Problem bei Aluminium, dass es schwieriger zu recyceln ist. Auch hier wurden spezielle Legierungen und Prozesse entwickelt, um das Recycling zu erleichtern, z. B. die von Jaguar Land Rover in Karosserien wie in Abb. 5.2 verwendete RC5754-Legierung, die bis zu 50 % recyceltes Material enthält. Tatsächlich strebt Jaguar an, in naher Zukunft 75 % recyceltes Material in seinen Aluminiumkarosserien zu verwenden.

Neben den Entwicklungen bei hochleistungsfähigen metallischen Materialien werden zunehmend polymermatrixbasierte Verbundwerkstoffe in Fahrgestellstrukturen verwendet. In den letzten zehn Jahren haben sich die kostengünstigen, einfachen Glasfaser- und die teureren, hochentwickelten Kohlefasertechnologien so weit angenähert, dass Hochleistungsverbundwerkstoffe zu einer erschwinglichen Option für Karosserieteile bei normalen Straßenfahrzeugen geworden sind. Es gibt jetzt eine große Auswahl an Verstärkungstypen (kurz oder kontinuierlich, zufällig oder vollständig ausgerichtete Kohlenstoff-, Glas- oder Aramidfasern) in sowohl duroplastischen (Epoxid, Polyester, Vinylester) als auch thermoplastischen (PP, PEEK) Polymermatrizen. Die Produktionsprozesse für Verbundwerkstoffe sind automatisierter geworden und haben viel kürzere Zykluszeiten. Hervorzuheben unter diesen Prozessen ist das Resin Transfer Moulding (RTM), bei dem Faserverstärkungsvorformen unter sorgfältig kontrollierten Bedingungen mit flüssigem Polymer infiltriert werden, um die nahezu endgültige Form mit einer kurzen Zykluszeit zu erreichen.

Da vollständige Verbundkarosserien wahrscheinlich den Hochleistungssport- und Rennwagen vorbehalten bleiben, ist ein Problem für massenproduzierte Fahrzeuge das Verbinden eines Verbundbauteils mit seinen metallischen Nachbarn innerhalb einer Hybridkarosserie. Da Verbundwerkstoffe im Allgemeinen nicht geschweißt werden können, ist die offensichtliche Verbindungstechnik das Kleben, aber solche Verbindungen müssen sorgfältig entworfen und getestet werden, um ihre Integrität zu demonstrieren. Eine Alternative besteht darin, Metallbefestigungselemente während des Herstellungsprozesses in den Verbundwerkstoff zu integrieren.

Der moderne Fahrzeugstrukturgestalter steht vor einer großen Auswahl an verschiedenen Materialien und Fertigungstechniken. Nicht nur muss die gesamte Karosserie leicht und ausreichend steif und stark sein, sie sollte auch kostengünstig und relativ einfach herzustellen sein. Sie muss auch darauf abzielen, die Fahrzeuginsassen und andere Verkehrsteilnehmer bei Verkehrsunfällen vor schweren Verletzungen zu schützen. Aus ökologischer Sicht ist es wichtig, das Fahrzeuggewicht zu reduzieren und gleichzeitig den CO_2-Fußabdruck und die Recyclingfähigkeit der verwendeten Materialien zu verbessern, indem Analyseverfahren wie die Lebenszyklusanalyse (LCA) verwendet werden. Es gibt fortschrittliche Computersimulationstechniken, die es Designern ermöglichen, sowohl die Herstellbarkeit als auch die Straßenleistung der ausgewählten Materialien und Komponenten vorherzusagen. Insgesamt ist es mit dieser scheinbar endlosen Auswahl an Materialien und Fertigungstechniken eine aufregende und herausfordernde Zeit, um Fahrzeugstrukturgestalter zu sein.

5.3 Analyse von Karosseriestrukturen

5.3.1 Strukturelle Anforderungen

Die strukturellen Anforderungen an jede Fahrzeugstruktur lassen sich wie folgt zusammenfassen:

1. Die Struktur muss ausreichend steif sein, um auf die statischen Lasten (d. h. hauptsächlich durch das Eigengewicht) und dynamischen Lasten (d. h. hauptsächlich durch das Fahren über unebenes Gelände und Handhabungsmanöver) ohne übermäßige Verformung zu reagieren.
2. Die Struktur muss ausreichend stark sein, um über viele Zyklen der aufgebrachten Belastung zu widerstehen, ohne Ermüdung oder andere Formen des Materialversagens zu erleiden.
3. Die Struktur sollte sich unter Stoßbelastungsbedingungen so verformen, dass das Verletzungsrisiko für die Insassen und andere Verkehrsteilnehmer minimiert wird.

Die erste Aufgabe eines Fahrzeugstrukturdesigners besteht darin, sicherzustellen, dass Anforderung 1 erfüllt wird, da die Steifigkeit der Karosserie entscheidend von der gesamten strukturellen Anordnung abhängt und bestimmt, wie sich das Fahrzeug bei normalen und extremen Manövern verhält. Grundsätzlich sollten die Befestigungspunkte des Aufhängungssystems, damit es die Aufgaben erfüllen kann, für die es ausgelegt ist, so stationär wie möglich in Bezug auf das Fahrzeugachssystem bleiben. Es gibt drei Hauptkategorien dynamischer Belastungen, die dazu neigen, die Fahrzeugstruktur um diese Befestigungspunkte zu verformen:

1. Torsionsbelastungen, z. B. wenn ein Rad auf eine Unebenheit auf der Straße trifft und die zusätzliche Aufhängungslast an dieser Ecke des Autos durch die Fahrzeugstruktur übertragen wird.
2. Biegebelastungen, z. B. wenn beide Räder einer Achse gleichzeitig auf eine Unebenheit oder einen Bordstein treffen.
3. Längs-/Querbelastungen aufgrund von Trägheitseffekten unter Traktions-, Brems- und/oder Kurvenbedingungen, einschließlich der In-Plane-Effekte von kleineren Kollisionen und Stößen.

Obwohl im Prinzip alle drei dieser Belastungsarten gleichzeitig wirken können, ist die erste davon die bedeutendste und die beiden letzteren sind relativ unbedeutend in Bezug auf die Fahrgestellstruktur selbst. Daher ist die Torsionssteifigkeit der Struktur vielleicht der wichtigste Parameter, der in den Anfangsstadien eines Fahrgestelldesigns berücksichtigt werden muss. Sie wird normalerweise gemessen oder berechnet, indem die Aufhängungspunkte an drei Ecken des Autos fixiert werden und eine vertikale Last an der vierten Ecke aufgebracht wird, wie in Abb. 5.5 dargestellt. Das aufgebrachte Drehmoment (d. h. $P \cdot W$) geteilt durch den Verdrehwinkel (d. h. $\theta = \delta/W$) ist die Torsionssteifigkeit K_t, wie in Gl. (5.1) unten in Einheiten von Drehmoment pro Radiant Verdrehung angegeben (aber normalerweise in Einheiten von Nm/Grad dargestellt).

$$K_t = \frac{T}{\theta} = \frac{P \cdot W}{\delta/W} = \frac{P \cdot W^2}{\delta} \tag{5.1}$$

Obwohl eine hohe Torsionssteifigkeit wünschenswert ist, ist normalerweise ein Gewichtsnachteil mit der Versteifung einer Fahrzeugstruktur verbunden. Daher ist ein geeigneter Parameter, der in der Entwurfsphase optimiert werden sollte, die Torsionssteifigkeit pro Gewichtseinheit. Auch ein übermäßig steifes Fahrgestell kann zu NVH-Problemen führen, da die dynamischen Lasten der Aufhängung, die durch das Fahren auf unebenen Straßen entstehen, nur wenig gedämpft werden und Probleme an den Stützpunkten der flexibleren Karosserieteile verursachen.

Eine Computersimulation eines typischen Raumrahmens unter Torsionsbelastung ist in Abb. 5.6 dargestellt. Das gleiche Fahrgestell unter Torsionstest im Labor ist in Abb. 5.7 gezeigt. Beachten Sie, wie das Fahrgestell durch die vorderen Aufhängungselemente belastet wird, aber dass die Stoßdämpfer durch starre Streben ersetzt wurden. Das einzigartige Merkmal dieses speziellen Sportwagen-Raumrahmens ist, dass er durchgehend doppelt konifizierte Schweißverbindungen verwendet, wodurch die Rohr-

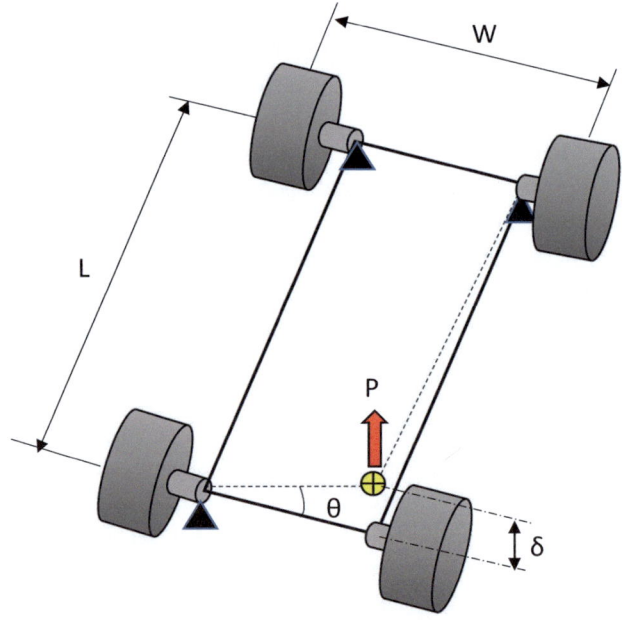

Abb. 5.5 Berechnung der Torsionssteifigkeit des Fahrgestells

5.3 Analyse von Karosseriestrukturen

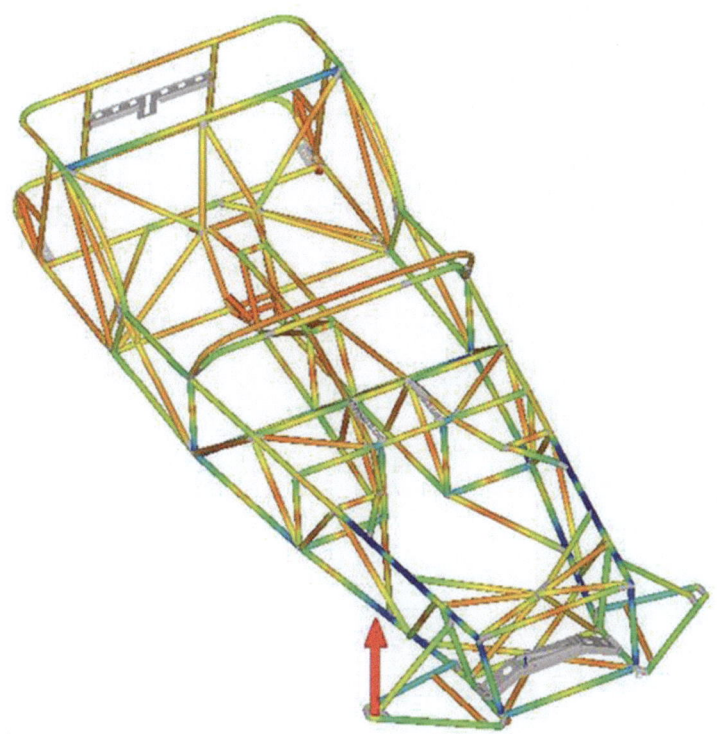

Abb. 5.6 Computersimulation des Raumrahmen-Fahrgestells unter Torsionsbelastung. (*Quelle:* Simpact Engineering Ltd.)

dicke an geeigneten Stellen reduziert und das Gesamtgewicht des Fahrgestells minimiert werden kann, wenn auch zu höheren Material- und Herstellungskosten.

Im Allgemeinen gilt, dass, wenn eine Fahrzeugstruktur ausreichend torsionssteif ist, sie auch in der Biegung ausreichend sein wird. Außerdem werden die Spannungen in den einzelnen Strukturbauteilen während normaler Fahrbedingungen gering sein. Dennoch bleibt Anforderung 2 der obigen Liste (d. h. die Ermüdungslebensdauer zu maximieren) für den Konstrukteur der Struktur eine Priorität, da Spannungskonzentrationen zu Materialrissen oder sogar zum Versagen führen können, insbesondere an punktgeschweißten oder verschraubten Verbindungen. Dieser Ermüdungsmodus des Versagens wird im Abschn. 5.5 unten betrachtet. Die dritte und letzte Anforderung (d. h. die Crashsicherheit des Fahrzeugs zu gewährleisten) führt oft zu Konflikten, da eine starke, steife Struktur möglicherweise nicht die erforderlichen Energieabsorptionsfähigkeiten besitzt. Die Crashsicherheit von Fahrzeugen ist das Thema von Abschn. 5.4 dieses Kapitels.

Abb. 5.7 Torsionstest des Raumrahmen-Fahrgestells. (*Quelle:* Simpact Engineering Ltd.)

5.3.2 Methoden der Analyse

5.3.2.1 Einfache Biegeanalyse

Unabhängig davon, ob das Ziel der Analyse darin besteht, die Torsionssteifigkeit oder die Spannungen in der Struktur aufgrund der aufgebrachten Lasten zu bestimmen, ist es wichtig, den Lastpfad durch die Struktur festzulegen, d. h. wie die Lasten in die Struktur eingebracht und von einem Bauteil zum nächsten übertragen werden. Zum Beispiel müssen für die Analyse der statischen vertikalen Belastung die Verteilung der Lasten und die Schwerpunkte der Hauptkomponenten, z. B. Motor, Passagiere, Nutzlast usw., bestimmt oder geschätzt werden. Das Gewicht der Karosserie, also das gefederte Gewicht, wird oft als gleichmäßig über die Länge des Fahrzeugs verteilt angenommen. Dann kann, unter der Annahme, dass das Fahrzeug an den Rädern einfach gelagert ist, das in Abb. 5.8 gezeigte Lastdiagramm konstruiert werden, was zur Ableitung der Scherkraft (S.F.)-und Biegemoment (B.M.)-Diagramme führt, wie gezeigt. Aus diesen Diagrammen ist ersichtlich, dass das maximale S.F. bei A und das maximale B.M. bei B auftritt.

Beachten Sie, dass die statischen Lasten oft mit Faktoren von 2 oder 3 multipliziert werden, um dynamische Effekte zu berücksichtigen, wenn das Fahrzeug über unebenes Gelände fährt oder Hindernisse auf der Straße trifft. Dies ist jedoch mehr eine

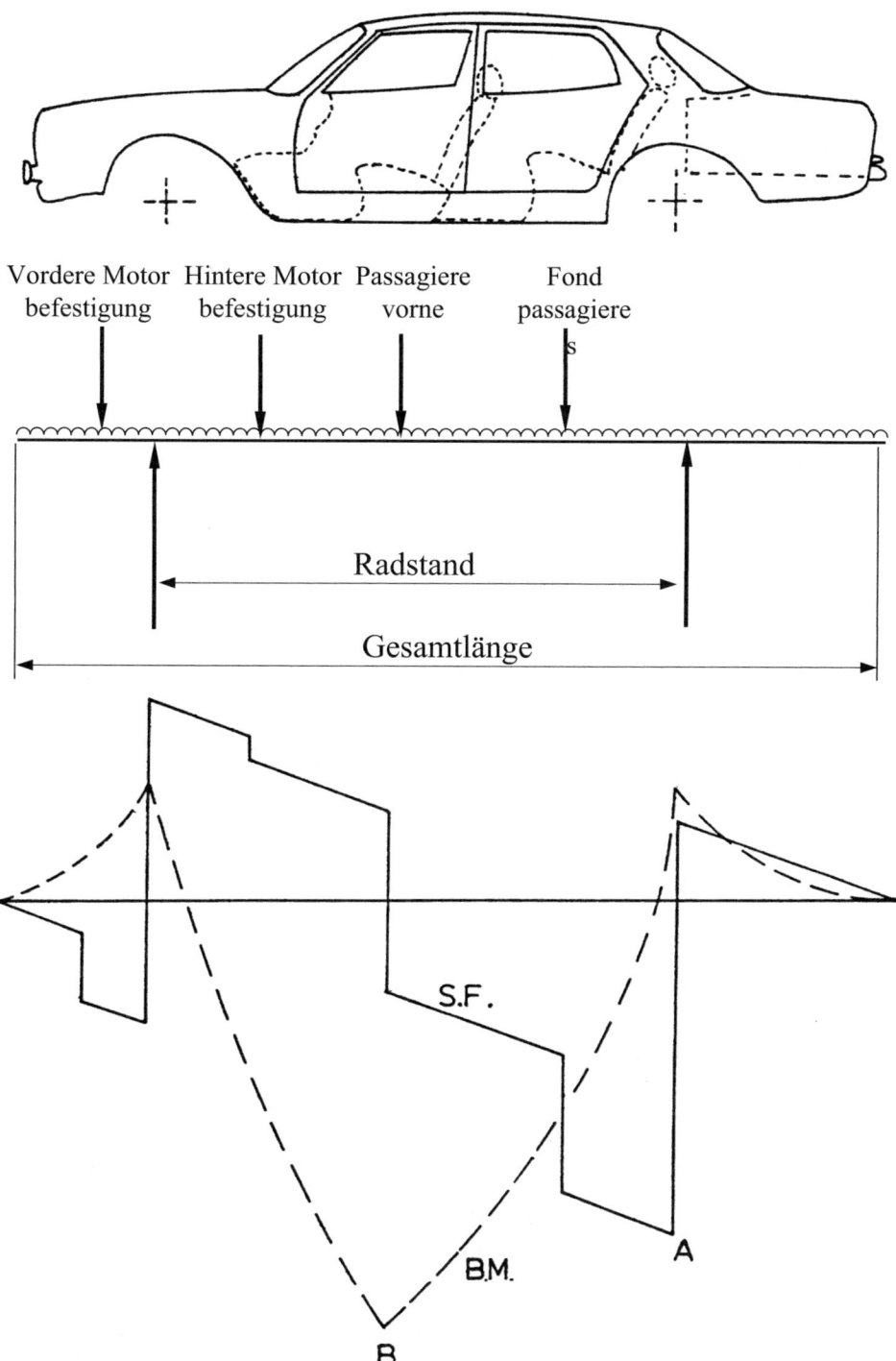

Abb. 5.8 Indikatives statisches Lastdiagramm für Limousinen: „A" zeigt die maximale Scherkraft (S.F.), „B" das maximale Biegemoment (B.M.).

„Faustregel" und präzisere Methoden zur Schätzung der Auswirkungen dynamischer Belastungen sind jetzt verfügbar (siehe Abschn. 5.5 unten).

Sobald das maximale Biegemoment geschätzt wurde, kann die maximale Biegespannung im Fall eines Fahrzeugs mit Rahmenchassis leicht aus der Standardgleichung für einen einfachen Balken in Biegung berechnet werden:

$$\sigma = \frac{M \cdot y}{I} \quad (5.2)$$

wo σ die maximale Biegespannung ist, die kleiner als die Auslegungsspannung sein sollte;
M das aufgebrachte Biegemoment ist;
I das Flächenträgheitsmoment des Längsträgers des Rahmens an diesem Punkt ist;
y der maximale Abstand von der neutralen Achse des Längsträgers zu seiner oberen oder unteren Oberfläche ist.

Für ein Fahrzeug mit integraler Bauweise ist die Berechnung komplexer, da viele verschiedene Teile der Struktur an der Aufnahme der aufgebrachten Lasten beteiligt sind. Als erste Näherung kann angenommen werden, dass das Biegemoment ausschließlich von den Schwellern getragen wird, den Längsträgern, die normalerweise aus gefaltetem Stahlblech bestehen und die Vorder- und Rückseite des Fahrzeugs unter den Türen verbinden. Selbst bei dieser Annahme sind die Berechnungen nicht einfach, da der Schwellerquerschnitt oft asymmetrisch ist und daher sowohl Verwindung als auch Biegung unterliegt. Es sollte auch daran erinnert werden, dass die Torsionssteifigkeit von Balkenquerschnitten mit Längsausschnitten zur Durchführung von Kabeln usw. im Vergleich zu dem entsprechenden vollständig geschlossenen Querschnitt stark reduziert ist. Die Theorie asymmetrischer Querschnitte und offener Querschnitte in Biegung und/oder Torsion liegt außerhalb des Umfangs des vorliegenden Buches.

5.3.3 Einfache strukturelle Oberflächen (SSS)-Methode

Ein wichtiges Konzept im Design von integralen Strukturen ist das des Scherpanels. Dies ist eine Idealisierung der großen, annähernd flachen, dünnen Stahlplatten, die beim Bau vieler Fahrzeuge wie Lieferwagen verwendet werden. Es wird angenommen, dass ein Scherpanel die Last hauptsächlich durch die Entwicklung von Scherspannungen in der Ebene aufgrund von Scherkräften überträgt, die parallel zu den Kanten des Panels auftreten. Um zu veranschaulichen, wie dieses Konzept funktioniert, betrachten Sie die einfache Kastenstruktur, die einer Torsionslast T ausgesetzt ist, wie in Abb. 5.9a gezeigt. Freikörperdiagramme können für jedes Panel gezeichnet werden, und die einzigen beteiligten Lasten sind die Scherkräfte Q_i, die an den Panelkanten wirken, wie in Abb. 5.9b gezeigt. Dann können wir für das statische Gleichgewicht der End-, Seiten- und Ober-/Unterpanels jeweils schreiben:

5.3 Analyse von Karosseriestrukturen

$$Q_1 L_2 + Q_2 L_1 = T \tag{5.3}$$

$$Q_3 L_2 - Q_2 L_3 = 0 \tag{5.4}$$

$$Q_3 L_1 - Q_1 L_3 = 0 \tag{5.5}$$

Aus Gl. (5.3):

$$Q_3 = \frac{L_3}{L_1} Q_1 \tag{5.6}$$

Dann aus Gl. (5.2):

$$Q_2 = \frac{L_2}{L_3} Q_3 = \frac{L_2}{L_3} \cdot \frac{L_3}{L_1} Q_1 = \frac{L_2}{L_1} Q_1 \tag{5.7}$$

Schließlich aus Gl. (5.1):

$$Q_1 = \frac{T}{L_2} - Q_2 \cdot \frac{L_1}{L_2} = \frac{T}{L_2} - \frac{L_2}{L_1} \cdot Q_1 \cdot \frac{L_1}{L_2}$$

Das ergibt:

$$Q_1 = \frac{T}{2L_2} \tag{5.8}$$

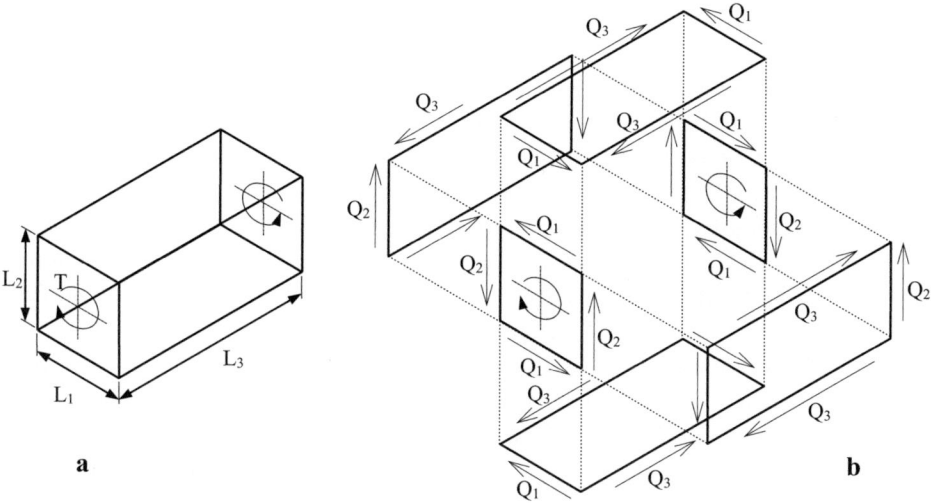

Abb. 5.9 Einfache strukturelle Oberflächenanalyse einer einfachen Kastenstruktur. **a** Gesamte Struktur; **b** Struktur unterteilt in Panels mit angegebenen Scherkräften an den Kanten

Und Q_2, Q_3 können dann aus den Gl. (5.6) und (5.7) gefunden werden.

Beachten Sie jedoch, dass, wenn das Dach (oberes Panel) der Kastenstruktur nicht vorhanden ist, $Q_1 = Q_3 = 0$, da es nichts gibt, was diese Scherkräfte am oberen Teil der Struktur aufnimmt. Daher gilt nach dem Prinzip der komplementären Scherung $Q_2 = 0$. Das Konzept des Scherpanels fällt dann weg und die Struktur trägt die Torsionslast durch einen anderen Mechanismus (Verwindung) und wird infolgedessen viel weniger steif sein. Dies veranschaulicht die Schwierigkeiten, mit denen Ingenieure konfrontiert sind, wenn sie ein Cabriolet ohne Dach so entwerfen, dass es ausreichend torsionssteif ist. Natürlich sind praktische Fahrzeugstrukturen viel komplexer als das obige einfache Beispiel, und Türrahmenstrukturen (die als einfache Balken idealisiert werden können) und sogar die Windschutzscheibe können erheblich zur Torsionssteifigkeit eines Fahrzeugs beitragen.

5.3.4 Finite-Elemente-Analyse (FEA)

Aus der obigen allgemeinen Diskussion wird ersichtlich, dass die Analyse von Fahrzeugstrukturen mit traditionellen theoretischen Methoden komplex und oft nur sehr ungenau ist angesichts der Anzahl der zu treffenden Vereinfachungsannahmen. Ein alternativer Ansatz, der in der Industrie fast universell übernommen wurde, ist die Verwendung der Finite-Elemente-Analyse (FEA), um Verformungen und Spannungen in Fahrzeugstrukturen genauer vorherzusagen. FEA beinhaltet im Wesentlichen die Aufteilung der Struktur in eine große Anzahl nicht überlappender kleiner Bereiche („Elemente"). Das Problem wird in Bezug auf die „Freiheitsgrade" (normalerweise Verschiebungen) an bestimmten diskreten Punkten, den sogenannten „Knoten", formuliert, die immer an den Eckpunkten der Elemente auftreten, aber manchmal auch an anderen Stellen, z. B. entlang der Elementkanten, liegen können.

Es gibt viele verschiedene Arten von Elementen, aber die am häufigsten in der strukturellen Analyse von Fahrzeugkarosserien verwendeten sind Balken- und Schalenelemente. Da beide Typen nur die Mittelfläche der Struktur explizit modellieren, werden die Querschnittseigenschaften (z. B. Flächenträgheitsmoment, Schalendicke) separat angegeben. Ein Balkenelementmodell eines Space-Frame-Sportwagenchassis ist in Abb. 5.10 dargestellt, während ein grundlegendes Schalenelementmodell einer Pick-up-Fahrzeugstruktur in Abb. 5.11 gezeigt wird.

Beachten Sie, dass in Abb. 5.10 der Motor und das Endgetriebe mit Volumenelementen modelliert wurden, deren Eigenschaften berechnet wurden, um die korrekte Massenverteilung zu gewährleisten. Die Fahrwerkträger sind mit Balkenelementen modelliert, die in Abb. 5.10 als gerade Linien dargestellt sind und an jedem Knoten drei translatorische und drei rotatorische Freiheitsgrade haben. Wenn die Verbindungen an den Knoten als gelenkig betrachtet werden können, tragen die Stäbe nur Lasten bei Zug/Druck. Wenn die Verbindungen jedoch ausreichend verstärkt sind, um als starr betrachtet zu werden, können die Stäbe Biegung/Torsion sowie Zug/Druck ausgesetzt sein. In der

5.3 Analyse von Karosseriestrukturen

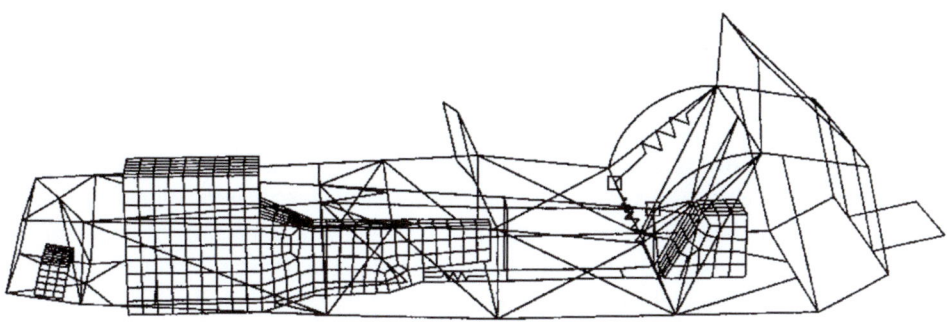

Abb. 5.10 Balken-FE-Modell des Spaceframes

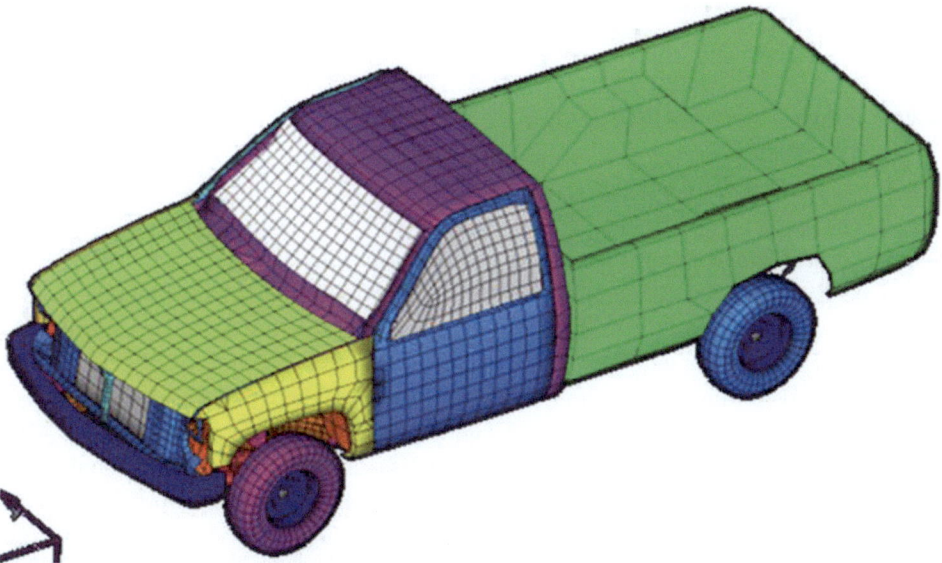

Abb. 5.11 Schalen-FE-Modell der Pick-up-Fahrzeugstruktur. (*Quelle:* Advances in Vibration Engineering and Structural Dynamics, Intech 2012)

Praxis wird normalerweise die Annahme der starren Verbindung getroffen, da dies im Allgemeinen die Steifigkeit und die Spannungen in den Stäben überschätzt und so zu konservativen (d. h. sicheren) Konstruktionen führt.

Das Schalenelementmodell des Pick-up-Trucks in Abb. 5.11 ist tatsächlich für eine dynamische Modalanalyse der Karosserie abgeleitet und nur ein Hinweis auf das viel detailliertere Modell, das typischerweise für die strukturelle Bewertung verwendet würde. Die Frontscheibe ist enthalten, da sie sowohl auf das statische als auch auf das dynamische Verhalten eine versteifende Wirkung hat, aber die Seitenfenster und ein eventuelles

Schiebedach würden normalerweise aus einem Strukturmodell ausgeschlossen, da sie während kritischer Manöver geöffnet sein könnten.

Gelegentlich werden anstelle von Schalen vollständige 3-D-Volumenelemente verwendet, z. B. bei der detaillierten Analyse kritischer Bereiche wie punktgeschweißter Verbindungen, bei denen Spannungsüberhöhungen zu frühen Ermüdungsbrüchen führen können. Normalerweise werden isotrope, linear elastische Materialeigenschaften für Stahl- oder Aluminiumkomponenten angenommen (nur Elastizitätsmodul und Poisson-Zahl erforderlich), aber gelegentlich werden nichtlineare Plastizitätseigenschaften in stark beanspruchten Bereichen angegeben, in denen das Material plastischen (permanenten) Verformungen unterliegen kann. Verbundwerkstoffe sind schwieriger zu analysieren, da ihre Eigenschaften oft anisotrop sind (in verschiedenen Belastungsrichtungen unterschiedlich). Moderne FEA-Pakete verfügen über spezielle Modelle für Verbundwerkstoffe, aber eine detaillierte Beschreibung dieser liegt außerhalb des Umfangs des vorliegenden Buches.

5.4 Sicherheit bei Aufprall

5.4.1 Gesetzgebung

Die Sicherheit von Fahrzeugen kann in primäre (manchmal als „aktive") und sekundäre („passive") Sicherheit unterteilt werden. Die primäre Sicherheit umfasst die Verhinderung von Unfällen und Kollisionen und ist insbesondere das Anliegen der Konstrukteure der Fahrwerks- und Bremssysteme: Zum Beispiel sind Advanced Chassis Control (ACC) und Antiblockiersystem (ABS) zwei Systeme, die entwickelt wurden, um die primäre Sicherheit zu verbessern. Die sekundäre Sicherheit befasst sich mit der Minimierung des Verletzungsrisikos für die Fahrzeuginsassen und andere Verkehrsteilnehmer im Fall eines Unfalls oder einer Kollision. Daher liegt es in der Verantwortung des Fahrzeugstrukturdesigners, sicherzustellen, dass das Fahrzeug über ausreichende Energieabsorptionsfähigkeit und allgemeine „Crashsicherheit" verfügt, um den ständig steigenden gesetzlichen und kundengetriebenen Anforderungen gerecht zu werden.

Die bedeutendsten gesetzlichen Vorschriften, die das internationale Fahrzeugdesign betreffen, sind die Federal Motor Vehicle Safety Standards (FMVSS), die für alle in den USA verkauften Fahrzeuge gelten, und die verschiedenen Richtlinien des Europäischen Rates zur Fahrzeugsicherheit, die für in der EU verkaufte Serienfahrzeuge verbindlich sind. In vielen Rechtsordnungen gibt es auch nichtregulatorische Bewertungen unter der Bezeichnung NCAPs (New Car Assessment Programmes). Obwohl das Bestehen der verschiedenen NCAP-Tests nicht obligatorisch ist, sind gute (idealerweise 5-Sterne-)Bewertungen wichtige Leistungsziele für OEMs.

Es gibt viele Teile innerhalb dieser Standards, die sich auf den Insassenschutz und die Komponentengestaltung für die Sicherheit bei Frontalaufprall beziehen. Die ursprüngliche und bekannteste Anforderung ist in FMVSS 208 enthalten, die eine maximale zulässige

5.4 Sicherheit bei Aufprall

Verzögerung von 60 g vorschreibt, gemessen an anthropomorphen Testdummys bei Frontalaufprallen mit 30 mph gegen eine starre Wand in Winkeln zwischen 0 und 30° zur Fahrtrichtung. Diese ursprüngliche Anforderung wurde als unrepräsentativ für echte Unfallsituationen kritisiert und durch Tests mit einer verformbaren Barriere (hergestellt aus Aluminiumwaben, um die Frontsteifigkeit einer typischen Limousine darzustellen) und bei verschiedenen Überlappungsgraden (typischerweise 40 oder 60 %) mit der Front des Testfahrzeugs ergänzt. Eine Computersimulation eines solchen Frontalaufpralltests mit versetzter Barriere ist in Abb. 5.12 dargestellt.

Diese Tests mit versetzter verformbarer Barriere bilden auch die Grundlage der aktuellen EU-Standards, obwohl die in Europa vorgeschriebene Aufprallgeschwindigkeit 56 km/h beträgt. Die Anforderung einer maximalen Verzögerung von 60 g für einen Zeitraum von mehr als 3 ms, gemessen an mit Messinstrumenten versehenen Dummys, bleibt jedoch die Norm. Neben Dummys, die den durchschnittlichen männlichen Fahrer repräsentieren, werden nun auch Tests mit kleineren weiblichen und kindlichen Insassen sowie im hinteren und vorderen Teil des Fahrzeugs durchgeführt. Besondere Aufmerksamkeit wird Verletzungsarten wie Nacken-Schleudertrauma und Unterschenkelverletzungen gewidmet.

Abb. 5.12 Computersimulation des Frontalaufpralltests. (*Quelle:* Wikipedia Commons \https://commons.wikimedia.org/wiki/File:FAE_visualization.jpg⇒

Zusätzlich zu den strengen Anforderungen an den Frontalaufprall sind auch Seitenaufpralle Gegenstand der Gesetzgebung. Hier neigen Worst-Case-Tests dazu, das seitliche Aufprallen des Fahrzeugs gegen einen starren Pfosten anstelle des verformbaren Vorderteils eines anderen Fahrzeugs zu replizieren. Da es in Türstrukturen nur wenig Platz für verformbare Energieabsorptionsvorrichtungen gibt, sind steife Seitenaufprallträger wichtig, um den Insassenraum vor übermäßiger Eindringung zu schützen, und es wird besonderes Augenmerk auf Kollisionen zwischen dem Dummy (insbesondere dessen Kopf) und den umgebenden Innenstrukturen gelegt.

Kollisionen zwischen Personenkraftwagen und größeren Fahrzeugen wie Lastwagen waren ebenfalls Gegenstand intensiver Untersuchungen und Gesetzgebung. Lastwagen müssen nun über hintere und seitliche Schutzvorrichtungen verfügen, um zu verhindern, dass kleinere Fahrzeuge bei einem Aufprall unter das Lkw-Fahrgestell „untertauchen", was für die Fahrzeuginsassen offensichtlich katastrophale Folgen hätte, wie in Abschn. 5.1 erwähnt.

Schließlich ist der Schutz von Fußgängern und anderen Verkehrsteilnehmern (z. B. Radfahrern) im Fall einer Kollision mit einem Fahrzeug nun Gegenstand gesetzlicher Standards und Verbrauchertests. Typischerweise werden mit Messinstrumenten versehene Bein- und Kopfformen, die sowohl die Anatomie von Erwachsenen als auch von Kindern repräsentieren, in verschiedenen Winkeln gegen die Stoßfänger- oder Motorhaubenstrukturen des Fahrzeugs geschleudert. Die Aufprallgeschwindigkeiten betragen typischerweise 35 km/h und potenzielle Verletzungen werden anhand standardisierter Verletzungskriterien wie AIS und HIC bewertet. Diese Tests haben die Fahrzeughersteller dazu veranlasst, die Frontend-Designs ihrer Fahrzeuge zu überdenken, um sie für Fußgängeraufpralle weit weniger schädlich zu machen, indem scharfe Querschnittsänderungen entfernt und die Steifigkeit von Komponenten wie der Motorhaube, die wahrscheinlich an der Kollision beteiligt sind, reduziert wurden.

5.4.2 Überblick über den Frontalaufprall

Beim Frontalaufprall eines Fahrzeugs, sei es mit einer Barriere oder einem anderen Fahrzeug, ist das Worst-Case-Szenario, dass die gesamte anfängliche kinetische Energie des Fahrzeugs beim Aufprall allein in der Struktur dieses Fahrzeugs dissipiert wird. Wenn angenommen wird, dass F die Kraft ist, um das Vorderteil des Fahrzeugs zu zerquetschen (plastisch zu verformen), und s die Quetschdistanz ist, ergibt eine einfache Energiebilanz:

$$\int_0^{s_f} F\,ds = \frac{1}{2}mv_0^2, \tag{5.9}$$

wobei m die Masse des Fahrzeugs ist;
v_0 die Aufprallgeschwindigkeit ist;
s_f die Quetschdistanz am Ende des Aufpralls (totale Verformung des Vorderteils) ist.

5.4 Sicherheit bei Aufprall

Wenn nun weiter angenommen wird, dass die Quetschkraft konstant und bekannt ist, ergibt sich die gesamte Quetschdistanz aus:

$$s_f = \frac{mv_0^2}{2F} \tag{5.10}$$

Zum Beispiel, wenn ein Fahrzeug mit einer Masse von 1000 kg und einer Quetschfestigkeit von 300 kN mit einer starren Barriere bei 50 km/h (13,9 m/s) kollidiert, beträgt die gesamte Quetschung des Vorderteils:

$$s_f = \frac{1000 \times 13{,}9^2}{2 \times 300 \times 10^3} = 0{,}32 \, \text{m}$$

Die Zeitdauer des Aufpralls t kann aus der Impulsgleichung berechnet werden:

$$F \cdot t = mv_0 \tag{5.11}$$

Das ergibt in diesem Fall: $\quad t = \dfrac{1000 \times 13 \cdot 9}{300 \times 10^3} = 0 \cdot 046 \, \text{s}$

Die durchschnittliche Verzögerung des Fahrzeugs hinter der Knautschzone a kann dann aus der Geschwindigkeitsänderung geteilt durch die Aufprallzeitdauer berechnet werden:

$$a = \frac{13 \cdot 9}{0 \cdot 046}$$
$$= 302 \, \text{m/s}^2$$
$$\approx 30 \, g$$

Die obigen Gleichungen zeigen deutlich, dass eine sehr starke Frontstruktur eine kurze Knautschlänge und Aufprallzeitdauer und damit eine hohe Verzögerung ergibt. In der Praxis ist die Situation für jedes reale Fahrzeug weitaus komplexer als durch die obigen Gleichungen suggeriert. Insbesondere absorbiert ein Fahrzeug Energie durch eine Vielzahl von Mechanismen, die das Quetschen, Falten, Knicken und den Reibungskontakt einer Reihe von diskreten Komponenten innerhalb der Fahrzeugstruktur umfassen. Insbesondere die vorderen Längsträger des Fahrgestells sowie andere Stützstrukturen sind so konzipiert, dass sie Energie progressiv absorbieren, während die Aufpralllast auf das Heck des Fahrzeugs übertragen wird (siehe Abb. 5.13).

Daher ist die Knautschfestigkeit kein konstanter Wert wie in der obigen einfachen Analyse angenommen. In Wirklichkeit ist der Verzögerungsverlauf (der sogenannte Crash-Puls) komplex, wie der repräsentative Puls in Abb. 5.14 zeigt. Dieses Beispiel erfüllt leicht das Standardkriterium einer maximalen Verzögerung von 60 g an der Insassenrückhaltevorrichtung für jede Zeitspanne von mehr als 3 ms.

Eine einfache theoretische Analyse kann nicht die komplexe Reaktion vorhersagen, wie sie in Abb. 5.14 gezeigt wird, die entweder einen Crashtest in Originalgröße oder eine fortschrittliche numerische Simulation des Aufprallereignisses erfordern würde. Ersteres ist extrem teuer und es ist nicht einfach, die komplexen Wechselwirkungen zu untersuchen, die innerhalb einer Fahrzeugstruktur während der sehr kurzen

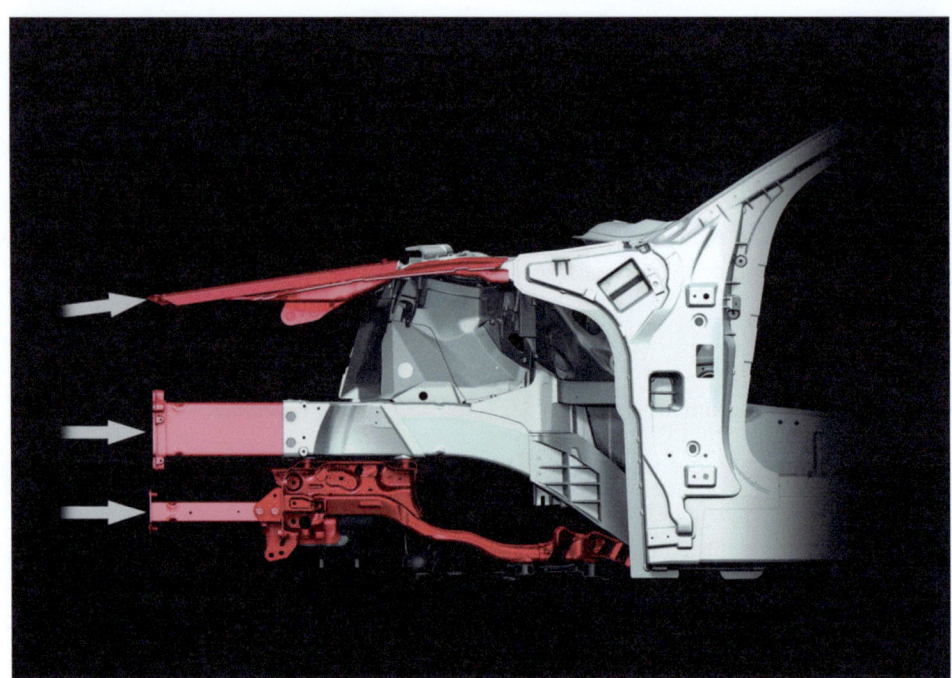

Abb. 5.13 Lastpfad für Frontalaufprall des Fahrzeugs. (*Quelle:* Audi AG)

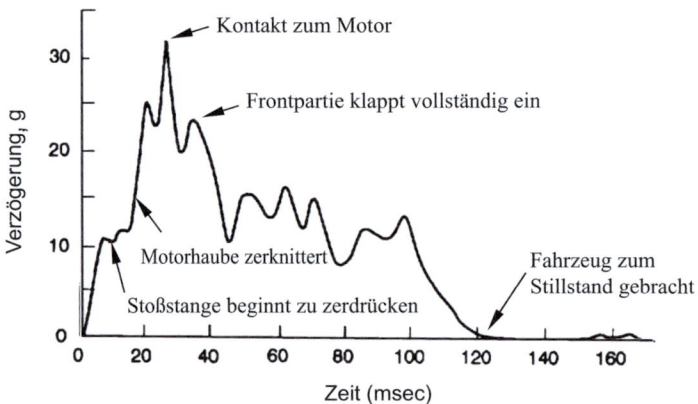

Abb. 5.14 Repräsentativer Frontalaufprall-Crash-Puls

Aufprallzeitdauer auftreten, oder die Auswirkungen der Änderung bestimmter Parameter auf die Aufprallreaktion zu untersuchen. Der numerische Ansatz zur Bewertung der Crashsicherheit vor den endgültigen gesetzlichen Aufpralltests eines Fahrzeugs ist zur Norm geworden, wie in der Fallstudie in Abschn. 5.4.4 beschrieben.

5.4.3 Energieabsorbierende Vorrichtungen und Crashschutzsysteme

Ein idealer Energieabsorber (EA) für den Frontaufprallschutz hat die dynamischen Kraft-Verformungs($P-\delta$)-Eigenschaften, die in Abb. 5.15 gezeigt werden. Bis zur kritischen Last P_c sollte die Verformung elastisch sein, d. h., sie sollte sich bei Entlastung von einer relativ geringen Last (niedriger Geschwindigkeitsaufprall) vollständig erholen. Sobald P_c überschritten wird, sollte sich die Vorrichtung bei konstanter Last verformen, die Aufprallenergie progressiv absorbieren und das auf andere Teile des Fahrzeugs übertragene Kraftniveau begrenzen. Die absorbierte Energiemenge entspricht natürlich der Fläche unter der Kraft-Verformungs($P-\delta$)-Kurve.

Die vordere Stoßstange (Kotflügel) eines Personenkraftwagens ist normalerweise das erste Bauteil, das bei einem Frontalzusammenstoß getroffen wird. Das Design der Stoßstange hat sich von einer einfachen Stahlkonstruktion, die dazu gedacht war, die Karosserie vor kleinen Stößen zu schützen, hin zu den komplexen Polymer-/Schaum-/Metallkonstruktionen moderner Stoßfängersysteme entwickelt. Polymerschäume oder wabenförmige Zellmaterialien werden häufig als Aufprallenergieabsorber in Vorrichtungen wie Kniepolstern und Seitenaufprallschutzsystemen sowie für Stoßfänger verwendet. Obwohl sie sich bei Weitem nicht so verhalten wie im idealen Fall in Abb. 5.15 vorgeschlagen, haben Polymerschäume viele wünschenswerte Eigenschaften: Sie sind leicht, korrosionsbeständig, reagieren auf jede Belastungsrichtung, erholen sich vollständig bei mäßiger Belastung unterhalb der Schaumfließgrenze und können durch Variation der Dichte, des Typs und der Form der Polymerschaumkonstruktion an die jeweiligen Anforderungen angepasst werden. Typische Last-Verformungskurven für Polymerschäume mit unterschiedlichen Porositätsgraden (% Dichte des festen Polymers) sind in Abb. 5.16 dargestellt.

In Abb. 5.16 ist zu sehen, dass nach der anfänglichen elastischen Reaktion und dem Fließen die Last-Verformungs-Reaktion der Schäume wieder annähernd linear wird (lineare Verfestigung). Die Reaktion versteift sich schließlich, wenn die Poren im

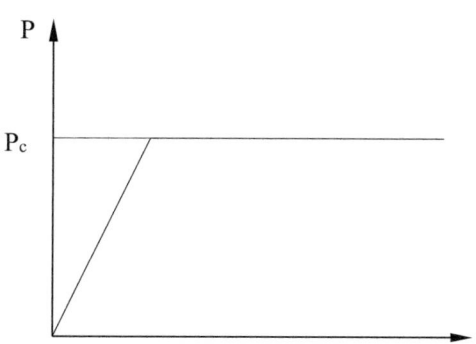

Abb. 5.15 Ideale Energieabsorber-Kraft-Verformungsantwort

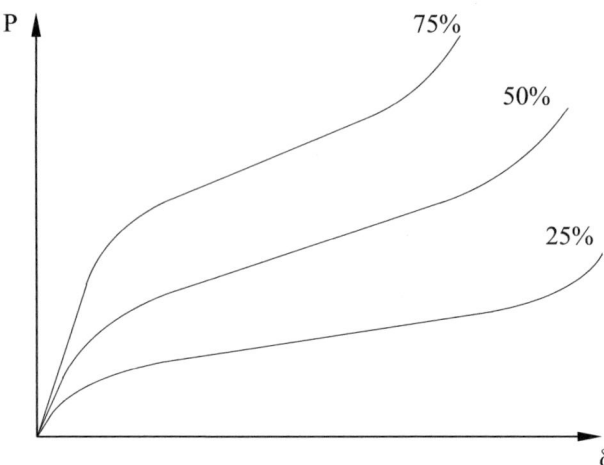

Abb. 5.16 Typische Kraft-Verformungs-Diagramme für zelluläre Polymerschäume unterschiedlicher Dichten (ausgedrückt als Prozentsatz des vollständig dichten Polymers)

Zellmaterial abgeflacht werden. Die Energieabsorptionsfähigkeit des Stoßfängersystems kann jedoch durch die Montage des Stoßfängers an den vorderen Längsträgern des Fahrzeugs mittels einer kontrollierten Verformungsstruktur erweitert werden. Eine solche Anordnung ist das konzentrische, passgenau eingepasste „Rohr-im-Rohr"-Gerät, das in Abb. 5.17 gezeigt wird und sich für die theoretische Analyse eignet, so wie unten beschrieben.

Die konzentrische „Rohr-im-Rohr"-Anordnung, die in Abb. 5.17 gezeigt wird, absorbiert Energie sowohl durch plastische Ausdehnung des äußeren Rohrs als auch durch Überwindung der Reibung zwischen den beiden Rohren, wenn sie relativ zueinander gleiten. Somit ist für kleine relative Bewegungen δx die absorbierte Energie δE:

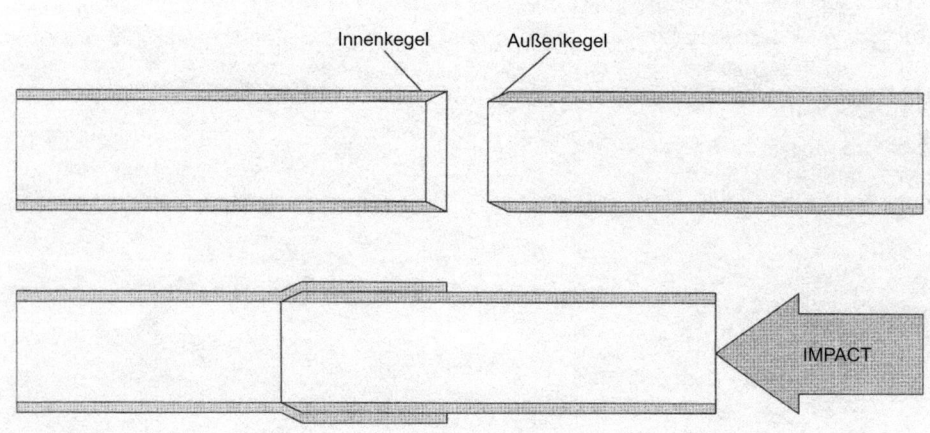

Abb. 5.17 Konzentrisches Rohr-Energieabsorptionsgerät

5.4 Sicherheit bei Aufprall

$$\delta E = \delta W_p + \delta W_F$$
$$= \delta V \int \sigma d\varepsilon + F.\delta x \qquad (5.12)$$

wobei δW_p die geleistete plastische Arbeit ist;
δW_F die geleistete Reibungsarbeit ist;
δV das Volumen des Materials ist, das sich plastisch verformt;
F die axiale Reibungskraft ist, die bei kleiner axialer Bewegung δx als konstant angenommen wird.

Für das äußere Rohr, das sich verformt, gilt

$$\delta V = \pi \, d_m \, t \, \delta x \qquad (5.13)$$

wobei d_m der mittlere Durchmesser des äußeren Rohrs ist und t seine Dicke.

Unter der Annahme eines perfekt plastischen Verhaltens und dass sich nur das äußere Rohr verformt, gilt

$$\int \sigma d\varepsilon = Y \cdot \varepsilon tr = Y \ln \frac{d_o}{d_i} \qquad (5.14)$$

wobei Y die Fließgrenze (als konstant angenommen), ε_{tr} die mittlere wahre Dehnung und d_o und d_i die äußeren und inneren Durchmesser des äußeren Rohrs sind.

(Hinweis: $d_m = (d_o + d_i)/2$, $t = (d_o + d_i)/2$)

Des Weiteren

$$F = \mu \, pA, \qquad (5.15)$$

wobei μ der Reibungskoeffizient ist;
p der Radialdruck zwischen den beiden Rohren ist;
A die Fläche der Passung ist (die mit der Länge der Rohrüberlappung zunimmt).

Daher:

$$\delta E = \pi \, d_m \, t \, Y \ln \frac{d_o}{d_i} \delta x + \mu \cdot p \, \pi \, d_o \, x \, \delta x \qquad (5.16)$$

Somit wird die gesamte Energie, die bei der Verlängerung der Interferenz von l_1 auf l_2 absorbiert wird, durch folgende Gleichung gegeben:

$$E = \int_{l_1}^{l_2} \pi \, d_m \, tY \ln \frac{d_o}{d_i} \cdot dx + \int_{l_1}^{l_2} \mu \, p \, \pi \, d_o \, x \cdot dx$$
$$= \pi \, d_m \, t \, Y \ln \frac{d_o}{d_i} (l_2 - l_1) + \mu \, p \, \pi \, d_o \, \frac{(l_2^2 - l_1^2)}{2} \qquad (5.17)$$

Schließlich kann p einfach mit Y in Beziehung gesetzt werden, wenn angenommen wird, dass die gesamte Wandstärke des äußeren Rohrs plastisch verformt wird, wie in Abb. 5.18 gezeigt.

Für statisches Gleichgewicht: $pxd_o = 2Y tx$

$$\text{Deshalb:} \quad p = \frac{2Yt}{pd_o} \tag{5.18}$$

Dann kann, wenn Y und μ bekannt sind oder geschätzt werden können, die Rate der Energieabsorption für jede gegebene Menge an geometrischen Parametern (d_i, d_o, l_1) berechnet werden Und diese Parameter können optimiert werden, um die gewünschte Leistung zu erzielen.

Eine typische experimentelle Last-Verformungskurve für das konzentrische Rohrgerät ist in Abb. 5.19 dargestellt. Obwohl dies nicht die konstante Last der idealen Reaktion

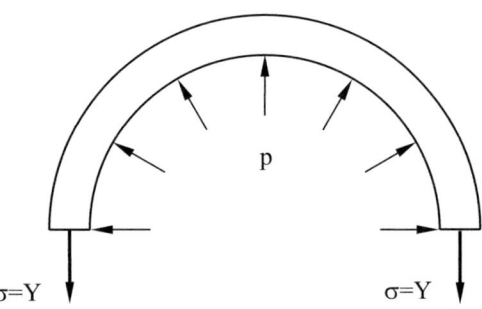

Abb. 5.18 Querschnitt durch das äußere Rohr des konzentrischen Rohr-EA-Geräts

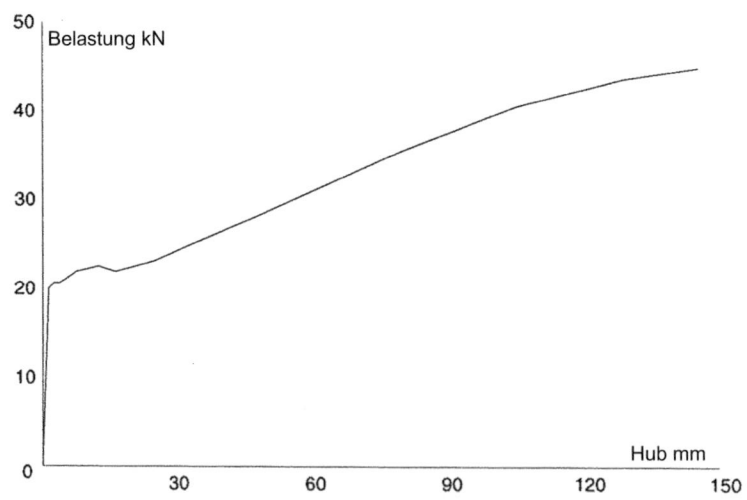

Abb. 5.19 Axiale Last-Verformungskurve für das konzentrische Rohr-EA-Gerät

zeigt, die in Abb. 5.15 dargestellt ist, macht die Tatsache, dass das Gerät zuverlässig abgestimmt und sogar wiederverwendet werden kann, wenn der Aufprall nicht zu stark ist, es zu einem potenziell nützlichen Mittel, um die vom Stoßfänger (Kotflügel) auf die Hauptstruktur des Fahrzeugs übertragene Kraft zu begrenzen.

5.4.4 Fallstudie: Crashsicherheit eines kleinen Spaceframe-Sportwagens

Wie oben erwähnt, verwenden viele kleine Sport- und Rennwagen einen Spaceframe in Form eines starken und steifen Rohrstahlchassis. Bei solchen Fahrzeugen gibt es nur sehr begrenzte Möglichkeiten zur Energieabsorption durch die große Verformung von Karosserieblechen, die bei in Massenproduktion hergestellten Integral-Karosseriestrukturen unter Aufprallbelastung auftritt. Darüber hinaus wird es aus stilistischen Gründen oft nicht als möglich angesehen, große Stoßfänger oder andere Formen von externen Energieabsorptionsvorrichtungen an der Vorderseite des Fahrzeugs zu montieren. Die Erfüllung der Crashsicherheitsvorschriften ist eine große Herausforderung für jedes solche Fahrzeug, und die unten beschriebene Forschung zielte darauf ab, die Crashsicherheit eines typischen kleinen Spaceframe-Fahrzeugs zu untersuchen, indem eine Finite-Elemente-Simulation des Aufpralls des gesamten Fahrzeugs gegen eine starre Barriere sowie Fallgewichtstests einzelner Komponenten durchgeführt wurden.

Bei vielen kleinen Sport-/Rennwagen sind die Räder außen am Fahrzeug angebracht. Bei einem Frontalaufprall kommen die Vorderreifen daher sehr schnell mit der Barriere in Kontakt, im Gegensatz zu einem normalen Personenwagen, bei dem der Kontakt zwischen dem Reifen und dem vorderen Radkasten viel später während des Aufprallereignisses erfolgt. Die Gesamtreaktion hängt daher sehr stark von den Aufpralleigenschaften der Reifen sowie der Räder und des Aufhängungssystems ab, auf dem sie montiert sind. In der Fallstudie wurde viel Aufwand darauf verwendet, den Reifen und das Rad so realistisch und dennoch relativ einfach wie möglich zu modellieren. Dies beinhaltete die Entwicklung eines Airbag-Modells für den aufgepumpten Reifen und die Verwendung eines Finite-Elemente-Modells, um den experimentellen Aufprall des Reifens und des Rades gegen einen starren Block mithilfe eines Falltestwagens zu simulieren, der die Baugruppe wie in Abb. 5.20 gezeigt aufnimmt.

Die Ergebnisse wurden durch den Vergleich mit durch Messinstrumente begleiteten Falltests an tatsächlichen Sportwagenrädern und -reifen validiert, wie in Abb. 5.21 angegeben. Die Kraft wurde mittels einer Lastzelle im Aufprallamboss gemessen und die Durchbiegung der äußeren Reifenwand mittels einer Hochgeschwindigkeitsvideokamera. Die Übereinstimmung zwischen Test und Simulation wurde als ausreichend genau angesehen, insbesondere in Bezug auf die vom Reifen absorbierte Energie, um das Modell für die unten beschriebenen vollständigen Fahrzeugaufprallsimulationen zu verwenden.

Abgesehen von den Reifen und Rädern konzentrierte sich die Untersuchung auf die Modellierung der Aufprallverformung der Hauptchassis-Rahmenteile entweder mit

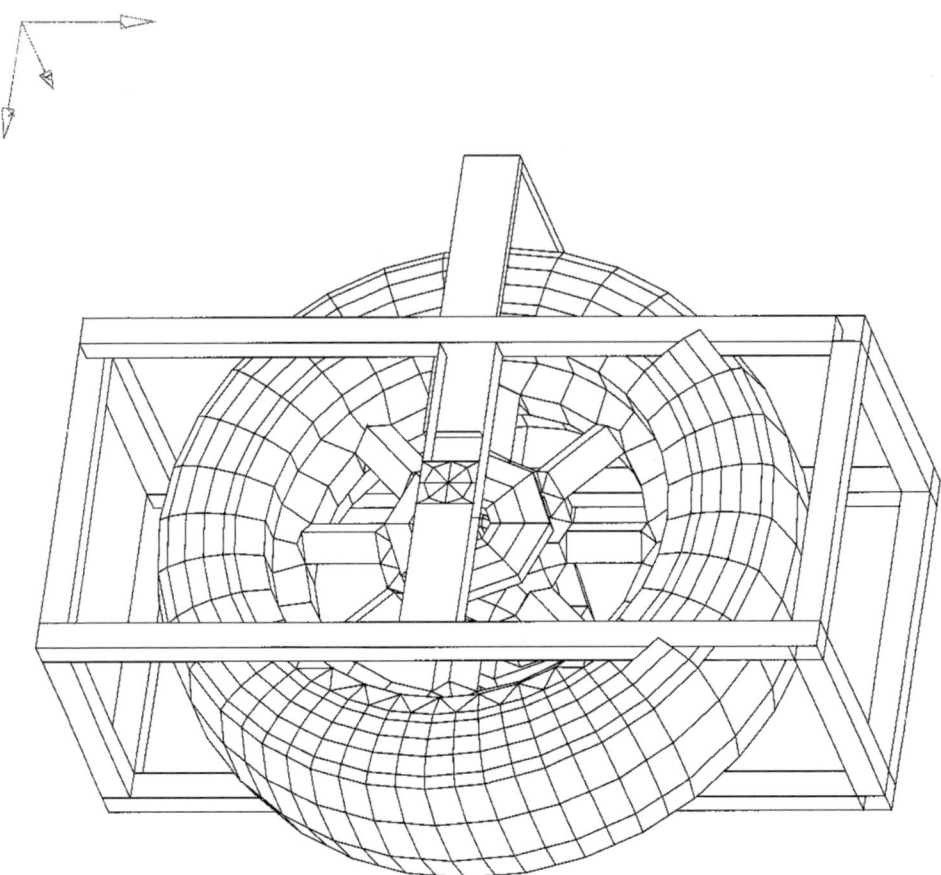

Abb. 5.20 Finite-Elemente-Modell von Reifen und Rad, montiert im Fallkäfig

Balken- oder Schalenelementen. Auch hier wurden die vorhergesagten Ergebnisse durch Tests der dynamischen Reaktion „pyramidenartiger" geschweißter Stahlstrukturen in einer großen Falltestanlage validiert. Ein Vergleich zwischen den experimentellen und numerischen Formen nach dem Aufprall für diese einfachen Pyramidenstrukturen ist in Abb. 5.22 dargestellt. Es wurde festgestellt, dass zur genauen Modellierung der Bildung von Plastikscharnieren und der anschließenden Ovalisierung der Längsstahlrohre ein viel feineres Netz im lokalen Bereich des Scharniers erforderlich war als das auf der rechten Seite von Abb. 5.22 angezeigte Netz.

Das vollständige Finite-Elemente-Modell eines bestimmten Raumrahmenfahrzeugs, das in Abb. 5.23 gezeigt wird, verwendet umfangreich Schalenelemente mit ausreichender Netzdichte am vorderen Ende des Fahrzeugs. An anderer Stelle werden einfache Balkenelemente verwendet und das Modell enthält 3-D-Darstellungen des Motors und anderer

5.4 Sicherheit bei Aufprall

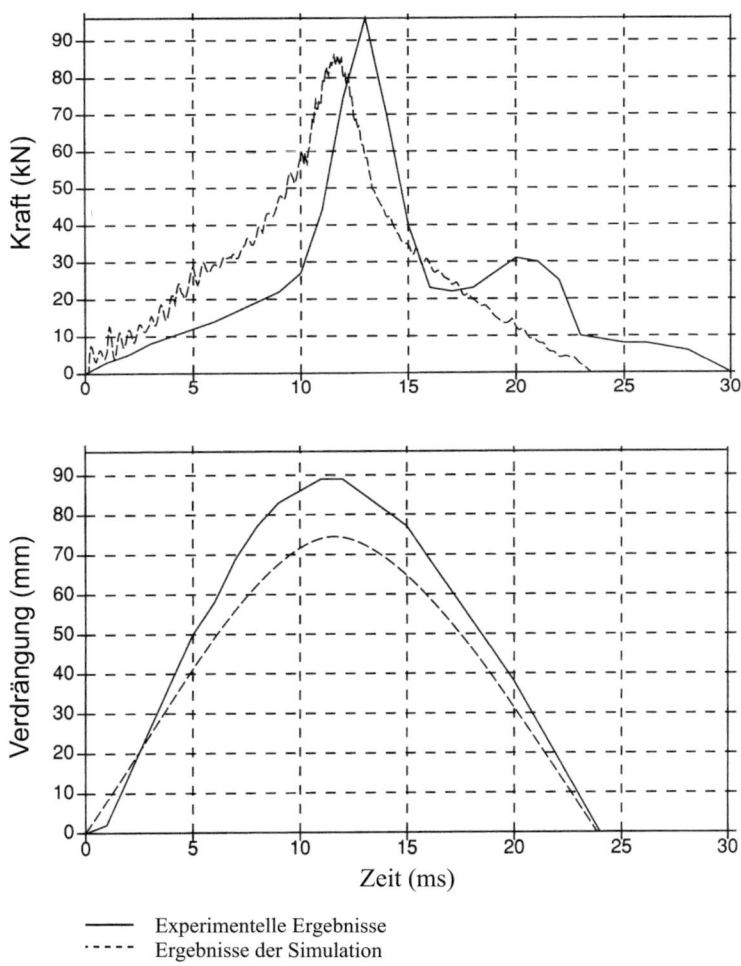

Abb. 5.21 Vergleich der gemessenen und vorhergesagten Kraft- und Durchbiegungs-Zeit-Antwort des Reifens beim Aufprall gegen eine starre Barriere

schwerer Komponenten, um die korrekte Massenverteilung zu erhalten. Eine dynamische Analyse unter Verwendung eines expliziten Finite-Elemente-Lösers wurde für dieses Modell bei einer Aufprallgeschwindigkeit von 50 km/h gegen eine starre Barriere durchgeführt. Dies ergab Vorhersagen der Verformung, wie in Abb. 5.24 gezeigt, die gut mit den begrenzten verfügbaren vollständigen Fahrzeugcrashtestergebnissen übereinstimmen. Die vorhergesagte Verzögerungs-Zeit-Historie, die an einem Punkt überwacht wurde, der der Brust des Fahrers entspricht, hat die in Abb. 5.25 gezeigte Form. Die Spitzenverzögerung von 87 g liegt weit über dem üblichen Grenzwert von 60 g. Die Einbeziehung von EA-Geräten wie oben beschrieben, entweder innerhalb der Fahrzeugnase (leichte

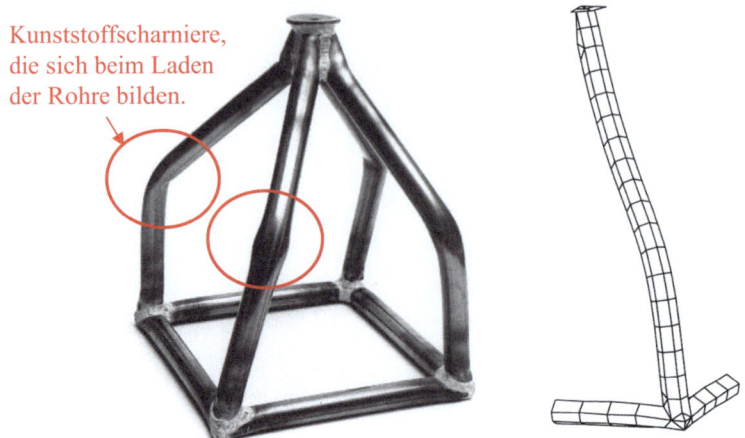

Abb. 5.22 Verformte Pyramidenstruktur nach dem Aufprall (linke Seite) und Schalenelementsimulation eines Viertels der Struktur (rechte Seite)

Abb. 5.23 FE-Modell eines kleinen Raumrahmen-Sportwagens – unverformt

Kunststoffstruktur, die nicht im Modell enthalten ist) oder als integraler Bestandteil der Chassisstruktur, wurde als potenzielles Mittel zur Verbesserung der Frontalaufpralleigenschaften des Fahrzeugs vorgeschlagen, ohne das Gesamtbild zu beeinträchtigen.

5.5 Bewertung der Haltbarkeit

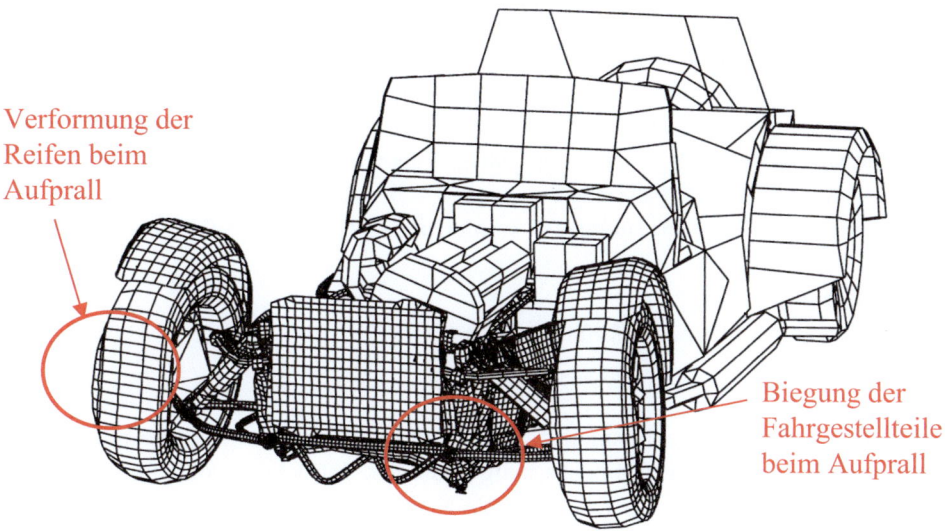

Abb. 5.24 Verformung des Raumrahmen-FE-Modells während des Frontalaufpralls

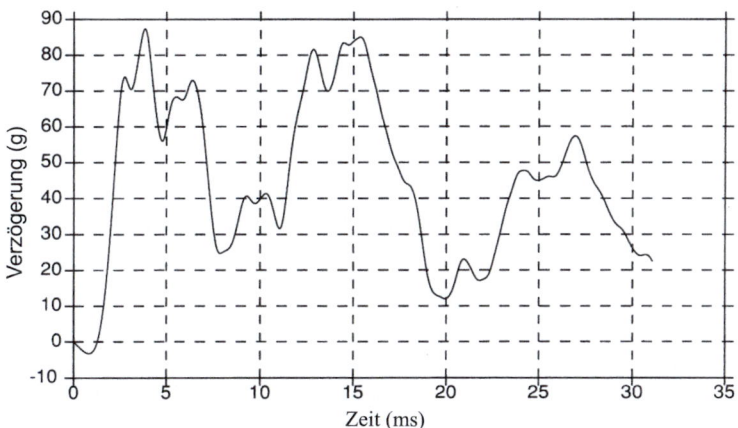

Abb. 5.25 Vorhergesagter Crash-Puls an der Fahrer-Rückhaltevorrichtung für den Frontalaufprall eines kleinen Raumrahmen-Sportwagens

5.5 Bewertung der Haltbarkeit

5.5.1 Einführung

Wie oben diskutiert, versagen Automobilstrukturen und -komponenten selten aufgrund einer einzigen Belastungsanwendung, außer natürlich, wenn sie dafür ausgelegt sind, wie in Aufprallszenarien. Stattdessen können Strukturen und Komponenten letztendlich über eine verlängerte Lebensdauer aufgrund der Ansammlung von Ermüdungsschäden in Verbindung mit Umwelteinflüssen wie Korrosion und Verschleiß, die die Tragfähigkeit des Materials verringern, versagen. Das Studium dieser langfristigen Belastungseffekte wird als „Haltbarkeitsbewertung" bezeichnet und gilt als wichtiger Teil der gesamten strukturellen Zuverlässigkeit des Fahrzeugs.

Experimentelle Tests zur Haltbarkeit werden auf verschiedene Weise durchgeführt:

- Feldtests im Einsatz,
- beschleunigte Teststreckenprüfungen oder
- Labortests.

Feldtests mit durch Messinstrumente ausgestatteten Fahrzeugen sind die realistischste Form des Testens, aber sehr zeitaufwendig und teuer. Tatsächlich sollten bei einem gut gestalteten Fahrzeug keine Ausfälle in einem angemessenen Zeitrahmen auftreten, es sei denn, das Fahrzeug wird extremen Missbrauchsbelastungen wie dem Überfahren von Bordsteinen oder schweren Schlaglöchern ausgesetzt. Dennoch können die erzeugten lokalen Beschleunigungs- und Dehnungsdaten in anderen, detaillierteren Bewertungsformen nützlich sein.

Teststreckenprüfungen beinhalten normalerweise das Fahren des Fahrzeugs über spezielle Strecken mit Kopfsteinpflaster- oder Wellblechoberflächen. Diese sind so konzipiert, dass sie das Fahrzeug extremeren Belastungen aussetzen, als dies auf normalen Straßen der Fall wäre, und somit Ausfälle in kürzerer Zeit fördern. Auch hier wird das Fahrzeug normalerweise an kritischen Stellen mit Beschleunigungsmessern und/oder Dehnungsmessstreifen versehen, um nützliche Daten zu den Belastungsbedingungen zu liefern.

Schließlich ist das Testen im Labor ein Mittel, um Komponenten und Baugruppen unter sorgfältig kontrollierten Bedingungen realistischen Belastungen auszusetzen. Beispielsweise können Vier-Pfosten-Dynamikprüfstände verwendet werden, um alle vier Radstationen eines Fahrzeugs unabhängig zu belasten, wie in Abb. 5.26 gezeigt. Da die Tests über einen längeren Zeitraum kontinuierlich durchgeführt werden können, kann dies eine kosteneffektive und relativ schnelle Methode sein, um die Haltbarkeit von Automobilstrukturen und -komponenten festzustellen. Allerdings sind die Investitionen in Testausrüstung hoch und Prototypenteile und -baugruppen müssen verfügbar sein. Dies bedeutet, dass Tests erst relativ spät im Produktentwicklungszyklus durchgeführt und daher nicht zur Information oder Steuerung von Designänderungen verwendet werden können, die zu verbesserten Lösungen führen könnten.

5.5.2 Virtueller Teststreckenansatz

Um zuverlässigere und effizientere Fahrzeuge schneller auf den Markt zu bringen, ist es sehr wünschenswert, die oben genannten traditionellen Haltbarkeitstestmethoden durch

5.5 Bewertung der Haltbarkeit

Abb. 5.26 Vier-Pfosten-Dynamikprüfstand

prädiktive Software-Tools zu ersetzen oder zu ergänzen. Dies hat zum Konzept eines virtuellen Testgeländes (VPG) geführt, bei dem Computer-Modellierungstechniken physische Haltbarkeitstests ersetzen. Ein solcher Ansatz sollte es ermöglichen, alternative Designs viel früher im Produktlebenszyklus zu bewerten, was zu effizienteren und neuartigen Lösungen führt. Neben der Kosteneffizienz könnte dies auch den Weg für automatisiertere und optimierte Designmethoden ebnen, die möglicherweise einen Teil der Abhängigkeit von der bisherigen Erfahrung der Ingenieure und bewährten Lösungen ersetzen.

Das Herzstück eines jeden VPG-Ansatzes zur Haltbarkeitsbewertung sind genaue Ermüdungsdaten für das betrachtete Material oder die betrachtete Komponente, normalerweise in Form der klassischen S–N-Kurve, wobei S die Spannungs- (oder Dehnungs-) Amplitude und N die Anzahl der Lastzyklen bis zum Versagen ist. Die Beziehung sollte idealerweise Designfaktoren enthalten, um die Variabilität der Rohermüdungsdaten und Umwelteinflüsse wie das Vorhandensein einer korrosiven Umgebung (z. B. Salzwasser im Winter) zu berücksichtigen. Ebenfalls erforderlich sind robuste und genaue Algorithmen zur Bewertung der äquivalenten Ermüdungslebensdauer unter komplexen dynamischen Belastungsbedingungen und mehrachsigen Spannungszuständen. Glücklicherweise ist jetzt eine ausgeklügelte Ermüdungsanalysesoftware verfügbar, um diese komplizierte Bewertung durchzuführen, entweder als Teil etablierter CAE-Systeme oder als eigenständige Pakete.

Angenommen, geeignete Ermüdungsdaten und Analyseroutinen sind verfügbar, besteht das nächste Problem darin, entsprechend detaillierte Spannungsverteilungen für die Eingabe in die Ermüdungssoftware zu erhalten. Wie oben diskutiert, sind moderne Finite-Elemente-Methoden in der Lage, Spannungen und Dehnungen in allgemeinen 3-D-Strukturen unter nahezu jeder Komplexität von Belastungsbedingungen zu analysieren. Die Frage ist, wie komplex die Analyse sein muss, da zunehmende Komplexität unvermeidlich mehr Kosten und Zeitverzögerung bedeutet. Idealerweise möchte man die Ergebnisse der linearen statischen Spannungsanalyse nutzen, aber es gibt Grenzen für die Anwendbarkeit solcher Daten, wie im folgenden Fallbeispiel diskutiert. Es könnte auch möglich sein, einen Frequenzbereichsansatz zu verwenden, um die dynamische Reaktion der betrachteten Strukturen zu berücksichtigen. Die Alternative besteht darin, eine vollständige dynamische Transientenanalyse für eine typische Zeitgeschichte der Belastungseingabe in das Fahrzeug durchzuführen. Aufgrund ihrer Natur wird dies rechnerisch intensiv sein, aber auch definitionsgemäß die genauesten Ergebnisse liefern.

Unabhängig davon, welche Form der Finite-Elemente-Spannungsanalyse durchgeführt wird, ist es notwendig, detaillierte Kenntnisse der Eingabelasten von der Straßenoberfläche oder einer anderen Quelle zu haben, die die Spannungen in den einzelnen Komponenten der Baugruppe oder Struktur verursachen. Solche Daten können aus Feldtests oder Teststreckenprüfungen generiert werden, aber wie oben diskutiert, sind solche Tests zeitaufwendig und erfordern ein verfügbares Prototypfahrzeug. Ein alternativer Ansatz besteht darin, eine Mehrkörpersimulation (MBD) des gesamten oder eines Teils des Fahrzeugs zu verwenden, während es über typische Straßenoberflächen fährt, um Belastungsdaten an besonders kritischen Stellen zu generieren. Obwohl MBD-Software jetzt leicht verfügbar ist, bleiben viele Fragen zu ihrer genauen und effektiven Nutzung, wie z. B. ob ein Viertel- oder Vollfahrzeugmodell erforderlich ist und welche Art von Reifenmodell für jede Anwendung spezifiziert werden soll.

Angenommen, die oben genannten Softwareelemente sind zufriedenstellend entwickelt und integriert, sodass genaue Schätzungen der Ermüdungslebensdauerverteilung in der gesamten Struktur/Komponente gemacht werden können, bleibt die Möglichkeit, diese Lebensdauerverteilungen zu verwenden, um die Designs automatisch zu modifizieren, was zu einer optimalen Lösung in Bezug auf Gewicht und/oder effiziente Materialnutzung führt. Obwohl strukturelle Optimierungsroutinen in einigen FE-Paketen existieren, ist es fair zu erwähnen, dass sie in der Automobilindustrie noch nicht routinemäßig verwendet werden, da ihre Anwendbarkeit auf reale Strukturen, die dynamischen Belastungsbedingungen ausgesetzt sind, begrenzt ist. Dies gilt insbesondere für die Konstruktion von Komponenten und Strukturen, deren primärer Ausfallmodus wahrscheinlich Ermüdung aufgrund komplexer Belastungen und nicht aufgrund einer einzigen Belastungsanwendung ist. Die Erweiterung bestehender Optimierungsmethoden und insbesondere die leistungsstarke Technik der evolutionären Strukturoptimierung (ESO) auf diese Klasse von Problemen wird im folgenden Fallbeispiel vorgestellt.

5.5.3 Fallstudie: Haltbarkeitsbewertung und Optimierung einer Aufhängungskomponente

Die betrachtete Komponente ist der untere Arm der Vorderachsfederung eines Mehrzweckfahrzeugs, wie in Abb. 5.27 gezeigt. Eine detailliertere Ansicht des bestehenden Designs des Arms ist in Abb. 5.28 dargestellt. Es ist zu sehen, dass der Arm eine Reihe von Schnittstellen zu anderen Komponenten der Federung aufweist. Tatsächlich können

5.5 Bewertung der Haltbarkeit

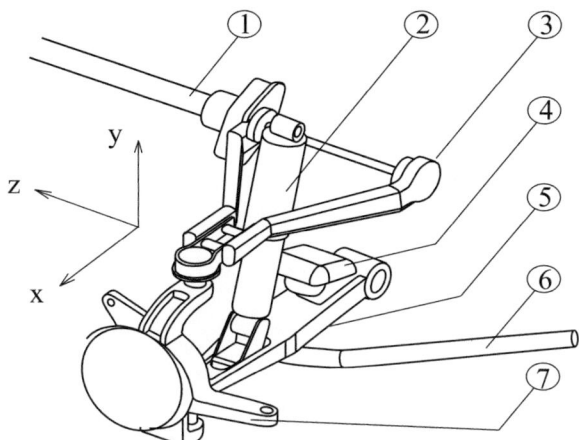

1-Drehstab, 2-Dämpfer, 3-Oberarm,
4-Stoßdämpfer, 5-Unterarm, 6-Spurstange, 7-Nabe

Abb. 5.27 Vorderachsfederungssystem eines Mehrzweckfahrzeugs

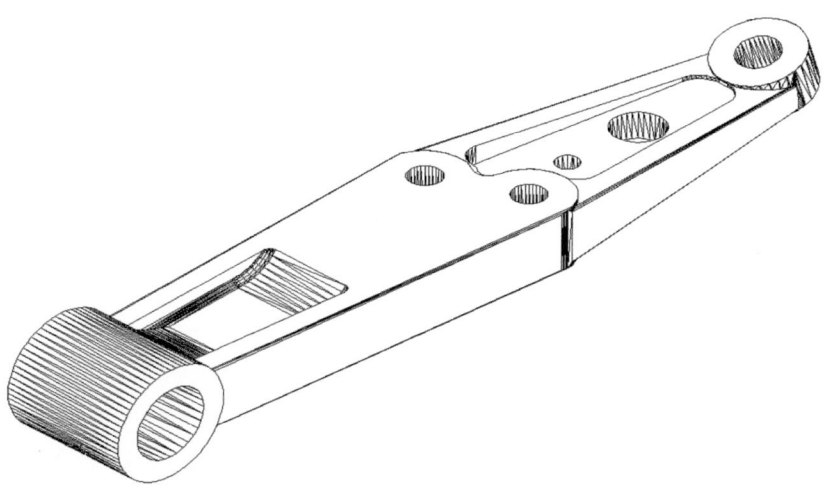

Abb. 5.28 Unterer Federungsarm eines Mehrzweckfahrzeugs

insgesamt 19 externe Lastverläufe identifiziert werden, die in den drei Koordinatenrichtungen an diesen Schnittstellen wirken. Zusätzlich sind neun interne Lastverläufe aufgrund der Trägheit des Arms und seiner Beschleunigungen im 3-D-Raum zu berücksichtigen. Somit ist die vollständige Belastung des Arms äußerst komplex und schwer zu quantifizieren.

Um diese Lasten mit einem VPG-Ansatz abzuschätzen, wurden MBD-Modelle erstellt und über eine virtuelle Version einer bestimmten Pavé-Dauerstrecke gefahren, wie in Abb. 5.29 angegeben. Experimentelle Ergebnisse wurden auch durch das Fahren eines

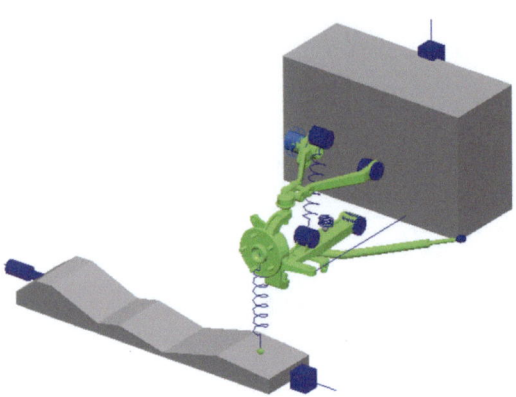

a vierteljährliches Fahrzeugmodell mit einer einfachen Federdarstellung des Reifens bei Kontakt mit der rauen Straße

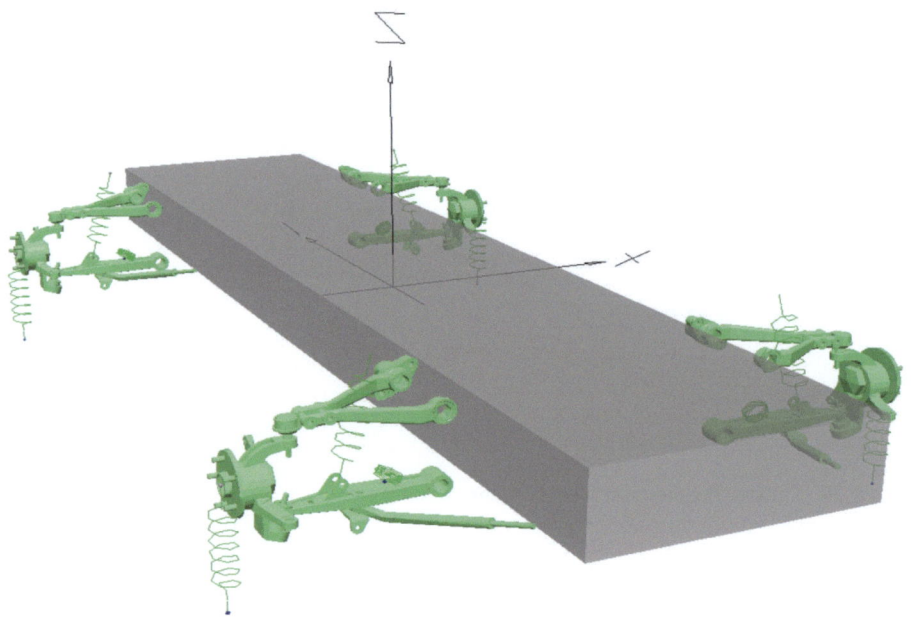

b Vollfahrzeugmodell mit einfachem Feder-Reifen-Kontaktmodell

Abb. 5.29 Mehrkörpersimulationsmodelle (MBD) eines Mehrzweckfahrzeugs

5.5 Bewertung der Haltbarkeit

realen Fahrzeugs mit an kritischen Stellen angebrachten Beschleunigungsmessern über die physische Pavé-Teststrecke erzeugt.

Nachdem Viertelfahrzeugmodelle (QVM) ausprobiert wurden (Abb. 5.29a), musste konstatiert werden, dass es notwendig war, die Karosserieroll-/Nickbewegung zu berücksichtigen, indem man zu einem vollständigen Fahrzeugmodell (FVM) überging (Abb. 5.29b), um genaue Vorhersagen der gemessenen Belastungsverläufe der Federungskomponenten zu erhalten.

Vergleiche zwischen den Beschleunigungen an der Vorderradnabe, die vom vollständigen Fahrzeugmodell vorhergesagt wurden, und den experimentell gemessenen Beschleunigungen sind in den Leistungsdichtespektren (PSD) in Abb. 5.30 dargestellt. Es

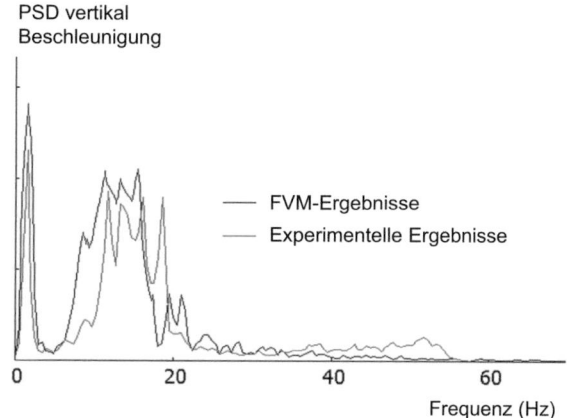
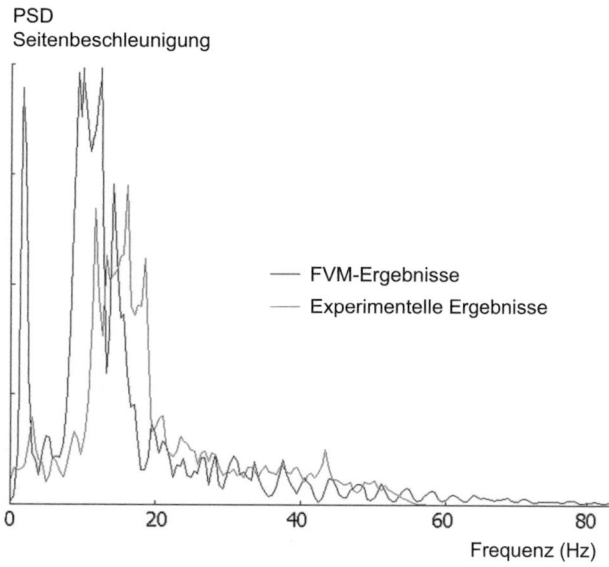

Abb. 5.30 Leistungsdichtespektren (PSD) der Radnabenbeschleunigungen

ist zu sehen, dass sowohl die Amplitude als auch der Frequenzinhalt der experimentellen lateralen und vertikalen Beschleunigungen der Nabe durch die FVM-Ergebnisse gut charakterisiert werden, was Vertrauen in die Verwendung dieses Modells für die nachfolgenden Designoptimierungsstudien gab.

Nachdem die externen und internen Trägheitslastverläufe, die auf die interessierende Komponente (den unteren Federungsarm) angewendet werden, ermittelt wurden, bestand der nächste Schritt darin, eine detaillierte 3-D-FE-Analyse des Arms durchzuführen, um die Spannungen für die nachfolgende Ermüdungsbewertung vorherzusagen. Hier steht der Benutzer vor der Wahl von mindestens drei verschiedenen Analyseansätzen, wie in Abb. 5.31 angegeben.

Die quasi-statische Analyse-Strategie erfordert eine einzige lineare statische Analyse des Arms für die Einheitsbelastung, die in jeder der 19 externen und 9 internen Lastrichtungen angewendet wird. Unter Verwendung des Superpositionsprinzips kann dann die detaillierte Spannungsverteilung des Arms durch Faktorisierung und Summierung der Einflusskoeffizienten, die durch jede Analyse erzeugt werden, entsprechend den tatsächlich angewendeten externen Lastverläufen erhalten werden. Obwohl dies die einfachste und wirtschaftlichste der verfügbaren Methoden ist, wurde festgestellt, dass sie nur dann genau ist, wenn die Eigenfrequenzen des Arms (die leicht aus dem FE-Modell vorhergesagt werden können) gut von dem Frequenzinhalt der Eingangs-Erregungsfunktion getrennt sind, wie in Abb. 5.32a angegeben.

Wenn die Frequenzen nicht um einen Faktor von mindestens sieben getrennt sind, war festzustellen, dass die quasi-statische Methode hoch fehlerhaft ist, da sie die Wechselwirkungen zwischen der dynamischen Reaktion der Komponente und den Erregerfrequenzen nicht berücksichtigt, was potenziell zu Resonanzeffekten führen kann.

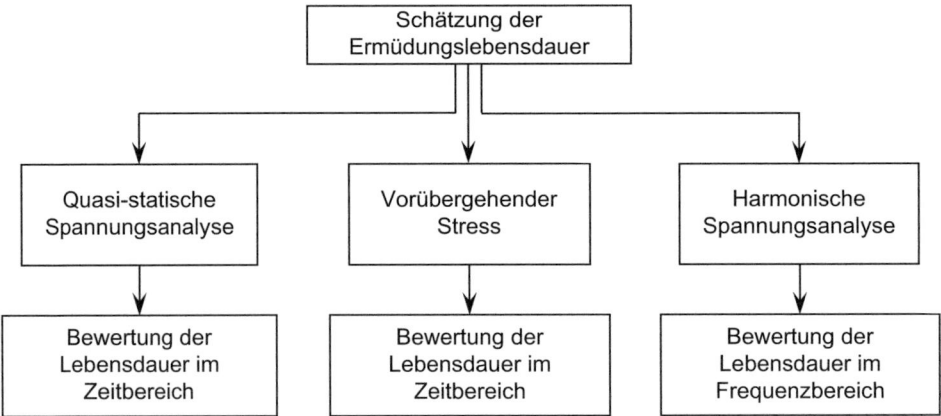

Abb. 5.31 Verschiedene Strategien zur Ermüdungslebensdauerbewertung

5.5 Bewertung der Haltbarkeit

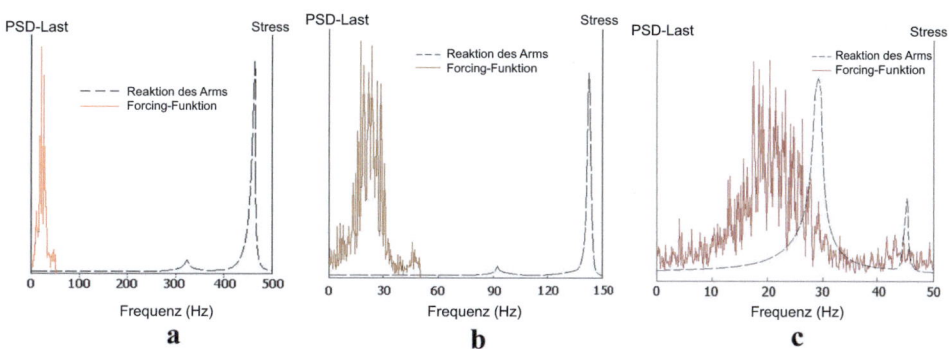

Abb. 5.32 PSD der Erregungsfunktion im Vergleich zur Eigenfrequenzantwort des Arms

Wenn die Komponenten- und Belastungsfrequenzen um einen Faktor von weniger als sieben getrennt sind, wie in Abb. 5.32b, muss auf die rechnerisch genaue, aber zeitaufwendige transiente Spannungsanalysemethode zurückgegriffen werden, die eine vollständige Integration und Lösung des dynamischen FE-Modells in kleinen Zeitschritten für die gesamte betrachtete Belastungsgeschichte erfordert. Eine derart rechenintensive Methode ist selbst mit der Leistung moderner Computersysteme nicht geeignet für die Mehrfach-Simulationen, die für die Designoptimierung auf Basis der Ermüdungslebensdauer erforderlich sind.

Schließlich, wenn sich die Erregerfunktion und die natürlichen Frequenzen der Komponente überlappen, wie in Abb. 5.32c, kann es möglich sein, harmonische Spannungsanalysetechniken zu verwenden, gefolgt von einer Lebensdauerbewertung im Frequenzbereich, um die Ermüdungslebensdauerverteilung in der Komponente abzuschätzen. Hierbei werden zunächst die Übertragungsfunktionen des Arms, die die Spannungen pro Einheit Last in Abhängigkeit von der Frequenz angeben, durch Anwendung entweder vollständiger oder reduzierter modaler Superpositionstechniken erzeugt. Die Übertragungsfunktionen werden dann mit den PSDs der aufgebrachten Lasten multipliziert, um die äquivalenten PSDs der Spannung zu erhalten. Schließlich kann die Ermüdungslebensdauer im Frequenzbereich unter Verwendung des gut etablierten Dirlik-Ansatzes abgeschätzt werden.

Bei Verwendung der harmonischen Spannungsanalysemethode muss eine Reihe von Parametern spezifiziert werden, wie die Anzahl der Modi, die in die harmonische Analyse einbezogen werden sollen, die Puffergröße, die zur Durchführung der schnellen Fourier-Transformation (FFT) zur Erzeugung der Belastungs-PSDs verwendet wird, und die Frequenzschrittgröße, die zur Ableitung der Spannungs-PSDs verwendet wird. Obwohl gezeigt wurde, dass die Werte dieser Parameter die absoluten vorhergesagten Ermüdungslebensdauern beeinflussen, ist die Verteilung der Ermüdungslebensdauer innerhalb der Komponente viel weniger empfindlich und stimmt gut mit den Vorhersagen der genauesten transienten Spannungsanalysemethode überein. Da die Optimierung des Designs auf Basis der Ermüdungslebensdauer von der Verteilung und nicht von den absoluten Lebensdauern abhängt, kann die harmonische Spannungsanalysemethode daher für diesen Zweck verwendet werden, wenn die Erreger- und natürlichen Frequenzen der Komponente wie in Abb. 5.32c zusammenfallen. Dies erwies sich als weitaus recheneffizienter als die Verwendung der vollständigen transienten Analysemethode.

Eine grundlegende Optimierungsstrategie, basierend auf der Ermüdungslebensdauer, ist in Abb. 5.33 dargestellt. Ein sofortiges Problem tritt auf, wenn versucht wird, eine solche Strategie unter Verwendung standardmäßiger S–N-Ermüdungsdaten umzusetzen, da in den meisten ermüdungsbegrenzten Designprotokollen aufgrund des Mangels an Daten für höhere Zyklenzahlen normalerweise eine Ermüdungsgrenze von etwa 10^8 Zyklen angegeben wird. Dies bedeutet, dass für die Mehrheit des Materials in den meisten Automobilkomponenten eine unendliche Ermüdungslebensdauer vorhergesagt wird. Da der Optimierungsalgorithmus versucht, Material mit maximaler Lebensdauer zu entfernen, ist eine Verteilung, die innerhalb der Komponente variiert, notwendig, damit der Algorithmus beginnen kann, Material an der Stelle mit dem geringsten Schaden zu entfernen. Eine praktische Lösung für dieses Problem besteht darin, den Ermüdungslebensdauer-Grenzwert künstlich viel weiter entlang der Lebensachse zu verlängern, wie in Abb. 5.34 dargestellt. Die Tatsache, dass die Ermüdungskurve über den standardmäßigen

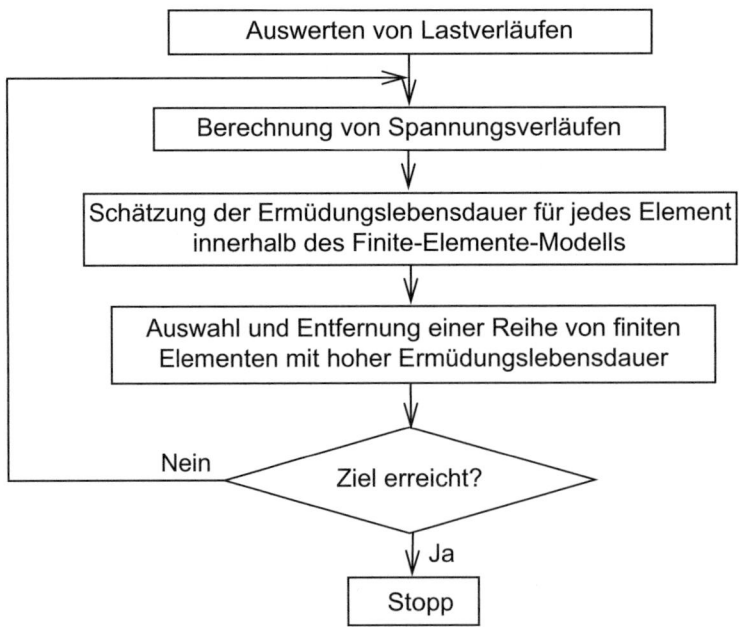

Abb. 5.33 Grundlegende Optimierungsstrategie basierend auf der Ermüdungslebensdauer

5.5 Bewertung der Haltbarkeit

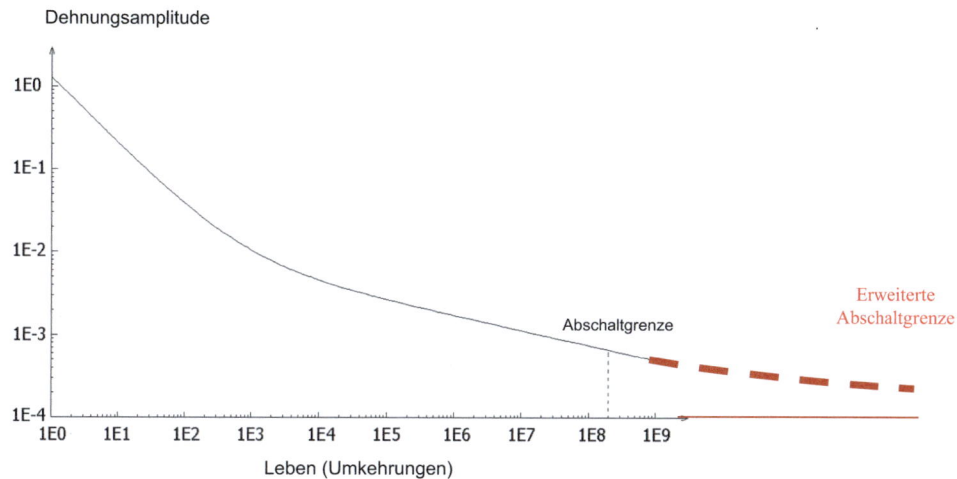

Abb. 5.34 S-N-Kurve mit künstlich verlängertem Ermüdungslebensdauer-Grenzwert

Grenzwert hinaus möglicherweise nicht vollständig genau ist, ist in Bezug auf die Optimierungsstrategie irrelevant, da Material mit einer derart langen vorhergesagten Lebensdauer im Optimierungsalgorithmus schnell aus dem Modell entfernt wird.

Um das Potenzial dieser Optimierungsstrategie zu demonstrieren, nicht nur bestehende Designs zu modifizieren, sondern auch radikal neue Lösungen zu generieren, wurde der maximale Anfangsbereich des unteren Querlenkers als einfacher rechteckiger Block festgelegt, Abb. 5.35. Da es notwendig ist, bestimmte Merkmale (hauptsächlich Befestigungslöcher) an bestimmten Stellen im Arm zu haben, wurden diese Merkmale als Nicht-Design-Bereiche festgelegt, die von der Optimierungsroutine nicht verändert werden konnten.

Abb. 5.36a zeigt, dass die anfängliche Ermüdungsbewertung des Designbereichs vor der Modifikation des Ermüdungsgrenzwerts für die meisten Materialien eine unendliche Lebensdauer vorhersagt. Im Gegensatz dazu zeigt Abb. 5.36b die entsprechenden Lebensdauerkonturen, nachdem der Grenzwert auf 10^{20} Zyklen angehoben wurde.

Ausgehend von der viel nützlicheren Lebensdauerverteilung, die in Abb. 5.36b gezeigt wird, wurde die Optimierungsroutine mit dem Ziel durchgeführt, das Gewicht des Arms zu minimieren, unter der Bedingung, dass mindestens 10.000 Fahrzyklen auf der Pavé-Dauerhaltbarkeitsstraße ohne Ermüdungsbruch möglich sein sollten. Abb. 5.37 zeigt die während dieses Optimierungsprozesses aufgezeichnete Materialentfernungshistorie.

Nach etwa 80 Schleifen des in Abb. 5.33 gezeigten Algorithmus stabilisierte sich das Volumen des Arms auf weniger als 20 % seines Anfangswerts mit der resultierenden Form und Ermüdungsverteilung, wie in Abb. 5.38 gezeigt. Der optimierte Arm hat eine Ermüdungslebensdauer von 36.000 Zyklen auf der Pavé-Dauerhaltbarkeitsstrecke

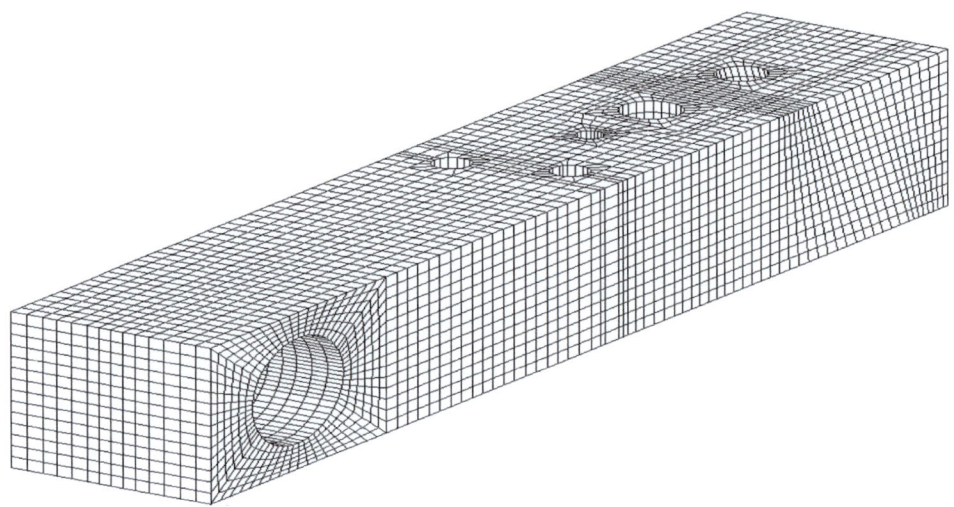

Abb. 5.35 Finite-Elemente-Modell des Anfangsbereichs zur Optimierung des unteren Arms

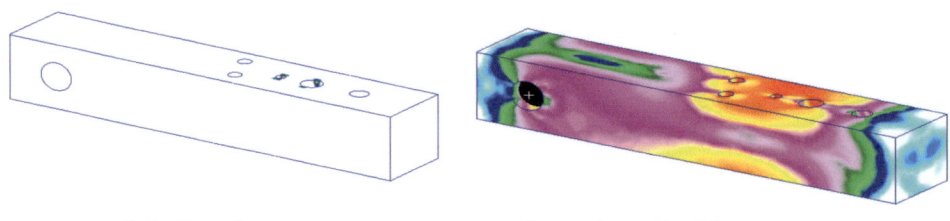

a ursprüngliche Ermüdungstrenngrenze   b erweiterte Ermüdungstrenngrenze

Abb. 5.36 Konturdiagramme der Ermüdungslebensdauerverteilung im Querlenker. **a** Ursprünglicher Ermüdungsgrenzwert, **b** verlängerter Ermüdungsgrenzwert

im Vergleich zu nur 173 Zyklen für das bestehende Armdesign, das in Abb. 5.28 gezeigt wird. Gleichzeitig wurde das Gewicht des optimierten Arms im Vergleich zum ursprünglichen Design um 0,5 kg reduziert.

Natürlich sind die durch das spezielle Finite-Elemente-Netz des optimierten Arms in Abb. 5.38 erzeugten gezackten Oberflächen weder wünschenswert noch praktisch herzustellen. Daher bestand der letzte Schritt des Prozesses darin, diese Oberflächen zu glätten, um die endgültige optimierte Geometrie zu erstellen, die in Abb. 5.39 gezeigt wird. Obwohl etwas komplizierter herzustellen, verwendet diese optimierte Komponente deutlich weniger Material als das ursprüngliche Design, das in Abb. 5.28 gezeigt wird, und hätte eine noch größere Ermüdungslebensdauer als für das „gezackte" Finite-Elemente-Modell in Abb. 5.38 vorhergesagt.

5.5 Bewertung der Haltbarkeit

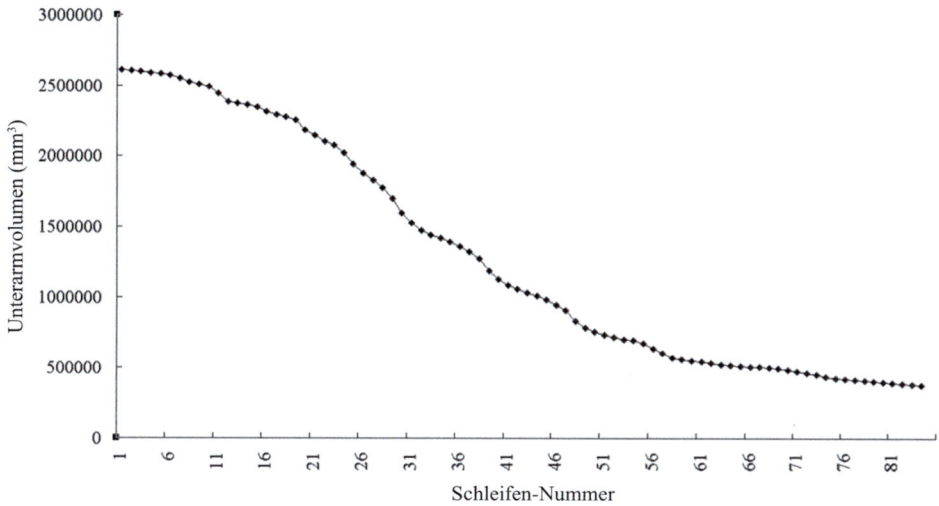

Abb. 5.37 Verlauf der Materialentfernung während der Optimierung des Arms

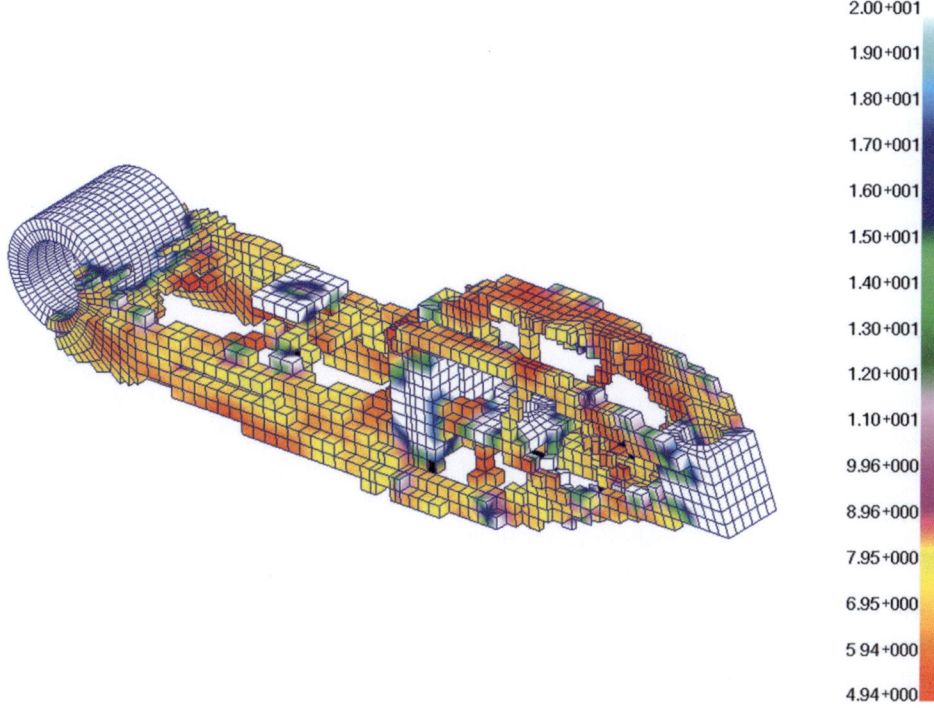

Abb. 5.38 Konturdiagramm der Ermüdungslebensdauerverteilung für den optimierten Arm

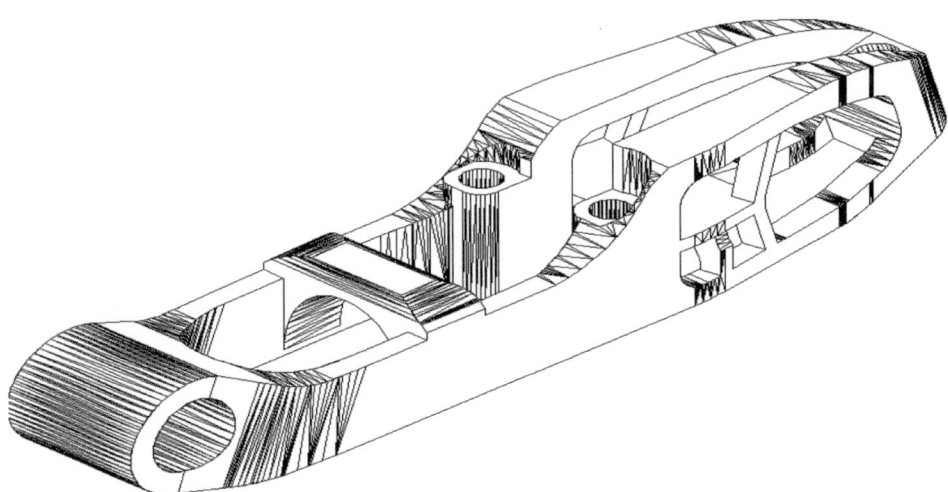

Abb. 5.39 Endgültiges optimiertes Design nach Oberflächenglättung

Obwohl der oben beschriebene Optimierungsprozess zweifellos komplex ist, zeigt die Übung doch das Potenzial von computergestützten Werkzeugen und dem Ansatz des virtuellen Prüfstands, nicht nur bestehende Designs zu optimieren, sondern auch neuartige Lösungen zu generieren, wie in Abb. 5.39 gezeigt, die aus traditionellen Design-, Herstellungs- und Testpraktiken wahrscheinlich nicht hervorgehen würden. Solche neuartigen Lösungen eignen sich auch für additive Fertigungstechnologien, die weniger Einschränkungen hinsichtlich der Geometrie der Teile haben als konventionelle Fertigungsprozesse.

5.6 Abschließende Bemerkungen

Dieses Kapitel hat einige der wichtigeren Aspekte im Zusammenhang mit dem Design und der Analyse von Fahrwerksstrukturen behandelt. Dazu gehörte die Betrachtung alternativer hochfester Leichtbaumaterialien, die begonnen haben, die Art und Weise zu revolutionieren, wie Fahrzeugkarosseriestrukturen entworfen und gefertigt werden. Obwohl fortschrittliche Computeranalysemethoden in der Branche für die statische und dynamische Bewertung von Strukturen (einschließlich ihrer Haltbarkeit und Crashsicherheit) zur Norm geworden sind, ist es wichtig, dass die Ingenieure die grundlegenden Prinzipien verstehen und von Zeit zu Zeit konventionelle Analysemethoden als Realitätscheck für computerisierte Lösungen anwenden können.

Geräusch, Vibration und Rauheit (NVH)

> **Zusammenfassung**
>
> Dieses Kapitel soll Fahrwerksingenieuren das Wissen über die theoretischen Grundlagen und Techniken vermitteln, damit sie fundierte Entscheidungen über NVH-Lösungsstrategien in einem frühen Stadium der Fahrzeugentwicklung treffen können. Das Kapitel beginnt mit einer Überprüfung der Grundlagen der Akustiktheorie, da dieses Thema in Bachelor-Studiengängen oft nicht ausführlich behandelt wird. Die menschliche Reaktion auf Schall wird dann skizziert, gefolgt von einer Beschreibung allgemeiner Techniken zur Geräuschmessung und -kontrolle. Die Hauptquellen von Geräuschen in Straßenfahrzeugen werden dann überprüft und gängige Bewertungs- und Minderungsmethoden für jede Art von Geräusch skizziert. Der nächste Abschnitt führt die Quellen und die Natur der automobilen mechanischen Vibrationen ein, die sich von luftgetragenen Geräuschen unterscheiden. Es wird ein Schwerpunkt auf Vibrationen gelegt, die vom Verbrennungsmotor ausgehen, da dieser nach wie vor die vorherrschende Antriebsquelle für die Mehrheit der Straßenfahrzeuge ist. Prinzipien der Vibrationskontrolle werden dann beschrieben mit einem Fokus auf dem Schwingungsdämpfer und der Isolation von motorinduzierten Vibrationen. Der letzte Abschnitt des Kapitels befasst sich mit den besonderen Problemen von Bremsgeräuschen und -vibrationen, wobei letztere nicht nur die Bremse selbst, sondern das gesamte Fahrwerk betreffen, da die Vibrationen über das Fahrwerk und die Lenksysteme übertragen werden.

6.1 Einführung in NVH

Geräusch, Vibration und Rauheit (NVH) sind aufgrund des Strebens nach erhöhter Verfeinerung zu immer wichtigeren Faktoren im Fahrzeugdesign geworden. Vibration war schon immer ein wichtiges Thema, das eng mit Zuverlässigkeit und Qualität verbunden ist, während Geräuschintensität für Fahrzeugnutzer und Umweltschützer zunehmend an Bedeutung gewinnt. Rauheit, die mit der Qualität und der transienten Natur von Vibration und Geräusch zusammenhängt, ist ebenfalls stark mit der Fahrzeugverfeinerung verbunden .

Die Kontrolle von Vibration und Geräusch in Fahrzeugen stellt den Designer vor eine große Herausforderung, da Straßenfahrzeuge im Gegensatz zu vielen Maschinensystemen eine Reihe von Vibrations- und Geräuschquellen haben, die miteinander verbunden und geschwindigkeitsabhängig sind. In den letzten Jahren hat der Trend zu leichteren Fahrzeugkonstruktionen und höheren Motordrehzahlen die NVH-Probleme bei herkömmlichen Verbrennungsmotorfahrzeugen (ICE) verschärft. Darüber hinaus hat die Einführung von Elektro- und Hybridfahrzeugen das Potenzial für Geräusche und Vibrationen aus nichtmotorischen Quellen erhöht und viele neue Probleme für Automobilingenieure geschaffen. Diese Entwicklungen sind auch mit einer Verkürzung der Markteinführungszeit für neue Fahrzeuge zusammengefallen, was zu einer erhöhten Abhängigkeit von computergestütztem Design und Analyse mit weniger Zeit für Prototypentests geführt hat.

Diese beschleunigte Entwicklung neuer und hochverfeinerter Fahrzeuge hängt von einer genauen dynamischen Analyse der Fahrzeuge und ihrer Teilsysteme ab und erfordert verfeinerte mathematische Modellierungs- und Analysetechniken. Während die NVH-Analyse in den letzten Jahren durch Entwicklungen in der Finite-Elemente- und Mehrkörpersystem-Analyse-Software unterstützt wurde, besteht weiterhin fundamentaler Bedarf, grundlegende Vibrations- und Geräuschprinzipien im Fahrzeugdesign anzuwenden.

Ziel dieses Kapitels ist es, einige wichtige Geräusch- und Vibrationsprobleme im Fahrzeugdesign zu behandeln. Es wird davon ausgegangen, dass der Leser über einige Vorkenntnisse in der Geräusch- und Vibrationstheorie verfügt, jedoch nicht unbedingt in der Akustik; daher wird im ersten Teil des Kapitels ein kurzer Überblick über die Grundlagen der Akustiktheorie gegeben.

6.2 Grundlagen der Akustik

Ein Verständnis der akustischen Grundlagen ist unerlässlich, um Geräusche zu kontrollieren und Geräuschkriterien zu interpretieren. Dieser Abschnitt skizziert einige der grundlegenden Prinzipien der Schallausbreitung.

6.2.1 Allgemeine Schallausbreitung

Schall wird von einer Quelle zu einem Empfänger durch ein elastisches Medium namens *Pfad* übertragen. Im Automobilkontext ist dies die umgebende Luft oder die Fahrzeugkarosserie, wobei letztere mit dem Begriff *strukturgebundener Schall* verbunden ist.

Die einfachste Form der Schallausbreitung tritt auf, wenn eine kleine Kugel harmonisch im freien Raum (fern von jeglichen Begrenzungsflächen) pulsiert. Die vibrierende Oberfläche der Kugel bringt die Luftmoleküle, die mit ihr in Kontakt stehen, zum Vibrieren, und diese Vibration wird radial nach außen zu benachbarten Luftmolekülen übertragen. Dies erzeugt eine sich ausbreitende (oder wandernde) Welle mit einer charakteristischen Geschwindigkeit c, d. h. der Schallgeschwindigkeit in Luft. An einem beliebigen Punkt auf dem Pfad unterliegt die Luft Druckschwankungen, die dem Umgebungsdruck überlagert sind. Eine Schallquelle, die mit einer Frequenz f vibriert, erzeugt Schall mit dieser Frequenz. Wenn man einen Schnappschuss des momentanen Drucks macht und sich von der Quelle entfernt, ist die Druckvariation mit der Entfernung ebenfalls sinusförmig. Der Abstand zwischen den Druckspitzen ist konstant und wird als *Wellenlänge* λ bezeichnet. Diese steht in Beziehung zu c und f durch die Gleichung:

$$\lambda = \frac{c}{f} \tag{6.1}$$

Diese Gleichung zeigt, dass mit zunehmendem f λ abnimmt (da c unter gegebenen atmosphärischen Bedingungen konstant ist). Im hörbaren Bereich von 20 Hz bis 20 kHz variiert die Wellenlänge entsprechend von 17 m bis 17 mm.

6.2.2 Ausbreitung von ebenen Wellen

Die Grundlagen der Wellenbewegung lassen sich am einfachsten verstehen, indem man die Ausbreitung einer ebenen Welle (mit einer flachen Wellenfront, die senkrecht zur Ausbreitungsrichtung steht) betrachtet. Bezeichnet man die elastische Verformung als ξ in einer bestimmten Entfernung x von einem festen Bezugspunkt und kombiniert die Kontinuitäts- und Impulsgleichungen für das Element mit dem universellen Gasgesetz, führt dies zur eindimensionalen Wellengleichung:

$$\frac{\partial^2 \xi}{\partial t^2} = c^2 \frac{\partial^2 \xi}{\partial x^2} \tag{6.2}$$

Die Ausbreitungsgeschwindigkeit c wird durch folgende Gleichung gegeben:

$$c = \sqrt{\frac{p\,\gamma}{\rho}} = \sqrt{\gamma\,RT} \tag{6.3}$$

wobei p = der Umgebungsdruck, ρ = die entsprechende Dichte des Mediums, γ = das Verhältnis der spezifischen Wärmen für Luft, R = die universelle Gaskonstante und T = die absolute Temperatur ist. Für Luft bei Standardatmosphärendruck und 20 °C beträgt der Wert von c 343 m/s.

Die allgemeine Lösung der Gl. (6.2) für harmonische Wellen lautet:

$$\xi = Ae^{(\omega t - kx)} + Be^{(\omega t + kx)} \tag{6.4}$$

Der erste Term auf der rechten Seite stellt die einfallende Welle (die sich von der Quelle wegbewegt) dar, während der zweite Term die reflektierte Welle (die sich in die entgegengesetzte Richtung bewegt) darstellt. Die *Wellenzahl* wird durch $k = \frac{\omega}{c}$ oder $k = \frac{2\pi f}{c} = \frac{2\pi}{\lambda}$ gegeben und ist daher als die Anzahl der akustischen Wellenlängen in 2π definiert. Die Werte von c variieren erheblich für flüssige und feste Materialien. Einige typische Werte sind in Tab. 6.1 dargestellt. Für die festen Materialien sind die angegebenen Geschwindigkeiten für eindimensionale Spannungswellen und nicht für akustische Wellen angegeben.

6.2.3 Akustische Impedanz, z

Der Widerstand gegen die Ausbreitung einer akustischen Welle wird als *akustische Impedanz* bezeichnet. Sie wird als das Verhältnis des akustischen Drucks p zur Ausbreitungsgeschwindigkeit u definiert. Es kann gezeigt werden, dass

$$z = \frac{p}{u} = \rho c \tag{6.5}$$

Für Standardluftdruck und -temperatur (101.3 kPa und 20 °C) beträgt z 415 Rayl (Ns/m^3).

6.2.4 Akustische Intensität, i

Diese wird definiert als die zeitlich gemittelte Rate des Transports von akustischer Energie durch eine Welle pro Flächeneinheit, die normal zur Wellenfront steht. Sie wird gegeben durch:

Tab. 6.1 Geschwindigkeit der Wellenausbreitung in verschiedenen Medien

Medium	c, m/s
Luft bei 1 bar und 20 °C	343
Weichstahl	5050
Aluminium	5000
Vulkanisiertes Gummi	1269
Wasser bei 15 °C	1440

6.2 Grundlagen der Akustik

$$I = \frac{p_{rms}^2}{\rho c} \tag{6.6}$$

p_{rms} ist die r.m.s. Druckschwankung. Für eine harmonische Welle gilt $p_{rms} = \frac{\hat{p}}{\sqrt{2}}$, wobei $\hat{p}$ der Spitzendruck ist.
Daher:

$$I = \frac{\hat{p}^2}{2\rho c} \tag{6.7}$$

6.2.5 Kugelförmige Wellenausbreitung – Akustische Nah- und Fernfelder

Kugelförmige Wellen nähern sich eher den echten Quellwellen an, aber bei großen Entfernungen von einer Quelle nähern sie sich den ebenen Wellen an. Es kann gezeigt werden, dass die Wellengleichung in Kugelkoordinaten lautet:

$$\frac{\partial^2 (rp)}{\partial t^2} = c^2 \frac{\partial^2 (rp)}{\partial r^2}, \tag{6.8}$$

wobei r der radiale Abstand von der Quelle ist.
Die allgemeine Lösung für eine einfallende Welle (ohne Reflexion) lautet:

$$p = \frac{1}{r} A e^{(\omega t - kr)} \tag{6.9}$$

Wenn Gl. (6.9) in Verbindung mit der Definition der akustischen Impedanz verwendet wird, kann gezeigt werden:

$$z = \rho c \frac{(kr)^2}{1 + (kr)^2} + i(\rho c) \frac{kr}{1 + (kr)^2} \tag{6.10}$$

Beachten Sie $i = \sqrt{-1}$. Daher ist z eine komplexe Größe mit realen und imaginären Komponenten, wie in Gl. (6.10) gezeigt.

Große Entfernungen von der Quelle (kr $\gg$ 1 oder r $\gg$ $\lambda/2\pi$), z $\to$ ρc. Hier sind der Druck und die Teilchengeschwindigkeit in Phase, und dies entspricht einem Bereich, der als *akustisches Fernfeld* bezeichnet wird, in dem kugelförmige Wellenfronten denen von ebenen Wellen ähneln.

Entfernungen nahe der Quelle (kr $\ll$ 1 oder r $\ll$ $\lambda/2\pi$), z $\to$ i ρc kr. Hier sind Druck und Geschwindigkeit um 90° phasenverschoben. Dieser Bereich wird als *akustisches Nahfeld* bezeichnet.

Der Übergang vom Nah- zum Fernfeld ist in Wirklichkeit ein allmählicher, aber die Abgrenzung kann bei kr = 10 angenommen werden. Da k = $2\pi/\lambda$, wird die Abgrenzung ungefähr durch r $\approx$ 1.6 λ gegeben. Für eine harmonische Welle in Luft bei 1 kHz

($\lambda \approx 0.3$ m) ist r = 500 mm, bei 20 Hz ($\lambda \approx 17$ m) ist r = 27.5 m. Der Übergang vom Fernfeld zum Nahfeld hat wichtige Auswirkungen auf die Mikrofonpositionierung bei Schallpegelmessungen.

6.2.6 Referenzgrößen

Bestimmte Referenzgrößen werden für Schallemissionsmessungen verwendet. Für die Schallübertragung in Luft wird der Referenz-RMS-Druck als p_{ref} = 20 μPa angenommen, was ungefähr der Hörschwelle des Menschen bei der Referenzfrequenz von 1 kHz entspricht. Mit einer Referenzimpedanz z_{ref} = $(\rho c)_{ref}$ = 400 Rayl ergibt sich die Referenzintensität I_{ref} = 10^{-12} W/m² aus Gl. (6.6). Da die akustische Leistung die Intensität mal der Fläche ist, beträgt die Referenz-Schallleistung für eine Referenzkugelfläche A_{ref} = 1 m² 10^{-12} W.

6.2.7 Akustische Größen in Dezibel ausgedrückt

Das menschliche Ohr ist in der Lage, akustische Größen über einen sehr weiten Bereich zu erkennen, z. B. Druckschwankungen von 20 μPa bis 100 Pa. Daher besteht die Notwendigkeit, akustische Daten in einer praktischen Form darzustellen. Dies wird durch die Verwendung der Dezibel-Skala erreicht. Die interessierende Größe x wird in der Form 10 $\log_{10}$ (x/x_{ref}) ausgedrückt, wobei sowohl x als auch x_{ref} Einheiten der Leistung haben. Unter Verwendung der obigen Referenzgrößen werden der Schallleistungspegel (L_W), der Schallintensitätspegel (L_I) und der Schalldruckpegel (L_p) in Dezibel (dB) wie folgt definiert:

$$L_W = 10 \log_{10} \left(\frac{W}{W_{ref}} \right) \quad (6.11)$$

$$L_I = 10 \log_{10} \left(\frac{I}{I_{ref}} \right) \quad (6.12)$$

$$L_p = 10 \log_{10} \left(\frac{p}{p_{ref}} \right)^2 = 20 \log \left(\frac{p}{p_{ref}} \right) \quad (6.13)$$

Wenn man bedenkt, dass die Hörschwelle einem Schalldruckpegel von 0 dB entspricht, kann gezeigt werden, dass bei Standardtemperatur und -druck (101.3 kPa und 20 °C) L_W, L_I und Lp in dB wie folgt zusammenhängen:

$$L_I = L_p - 0{,}16 \quad (6.14)$$

$$L_W = L_p + 20 \log_{10} \left(\frac{r}{r_{ref}} \right) - 0{,}16 \quad (6.15)$$

6.2 Grundlagen der Akustik

wobei $r_{ref} = 0.282$ m für die Referenzkugeloberfläche $A_{ref} = 1$ m².

Aus Gl. (6.14) ist ersichtlich, dass L_p und L_I numerisch ungefähr gleich sind, während Gl. (6.15) nützlich ist, um den Schallleistungspegel einer akustischen Quelle aus Schalldruckpegelmessungen unter Freifeldbedingungen zu bestimmen. Für diese Ganzfeldstrahlungsbedingungen beträgt die Reduktion des Schalldruckpegels bei jeder Verdopplung des radialen Abstands von der Quelle 6 dB.

6.2.8 Kombinierte Effekte von Schallquellen

Es ist oft notwendig, den Schalldruckpegel von zwei oder mehr unkorrelierten Schallquellen zu bestimmen, wenn der Pegel für jede Quelle bekannt ist. Dies kann durch die Verwendung der Gleichung erreicht werden:

$$L_{p,total} \approx L_{I,total} = 10 \log_{10} \left(\sum 10^{0,1 L_{p_i}} \right) \quad (6.16)$$

6.2.9 Auswirkungen reflektierender Oberflächen auf die Schallausbreitung

Wenn eine einfallende Welle auf eine reflektierende Oberfläche trifft, wird die Welle zurück zur Quelle reflektiert. In der Nähe der reflektierenden Oberfläche interagieren die einfallenden und reflektierten Wellen, um ein sogenanntes *Nachhallfeld* zu erzeugen. Die Tiefe dieses Feldes hängt von den Absorptionseigenschaften der reflektierenden Oberfläche ab. Eine typische Interaktion zwischen einfallenden und reflektierten Wellen ist in Abb. 6.1 dargestellt, und die Schallpegelvariationen in Abhängigkeit von der Entfernung „r" von der Schallquelle sind in Abb. 6.2 gezeigt.

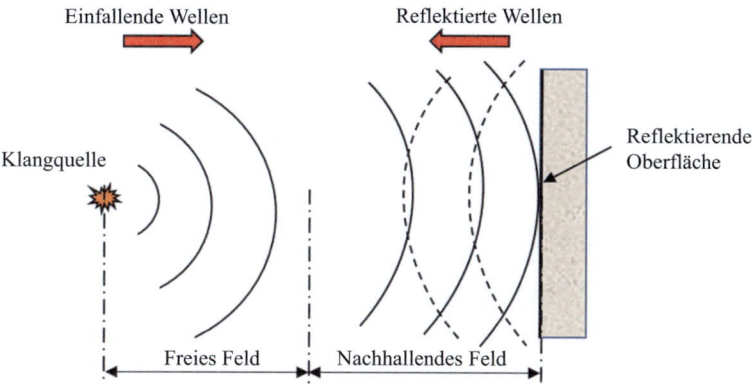

Abb. 6.1 Interaktion von einfallenden und reflektierten Wellen

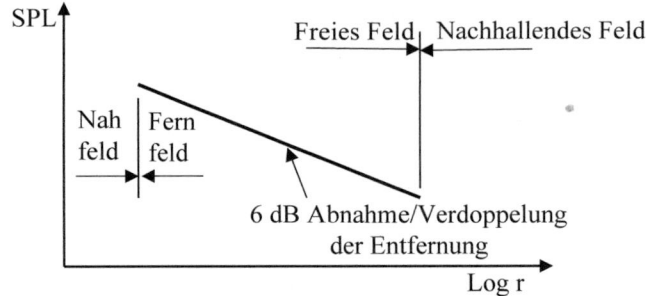

Abb. 6.2 Schalldruckpegel in Abhängigkeit von der Entfernung von einer einfachen kugelförmigen Quelle

Verschiedene praktische Situationen entstehen, wenn die Schallquelle in der Nähe einer harten reflektierenden Oberfläche positioniert ist. Die folgenden sind idealisierte Situationen:

- Ganzraumstrahlung – wenn keine reflektierenden Oberflächen vorhanden sind, d. h. die Quelle sich im freien Raum befindet.
- Halbraumstrahlung – wenn sich die Quelle in der Mitte einer flachen harten (reflektierenden) Oberfläche befindet.
- Viertelraumstrahlung – wenn sich die Quelle an der Schnittstelle von zwei flachen harten Oberflächen befindet, die senkrecht zueinander stehen.
- Achtelraumstrahlung – wenn sich die Quelle an der Schnittstelle von drei flachen senkrechten harten Oberflächen befindet.

Die Erhöhung der Anzahl und Nähe reflektierender Oberflächen zu einer Quelle erhöht die akustische Intensität. Die oben beschriebenen Situationen können, durch den *Direktivitätsindex* DI ausgedrückt, in Bezug zum *Direktivitätsfaktor* Q dargestellt werden:

$$DI = 10 \log_{10} Q \qquad (6.17)$$

- Für einen Ganzraum: $Q = 1$ (DI = 0 dB)
- Für einen Halbraum: $Q = 2$ (DI = 3 dB)
- Für einen Viertelraum: $Q = 4$ (DI = 6 dB)
- Für einen Achtelraum: $Q = 8$ (DI = 9 dB)

Der Schallleistungspegel (PWL) einer Quelle, die sich in einer der oben beschriebenen Positionen befindet, kann aus Schalldruckpegel(SPL)-Messungen unter Verwendung einer modifizierten Form von Gl. (6.15) wie folgt berechnet werden:

$$L_W = L_p + 20 \log_{10} \left(\frac{r}{r_{ref}} \right) - DI - 0{,}16 \qquad (6.18)$$

6.2.10 Schall in geschlossenen Räumen (Fahrzeuginnenräume)

Die Luft im geschlossenen Volumen eines Fahrzeuginnenraums verhält sich wie ein elastisches Fluid und hat folglich eine Reihe von Eigenfrequenzen und sog. Moden (stehende Wellen). Für eine einfache rechteckige Box können diese Frequenzen und Modenformen leicht berechnet werden. Der Innenraum eines typischen Limousinenfahrzeugs ist jedoch weitaus komplexer geformt, z. B. gibt es Einbauten wie Sitze und zahlreiche Oberflächen mit unterschiedlichen (akustischen) Absorptionseigenschaften. Diese machen die Bestimmung der akustischen Eigenfrequenzen und Moden äußerst schwierig.

Im Gegensatz zu einem festen Luftvolumen in einem starren Gehäuse vibrieren die Begrenzungsflächen eines typischen Limousinenfahrzeuginnenraums ebenfalls, was zu einer komplexen verteilten Anregungsquelle für die eingeschlossene Luft führt und Fluid-Struktur-Interaktionen erzeugt.

Dennoch ist es möglich, dass stehende Wellen unter bestimmten Bedingungen im Innenraum angeregt werden. Das Ergebnis ist ein Dröhneffekt. Idealerweise sollten sich der Fahrer und die Passagiere an den stationären Knoten (Punkten mit niedrigem SPL) der stehenden Wellen befinden. In der Praxis treten Dröhneffekte tendenziell bei niedrigen Frequenzen auf und können durch sorgfältiges Karosseriedesign und Kontrolle der Struktur-/Luftschallübertragung begrenzt werden.

Im Allgemeinen wird das Schallfeld innerhalb eines Innenraums diffus sein. Der zentrale Bereich des Innenraums wird tendenziell nachhallend sein, während Bereiche in der Nähe der vibrierenden Oberflächen, die akustische Druckwellen erzeugen, tendenziell im direkten Schallfeld liegen.

In der Praxis gibt es eine Reihe von Schallquellen, die Lärm in Fahrzeuginnenräume emittieren, und diese können diskrete Komponenten erzeugen, die auf einem niedrigeren Niveau von Breitbandrauschen überlagert sind. Diese Situation wird ausführlicher in Abschn. 6.7.3 diskutiert.

6.3 Subjektive Reaktion auf Schall

Genauso wie der menschliche Körper unterschiedlich auf Vibrationserregung bei verschiedenen Frequenzen reagiert, reagiert auch das menschliche Ohr unterschiedlich auf Schall bei verschiedenen Frequenzen. Während die menschliche Reaktion auf Vibration durch Gewichtung der auf den Körper ausgeübten Beschleunigung bewertet wird, wie in Kap. 5 beschrieben, wird gezeigt, dass die menschliche Reaktion auf Lärm durch eine entsprechende Gewichtung des Schalldruckpegels (SPL) bewertet werden kann. Diese Gewichtung wird aus einem Verständnis der menschlichen Reaktion auf Schall abgeleitet.

6.3.1 Der Hörmechanismus und menschliche Reaktionsmerkmale

Das menschliche Ohr ist ein empfindliches und ausgeklügeltes Organ zur Erkennung und Verstärkung von Schall. Es besteht aus einem Außenohr, einem Mittelohr, das ein Verstärkungsgerät (die Gehörknöchelchen) enthält, und einem Innenohr, das die Cochlea enthält. Dieses kleine schneckenförmige Element enthält Lymphe und eine gewundene Membran, an die Tausende von sehr empfindlichen Haarenden unterschiedlicher Dicke angeschlossen sind. Diese reagieren auf verschiedene Frequenzen und wandeln den Schallreiz in Nervenimpulse um, die an das Gehirn übertragen werden. Ein bestimmtes Schwellenwertniveau ist erforderlich, um die Nervenzellen zu stimulieren, während eine Überstimulation zu vorübergehender oder dauerhafter Taubheit führen kann. Letzteres wurde im 20. Jahrhundert als Ursache für Berufstaubheit erkannt, was zu einer Reihe von Vorschriften zum Schutz der Arbeiter führte.

Der hörbare Bereich für eine gesunde junge Person liegt innerhalb des in Abb. 6.3 gezeigten Bereichs. Der Frequenzbereich erstreckt sich von 20 Hz bis 20 kHz und der SPL reicht von der Hörschwelle an der unteren Grenze bis zur Gefühlsschwelle (Schmerz) an der oberen Grenze. Der SPL an den oberen und unteren Grenzen variiert stark mit der Frequenz. Bei 1 kHz reicht der SPL von 0 dB an der unteren Grenze bis 130 dB an der oberen Grenze. Die Formen der Kurven für Geräusche zunehmender Lautstärke ähneln im Allgemeinen denen für die Hörschwelle. Daraus folgt, dass das menschliche Ohr am empfindlichsten zwischen 500 Hz und 5 kHz ist und relativ unempfindlich gegenüber Geräuschen unter 100 Hz. Diese charakteristische Form bestimmt die A-Bewertungscharakteristik, die zur Bewertung der menschlichen Reaktion auf Lärm verwendet wird.

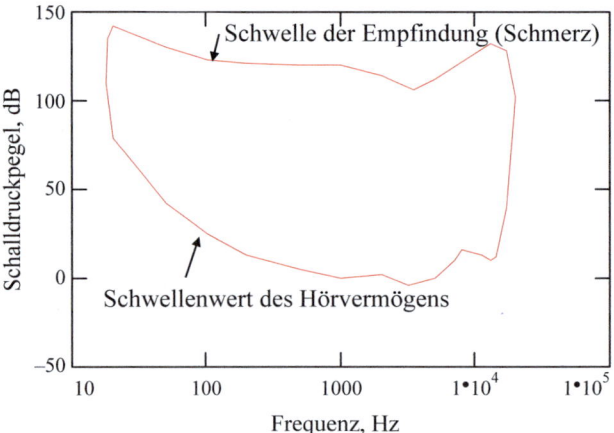

Abb. 6.3 Der hörbare Bereich des menschlichen Gehörs

6.4 Schallmessung

Die Messung von Fahrzeuggeräuschen ist aus verschiedenen Gründen erforderlich, was den Bedarf an einer Vielzahl von Messgeräten diktiert. Bei der Entwicklungsarbeit besteht die Notwendigkeit, kontinuierliche Geräuschpegel wie die von Antriebssträngen und deren Zubehör zu messen; es gibt auch Anforderungen für die Geräuschprüfung von Komponenten, um die Schallleistung, die Frequenzanalyse und die Quellenidentifikation zu bestimmen. Für die Typgenehmigung gibt es Anforderungen zur Bewertung des gesamten Fahrzeuggeräuschs. Kontrollierte Testumgebungen sind erforderlich, um sicherzustellen, dass die Tests wiederholbar und nicht wetterabhängig sind. Diese Anforderung wird durch spezielle Testeinrichtungen wie schalltote Räume erfüllt, die Freifeldumgebungen simulieren.

6.4.1 Instrumente zur Schallmessung

6.4.1.1 Schalldruckpegel(SPL)-Messgerät

Dies ist das grundlegendste Instrument zur Schallmessung. Es besteht aus einem Mikrofon, einem r. m. s. SPL-Rechner mit schnellen und langsamen Zeitkonstanten und einem A-Bewertungsalgorithmus, um die gemessenen Werte mit der menschlichen Hörwahrnehmung in Beziehung zu setzen und den sogenannten A-bewerteten Geräuschpegel L_{pA} in dB(A) auszudrücken. Aufgrund der Frequenzempfindlichkeit des menschlichen Ohrs hat das A-Bewertungsnetzwerk die in Abb. 6.4 gezeigte Form. Dies betont die Frequenzen im Bereich von 500 Hz bis 5 kHz und führt zu einer zunehmenden Dämpfung unterhalb von 100 Hz.

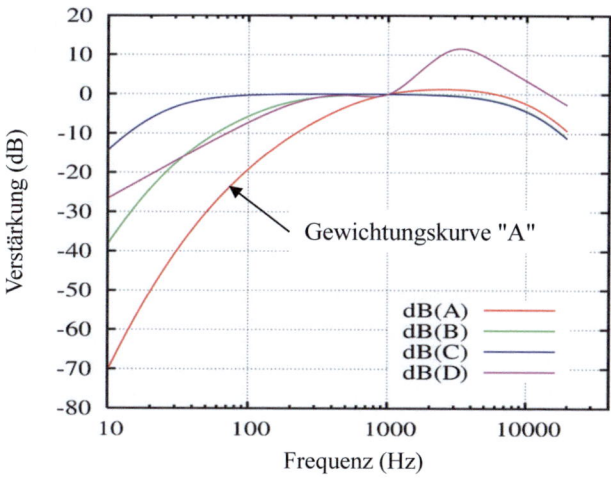

Abb. 6.4 Die A-Bewertungskurve

Britische und andere Normen spezifizieren vier Qualitätsstufen von SPL-Messgeräten, die von Typ 0 Laborreferenzmessgeräte bis zu Typ 3 Industriequalität reichen. Für Entwicklungsarbeiten werden im Allgemeinen Typ-1-Instrumente empfohlen. Wenn das Instrument für die Messung von Transientgeräuschen benötigt wird, sollte es auch mit einer Spitzenaufzeichnungsfunktion ausgestattet sein.

Da die Schallpegel selten konstant sind (z. B. Geräusche, die durch Änderungen der Motordrehzahl entstehen), besteht die Notwendigkeit, die Pegel über vorgeschriebene Zeitintervalle zu mitteln. Diese Art der Messung führt zu einem äquivalenten Geräuschpegel wie $L_{Aeq,T}$, der mit Kriterien für Lärmschwerhörigkeit und Belästigung in Zusammenhang steht. Hier wird der A-bewertete Geräuschpegel über einen Messzeitraum T gemittelt, um einen Pegel zu erhalten, der den gleichen Energiegehalt wie ein konstanter Schall mit dem gleichen numerischen SPL hat. Mathematisch kann dies geschrieben werden als:

$$L_{Aeq,T} = 10 \log_{10} \left(\frac{1}{T} \int_0^T \left(\frac{p_A(t)}{p_{ref}} \right)^2 dt \right) \qquad (6.19)$$

Für diese Art der Messung ist ein integrierender Schallpegelmesser erforderlich.

Eine weitere Anforderung an SPL-Messgeräte besteht darin, den Pegel zu bestimmen, der für einen vorgeschriebenen Teil der Messzeit überschritten wurde (L_N). Zum Beispiel stellt L_{A90} stellt den A-bewerteten Pegel dar, der für 90 % der Messzeit überschritten wurde, und wird bei der Messung von Umgebungsgeräuschen im Zusammenhang mit Verkehrslärm verwendet.

6.4.1.2 Schallintensitätsanalysatoren
Schallintensitätsanalysatoren ermöglichen die Messung der Schallleistung vor Ort in Anwesenheit von Hintergrundgeräuschen, d. h., sie erfordern keine speziellen Geräuschprüfanlagen. Sie ermöglichen auch die Identifizierung von Geräuschquellen durch Schallintensitätskartierung.

Eine typische Schallintensitätssonde besteht aus zwei eng beieinanderliegenden Druckmikrofonen, die den Schalldruck und den Druckgradienten zwischen den beiden Mikrofonen messen. Die Signalverarbeitung wandelt diese Messungen in Schallintensitätswerte in einem Schallintensitätsanalysator um.

6.4.1.3 Frequenzanalysatoren
Da das Frequenzspektrum von Geräuschen eng mit den Ursprüngen ihrer Entstehung verbunden ist, ist die experimentelle Frequenzanalyse ein leistungsfähiges Werkzeug zur Identifizierung von Geräuschquellen und zur Bewertung der Wirksamkeit von Lärmschutzmaßnahmen.

Die einfachsten Frequenzanalysatoren teilen den Frequenzbereich in eine Reihe von Oktavbändern mit den folgenden standardisierten Mittenfrequenzen auf: 31,5, 63, 125, 250, 500, 1000, 2000, 4000, 8000 und 16.000 Hz. Diese Filter haben eine konstante prozentuale Bandbreite, was bedeutet, dass die Bandbreite mit der Mittenfrequenz zunimmt und somit die Diskriminierung bei hohen Frequenzen zunehmend schlechter wird. Dies kann durch die Verwendung von Terzbandanalyse verbessert werden. Eine Reihe von Lärm- und Umweltstandards erfordert die Verwendung von Oktav- und Terzbandanalysen, und viele der Leistungsdaten für Lärmschutzprodukte werden in Bezug auf die Mittenfrequenzen der Oktavbänder ausgedrückt.

Für ernsthafte Lärmschutzuntersuchungen sind Schmalband-Frequenzanalysatoren unerlässlich. Anstatt nacheinander durch eine Reihe von Filtern zu schalten, wird das Signal in einem Schmalbandanalysator gleichzeitig auf alle Filter im Analysebereich aufgezeichnet.

6.5 Allgemeine Lärmschutztechniken

Schall wird durch Luftmoleküle erzeugt, die entweder durch eine vibrierende Oberfläche oder durch Druckänderungen in Flüssigkeitssystemen angeregt werden. Lärmschutztechniken basieren auf einem oder mehreren der folgenden Prinzipien:

- Kontrolle des Lärms an der Quelle – dies erfordert ein tiefes Verständnis des Lärmerzeugungsprozesses.
- Modifikation der akustischen Umgebung – dies bezieht sich auf Schall in Gehäusen und zielt darauf ab, die Umgebung weniger hallig zu machen.
- Verwendung von Schallbarrieren und Gehäusen – das Ziel ist es, die Übertragung von Luftschall zu begrenzen.
- Verwendung von Schwingungsdämpfungsbehandlungen – das Ziel ist es, die Amplitude der vibrierenden Oberfläche zu dämpfen und somit den erzeugten Geräuschpegel zu reduzieren.

6.5.1 Schallenergieabsorption

Absorption ist einer der wichtigsten Faktoren, die die akustische Umgebung in Gehäusen beeinflussen. Die Erhöhung der durchschnittlichen Absorption der inneren Oberflächen ist eine relativ kostengünstige Methode zur Reduzierung der Schallpegel in Gehäusen und ist in Fahrzeuginnenräumen effektiv.

Absorptionskoeffizient α wird als das Verhältnis der von einer Oberfläche absorbierten Schallenergie zur auf sie auftreffenden Schallenergie definiert. Sein Wert hängt vom Einfallswinkel ab, und da in einem Gehäuse alle Einfallswinkel möglich sind, werden die Werte von α für eine breite Palette von Winkeln gemittelt. Die Absorption ist auch frequenzabhängig, und veröffentlichte Daten geben normalerweise Werte bei den standardmäßigen Oktavband-Mittenfrequenzen an.

Für ein Gehäuse mit einer Anzahl unterschiedlicher Innenoberflächenmaterialien kann der durchschnittliche Absorptionskoeffizient α (für *n* Oberflächen) bestimmt werden aus:

$$\alpha = \frac{\sum_{i=1}^{n} S_i \alpha_i}{\sum_{i=1}^{n} S_i}, \quad (6.20)$$

wobei S = Oberflächenbereich, α_t = Absorptionskoeffizient für die i-te Oberfläche.

Im Allgemeinen sind Materialien mit hohen Absorptionswerten porös, wobei die Bewegung der Luftmoleküle durch den Strömungswiderstand der Poren eingeschränkt wird. Absorptionskoeffizienten für eine typische Bandbreite von Materialien finden sich in der Literatur oder auf Firmenwebseiten.

6.5.2 Schallübertragung durch Barrieren

Einer der Hauptwege der Schallübertragung in einem Fahrzeug verläuft durch die Trennwand, die den Fahrgastraum vom Motorraum trennt. Die Trennwand kann als Schallbarriere betrachtet werden. Die Wirksamkeit von Schallbarrieren wird normalerweise in Form von *Transmission Loss* (TL) angegeben. Dies ist das Verhältnis der auftreffenden Schallenergie zur übertragenen Schallenergie, ausgedrückt in dB. Für eine dünne homogene Barriere und einen zufälligen Einfallswinkel (im Bereich von 0 bis 72°) kann gezeigt werden, dass der Feld-Inzidenz-TL in dB gegeben ist durch

$$TL = 20\log_{10}(fm) - 47, \quad (6.21)$$

wobei f die Frequenz des Schalls in Hz und m die Masse pro Flächeneinheit der Barriere in kg/m² ist.

Gl. (6.21) gilt für den sogenannten massenkontrollierten Frequenzbereich (Abb. 6.5), in dem der Transmission Loss um 6 dB pro Oktavanstieg der Frequenz zunimmt. Alternativ verdoppelt sich der Transmission Loss bei einer gegebenen Frequenz um 6 dB, wenn die Dicke oder Dichte der Barriere verdoppelt wird. Daraus ergibt sich, dass eine effektive Methode zur Erhöhung des Transmission Loss in diesem Frequenzbereich die Verwendung eines hochdichten Materials für akustische Barrieren ist.

Die Schallübertragung durch Barrieren wird bei niedrigen Frequenzen durch die Biegeschwingungssteifigkeit und die Plattenresonanzen der Platte bestimmt, siehe Abb. 6.5. Diese neigen dazu, die Wirksamkeit bei niedrigen Frequenzen in unterschiedlichem Maße zu verringern, abhängig von der Resonanzfrequenz und der Dämpfungsmenge. Oberhalb der doppelten niedrigsten Eigenfrequenz und unterhalb einer kritischen Frequenz f_c kann die Wirksamkeit der Barriere als massenkontrolliert betrachtet werden. Die kritische Frequenz steht im Zusammenhang mit der Fähigkeit des auf eine Barriere auftreffenden Schalls, als Biegewellen übertragen zu werden. Sie tritt auf, wenn die Wellenlänge der einfallenden Welle mit der Biegemodenwellenlänge der Barriere λ_B übereinstimmt. Die niedrigste Frequenz, bei der dies auftreten kann, ist, wenn der auf-

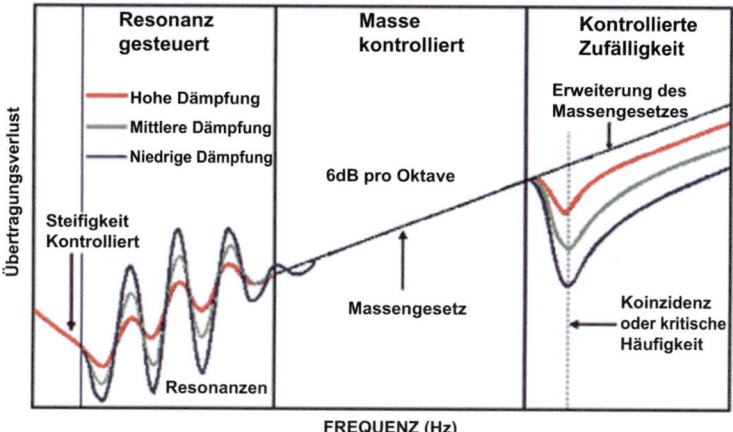

Abb. 6.5 Übertragungsverlust als Funktion der Frequenz (*Quelle:* http://personal.inet.fi/koti/juhladude/pics/theory/transmission_loss.gif)

treffende Schall die Oberfläche der Barriere bei fast null Einfallswinkel streift. In diesem Fall ist die kritische oder Koinzidenzfrequenz gegeben durch:

$$f_c = \frac{c}{\lambda_B} \tag{6.22}$$

In der Praxis variiert der Bereich der Einfallswinkel von 0° bis etwas weniger als 90°, was bedeutet, dass die Abnahme des Transmission Loss, die mit der Koinzidenz verbunden ist, bei einer etwas höheren Frequenz auftritt als der Wert, der durch Gl. (6.22) angegeben wird. Die Wirksamkeit von Barrieren wird auch durch selbst kleinste Öffnungen stark reduziert und kann Probleme bei der Schallisolierung verursachen, wenn elektrische Leitungen und Rohrleitungen zwischen dem Motor- und dem Fahrgastraum verlegt werden müssen.

In der Praxis können geschichtete Materialien, die aus einem dichten Kern und Oberflächenschichten aus absorbierendem Material bestehen, die doppelte Funktion erfüllen, Schallabsorption mit einem hohen Transmission Loss zu bieten.

6.5.3 Dämpfungsbehandlungen

Dämpfungsbehandlungen (in Form von hochdämpfenden Polymeren) können verwendet werden, um resonante Antwortamplituden in Strukturen zu begrenzen, und sind besonders effektiv bei Biegeschwingungen von Platten und Balken. Im Automobilbereich werden sie häufig verwendet, um die resonanten Antworten von Karosserieteilen und Trennwänden zu begrenzen.

Aufgrund der schlechten strukturellen Festigkeit von hochdämpfenden Polymeren ist es notwendig, sie entweder auf die Oberfläche von tragenden Elementen zu kleben oder durch Sandwichkonstruktion in tragende Elemente zu integrieren. Diese Formen der Dämpfung werden als *unbeschränkte* und *beschränkte Schichtdämpfung* bezeichnet, wobei letztere bei Weitem die effektivste Methode zur Anwendung dieser Art von struktureller Dämpfungsbehandlung ist. Das Biegen des tragenden Elements erzeugt Schereffekte in der Dämpfungsschicht, wodurch die Schwingungsenergie in Wärme umgewandelt und dissipiert wird. Die Schereigenschaften von Polymermaterialien sind im Allgemeinen temperatur- und frequenzabhängig. Darüber verursacht ihre Verwendung in Form von beschränkter Schichtdämpfung Probleme beim Biegen und Formen in Herstellungsprozessen.

6.6 Fahrzeuglärm – Quellen und Kontrolle

Die Frequenzzusammensetzung eines Klangs ist eines seiner am leichtesten erkennbaren Merkmale. Wenn der Klang bei einer einzigen Frequenz auftritt, wird er als *reiner Ton* bezeichnet. Die große Mehrheit der Klänge ist jedoch weitaus komplizierter, da sie Frequenzkomponenten über den hörbaren Bereich verteilt haben. Da es eine Vielzahl von Quellen für Fahrzeuggeräusche gibt, von denen die meisten zyklisch und von unterschiedlicher Frequenz sind, ergibt sich daraus das, was als *Breitbandrauschen* bezeichnet wird. Bei Fahrzeugen mit Verbrennungsmotor enthält das Geräusch in der Regel eine Reihe dominanter Frequenzkomponenten, die mit der Motordrehzahl zusammenhängen. Die Frequenzeigenschaften von Geräuschen werden durch ihr Frequenzspektrum ähnlich wie bei Vibrationsquellen dargestellt.

6.6.1 Verbrennungsmotor(ICE)-Geräusche

ICE-Geräusche entstehen sowohl durch den Verbrennungsprozess als auch durch die mechanischen Kräfte, die mit der Dynamik des Motors verbunden sind. Der Verbrennungsprozess erzeugt große Druckschwankungen in jedem Zylinder, die hohe dynamische Gaslasten und andere mechanische Kräfte wie Kolbenschlag verursachen. Diese Kräfte kombinieren sich mit den dynamischen Kräften aus Trägheit und Unwucht (die im Allgemeinen von der Motorenkonfiguration und -drehzahl abhängen) und bilden die Anregungen, die auf die Motorstruktur angewendet werden. Die resultierende Vibration erzeugt eine Geräuschabstrahlung von den verschiedenen Oberflächen des Motors.

Die Geräuschkontrolle an der Quelle muss sich daher mit der Kontrolle des Ausmaßes der Zylinderdruckschwankungen (im Zusammenhang mit Verbrennungsgeräuschen) und der Wahl der Motorenkonfiguration (im Zusammenhang mit mechanischen Effekten) befassen. Beide Optionen neigen dazu, im Widerspruch zum modernen Trend zu kleinen, hochdrehenden, kraftstoffeffizienten Motoren zu stehen. Im Fall von Dieselmotoren gibt es Hinweise darauf, dass eine Reduzierung der Verbrennungskräfte durch Kontrolle der Druckanstiegsrate in den Motorzylindern erreicht werden kann. Dies erfordert sorgfältige Aufmerksamkeit bei der Gestaltung der Verbrennungskammern und der Auswahl von Turbolader- und Kraftstoffeinspritzoptionen. Das mit dem Kolbenschlag verbundene mechanische Geräusch kann durch sorgfältige Wahl des Kolbenbolzenversatzes und Minimierung der Kolbenmasse reduziert werden.

Durch die Rangfolge der Komponenten von Motorgeräuschen hat sich gezeigt, dass die meisten von den größeren, flexibleren Oberflächen wie Ölwannen, Steuergehäusedeckeln, Kurbelwellenriemenscheiben und Ansaugkrümmern abgestrahlt werden. Es ist daher sinnvoll, diese Komponenten von den Vibrationen zu isolieren, die in den Motorblöcken erzeugt werden. Dies kann durch den Einsatz speziell entwickelter Dichtungen und Isolierbolzen erreicht werden. Geräuschabschirmungen können auch wirksam sein, um die abgestrahlten Geräusche von Komponenten wie Steuergehäusedeckeln und den Seitenwänden von Motorblöcken zu dämpfen. Die Abschirmungen bestehen in der Regel aus laminiertem Stahl (siehe Abschn. 6.5.3) oder aus duroplastischen Kunststoffen, die so konstruiert sind, dass sie die abstrahlende Oberfläche abdecken und durch flexible Abstandshalter von dieser isoliert sind. Die hohe innere Dämpfung von laminiertem Stahl kann auch verwendet werden, um andere geräuschhemmende Komponenten wie Zylinderkopfdeckel herzustellen. Geräusche von Kurbelwellenriemenscheiben können durch den Einsatz von Speichenriemenscheiben oder durch die Montage einer torsionsschwingungsgedämpften Riemenscheibe reduziert werden. Alle diese Maßnahmen haben Kostenimplikationen.

6.6.2 Getriebegeräusche

Der Geräuschpegel von Zahnrädern steigt mit der Geschwindigkeit um 6–8 dB bei einer Verdopplung der Geschwindigkeit, während Messungen gezeigt haben, dass das Getriebegeräusch um 2.5–4 dB bei einer Verdopplung der übertragenen Leistung zunimmt.

In einem idealen Paar von Zahnrädern, die mit konstanter Geschwindigkeit laufen, wird die Leistung reibungslos ohne Vibrationen und Geräusche übertragen. In der Praxis treten jedoch Zahnfehler auf (sowohl im Profil als auch im Abstand) und in einigen Fällen gibt es Wellenexzentrizitäten. Wenn ein einzelner Zahn beschädigt oder falsch geschnitten ist, wird eine grundlegende Komponente der Vibration bei der Wellengeschwindigkeit f_{ss} erzeugt. Wenn die Welle falsch ausgerichtet ist oder ein Zahnrad oder Lager nicht konzentrisch ist, werden Vibrationen (und Geräusche) bei der Zahneingriffsfrequenz f_{tm} mit Seitenbändern f_{s1} und f_{s2} erzeugt, die sich folgendermaßen zusammensetzen:

$$f_{s1}, f_{s2} = f_{tm} \pm f_{ss} \qquad (6.23)$$

Für ein Rad mit N Zähnen, das mit n U/min rotiert, wird die Zahneingriffsfrequenz f_{mf} (in Hz) durch

$$f_{tm} = \frac{nN}{60} \tag{6.24}$$

gegeben.

Darüber hinaus sind Zahnradzähne elastisch und biegen sich unter Last leicht. Dies führt dazu, dass die unbelasteten Zähne des **antreibenden** Zahnrads leicht vor ihren theoretischen Starrkörperpositionen liegen und die unbelasteten Zähne des **angetriebenen** Zahnrads leicht hinter ihren theoretischen Positionen. Wenn also Kontakt zwischen den Zähnen der antreibenden und angetriebenen Räder hergestellt wird, erfolgt eine abrupte Lastübertragung, die das angetriebene Zahnrad momentweise beschleunigt und das antreibende Zahnrad verlangsamt. Dies führt zu Torsionsvibrationen im Getriebe und folglich zur Geräuscherzeugung bei der Zahneingriffsfrequenz. Es wurden erhebliche Anstrengungen unternommen, um Standardzahnprofile zu korrigieren und so die Auswirkungen der Zahnelastizität zu berücksichtigen, aber da sie variablen Belastungen ausgesetzt sind, ist es unmöglich, für alle Belastungsbedingungen zu korrigieren.

6.6.3 Ansaug- und Abgasgeräusche

Ansauggeräusche werden durch die periodische Unterbrechung des Luftstroms mittels Einlassventilen in einem ICE erzeugt, wodurch Druckpulsationen im Ansaugkrümmer entstehen. Dieses Geräusch wird über den Luftfilter übertragen und strahlt aus dem Ansaugrohr ab. Diese Form von Geräuschen ist empfindlich gegenüber einer Erhöhung der Motorlast und kann zu einer Geräuschpegelsteigerung von 10–15 dB von Leerlauf- bis Volllastbetrieb führen. Wenn ein Turbolader eingebaut ist, wird das Geräusch seines Kompressors ebenfalls aus dem Ansaugrohr abgestrahlt. Turboladergeräusche sind durch einen reinen Ton bei der Schaufelpassierfrequenz sowie durch höhere Frequenzen gekennzeichnet. Typische Frequenzen liegen zwischen 2 und 4 kHz.

Abgasgeräusche werden durch die periodische und plötzliche Freisetzung von Gasen beim Öffnen und Schließen der Auslassventile erzeugt. Ihre Größe und Eigenschaften variieren erheblich je nach Motortyp, Ventilkonfiguration und Ventilsteuerung. Die grundlegenden Frequenzkomponenten sind mit der Zündfrequenz des Motors verbunden, die für einen Viertaktmotor (in Hz) durch

$$f = \frac{\text{Motordrehzahl (rpm)}}{60} \times \frac{\text{Zahl der Zylinder}}{2} \tag{6.25}$$

gegeben ist.

Die Pegel der Abgasgeräusche variieren erheblich je nach Motorbelastung. Von Leerlauf- bis Volllastbetrieb betragen diese Schwankungen typischerweise 15 dB. Die Aufladung durch einen Turbolader reduziert nicht nur die vom Motor abgestrahlten Geräusche durch Glättung der Verbrennung, sondern auch die Abgasgeräusche. Der Turbolader selbst kann jedoch eine Geräuschquelle sein.

6.6 Fahrzeuglärm – Quellen und Kontrolle

Die Dämpfung von Geräuschen bei Motoransaugung und -abgasen erfordert Vorrichtungen, die die Druckschwankungen in den Gasen minimieren, während sie relativ ungehindert fließen können. Solche Vorrichtungen sind im Wesentlichen akustische Filter. Die Funktionsprinzipien von Ansaug- und Abgasschalldämpfern (in den USA als „Muffler" bezeichnet) lassen sich in zwei Typen unterteilen: dissipativ und reaktiv. In der Praxis sind Schalldämpfer oft eine Kombination beider Typen.

Die Dämpfung des Ansauggeräuschs wird in der Regel in den Luftfilter integriert und durch die Gestaltung des Filters als reaktiver Schalldämpfer nach dem Helmholtz-Resonator-Prinzip erreicht. Für ein Ansaugsystem (Abb. 6.6), das aus einem Ansaug-Venturirohr mit einer mittleren Querschnittsfläche A und einer Länge L sowie einem Filtervolumen V besteht, wird die Resonanzfrequenz durch die folgende Gleichung gegeben:

$$f = \frac{c}{2\pi} \sqrt{\frac{A}{LV}} \qquad (6.26)$$

wobei c die Schallgeschwindigkeit in Luft ist.

Diese Art von Design erzeugt eine Resonanz bei niedrigen Frequenzen (eine negative Dämpfung), aber eine zunehmende Dämpfung bei höheren Frequenzen. Dies kann jedoch durch Hochfrequenzresonanzen im Ansaug-Venturirohr ausgeglichen werden.

Dissipative Schalldämpfer enthalten absorbierendes Material, das akustische Energie aus dem Gasstrom physikalisch absorbiert. Im Aufbau ist dieser Schalldämpfer ein Ein-Kammer-Gerät, durch das ein perforiertes Rohr verläuft, das den Gasstrom führt. Die Kammer, die das Rohr umgibt, ist mit schallabsorbierendem Material (normalerweise langfaserige Mineralwolle) gefüllt, das eine Dämpfung über ein sehr breites Frequenzband oberhalb von etwa 500 Hz erzeugt. Der Grad der Dämpfung hängt im Allgemeinen von der Dicke und Qualität des absorbierenden Materials, der Länge des Schalldämpfers und seiner Wandstärke ab. Abb. 6.7 zeigt den Querschnitt durch einen typischen dissipativen Abgasschalldämpfer mit einem abgestimmten Venturirohr.

Reaktive Schalldämpfer arbeiten nach dem Prinzip, dass, wenn der Schall in einem Rohr oder Kanal auf eine Diskontinuität im Querschnitt trifft, ein Teil der akustischen

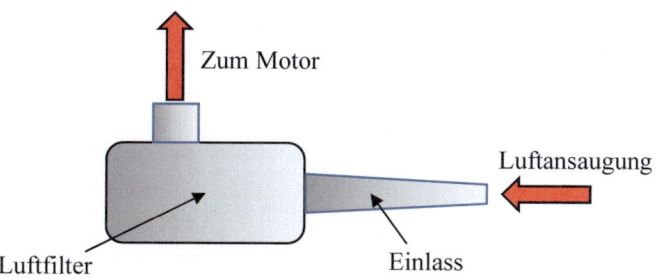

Abb. 6.6 Lufteinlass mit Venturirohr

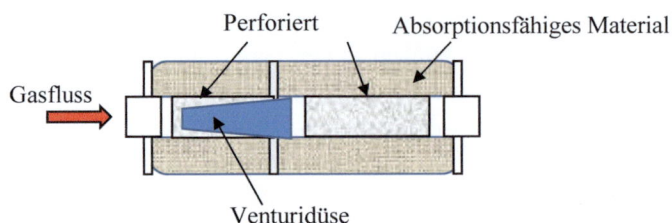

Abb. 6.7 Zweikammer-dissipativer Abgasschalldämpfer mit Venturidüse

Energie zurück zur Schallquelle reflektiert wird und dadurch destruktive Interferenzen erzeugt. Dies ist ein effektives Mittel zur Dämpfung von niederfrequentem Lärm über einen begrenzten Frequenzbereich. Die Wirksamkeit der Technik kann durch mehrere Expansionskammern innerhalb desselben Gehäuses, die durch Rohre unterschiedlicher Länge und Durchmesser miteinander verbunden sind, erweitert werden (Abb. 6.8). Schalldämpfer dieser Art erhöhen den Abgasgegendruck und führen zu einem gewissen Leistungsverlust des Motors.

Abgassysteme moderner Fahrzeuge müssen die doppelte Aufgabe erfüllen, sowohl die Abgasemissionen als auch den Abgaslärm zu reduzieren. Katalysatoren werden unmittelbar stromabwärts der Abgaskrümmer eingebaut, um sicherzustellen, dass sie rasch Betriebstemperatur erreichen und somit im Stadtverkehr schnell wirksam werden. Neben ihrer Funktion als Abgasreiniger haben Katalysatoren auch eine akustische Dämpfungswirkung, die durch den Gasstrom durch enge Keramikrohre entsteht. Dies erzeugt Dämpfung sowohl durch akustische Interferenzen als auch durch Dissipationseffekte.

Schalldämpfer sind im Abgassystem stromabwärts des Katalysators positioniert. Zusammen mit ihren Rohrleitungen bilden sie ein akustisch resonantes System, das sorgfältig abgestimmt werden muss. Darüber hinaus muss die Übertragung von Luftschall von der Auspuffhülle auf die Karosseriestruktur des Fahrzeugs verhindert werden. Aus diesem Grund ist es üblich, dass Schalldämpfer eine Doppelschicht und eine Isolierschicht haben. Dies bietet auch eine Wärmedämmung.

Abgassysteme müssen auch strukturell von der Fahrzeugkarosserie isoliert werden, um die Übertragung von Körperschall zu verhindern, und sind aus diesem Grund mit flexiblen Aufhängungselementen am Unterboden des Fahrzeugs aufgehängt. Es besteht

Abb. 6.8 Zweikammer-reaktiver Abgasschalldämpfer

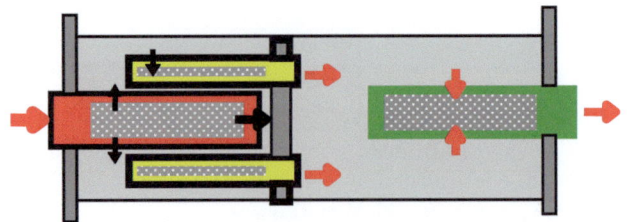

auch die Gefahr, dass das aus dem Endrohr abgegebene Geräusch Karosserieresonanzen verursachen kann, wenn der Auspuff nicht richtig abgestimmt ist.

Die folgenden Geräte werden verwendet, um spezifische Abstimmungsprobleme von Schalldämpfern zu überwinden:

- der Helmholtz-Resonator – ein Durchflussresonator, der Schall bei seiner Resonanzfrequenz verstärkt, aber außerhalb dieses Bereichs dämpft.
- Umfangsrohrperforationen – diese erzeugen viele kleine Schallquellen, die aufgrund der erhöhten lokalen Turbulenz einen Breitbandfiltereffekt erzeugen.
- Venturidüsen – sie sind so ausgelegt, dass die Strömungsgeschwindigkeiten unterhalb der Schallgeschwindigkeit liegen, und werden zur Dämpfung von niederfrequentem Schall verwendet.

6.6.4 Aerodynamische Geräusche

Aerodynamische Geräusche entstehen hauptsächlich durch Druckschwankungen, die mit Turbulenzen und Wirbelbildung der Luft um das Fahrzeug herum verbunden sind. Bei Straßenfahrzeugen kann dies in eine Reihe von geräuscherzeugenden Komponenten wie folgt unterteilt werden:

- Turbulenzen in der Grenzschicht – diese sind über die Fahrzeugkarosserie verteilt,
- Kanteneffekte – aufgrund plötzlicher Änderungen der Karosserieform,
- Wirbelablösung – tritt an verschiedenen Stellen der Fahrzeugkarosserie auf, wie z. B. hinter den Außenspiegeln,
- Kühlventilatoren.

6.6.4.1 Grenzschichtgeräusche

Diese neigen dazu, zufällig zu sein, und sind über ein breites Frequenzband verteilt. Obwohl ein ganzes Fahrzeug von einer Grenzschicht bedeckt ist, ist das von ihr erzeugte Geräusch normalerweise nicht störend. Die höherfrequenten Komponenten im Spektrum können leicht mit absorbierenden Materialien in den Karosseriepaneelen gedämpft werden.

6.6.4.2 Kantengeräusche

Diese werden durch die Strömungsablösung von scharfen Ecken und Kanten der Karosseriestruktur erzeugt. Wenn sich die Strömung von einer Kante ablöst, rollt sie sich zu großen Wirbeln auf, die sich auch in kleinere auflösen. Es sind die intermittierende Bildung und der Zusammenbruch dieser Wirbel, die zu den schmalbandigen Eigenschaften führen, die mit der Kantenablösung verbunden sind. Die Geräuschpegel, die mit dem Kantengeräusch verbunden sind, sind im Allgemeinen höher als die des Grenzschichtgeräuschs und haben ein deutlicher definiertes Frequenzband. Dieses Frequenzband ist eine Funktion der Fahrzeuggeschwindigkeit, sodass Änderungen im Geräuschprofil bei Geschwindigkeitsänderungen des Fahrzeugs festgestellt werden können.

Es ist möglich, das Kantengeräusch zu reduzieren, indem man Vorsprünge von der Karosserieoberfläche minimiert, die Karosserieoberfläche glatt macht und sicherstellt, dass die Spalten um Öffnungen, wie Türen, gut abgedichtet sind. Es besteht auch eine starke Tendenz zur Wirbelbildung an den A-Säulen, die die Frontscheibe stützen. Die hier erzeugten Wirbel erstrecken sich nach hinten entlang der Fahrzeugseiten und umhüllen die vorderen Seitenlichter. Diese haben tendenziell einen geringen Widerstand gegen Schallübertragung und es gibt im Allgemeinen nur wenig, was zur Verbesserung dieses Problems getan werden kann. Eine Änderung des Profils der A-Säulen zu einer gut abgerundeten Kontur verbessert die Aerodynamik, kann jedoch aus Sicht der Sichtbarkeit unakzeptabel sein. Kantengeräusche entstehen auch an Vorsprüngen wie Außenspiegeln und Radzierblenden. In diesen Fällen gibt es im Allgemeinen Spielraum für Verbesserungen der Profile, ohne ihre Funktion zu beeinträchtigen.

6.6.4.3 Wirbelablösung

Diese tritt auf, wenn der Luftstrom auf einen stumpfen Körper trifft und stromabwärts eine periodische Wirbelstraße erzeugt. Das führt zur Erzeugung reiner Töne (subjektiv die störendsten aller Geräusche) bei der Frequenz der Wirbelablösung. Die Frequenz f der Wirbel steht in Beziehung zur relativen Luftgeschwindigkeit U und der Tiefe d des stumpfen Körpers durch die Gleichung

$$f = \frac{SU}{d} \qquad (6.27)$$

wobei S die Strouhal-Zahl ist.

Typischerweise ist $S = 0{,}2$ für eine lange dünne Stange. Das bedeutet, dass bei einem Fahrzeug mit einem Dachgepäckträger mit Durchmesserstangen von 10 mm (die dem Luftstrom ausgesetzt sind) und einer Geschwindigkeit von 113 km/h (70 mph) die Wirbel mit einer Frequenz von 640 Hz abgelöst werden. Dies liegt im Frequenzbereich, in dem das menschliche Ohr am empfindlichsten ist. Eine viel leisere Form des Dachträgers ist das geschlossene, podförmige Design, das die Wirbelbildung vermeidet.

6.6.4.4 Der Kühlventilator

In diesem Fall erzeugen die Ventilatorblätter helikale Nachlaufwirbel, die zu periodischen Druckschwankungen führen, wenn sie auf stromabwärts gelegene Hindernisse treffen. Um dieses Problem zu überwinden, werden Ventilatorrotoren mit ungleichmäßig verteilten Blättern und ungerader Anzahl von Blättern hergestellt. Dies verteilt das Geräusch über ein Frequenzband – subjektiv ist das besser als ein reiner Ton. Die thermostatisch gesteuerten, elektrisch betriebenen Ventilatoren, die in modernen Fahrzeugen verwendet werden, stellen sicher, dass das Ventilatorgeräusch nicht mit der Motordrehzahl zunimmt, im Gegensatz zu den früheren riemengetriebenen Designs.

6.6 Fahrzeuglärm – Quellen und Kontrolle

6.6.4.5 Geräusche durch interne Luftströme

Der interne Luftstrom in und aus dem Fahrgastraum ist für die Belüftung und den Komfort der Insassen ausgelegt. Das resultierende Geräusch wird zunehmend zu einem Problem, da das allgemeine Kabinengeräusch reduziert wird. Es ist für moderne Fahrzeuge unerlässlich, dass Einlass- und Auslassöffnungen sorgfältig platziert und gestaltet werden, um sicherzustellen, dass sie selbst keine Geräusche erzeugen und dass Geräusche von außerhalb des Fahrgastraums nicht durch die Belüftungsluft in den Kabinenraum getragen werden.

6.6.5 Reifengeräusch

Durch zunehmende Reduzierung des Motorgeräuschs und mit Einführung von Elektrofahrzeugen wird das Reifengeräusch zu einem ernsthaften Problem. Tests haben gezeigt, dass das Reifengeräusch in zwei Komponenten unterteilt werden kann, die jeweils durch das Reifenprofil und die Straßenoberfläche verursacht werden. Während das Problem des durch die Straßenoberfläche erzeugten Geräuschs in den Zuständigkeitsbereich der Straßenbauingenieure fällt, gehört das durch das Reifenprofil erzeugte Geräusch eindeutig in den Zuständigkeitsbereich der Fahrzeugingenieure.

Reifendesigner sind darauf bedacht, das Reifengeräusch an der Quelle zu reduzieren, während Fahrwerksingenieure darauf bedacht sind, die Übertragung des Geräuschs von der Reifenaufstandsfläche in den Fahrzeuginnenraum zu reduzieren. Der Mechanismus der Reifengeräuscherzeugung beruht auf einer Energiefreisetzung, wenn ein kleiner Block des Profils von der hinteren Kante des Reifenaufstandsbereichs freigegeben wird und in seine unverformte Position zurückkehrt. Es gibt auch einen Beitrag durch den entgegengesetzten Effekt an der vorderen Kante des Aufstandsbereichs.

Bei einem einheitlichen Reifenblockmuster wird ein tonales Geräusch (bei einer einzelnen Frequenz mit Oberschwingungen, wenn das Rad mit konstanter Geschwindigkeit rotiert) erzeugt. Um dieses Problem zu überwinden, haben Reifendesigner Blocktonfolgen entwickelt, die darauf ausgelegt sind, diesen Effekt zu reduzieren, indem die akustische Energie über ein breites Frequenzband verteilt wird. Wenn Reifenprofile berücksichtigt werden, besteht die Notwendigkeit, die Wirkung der einzelnen Impulse zu analysieren, die über die Breite des Reifens erzeugt werden. Es wurde Computersoftware entwickelt, um diesen Aspekt der Profilauswertung in der Entwurfsphase zu unterstützen. Modelle von Reifen, die ihre strukturellen dynamischen Eigenschaften und die darin enthaltene Luft berücksichtigen, werden ebenfalls in der Entwurfsphase verwendet.

6.6.6 Bremsgeräusch

Trotz langjähriger theoretischer und experimenteller Bemühungen ist der Mechanismus der Geräuscherzeugung bei Scheiben- und Trommelbremsen noch nicht vollständig verstanden. Das Problem des Bremsgeräuschs ist einer der häufigsten Gründe für Garantieansprüche bei Neufahrzeugen, wobei Angaben eines Herstellers darauf hindeuten, dass über 25 % der Besitzer von ein Jahr alten mittelgroßen Autos über Bremsgeräuschprobleme klagen.

Die schwer fassbare Natur des Problems ergibt sich aus der komplexen Anordnung von Komponenten, bei denen Schuhe oder Beläge unter hydraulischer und Reibungsbelastung in Kontakt mit entweder einer Trommel oder einer Scheibe gehalten werden. Ein dynamisch instabiles Bremssystem führt zu Vibrationen der Bremskomponenten, die auf diejenigen Komponenten übertragen werden, die eine signifikante Oberfläche haben, wie Bremstrommeln und -scheiben. Diese sind besonders effektive Strahler von Luftschall.

Fortschritte hin zu einem besseren Verständnis der geräuscherzeugenden Mechanismen wurden durch ausgeklügelte experimentelle Untersuchungen erzielt und verschiedene mathematische Modelle vorgeschlagen, um die Konstruktion leiserer Bremsen zu unterstützen. Siehe dazu Abschn. 6.12 für eine detailliertere Beschreibung der NVH-Probleme und -Lösungen bei Bremsen.

6.7 Bewertung von Fahrzeuggeräuschen

Infolge der ständig wachsenden Anzahl von Fahrzeugen auf unseren Straßen hat das Niveau des Straßenverkehrslärms unaufhaltsam zugenommen. Und dies trotz der von den Regierungen auferlegten Vorschriften und der erheblichen Reduzierung der Geräuschpegel, die bereits durch neue Fahrzeuge, insbesondere Elektrofahrzeuge, erreicht wurden. Das Streben nach leiseren Fahrzeugen in Verbindung mit einer guten Gestaltung neuer Straßen wird fortgesetzt, um die Gesamtlärmbelastung zu senken.

Fahrzeughersteller sind zunehmend strengeren Lärmvorschriften ausgesetzt, z. B. wurden in der Zeit von 1976 bis 1996 die EWG-Vorbeifahrgeräuschanforderungen für neue Autos (mit weniger als 9 Sitzen) von 82 auf 74 dBA und für Busse/Lkw von 91 auf 80 dBA reduziert. Da bereits eine Reduktion um 3 dBA eine Verringerung der akustischen Leistungsemissionen um 50 % bedeutet, sind dies sehr signifikante Reduktionen. Die Grenzwerte für Vorbeifahrgeräusche neuer Fahrzeuge sind Teil des Homologationsprozesses und werden derzeit in der EWG durch die Richtlinie 92/97/EWG festgelegt. Das Testverfahren ist in ISO 362-1 (2007) enthalten und wird im nächsten Abschnitt beschrieben.

6.7.1 Vorbeifahrgeräuschtests (ISO 362)

Das Verfahren besteht darin, das Fahrzeug auf eine vorgeschriebene Weise und in einem vorgeschriebenen Gang an einem Präzisions-Schallpegelmesser vorbeizubeschleunigen,

6.7 Bewertung von Fahrzeuggeräuschen

der in einer Höhe von 1.2 m über einer harten reflektierenden Oberfläche und 7.5 m vom Fahrweg des Fahrzeugs aufgestellt ist.

Der Testort sollte ein flaches, offenes Gebiet mit einem Mindestradius von 50 m sein, das eine Straße von mindestens 3 m Breite enthält, die gemäß ISO 10844 gebaut ist, welche die Textur und Porosität der Straßenoberfläche definiert. Im Lärmmessbereich verbreitert sich die Straße auf 20 m × 20 m, wie in Abb. 6.9 gezeigt.

Bei einem typischen Test wird das Fahrzeug in der Mitte der Straße mit einer festen Geschwindigkeit und in einem bestimmten Gang gefahren, bis der Messbereich erreicht ist. Wenn die Vorderseite des Fahrzeugs den Bereich betritt, drückt der Fahrer das Gaspedal vollständig durch und hält es in dieser Position, bis das Heck des Fahrzeugs den Bereich verlässt. Für Personenkraftwagen mit manuellen 5-Gang-Getrieben sollte die Annäherungsgeschwindigkeit 50 km/h betragen, wobei Messungen für den Betrieb im 2. und 3. Gang durchgeführt werden. Das Mikrofon des Schallpegelmessers sollte an den Positionen A und B (Abb. 6.9) positioniert werden.

Der maximale A-bewertete Geräuschpegel (Schallpegelmesser auf der schnellen Einstellung) wird aufgezeichnet, wenn das Fahrzeug den Messbereich durchfährt. Es werden mindestens vier gültige Messungen an den Positionen A und B für jede der beiden Gangeinstellungen durchgeführt. Jede der vier Messreihen wird gemittelt, und für eine bestimmte Gangeinstellung stellt der höhere der beiden Mittelwerte den Zwischenwert dar. Das Gesamtergebnis des Tests ist der arithmetische Mittelwert der Zwischenwerte für jede Gangeinstellung.

Zusätzlich zu den Ergebnissen dieser Messungen sollten Fahrzeugdetails wie Beladung, Bewertung, Kapazität und Motordrehzahlen gemeldet werden. Es ist zu beachten, dass die neuesten Versionen der Norm realistischere Beschleunigungsbedingungen in städtischen Umgebungen berücksichtigen und sowohl konstante Geschwindigkeits- als auch konstante Beschleunigungsvorbeifahrtests umfassen.

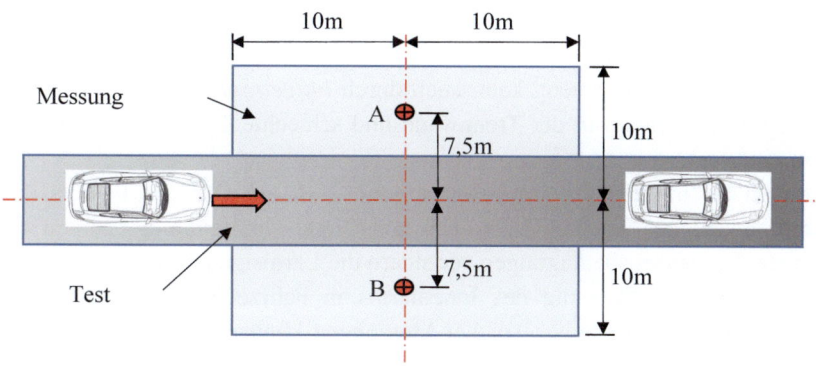

Abb. 6.9 Abmessungen des Vorbeifahrtestgeländes und Messorte

6.7.2 Lärm von stehenden Fahrzeugen

Da Auspuffgeräusche eine der Hauptquellen von Fahrzeuglärm sind und Fahrzeuge eine beträchtliche Zeit im Verkehrsstau stehen, werden Lärmmessungen oft an stehenden Fahrzeugen in der Nähe des Auspuffschalldämpfers durchgeführt. Die EWG-Richtlinie 92/97/EWG verlangt, dass Messungen bei laufendem Motor mit 75 % der Drehzahl, bei der die maximale Leistung entwickelt wird, durchgeführt werden. Der maximale A-bewertete Schalldruckpegel wird mit dem Mikrofon des Schallpegelmessers aufgezeichnet, das 0.5 m vom Auspuffendrohr des stehenden Fahrzeugs, 0.2 m über dem Boden und in einem Winkel von 45° zur Achse des Endrohrs positioniert ist. Die Ergebnisse von drei solchen Tests sollten als Teil des Fahrzeugzertifizierungsprozesses gemeldet werden.

6.7.3 Innenlärm in Fahrzeugen

Der Innenlärm in einem Fahrzeug wird durch die oben diskutierten Quellen erzeugt. In den meisten Fällen sind sie periodisch, d. h., sie haben eine Grundkomponente mit Oberschwingungen. Diese Oberschwingungen werden „Ordnungen" genannt. Im Frequenzbereich können sie als Sätze von Erregungskomponenten betrachtet werden, die sich über einen Frequenzbereich erstrecken. Darüber hinaus sind diese Ordnungen geschwindigkeitsabhängig – sie variieren mit der Motordrehzahl (bei einem ICE-Fahrzeug) und der Fahrzeuggeschwindigkeit. Ihre Stärke hängt von der Leistungsabgabe ab.

Diese Erregungskomponenten erzeugen periodische Schwingungsantworten der Fahrzeugstruktur (Chassis, Hilfsrahmen und Karosserie), die Resonanz verursachen, wenn Ordnungen mit den Eigenfrequenzen der Struktur übereinstimmen. Amplituden- und Phasenvariationen an Punkten der Karosserie können auf Pfaddynamik und Quellcharakteristika zurückgeführt werden. Diese Wechselwirkung zwischen einer Lärmquelle und der Fahrzeugstruktur führt zu *strukturgebundenem Lärm* im Fahrzeuginnenraum. In diesem Fall verändern die dynamischen Eigenschaften der Fahrzeugstruktur das in das Fahrzeug übertragene Lärmspektrum.

Innenlärm in einem Fahrzeug kann auch durch *luftgetragenen Lärm* verursacht werden, der durch Öffnungen in der Trennwand und schlechte Türdichtungen in den Fahrgastraum eindringt.

An einem bestimmten Ort im Fahrgastraum, z. B. am Ohr des Fahrers, kann das Schallfeld sowohl aus Nachhall- als auch aus Direktschallfeldkomponenten bestehen. Änderungen der Betriebsbedingungen verändern die Lärmsignatur und die Schallfelder.

Ein Verfahren zur Messung des Innenlärms in Fahrzeugen ist in BS 6086 (ISO 5128) festgelegt. Die Ergebnisse solcher Messungen können zur Bewertung des Innenlärms verwendet werden, indem Aufnahmen des Lärms einem erfahrenen Gremium von Richtern im Labor vorgespielt werden. Alternativ kann die subjektive Bewertung des Kabinenlärms durchgeführt werden, indem ein erfahrenes Team von Gutachtern auf

6.7 Bewertung von Fahrzeuggeräuschen

einer Teststrecke in Fahrzeugen mitfährt. Dies ermöglicht die Bestimmung verschiedener Lärm- und Schwingungsmerkmale.

Die oben genannten Techniken erfordern Prototypfahrzeuge für Tests. Um die Entwicklungszeit von Fahrzeugen zu verkürzen, wurden Methoden entwickelt, um Lärmniveaus im Fahrzeuginnenraum bereits in der Entwurfsphase vorherzusagen. Die Lärmpfadanalyse kann verwendet werden, um die Auswirkungen der Karosseriestruktur und der Schwingungsisolatoren auf den strukturgebundenen Lärm im Fahrgastraum zu untersuchen. Ein solcher Ansatz ist die sogenannte **Transferpfadanalyse** (TPA), die hier im Kontext des von einem Verbrennungsmotor emittierten Lärms beschrieben wird.

Abb. 6.10 zeigt die Verbindung eines Motors mit einem Chassis durch drei Halterungen. Motorerregungskräfte/-momente erzeugen dynamische Kräfte in den Halterungen und im Chassis (siehe Abschn. 6.9). Diese werden wiederum auf die Fahrzeugstruktur übertragen und erzeugen Vibrationen und damit Lärm im Fahrgastraum. Jede Halterung hat ihre eigenen lokalen x-, y- und z-Achsen mit unterschiedlichen Eigenschaften entlang jeder Achse. Daher gibt es neun verschiedene Übertragungswege zwischen dem Halterungssystem und dem Empfänger im Fahrgastraum.

Bei der TPA werden die Pfadcharakteristika in Form von mechanisch-akustischen **Frequenzgangfunktionen** $H_{ix}(f)$, $H_{iy}(f)$ und $H_{iz}(f)$ bestimmt, wobei x, y und z die Erregungsrichtungen an der *i*-ten Halterung sind (f = Frequenz).

TPA kann experimentell auf zwei verschiedene Arten durchgeführt werden. Eine Möglichkeit, die $H_i(f)$ zu bestimmen, besteht darin, einen Shaker zu verwenden, um das Chassis an jeder Halterungsposition nacheinander in den x-, y- und z-Richtungen über einen Bereich diskreter Frequenzen zu erregen und den Schalldruck im Fahrgastraum mit einem Mikrofon zu messen. Die zweite Methode ist eine reziproke, bei der ein Lautsprecher das Mikrofon ersetzt und die Wirkung der Lautsprecherausgabe Vibrationen an den Motorhalterungen erzeugt. Dies wird durch eine Reihe von Beschleunigungsmessern gemessen, die auf der Karosserieseite der Halterungen montiert sind.

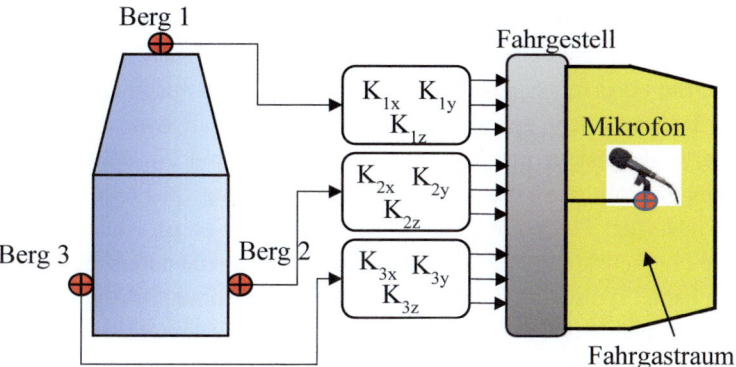

Abb. 6.10 Strukturgebundener Lärm von einem Motorhalterungssystem

Um den über alle Übertragungswege erzeugten Lärmpegel zu bestimmen, muss die komplexe Steifigkeit jeder Halterung in den x-, y- und z-Richtungen bekannt sein. Dies kann durch separate Banktests bestimmt werden. Der Gesamtschalldruck P, der über alle neun Wege erzeugt wird, ergibt sich dann aus:

$$P = \sum_{i=1}^{3} (K_{ix}X_iH_{ix} + K_{iy}Y_iH_{iy} + K_{iz}Z_iH_{iz}) \tag{6.28}$$

wobei K_{ix}, K_{iy}, K_{iz} die Steifigkeiten der *i*-ten Halterung und X_i, Y_i, Z_i die dynamischen Amplituden der Vibration an der *i*-ten Halterung in den x-, y- und z-Richtungen sind.

Änderungen der Halterungssteifigkeit und/oder der Chassisstrukturen können mit TPA untersucht werden, um den Lärmpegel an verschiedenen Stellen im Fahrgastraum zu kontrollieren.

6.8 Die Quellen und die Natur der Fahrzeugvibrationen

Vibrationen entstehen durch eine Störung, die auf eine flexible Struktur oder Komponente wirkt. Häufige Quellen von Vibrationen in allen Fahrzeugen sind Bodeneingaben an die Aufhängungen, Fertigungsfehler bei Zahnrädern und Zahnbelastungseffekte in Getrieben sowie die Erzeugung schwankender dynamischer Kräfte in Gleichlaufgelenken. ICE-Fahrzeuge haben zusätzliche Vibrationsquellen aufgrund von Unwuchten bei rotierenden und hin- und hergehenden Motoren, schwankenden Verbrennungslasten auf der Kurbelwelle und Trägheits- und elastodynamischen Effekten im Ventiltrieb des Motors.

Vibrationsquellen werden durch ihre Zeit- und Frequenzbereichseigenheiten charakterisiert. In der Fahrzeugtechnik erzeugen die meisten Vibrationsquellen kontinuierliche periodische Störungen. Die einzige bemerkenswerte Ausnahme sind Bodeneingaben an Räder, bei denen die Anregung zufällig ist. Dies ist die dominierende Quelle von Vibrationen in einem Fahrzeug (verantwortlich für *primäres Fahrverhalten*) und ihre Auswirkung auf die Fahrwerksvibrationen wurde in Kap. 3 beschrieben.

Die einfachste Form einer periodischen Störung ist harmonisch und könnte typischerweise durch Rotorunwucht erzeugt werden. Im Zeitbereich wird diese Störung durch eine Sinuskurve dargestellt und im Frequenzbereich durch ein Einlinienspektrum. Es sei darauf hingewiesen, dass eine vollständige Darstellung im Frequenzbereich sowohl Amplituden- als auch Phaseninformationen erfordert. Dies ist wichtig, wenn die Störung mehrere Frequenzkomponenten umfasst, von denen jede unterschiedlich phasenverschoben sein kann. Typisch sind die allgemeinen periodischen Störungen, die durch Unwuchten bei hin- und hergehenden Motoren und Kurbelwellenmomente erzeugt werden. Diese sind verantwortlich für *sekundäres Fahrverhalten*.

Alle masseelastischen Systeme haben Eigenfrequenzen, d. h. Frequenzen, bei denen das System von Natur aus schwingen möchte. Für ein gegebenes (lineares) System werden diese Frequenzen nur durch die Massen- und Steifigkeitsverteilung bestimmt. Zu jeder Eigenfrequenz gibt es einen zugehörigen *Schwingungsmodus*. Siehe dazu Anhang A für eine Übersicht über die grundlegende Schwingungstheorie.

Leicht gedämpfte Strukturen können hohe Vibrationspegel aus niedrigpegeligen Quellen erzeugen, wenn die Frequenzkomponenten in der Störung nahe einer der Eigenfrequenzen des Systems liegen. Dies bedeutet, dass gut gestaltete und hergestellte Teilsysteme, die niedrige Störkräfte erzeugen, dennoch Probleme verursachen können, wenn sie in einem Fahrzeug montiert werden. Um diese Probleme in der Entwurfsphase zu vermeiden, ist es notwendig, das System genau zu modellieren und seine Reaktion auf erwartete Störungen zu analysieren.

6.9 Die Prinzipien der Vibrationskontrolle

6.9.1 Kontrolle an der Quelle

Obwohl anerkannt wird, dass die ideale Form der Vibrationskontrolle die „Kontrolle an der Quelle" ist, gibt es eine Grenze, bis zu der dies durchgeführt werden kann. Zum Beispiel ist die dominierende, an Bord befindliche Vibrationsquelle in ICE-Fahrzeugen der Motor. Hier kombinieren sich Motorverbrennungslasten und hin- und hergehende Trägheit zu einer komplexen Vibrationsquelle, die sich mit den Betriebsbedingungen des Motors ändert, wie in Abschn. 6.10 diskutiert. Auch wenn eine sorgfältige Anordnung der Kurbelwinkel zur Aufhebung einiger Kraft- und Momentkomponenten führen kann, können sie niemals vollständig entfernt werden.

Eine weitere wichtige, an Bord befindliche Vibrationsquelle in allen Fahrzeugen ist die Unwucht rotierender Teile. Auch wenn diese den Auswuchtstandards entsprechen, sollte beachtet werden, dass es so etwas wie „perfekte Balance" nicht gibt. Daher sind kleine Mengen zulässiger Restunwucht vorhanden, die unerwünschte Vibrationspegel verursachen.

Daraus folgt, dass selbst bei den besten Versuchen, Vibrationen an der Quelle zu eliminieren, immer einige unerwünschte Vibrationsquellen in allen Fahrzeugen vorhanden sein werden. Es ist dann notwendig, die Auswirkungen dieser auf Fahrer und Passagiere zu minimieren. In diesem Abschnitt überprüfen wir einige der Möglichkeiten, wie dies erreicht werden kann.

6.9.2 Vibrationsisolierung

Dies ist eine Möglichkeit, Vibrationen in der Nähe der Quelle zu lokalisieren und so deren Übertragung auf andere Teile einer (Fahrzeugkarosserie-)Struktur zu verhindern, wo sie zur Erzeugung von Lärm oder anderen Formen von Unbehagen für Fahrer und Passagiere führen können. Die Isolierung kann durch den Einsatz von passiven oder steuerbaren Vibrationsisolatoren erreicht werden. Passive Isolatoren reichen von einfachen Gummikomponenten in Scherung oder Kombinationen aus Scher- und Druckkomponenten bis hin zu recht ausgeklügelten hydroelastischen Elementen.

Die grundlegenden Prinzipien zur Auswahl des geeigneten Isolators können anhand des SDOF-Modells in Abb. 6.11 veranschaulicht werden. Dies stellt eine Maschine mit der Masse m dar, die einer harmonischen Anregung durch rotierende Unwucht $m_e r$ ausgesetzt und auf elastomeren Lagern mit einer komplexen Steifigkeit k* gelagert ist, beschrieben durch k* = k(1 + ηi), wobei k die dynamische Steifigkeit und η der Verlustfaktor ist.

Die Wirksamkeit der Isolierung (eine Funktion der Frequenz ω) kann durch die Übertragbarkeit definiert werden:

$$T(\omega) = \frac{P}{F_0} \tag{6.29}$$

wobei P = die Amplitude der auf das Fundament übertragenen Kraft und F_0 die Amplitude der Anregungskraft aufgrund der Unwucht ist.

Die Anwendung des zweiten Newtonschen Gesetzes auf das FBD in Abb. 6.11b ergibt:

$$m\ddot{x} + k(1 + \eta i)x = m_e r \omega^2 \sin \omega t = F_0 f(t) \tag{6.30}$$

Die auf das Fundament übertragene Kraft ist:

$$P(t) = k(1 + \eta i)\, x(t) \tag{6.31}$$

Unter Verwendung des im Anhang beschriebenen Standardansatzes für harmonische Erregung kann gezeigt werden, dass:

$$T(\omega) = k\sqrt{\frac{1 + \eta^2}{(k - m\omega^2)^2 + (k\eta)^2}} \tag{6.32}$$

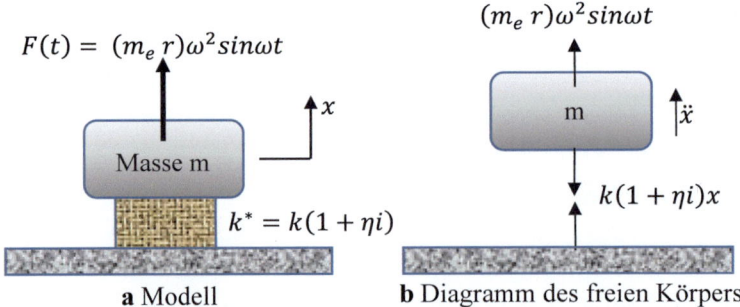

Abb. 6.11 SDOF-Vibrationsisolationsmodell und Freikörperdiagramm

6.9 Die Prinzipien der Vibrationskontrolle

Um zu verstehen, wie T(ω) mit der Frequenz variiert, ist es hilfreich, Gl. (6.32) in dimensionsloser Form darzustellen, indem man Zähler und Nenner durch k teilt, um

$$T(\omega) = \sqrt{\frac{1+\eta^2}{\left[1-\left(\frac{\omega}{\omega_n}\right)^2\right]^2+\eta^2}} \qquad (6.33)$$

zu erhalten, wobei $\omega_n = \sqrt{\frac{k}{m}}$ die ungedämpfte Eigenfrequenz der Masse auf ihren Isolatoren ist.

Für schwach dämpfende Elastomere liegt η in der Größenordnung von 0.05. Die Variation der Übertragbarkeit mit dem Frequenzverhältnis $r = \frac{\omega}{\omega_n}$ für $\eta = 0.05$ ist in Abb. 6.12 dargestellt.

Damit die Isolatoren wirksam sind, muss die Übertragbarkeit kleiner eins sein, d. h., P muss kleiner als F_0 sein. Aus Abb. 6.12 geht hervor, dass für Frequenzverhältnisse von 0 bis etwa 1.4 P größer als F_0 ist und daher die Isolatoren die Kraft auf das Fundament in diesem Bereich **verstärken**. Besonders um die Resonanz (r = 1) herum verstärken die Isolatoren die Kraft auf das Fundament etwa 20-fach bei $\eta = 0.05$, was die Gefahr während des Hochlaufs auf die Betriebsdrehzahl (bei der r > 1) betont. Mit zunehmendem Wert von r über 1.4 hinaus werden die Isolatoren zunehmend wirksamer. Bei sehr großen Werten von r können jedoch Welleneffekte in den Isolatoren induziert werden. Diese sind auf lokale Resonanzen in der verteilten Masse und Elastizität des Isolator-Materials zurückzuführen und erzeugen zusätzliche Resonanzspitzen in der Übertragbarkeitskurve (und verringerte Isolatorleistung) bei bestimmten Erregerfrequenzen.

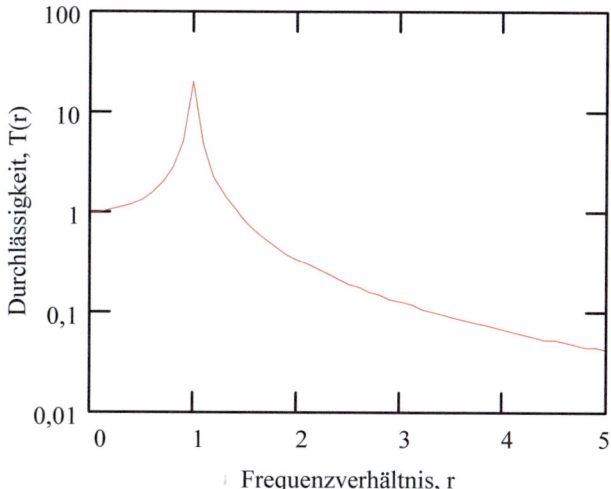

Abb. 6.12 Übertragbarkeit eines elastomeren Isolators (η = 0.05)

Eine alternative Möglichkeit, die Wirksamkeit von Isolatoren zu beschreiben, besteht darin, die Isolationswirksamkeit zu berechnen, die definiert ist als:

$$E_{iso} = [1 - T(\omega)] \tag{6.34}$$

Ein typisches Motorisolationssystem könnte bei Leerlaufdrehzahl eine Isolationswirksamkeit von 90 % aufweisen.

6.9.3 Abgestimmte Schwingungsdämpfer

Schwingungsdämpfer sind nützlich, um eine Resonanzantwort in einem System zu dämpfen. Dies kann im Automobilbereich auftreten, wenn eine harmonische Komponente in der Erregung mit einer Eigenfrequenz des Systems zusammenfällt.

Schwingungsdämpfer bestehen aus einem Feder-Masse-Subsystem, das dem ursprünglichen System hinzugefügt wird. Tatsächlich wird Energie vom ursprünglichen System auf die Dämpfermasse übertragen, die je nach Dämpfungsgrad des Dämpfer-Subsystems mit erheblicher Amplitude schwingen kann. Diese Geräte sind effektive Dämpfer, fügen dem Gesamtsystem jedoch einen weiteren Freiheitsgrad hinzu, wodurch neue Eigenfrequenzen oberhalb und unterhalb der ursprünglichen Eigenfrequenz entstehen. Die resultierenden Resonanzamplituden können durch eine geeignete Wahl der Dämpfung im Dämpfer kontrolliert werden. Dies ermöglicht den Einsatz von Dämpfern für Anwendungen mit variabler Geschwindigkeit.

Die Prinzipien von ungedämpften und gedämpften abgestimmten Dämpfern können analysiert werden, indem man den gedämpften Dämpfer untersucht und dann den ungedämpften Dämpfer als Sonderfall davon behandelt. Die Analyse erfordert, dass das ursprüngliche System durch ein Ein-Freiheitsgrad-System (normalerweise basierend auf seinem Grundmodus) dargestellt werden kann. Da die Anwendungen aufgrund von Rotationsunwuchten oft torsionaler Natur sind, werden wir unsere Analyse auf Torsionssysteme stützen. Die Analyse ist natürlich gleichermaßen auf Translationssysteme anwendbar.

Betrachten Sie das ursprüngliche Ein-Freiheitsgrad-System, das in Abb. 6.13a gezeigt ist. Durch Hinzufügen eines Dämpfers entsteht das Zwei-Freiheitsgrad-System, das in Abb. 6.13b dargestellt ist.

In Abb. 6.13 sind I_1 und I_2 Trägheitsmomente, K_1 und K_2 Torsionssteifigkeiten, C ist der Torsionsdämpfungskoeffizient des Absorbers, $T_0 \sin \omega t$ ist die Anregung und θ_1, θ_2 sind die Koordinaten, die die Drehposition der beiden Massen beschreiben.

Die Eigenfrequenz des ursprünglichen Systems ist $\omega_1 = \sqrt{\frac{K_1}{I_1}}$ und bei Resonanz $\omega = \omega_1$. Durch Zeichnen der FBDs für das Zwei-Massen-System kann gezeigt werden, dass die Bewegungsgleichungen in Matrixform lauten:

$$\begin{bmatrix} I_1 & 0 \\ 0 & I_2 \end{bmatrix} \begin{Bmatrix} \ddot{\theta}_1 \\ \ddot{\theta}_2 \end{Bmatrix} + \begin{bmatrix} C & -C \\ -C & C \end{bmatrix} \begin{Bmatrix} \dot{\theta}_1 \\ \dot{\theta}_2 \end{Bmatrix} + \begin{bmatrix} (K_1 + K_2) & -K_2 \\ -K_2 & K_2 \end{bmatrix} \begin{Bmatrix} \theta_1 \\ \theta_2 \end{Bmatrix} = \begin{Bmatrix} T_0 \\ 0 \end{Bmatrix} \sin \omega t \tag{6.35}$$

6.9 Die Prinzipien der Vibrationskontrolle

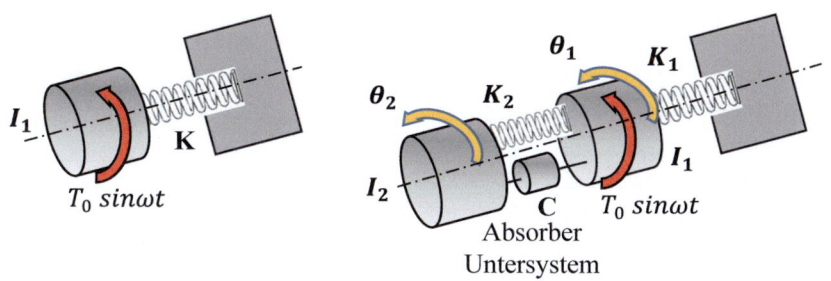

a Ursprüngliches System   **b** Ursprüngliches System mit Absorber

Abb. 6.13 Modelle zur Analyse des abgestimmten Dämpfers

Es kann auch gezeigt werden, dass die (komplexen) stationären Antworten $\overline{\Theta}_1$ und $\overline{\Theta}_2$ der beiden Massen durch folgende Gleichung gegeben sind:

$$\left\{\begin{array}{c} \overline{\Theta}_1 \\ \overline{\Theta}_2 \end{array}\right\} = \left[\begin{array}{cc} ((K_1 + K_2 - I_1\omega^2) + C\omega i) & K_2 + iC\omega \\ K_2 + iC\omega & ((K_2 - I_2\omega^2) + C\omega i) \end{array}\right]^{-1} \left\{\begin{array}{c} T_0 \\ 0 \end{array}\right\}$$

Dies ergibt die Schwingungsamplituden, die durch folgende Gleichungen gegeben sind:

$$\Theta_1 = T_0 \sqrt{\frac{(K_2 - I_2\omega^2)^2 + (C\omega)^2}{\left[(K_2 - I_2\omega^2)(K_1 + K_2 - I_1\omega^2) - K_2^2\right]^2 + (C\omega)^2(K_1 - I_1\omega^2 - I_2\omega^2)^2}}$$
(6.36)

und

$$\Theta_2 = \frac{T_0 \sqrt{K_2^2 + (C\omega)^2}}{\sqrt{\left[(K_2 - I_2\omega^2)(K_1 + K_2 - I_1\omega^2) - K_2^2\right]^2 + (C\omega)^2(K_1 - I_1\omega^2 - I_2\omega^2)^2}}$$
(6.37)

6.9.3.1 Der ungedämpfte abgestimmte Absorber (C = 0)

In diesem Fall werden die Amplituden durch folgende Gleichungen gegeben:

$$\Theta_1 = \frac{T_0(K_2 - I_2\omega^2)}{\Delta(\omega)} \tag{6.38}$$

$$\Theta_2 = \frac{T_0 K_2}{\Delta(\omega)} \tag{6.39}$$

Dabei ist:

$$\Delta(\omega) = (K_2 - I_2\omega^2)(K_1 + K_2 - I_1\omega^2) - K_2^2 \tag{6.40}$$

Um Θ_1 zu null zu machen, muss $K_2 - I_2\,\omega^2$ null sein und daher $\omega = \sqrt{\frac{K_2}{I_2}} = \omega_2$ die Eigenfrequenz des Absorber-Subsystems. Daraus folgt, dass in diesem Fall $\omega_1^2 = \omega_2^2 = \frac{K_1}{I_1} = \frac{K_2}{I_2}$ und daher müssen die Eigenfrequenzen der beiden Subsysteme gleich sein.

Die Resonanz des vollständigen 2-DOF-Systems (d. h. wenn Θ_1 und Θ_2 gegen unendlich tendieren) tritt auf, wenn ω mit den Eigenfrequenzen des Systems Ω_1 und Ω_2 übereinstimmt. Dies tritt auf, wenn $\Delta(\omega) = 0$, was die charakteristische Gleichung für das 2-DOF-System darstellt.

Beim Entwurf eines ungedämpften Absorbers ist es notwendig, die Größe der Absorbermasse im Verhältnis zur ursprünglichen Systemmasse m_1 zu berücksichtigen. Im Allgemeinen gilt: Je größer das Massenverhältnis $\mu = I_2/I_1$, desto weiter sind die Frequenzen Ω_1 und Ω_2 voneinander getrennt und desto breiter ist der Frequenzbereich, in dem das System ohne Resonanzanregung arbeiten kann.

Die allgemeine Antwort des Gesamtsystems wird am besten in Form von dimensionslosen Amplituden- und Frequenzverhältnissen beschrieben. Die dimensionslosen Amplituden von I_1 und I_2 werden als $A_1 = \frac{K_1}{T_0}\Theta_1$ und $A_2 = \frac{K_1}{T_0}\Theta_2$ zusammen mit dem Frequenzverhältnis als $r = \frac{\omega}{\omega_1}$ bezeichnet, wodurch die Gl. (6.38) und (6.39) umgeschrieben werden können als:

$$A_1 = \frac{1 - r^2}{\left(1 - r^2\right)\left(1 + \mu - r^2\right) - \mu} \tag{6.41}$$

$$A_2 = \frac{1}{\left(1 - r^2\right)\left(1 + \mu - r^2\right) - \mu} \tag{6.42}$$

Diese Gleichungen ermöglichen es, die Amplitudenantworten für verschiedene Werte von μ zu zeichnen. Die Abb. 6.14 und 6.15 zeigen die Antwort der ursprünglichen Masse und der Absorbermasse für $\mu = 0{,}2$.

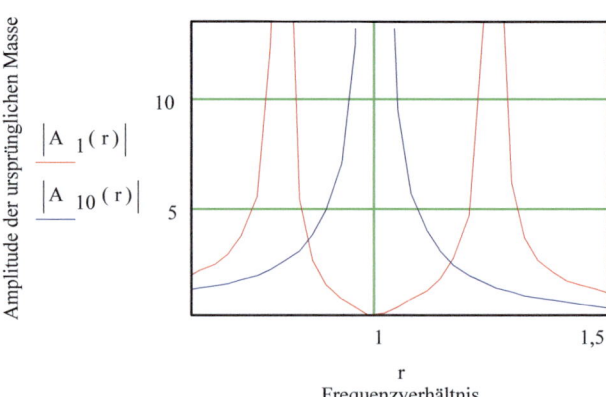

Abb. 6.14 Antwort der ursprünglichen Masse vor (A_{10}) und nach (A_1) der Hinzufügung eines ungedämpften Absorbers ($\mu = 0.2$)

Abb. 6.15 Antwort der Absorbermasse (A_2) für ein ungedämpftes System ($\mu = 0{,}2$)

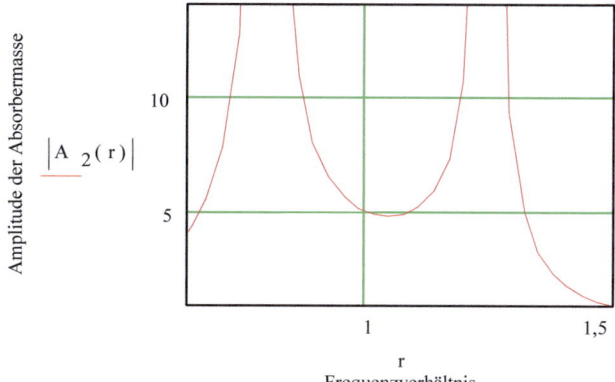

6.9.3.2 Der gedämpfte abgestimmte Absorber (C > 0)

Der ungedämpfte Absorber überträgt Energie vom ursprünglichen System auf das Absorber-Subsystem, was zu großen Schwingungsamplituden der Absorbermasse führt. Dies kann zu Ermüdungsbrüchen in der Absorberfeder führen. Um dieses Problem zu überwinden, ist es in der Praxis notwendig, dem Absorber eine gewisse Dämpfung hinzuzufügen. Dies ermöglicht auch einen breiteren Betriebsbereich und begrenzt die Resonanzamplituden im Bereich der beiden neuen System-Eigenfrequenzen.

In diesem Fall wird das System durch das in Abb. 6.13b gezeigte Modell dargestellt. Die Amplitudenantworten werden durch die Gl. (6.43) und (6.44) gegeben. Das Dämpfungsverhältnis wird durch $\zeta = \frac{C}{2\sqrt{I_1 K}}$ gegeben. Die beiden neuen Resonanzspitzen, die durch die Hinzufügung des Absorbers entstehen, werden durch die Hinzufügung von Dämpfung reduziert, aber es ist nicht möglich, die Amplitude der Masse I_1 bei der ursprünglichen Eigenfrequenz des Systems auf null zu reduzieren (im Gegensatz zum ungedämpften Absorber, wie in Abb. 6.14 gezeigt). Daher geht bei Einführung der Dämpfung ein Teil der Wirksamkeit des Absorbers bei dieser Resonanzfrequenz verloren. Durch sorgfältige Optimierung der Parameter des Absorbers ist es jedoch möglich, die Antwort der Hauptmasse über einen Frequenzbereich zu minimieren. Zum Beispiel kann für ein Trägheitsverhältnis $\mu = 0.2$ ein Wert von $\zeta = 0.32$ als das optimale Dämpfungsverhältnis gezeigt werden. Dies ist das zugrunde liegende Prinzip des Kurbelwellenabsorbers als ein Gerät, das entwickelt wurde, um unerwünschte Schwingungseffekte über einen bestimmten Geschwindigkeitsbereich zu dämpfen.

6.9.4 Schwingungsdämpfer

Während Schwingungsdämpfer auf eine bestimmte Systemresonanz abgestimmt sind, ist ein Dämpfer ein Gerät, das entwickelt wurde, um die Dämpfung in einem System allgemein zu erhöhen und dadurch die Resonanzamplituden über einen größeren Frequenzbereich zu reduzieren. Diese Geräte bestehen aus einer Trägheitsmasse (seismische Masse), die über ein Dämpfungsmedium – meistens Silikonflüssigkeit – mit dem ursprünglichen System gekoppelt ist.

Dämpfer werden häufig verwendet, um Torsionsschwingungen in Kurbelwellen von Motoren zu begrenzen, da diese eine Reihe von Eigenfrequenzen aufweisen und einer Vielzahl von Erregerfrequenzen ausgesetzt sind. Der Aufbau von Kurbelwellendämpfern und deren Implementierung wird im Folgenden erläutert.

Die Prinzipien der Schwingungskontrolle können untersucht werden, indem die Kurbelwelle als eine einzelne Trägheitsscheibe modelliert wird, die am Ende einer Torsionsfeder montiert ist, welche am anderen Ende fixiert ist. Dieses Modell basiert auf der ersten Torsionsschwingungsform der Kurbelwelle. Das resultierende Modell ist in Abb. 6.16a dargestellt. $T_0 \sin \omega t$ ist die Komponente des Kurbelwellenmoments, die auf die äquivalente Trägheit angewendet wird. Das Hinzufügen eines Dämpfers mit der Trägheit I_2 und dem Dämpfungskoeffizienten C führt zu dem 2-DOF-System, das in Abb. 6.16b gezeigt wird. Es wird hier angenommen, dass die Massen der Flüssigkeit und des Dämpfergehäuses vernachlässigbar sind. θ_1 und θ_2 sind die Winkelpositionen der beiden Massen.

Die Bewegungsgleichungen lauten nun:

$$I_1 \ddot{\theta}_1 + C\dot{\theta}_1 + K_1 \theta_1 - C\dot{\theta}_2 = T_0 \sin \omega t \tag{6.43}$$

$$I_2 \ddot{\theta}_2 - C\dot{\theta}_1 + C\dot{\theta}_2 = 0 \tag{6.44}$$

Es kann gezeigt werden, dass die Schwingungsamplitude der Masse im ursprünglichen System ist:

$$\theta_1 = T_0 \sqrt{\frac{(I_2 \omega^2)^2 + (C\omega)^2}{\left[(I_2 \omega^2)(K_1 - I_1 \omega^2)\right]^2 + (C\omega)^2 (K_1 - I_1 \omega^2 - I_2 \omega^2)^2}} \tag{6.45}$$

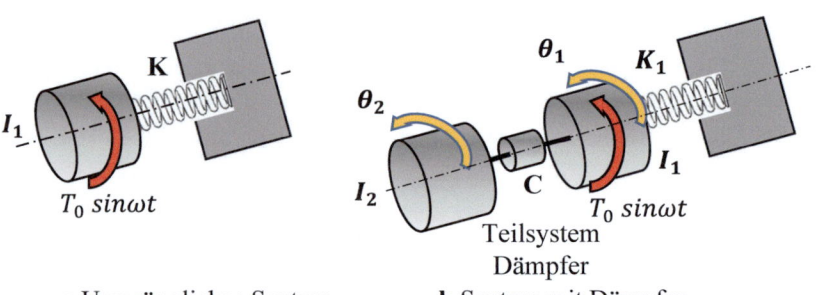

a Ursprüngliches System   **b** System mit Dämpfer

Abb. 6.16 Modelle zur Analyse eines rein viskosen Dämpfers

6.10 Motorinduzierte Vibrationen

Die folgende Notation wird nun eingeführt:

ungedämpfte Eigenfrequenz des ursprünglichen Systems $\omega_n = \sqrt{\frac{K}{I_1}}$,

Dämpfungsverhältnis $\zeta = \frac{C}{2\sqrt{I_1 K}}$,

Trägheitsverhältnis $\mu = \frac{I_2}{I_1}$,

dimensionslose Amplitude von I_1 $A_1 = \frac{K\theta_1}{T_0}$,

Frequenzverhältnis $r = \frac{\omega}{\omega_n}$.

Unter Verwendung dieser Standardnotation kann gezeigt werden, dass:

$$A_1 = \sqrt{\frac{(\mu r)^2 + 4\zeta^2}{(\mu r)^2 (1 - r^2)^2 + 4\zeta^2 \left[\mu r^2 - (1 - r^2)\right]^2}} \qquad (6.46)$$

A_1 ist somit eine Funktion von r, μ und ζ. Für einen gegebenen Wert von ζ wird die Antwort einen einzelnen Peak ähnlich dem eines gedämpften SDOF-Systems zeigen. Die extremen Dämpfungswerte sind $\zeta = 0$ und ∞. Wenn $\zeta = 0$, ist die Systemantwort die des ursprünglichen SDOF-Systems mit einer Eigenfrequenz ω_n. Und wenn $\zeta = \infty$, bewegen sich beide Massen zusammen als eine und die ungedämpfte Eigenfrequenz ist $\sqrt{K/(I_1 + I_2)}$. Wenn A_1 für diese beiden Extremfälle und für ein gegebenes μ auf denselben Achsen aufgetragen wird, schneiden sich die Kurven an einem Punkt P. Es kann gezeigt werden, dass die Kurven für andere Dämpfungswerte ebenfalls durch P verlaufen. Diese Merkmale sind in Abb. 6.17 dargestellt.

Offensichtlich ist der optimale Dämpfungswert derjenige, der die maximale Dämpfung bei P ergibt. Es kann gezeigt werden, dass dieser durch Folgendes gegeben ist:

$$\zeta_{opt} = \frac{\mu}{\sqrt{2(1+\mu)(2+\mu)}} \qquad (6.47)$$

Somit ist für $\mu = 1{,}0$, wie in Abb. 6.17 gezeigt, $\zeta_{opt} = 0{,}288$.

6.10 Motorinduzierte Vibrationen

6.10.1 Einzylinder-Motoren

Der Motor ist die dominierende Quelle von Vibrationen an Bord eines ICE-Fahrzeugs (immer noch bei Weitem die Mehrheit der Fahrzeuge auf unseren Straßen), und dieser

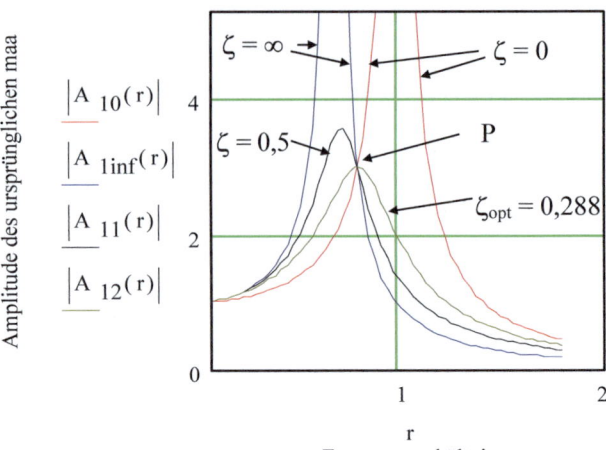

Abb. 6.17 Antwort der ursprünglichen Masse (A_1) für rein viskosen Dämpfer bei verschiedenen Dämpfungsstufen ($\mu = 1.0$)

Abschnitt des Kapitels ist der Analyse dieser Vibrationsquelle gewidmet. Da ein Mehrzylinder-Reihenmotor als eine Reihe von Einzylinder-Motoren betrachtet werden kann, die an dieselbe Kurbelwelle angeschlossen sind, beginnen wir mit der Analyse der Dynamik eines Einzylinder-Motors.

6.10.1.1 Kinematische Analyse eines Einzylinder-Motors

Betrachten Sie den in Abb. 6.18 gezeigten Motormechanismus, bei dem angenommen wird, dass sich die Kurbelwelle mit konstanter Geschwindigkeit ω dreht. Die Bauteile sind von 1 bis 4 nummeriert, wobei 1 dem Motorrahmen zugewiesen ist.

$$\text{Aus der einfachen Geometrie: } x_B = r \cos \omega t + l \cos \varphi \quad (6.48)$$

Nach dem Sinussatz: $\frac{r}{\sin\phi} = \frac{l}{\sin \omega t}$ und unter der Bezeichnung $\frac{l}{r}$ mit n, $\sin\phi = \frac{\sin \omega t}{n} \sin\phi = \frac{\sin \omega t}{n}$

$$\text{Dann: } x_B = r \cos \omega t + l(1 - \sin^2 \phi)^{1/2} = r \cos \omega t + l \left[1 - \left(\frac{\sin \omega t}{n}\right)^2\right]^{1/2} \quad (6.49)$$

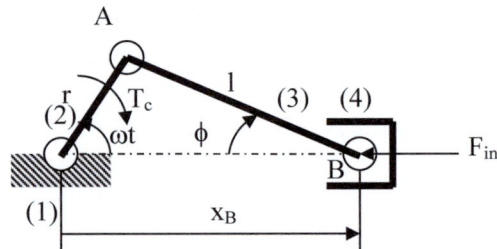

Abb. 6.18 Motorgeometrie und Notation

6.10 Motorinduzierte Vibrationen

Die Erweiterung des letzten Terms unter Verwendung des Binomischen Theorems ergibt die unendliche Reihe:

$$x_B = r\cos\omega t + l\left[1 - \frac{1}{2}\left(\frac{\sin\omega t}{n}\right)^2 + \cdots\right] \tag{6.50}$$

Die Kolbengeschwindigkeit $\dot{x}_B$ wird durch Differenzieren von Gl. (6.50) nach der Zeit erhalten:

$$\dot{x}_B = -r\omega\sin\omega t - l\omega\left[\frac{2\sin\omega t\cos\omega t}{2n^2} + \cdots\right]$$
$$\dot{x}_B = -r\omega\sin\omega t - r\omega\frac{\sin 2\omega t}{2n} + \cdots \tag{6.51}$$

Eine zweite Differenzierung ergibt einen Ausdruck für die Kolbenbeschleunigung $\ddot{x}_B$:

$$\ddot{x}_B = -r\omega^2\left(\cos\omega t + \frac{\cos 2\omega t}{n} + \cdots\right) \tag{6.52}$$

Gl. (6.52) kann allgemeiner geschrieben werden als:

$$\ddot{x}_B = -r\omega^2(A\cos\omega t + B\cos 2\omega t + C\cos 4\omega t + D\cos 6\omega t + \cdots), \tag{6.53}$$

wobei $A = 1$, $B = 1/n$ und C, D usw. Funktionen von n sind.

Somit wird $\ddot{x}_B$ durch eine Komponente bei der Grundfrequenz ω plus eine Reihe von geraden Oberschwingungen (Ordnungen) beschrieben, deren Amplituden (die Funktionen von n sind) mit zunehmender Ordnung abnehmen. x_B und $\dot{x}_B$ enthalten ebenfalls Grundkomponenten bei der Frequenz ω plus höhere Ordnungen.

6.10.1.2 Gesamtkraft und Moment auf einem Einzylinder-Motorrahmen

Diese umfassen eine *Schüttelkraft*, die ausschließlich den Trägheitseffekten zugeschrieben wird, und *ein Kippmoment*, das gleich und entgegengesetzt zum Kurbelwellenmoment ist. Ein Verständnis dieser Kräfte ist wichtig für die Motorlagerung – das Ziel ist es, die Übertragung von Kräften auf das Fahrzeugchassis zu minimieren.

Die *Schüttelkraft* F_{in}, die auf den Motorrahmen entlang der Hubachse des Motors wirkt, ist ausschließlich auf Trägheitseffekte zurückzuführen. Diese wird aus Gl. (6.52) durch

$$F_{in} = m_B\ddot{x}_B = -m_B r\omega^2\left(\cos\omega t + \frac{\cos 2\omega t}{n} + \cdots\right) \tag{6.54}$$

gegeben, wobei m_B die äquivalente Masse ist, die am Kolbenende der Pleuelstange wirkt.

Somit umfasst die *Schüttelkraft* eine Grundkomponente bei Motordrehzahl sowie eine Reihe von geraden Oberschwingungen (Ordnungen) – siehe Gl. (6.53).

Das *Kippmoment* wirkt um eine Achse, die parallel zur Kurbelwelle verläuft, in entgegengesetzter Richtung zum Kurbelwellenmoment T_c, wie in Abb. 6.19 gezeigt.

Die kombinierte Kraft und das Moment erzeugen eine translatorische und rotatorische Anregung des Motorblocks, Abb. 6.19. Die Übertragung der Kraft und des Moments auf das Chassis wird durch eine Reihe von Motorlagern, die den Motor stützen, kontrolliert.

6.10.2 Mehrzylinder-Motoren

Da das Verbrennungsmoment jedes Zylinders im Wesentlichen ein Impuls ist, der während des Arbeitstakts auftritt, ist es wichtig, dass bei einem Mehrzylinder-Motor der Drehmomentbeitrag jedes Zylinders eine regelmäßige Impulsfolge erzeugt. Dies wiederum erfordert, dass die Kurbelzapfen in der Zündreihenfolge einen regelmäßigen Winkelabstand haben. Für Zwei- und Viertaktmotoren beträgt dieser Abstand jeweils 360/n und 720/n Grad, wobei n die Anzahl der Zylinder ist. Daraus folgt, dass ein Vierzylinder-Viertaktmotor Kurbelzapfen mit einem Winkelabstand von 180° in der Zündreihenfolge haben muss. Mögliche Zündreihenfolgen sind 1–3–4–2 und 1–2–4–3. Die Kurbelzapfen für diese beiden Zündreihenfolgen (in Richtung der Kurbelwelle betrachtet) sind in Abb. 6.20 dargestellt.

Der Abstand der Zylinder entlang der Kurbelwelle bedeutet, dass die kombinierte Wirkung der Schüttelkraft entlang jedes Zylinders ein Schüttelmoment um eine Achse senkrecht zur Ebene, die die Zylinder enthält, d. h. um die z-Achse ergibt. Das resultierende

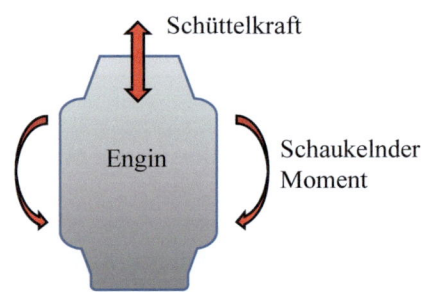

Abb. 6.19 Anregungskraft und Moment auf einem Einzylinder-Motor

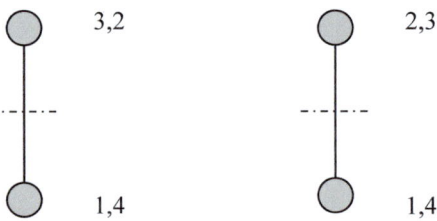

Abb. 6.20 Kurbelzapfen für einen Vierzylinder-Viertaktmotor

a Schießbefehl 1-3-4-2   **b** Schießbefehl 1-2-4-3

6.10 Motorinduzierte Vibrationen

Kurbelwellenmoment aufgrund der 180°-Kurbelzapfen enthält ½-Ordnungs-Komponenten (Viertaktmotoren). Daher wird ein gleiches und entgegengesetztes Kippmoment auf den Motorblock ausgeübt.

Die Gesamteffekte der Trägheitskräfte und der Verbrennungslast sind somit:

- eine Schüttelkraft aufgrund der Trägheitskräfte entlang der x-Achse,
- ein Schüttelmoment um die z-Achse aufgrund der Trägheitskräfte, die am Versatz jedes Zylinders von der Mittelebene wirken,
- ein Kippmoment um die y-Achse aufgrund der Reaktion auf das Kurbelwellenmoment.

Diese Effekte sind in Abb. 6.21 dargestellt.

Mit bestimmten Kurbelkonfigurationen kann gezeigt werden, dass einige Komponenten dieser Kräfte und Momente eliminiert werden. Zum Beispiel kann gezeigt werden, dass bei einer Zündfolge 1–2–4–3 für einen Viertaktmotor die Trägheitskraftkomponenten der 1. und 3. Ordnung ausgeglichen sind. Somit gibt es nur 2., 4. und 6. Ordnungs-Schüttelkraftkomponenten und nur eine 2. Ordnungs-Schüttelmomentkomponente (die Schüttelmomente der 1., 4. und 6. Ordnung sind ausgeglichen).

6.10.3 Die Isolierung von Motorvibrationen

Die Motorlagerung ist ein Beispiel für Vibrationsisolierung. Das Ziel hierbei ist es, zu verhindern, dass die Erregungskräfte vom Motorblock auf das Fahrgestell übertragen werden. Dies erfordert, dass der Motorblock auf einer Reihe von Schwingungsisolatoren montiert wird. Die einfacheren Formen von Isolatoren sind eine kostengünstige Lösung

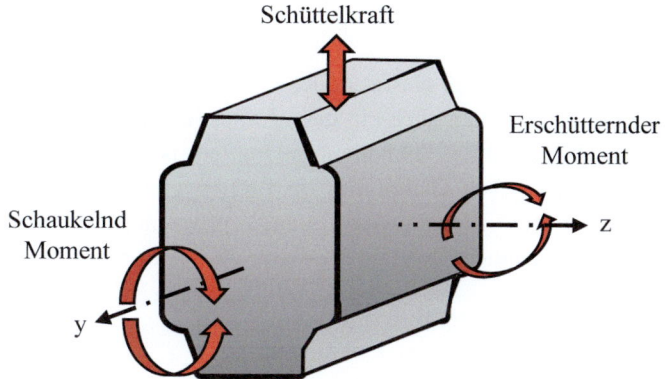

Abb. 6.21 Allgemeine Anregung eines Mehrzylinder-Motorblocks

für Quellen mit einem begrenzten Bereich von Betriebsbedingungen (Amplituden und Frequenzen). Für Situationen, in denen die Vibrationsquelle einen ganzen Bereich von Betriebsbedingungen erzeugt (wie in ICE-Fahrzeugen), ist es oft notwendig, den Einsatz von hydroelastischen oder steuerbaren Isolatoren in Betracht zu ziehen. Einige dieser Geräte werden unten besprochen. In allen Fällen ist es wesentlich, die grundlegenden Prinzipien der Vibrationsisolierung (Abschn. 6.9.2) zu verstehen, um die besten Ergebnisse zu erzielen.

Die in Abschn. 6.9.2 diskutierte Theorie der Vibrationsisolierung legt nahe, dass die Eigenfrequenz des Motors auf seinen Lagern viel geringer sein sollte als die Erregungskräfte, die im Motor entstehen. Dies deutet auf eine geringe Steifigkeit der Motorlager hin. Es gibt jedoch andere Überlegungen. Wenn der Motor auf sehr weichen Federn gelagert ist, wird es erhebliche Bewegungen des Motors geben, wenn das Fahrzeug über unebenes Gelände fährt. Darüber hinaus variieren die Erregungskräfte am Motor mit der Motordrehzahl.

Die Anforderungen für eine zufriedenstellende Motorlagerung sind daher

- eine niedrige Federkonstante und hohe Dämpfung im Leerlauf sowie
- eine hohe Federkonstante und niedrige Dämpfung bei hohen Geschwindigkeiten, beim Manövrieren und beim Fahren über unebenes Gelände.

Die folgenden Arten von Lagern versuchen, diese widersprüchlichen Anforderungen zu erfüllen:

(a) Einfache Gummimotorlager

Diese sind die kostengünstigsten, aber am wenigsten effektiven Formen von Lagern und erfüllen eindeutig nicht alle oben aufgeführten widersprüchlichen Anforderungen. Zum Beispiel bieten sie nicht die hohen Dämpfungswerte, die im Leerlauf erforderlich sind.

(b) Hydroelastische Lager

Diese enthalten in der Regel zwei elastische Reservoirs, die mit einer Hydraulikflüssigkeit gefüllt sind. Einige enthalten auch ein gasgefülltes Reservoir. Diese Art von Lager, die eine Form des abgestimmten Schwingungsdämpfers ist, nutzt die Eigenschaft der massenverstärkten dynamischen Dämpfung. Im Betrieb gibt es eine Relativbewegung über den Dämpfer, die eine Biegung der Gummikomponente und einen Flüssigkeitstransfer zwischen den Kammern erzeugt, wodurch eine Änderung der Übertragbarkeit des Lagers induziert wird.

(c) Halbaktive Lager

Diese sind eine Form von steuerbaren Lagern. Ihr Betrieb hängt davon ab, die Größe der übertragenen Kräfte zu modifizieren. Sie können über Niedrigbandbreiten- bzw.

Niedrigleistungsaktuatoren implementiert werden, die für die offene Regelung geeignet sind. Einige Formen von hydraulischen halbaktiven (adaptiven) Lagern verwenden Niedrigleistungsaktuatoren, um Änderungen der Lagereigenschaften durch Modifikation der hydraulischen Parameter innerhalb des Lagers zu induzieren. Die Aktuatoren können dann im Ein-Aus-Modus (adaptiv) oder im kontinuierlich variablen Modus (halbaktiv) arbeiten. In den letzten Jahren wurde erheblicher Aufwand in diese Art von Technologie investiert.

(d) Aktive Lager

Diese Art von Lager steuert sowohl die Größe als auch die Richtung der Aktuatorkraft. Die aktive Vibrationskontrolle wird typischerweise durch geschlossene Regelung implementiert. Die Aktuatoren müssen mit hoher Geschwindigkeit arbeiten und zusammen mit den Sensoren eine Betriebsbandbreite haben, die dem Frequenzspektrum der Erregung entspricht. Der Stromverbrauch ist in der Regel hoch, um die Reaktionskriterien zu erfüllen.

6.11 Bremsen-NVH-Systeme

6.11.1 Einführung

Dynamische Schwingungen in Reibungsbremsen, die Lärm, Vibrationen und Rauheit verursachen, können in zwei Mechanismen kategorisiert werden: erstens eine dynamische Instabilität, die zu einer konstanten Resonanzfrequenz führt, die unabhängig von der Rotordrehzahl ist, und zweitens eine mechanische Vibration mit einer Frequenz, die direkt mit der Rotordrehzahl zusammenhängt. Ersteres fällt in die allgemeine Kategorie des „Bremsquietschens" und Zweiteres wird oft als „Rubbeln" oder „Dröhnen" bezeichnet. Diese werden in den folgenden Abschnitten separat besprochen, die sich hauptsächlich auf Scheibenbremssysteme konzentrieren. Eine typische Schätzung des Anteils der Garantieansprüche, basierend auf den verschiedenen Kategorien von Bremsen-NVH, ist in Abb. 6.22 gezeigt.

6.11.2 Bremsgeräusch- und Vibrationsterminologie

6.11.2.1 Brummen
Brummen ist eine halbresonante Vibration, typischerweise mit einer Frequenz von weniger als 100 Hz. Der Mechanismus scheint eine Stick-Slip-Natur zu haben, bedingt durch eine abnehmende Reibungs-/Geschwindigkeitscharakteristik. Brummen tritt am häufigsten bei niedrigeren Geschwindigkeiten auf, wo der Reibungs-/Geschwindigkeitsgradient am steilsten ist. Es kann auftreten, wenn ein Auto langsam vorwärts kriecht, während die Betriebsbremse oder die Feststellbremse leicht aktiviert ist – daher „Kriechbrummen".

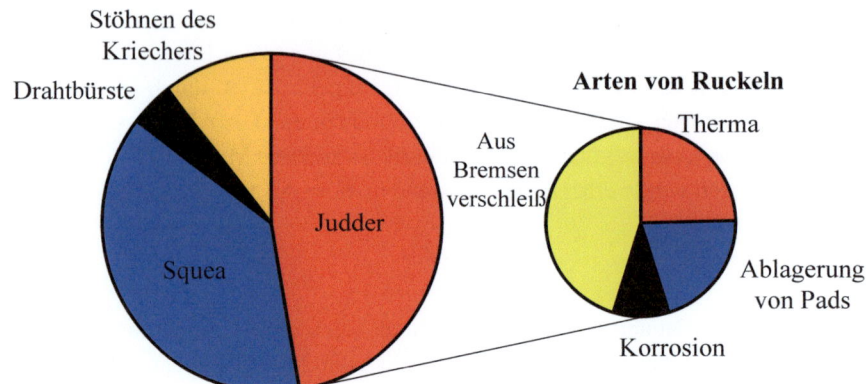

Abb. 6.22 Typische Verteilung der gemeldeten Garantieprobleme eines Hochleistungsfahrzeugherstellers

6.11.2.2 Summen

Summen ist eine resonante sinusförmige Vibration und zeichnet sich durch eine Frequenz zwischen 100 und 400 Hz aus. Die Vibration erfolgt tendenziell um die Radialachse des Bremssystems und ist mit Installationen verbunden, die eine geringe Torsionssteifigkeit der Bremssattelbefestigung aufweisen. Summen tritt im Allgemeinen unter Bremsbedingungen auf und ist im Gegensatz zum Brummen unabhängig von der Geschwindigkeit. Es wird auch bei Trommelbremsen beobachtet, bei denen die Rückplatte in Schwingung versetzt wird.

6.11.2.3 Stöhnen

Stöhnen ist eine höherfrequente Vibration als Summen bei etwa 600–700 Hz und resultiert aus der Bewegung des gesamten Bremssattels und dessen Biegung um seine Achse. Es wird auch bei Trommelbremsgeräuschen beobachtet.

6.11.2.4 Niedrigfrequentes Quietschen

Beim Quietschen tritt die Eigenfrequenz zwischen 2 und 4 kHz auf, sie liegt daher unter der Grundfrequenz der Belag- und Scheibenbaugruppe. Von allen Fällen geometrisch induzierter Instabilität, die transversale Scheibenvibrationen beinhalten, ist Quietschen der Mechanismus mit der niedrigsten Frequenz. Die Scheibenmodi sind von niedriger Ordnung und haben typischerweise zwischen zwei und vier vollständige Knoten-Durchmesser. Der Knotenabstand ist in diesem Fall weitaus größer als bei einem herkömmlichen Bremsbelag nach dem Zwei-Gegenkolben-Bremssattel-Design. Quietschen induziert einen Biegemodus, der dazu führt, dass die resultierende Wellenlänge der vibrierenden Scheibe im Vergleich zur Länge des Bremsbelags lang ist. Eine solche Anregung der Scheibe ermöglicht es, den Kontaktbereich praktisch als flach zu betrachten. Dies bedeutet, dass der Abschnitt durch starre Balken mit zwei Freiheitsgraden, transversal und rotierend, dargestellt werden kann. Dieses Modell ermöglicht auch die direkte Anwendung der „binären Flatteranalyse" (siehe unten).

6.11.2.5 Hochfrequentes Quietschen
Obwohl hochfrequentes Quietschen ursprünglich als „Quietschen" charakterisiert wurde, wird es jetzt allgemein als hochfrequentes Quietschen angesehen. Hochfrequentes Quietschen zeichnet sich durch die Beteiligung höherer Scheibenmodi aus, was es vom niedrigfrequenten Quietschen unterscheidet. Die Modi haben typischerweise 5–10 Knoten-Durchmesser und der Frequenzbereich liegt zwischen 4 und 15 kHz. Beim hochfrequenten Quietschen ist der Knotenabstand kleiner als die Belaglänge und die Eigenfrequenzen der Scheibe sind nun höher als der grundlegende Biegemodus des Belags. Hochfrequentes Quietschen tritt häufig bei der Installation von Ein-Kolben-Gleitbremssätteln auf, die Beläge mit hohem Seitenverhältnis (Länge zu Breite) haben.

6.11.2.6 Quietschen
Dies ist ein ziemlich kompliziertes Geräusch und wurde sowohl mit dem Geräusch von Waschleder auf Glas als auch mit einer Waschmaschine, die sich mit Wasser füllt, verglichen. Quietschen ist in der Tat eine amplitudenmodulierte Version des Quietschgeräusches, wobei die Modulationstiefe 100 % beträgt, was darauf hinweist, dass die Frequenzquellen miteinander verbunden sind. Diese Modulation der Vibration verursacht einen Schlageffekt, der durch die allgemeine Asymmetrie der Scheibe verursacht wird.

6.11.2.7 Drahtbürste
Dieser Mechanismus wird unmittelbar vor der Entwicklung eines instabilen Quietschens beobachtet. Die Vibrationsfrequenz ist sehr hoch, bis zu 20 kHz, und wird als nichtresonant betrachtet, obwohl neuere Studien gezeigt haben, dass sie bei einer Quietschfrequenzperiodisch ist, jedoch mit einer zufälligen Amplitudenmodulation.

6.11.2.8 Rubbeln
Dies ist eine nichtresonante Vibration bei niedriger Geschwindigkeit, deren Frequenz mit abnehmender Geschwindigkeit abnimmt. Die Rubbelfrequenz liegt typischerweise unter 10 Hz und wird durch die Nichtgleichmäßigkeit des Scheibenreibpfades verursacht, entweder durch Scheibendickenungleichmäßigkeit oder variable Reibungseigenschaften. Rubbeln bei niedriger Geschwindigkeit hat eine Stick-Slip-Natur und verursacht Rad- und Bremsvibrationen um die Aufhängung oder das Chassis.

Es gibt auch das Phänomen des Rubbelns bei hoher Geschwindigkeit, das ebenfalls nichtresonant ist und eine typische Frequenz von etwa 200 Hz aufweist. Dies tritt auf, wenn die Vibrationsfrequenz mit der Rotationsgeschwindigkeit des Straßenrads (oder einem Vielfachen davon) übereinstimmt. Rubbeln bei hoher Geschwindigkeit wird oft von einem Ereignis begleitet, das als „blaue (oder heiße) Flecken" bezeichnet wird, bei dem der Scheibenreibpfad thermisch verformt ist. Rubbeln bei hoher Geschwindigkeit wird oft als **Dröhnen** bezeichnet.

6.11.2.9 Scheibendickenvariation (DTV)

Die meisten Beschwerden über Bremsrubbeln werden durch DTV verursacht, bei dem der Rotor in seiner Umfangsreibbahn in der Dicke variiert. DTV kann eine dauerhafte statische Bedingung sein, die zu „kaltem Rubbeln" führt, oder bei erhöhten Temperaturen aufgrund ungleichmäßiger thermischer Verformungen auftreten („heißes Rubbeln").

6.11.3 Scheibenbremsgeräusche – Quietschen

Bei einer Geräuschfrequenz von über 2000 Hz sollte es nicht notwendig sein, die Aufhängung in dynamische Überlegungen einzubeziehen. Scheibenbremssättel fallen tendenziell in zwei Kategorien: gegenüberliegende Kolben und gleitende „Faust", siehe Abb. 6.23. Über 3000 Hz spielt der Bremssattel tendenziell keine Rolle mehr und nur die Scheibe, die Beläge und der Bremssattelträger (mit gleitender „Faust") müssen berücksichtigt werden, siehe Abb. 6.24. Die Scheibe hat überwiegend zwei Arten von Vibrationen, wie unten beschrieben.

6.11.3.1 Umfangsmoden der Scheibenschwingung

Dies tritt auf, wenn die Scheibe axial und phasengleich in Umfangsrichtung schwingt. Dies führt dazu, dass die Schwingungsknoten (Punkte mit null Verschiebung) in ihrer

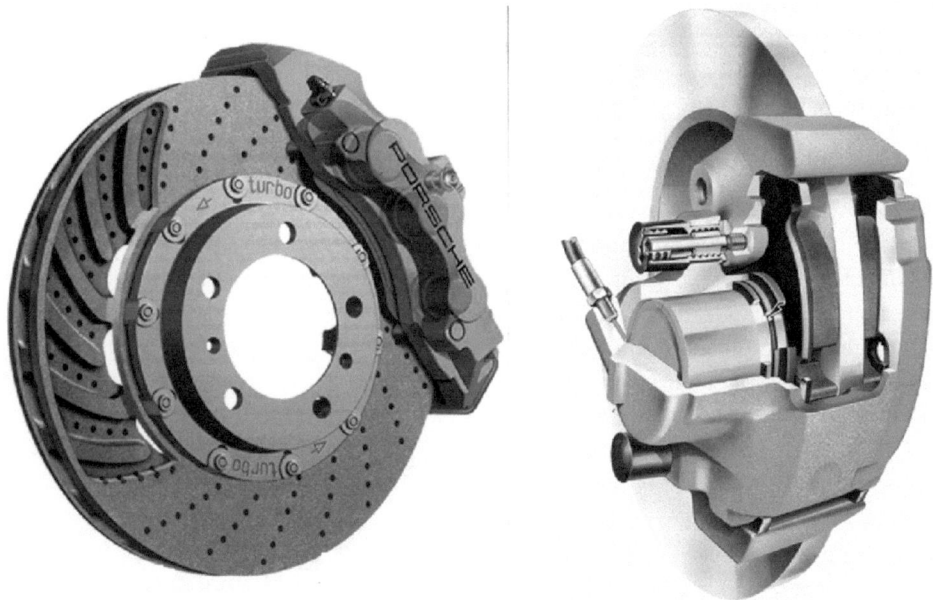

Abb. 6.23 Gegenüberliegende Kolben (links) und gleitende „Faust" (rechts)

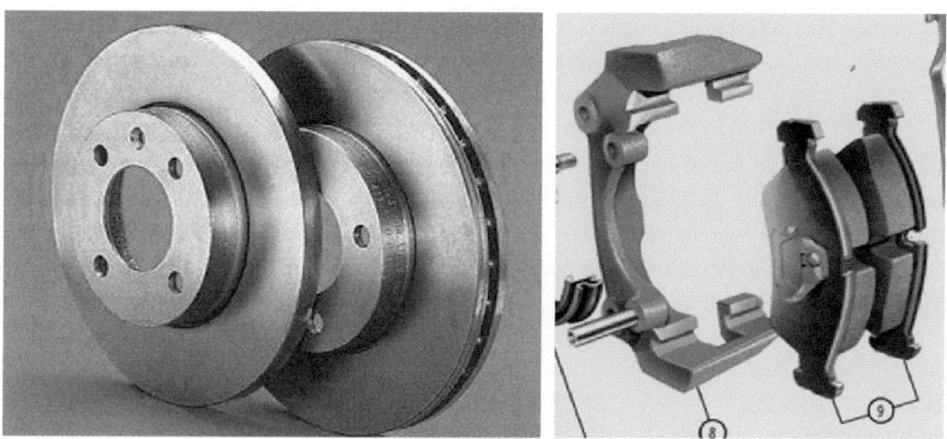

Abb. 6.24 Nur die Scheibe (links) sowie der Bremssattelträger und die Bremsbeläge (rechts) müssen bei einer Frequenz von über 3000 Hz berücksichtigt werden.

Natur umfangsbezogen sind. Die Wirkung dieser Knoten führt dazu, dass die Scheibe aufgrund der Wirkung jedes Zyklus die Form einer Tasse und dann eines Kegels annimmt. Obwohl es sich um eine häufige Schwingungsart handelt, ist es selten, dass Bremsgeräusche mit solchen Moden verbunden sind. Eine deformierte Form einer „Belleville"-(Kegel-)Scheibe wäre typisch für eine Umfangsmodenordnung.

6.11.3.2 Durchmessermoden der Scheibenschwingung

Diese tritt auf, wenn die Scheibe dazu neigt, sich gleichzeitig um einen oder mehrere Durchmesser zu schwingen, siehe Abb. 6.25. Die Wirkung der Knoten führt in diesem Fall

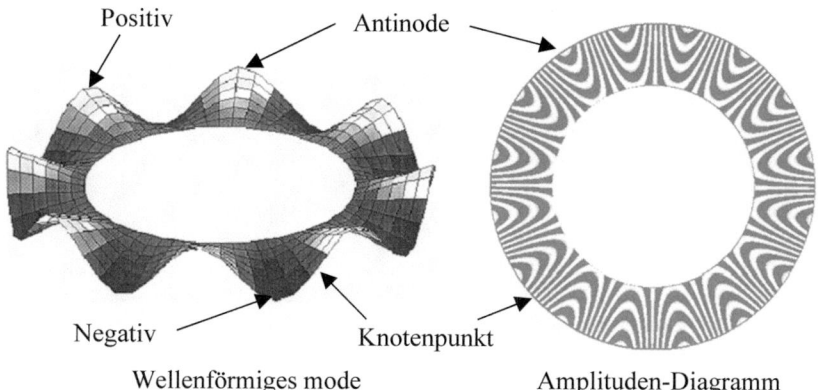

Abb. 6.25 Die typischen acht Durchmesser-Schwingungsmoden – 16 Antiknoten

dazu, dass die Scheibe die Form einer „Wellenscheibe" annimmt. Die Anzahl der Durchmesserknoten (oder Antiknoten) ergibt die sogenannte Modenanzahl der Schwingung.

Bremsgeräusche entstehen normalerweise dadurch, dass die Scheibe in einer oder mehreren ihrer Durchmessermoden angeregt wird (Abb. 6.26), und daher können die Geräusche auf die natürlichen Frequenzen der Durchmessermoden der Scheibe zurückgeführt werden. Die Modenordnung kann gegen die Frequenz aufgetragen werden, was eine glatte Kurve wie in Abb. 6.27 zeigen sollte. Wenn die Geometrie der Scheiben-/Belag-Schnittstelle berücksichtigt wird, kann es nützlicher sein, die Frequenz gegen den Antiknoten-Winkelabstand aufzutragen (Abb. 6.28) – die dritte Durchmessermode

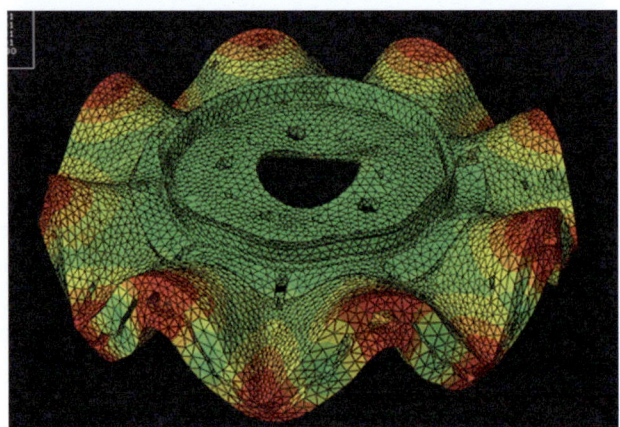

Abb. 6.26 Mit einer 8-Durchmesser-Modenordnung angeregte Scheibe

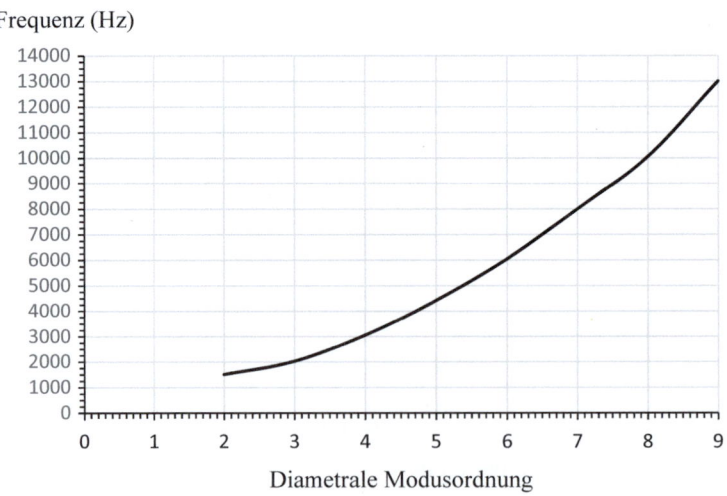

Abb. 6.27 Typische natürliche Frequenz der Scheibe (frei-frei) gegen die Durchmessermodenordnung aufgetragen

6.11 Bremsen-NVH-Systeme

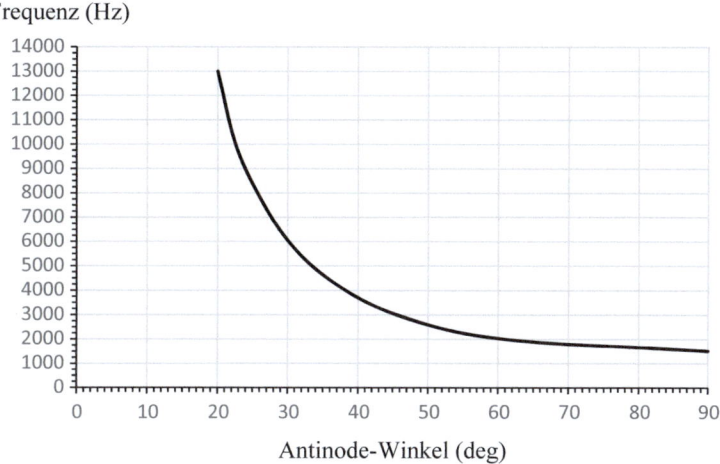

Abb. 6.28 Frequenz gegen den Antiknoten-Winkelabstand aufgetragen

entspricht einem Antiknoten-Winkelabstand von 60°, die fünfte Durchmessermode entspricht 36° und so weiter.

Die Scheibe kann auch eine In-Ebene-Schwingungsmoden aufweisen, und einige Forschungsergebnisse deuten darauf hin, dass sowohl die In-Ebene- als auch die Aus-Ebene-Schwingungsmoden (Durchmessermoden) zusammenfallen müssen, damit Geräusche entstehen.

6.11.3.3 Belagmoden der Schwingung

Die Beläge können mit zwei möglichen Schwingungsmoden schwingen: Biegung oder Torsion, wie in Abb. 6.29 gezeigt. Die Moden scheinen keinem allgemeinen Trend zu folgen wie bei der Scheibe, und ihr Auftreten variiert während des Verschleißes, da sich die Frequenz ändert. Daher ändern sich die Moden und Geräusche können zu jedem

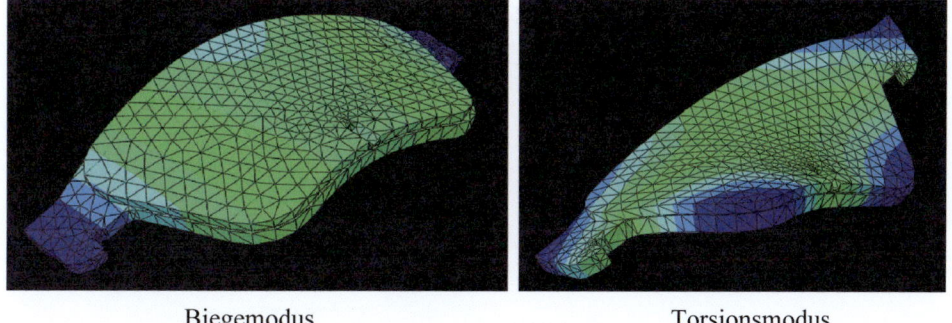

Abb. 6.29 Belagmoden der Schwingung – Biegemodus (links) und Torsionsmodus (rechts)

Zeitpunkt während des Verschleißprozesses auftreten. Es wird vermutet, dass es einen Zusammenhang zwischen der Scheibenmode und der Belagmode gibt, damit Geräusche entstehen. Dies kann während der Entwurfsphase durch Berücksichtigung der Schnittstellengestaltung und der Kontaktdruckverteilung bewertet werden.

6.11.3.4 Schwingungsmodi des Bremssattelträgers

Der Bremssattelträger vibriert auf komplexe Weise, die aufgrund der beteiligten Reibungsvariablen schwer vorherzusagen ist, siehe Abb. 6.30.

Es sollte beachtet werden, dass die Belagankerfinger und der Übertragungsbalken verbunden sind, wenn ein kombinierter hinterer und vorderer Belaganschlag verwendet wird (oft als „Hammerkopf" bezeichnet). Diese Verbindung neigt dazu, die Finger in Phase zu halten (aber nicht ausschließlich). Der Balken durchläuft einen „verschlungenen" Schwingungsmodus, der schwer zu bestätigen ist, es sei denn, es wird eine visuelle Schwingungstechnik eingesetzt. Um den Balken zu entfernen und das System zu vereinfachen, müssen die Ankerfinger stärker sein, da die hinteren Finger (vorwärts und rückwärts) nun die gesamte Bremskraft an den Belägen aushalten müssen. Die Schwingung der Beläge in der Ebene kann nun signifikant werden und muss möglicherweise berücksichtigt werden, wenn das Geschwindigkeitsprofil betrachtet wird (siehe unten stehendes Stick-Slip-Modell).

6.11.4 Theorien und Modelle zu Bremsgeräuschen

Die Mechanismen, die zur Erzeugung von Bremsgeräuschen führen, sind auch nach vielen Jahren der Forschung noch schlecht verstanden. Es wurde festgestellt, dass die US-amerikanische Automobilindustrie jährlich 2 Milliarden Dollar für die Forschung

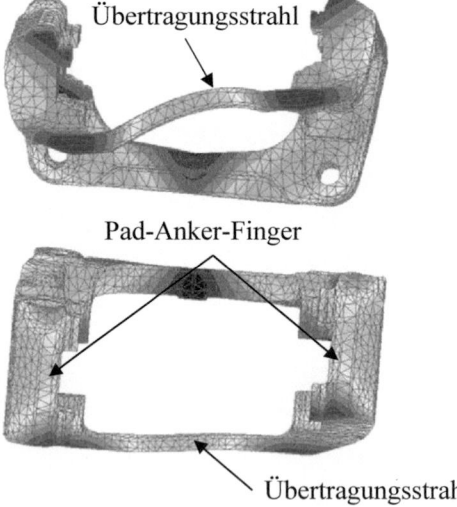

Abb. 6.30 Typische Schwingungseigenschaft eines Bremssattelträgers

6.11 Bremsen-NVH-Systeme

zu Brems-NVH ausgibt, wobei die globalen Garantieansprüche pro Jahr fast 1 Milliarde Dollar erreichen. Es handelt sich um ein Qualitätsproblem, und wenn das Problem groß genug wird, um den Ruf des OEM zu schädigen, wird die gesamte Lieferkette in die Suche nach einer Lösung einbezogen.

Die Theorien sind zahlreich – die wichtigsten sind Stick-Slip (negatives Mu/Geschwindigkeitsprofil des Reibmaterials), Sprag-Slip und binäres Flattern (8-Grad-Freiheitsmodell), wie unten beschrieben. Frühe experimentelle Techniken zur Untersuchung der Phänomene basierten auf Pin-on-Disc- und Cantilever/Disc-Modellen. Experimentelle Techniken zur Untersuchung von Schwingungen eines Bremssystems umfassen Elektronische Speckle-Muster-Interferometrie (ESPI), Doppelgepulste Laser-Holographie und Laser-Doppler-Velocimetrie. Zu den rechnerischen Methoden gehören FEA und Komplexe Eigenwertanalyse (CEA).

6.11.4.1 Stick-Slip-Modell

Für das einfache gleitende Feder-Masse-System, das in Abb. 6.31 gezeigt wird, wird die Widerstandskraft der Masse gegen das Gleiten durch $mg\mu$ gegeben, wobei μ der statische Reibungskoeffizient (Stiction) ist. Die Federkraft wird durch kx gegeben, wobei x die Verschiebung von der statischen Gleichgewichtsposition ist.

Wenn $mg\mu > kx$ ist, bewegt sich die Masse mit der Oberfläche. Da die relative Geschwindigkeit zwischen der Masse und der bewegten Oberfläche null ist, ist μ dann der statische (Stiction-)Wert. Wenn sich die Feder dehnt, nimmt die Federkraft zu, bis schließlich die Federkraft $kx = mg\mu$ erreicht. An diesem Punkt hört die Masse auf, sich mit der Oberfläche zu bewegen. Wenn die relative Geschwindigkeit zwischen der Masse und der bewegten Oberfläche zunimmt, fällt die Reibung auf einen Wert gemäß der Schnittstellen-μ/Geschwindigkeitskurve (siehe Abb. 6.32 für ein typisches Beispiel) und der Federkraft $kx > mg\mu_{dyn}$, wobei μ_{dyn} jetzt der dynamische Reibungskoeffizient ist. Dies ist die „Slip"-Phase.

Die Masse wird dann gegen die bewegte Oberfläche zurückgezogen und dabei erhöht sich die relative Schnittstellengeschwindigkeit, sodass die dynamische Reibung weiter abnimmt. Gleichzeitig verringert sich die Federdehnung (x) und damit auch die Federkraft kx. Ein Punkt wird erreicht, an dem wieder $mg\mu_{dyn} > kx$ ist und die Masse

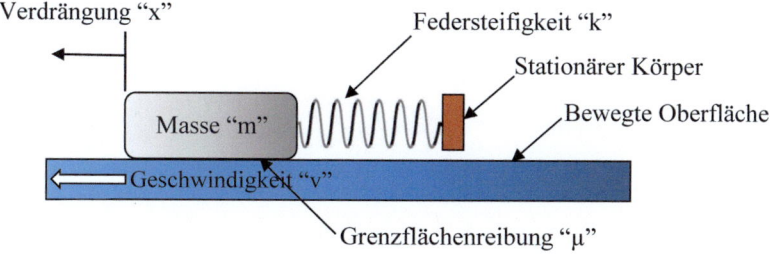

Abb. 6.31 Stick-Slip-Modell

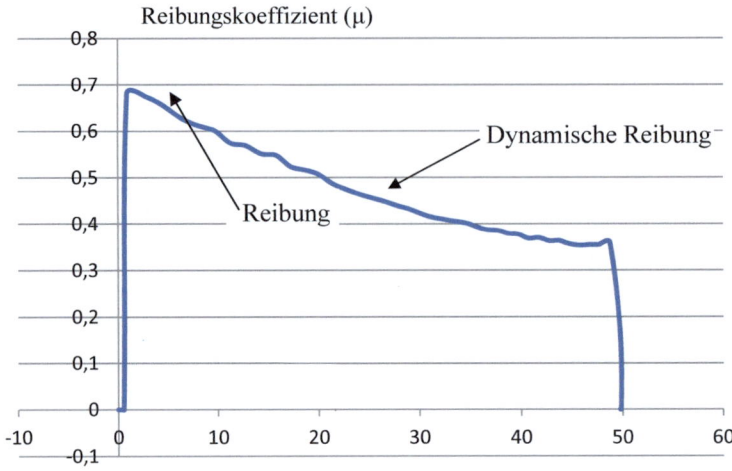

Abb. 6.32 Reibungs-/Geschwindigkeitskurve für ein typisches Reibmaterial

aufhört, sich gegen die Oberfläche zu bewegen. Das Reibungsniveau steigt dann auf den statischen Wert. Dies ist die „Stick"-Phase.

Die Stick-Slip-Oszillation kann bei niedriger Geschwindigkeit aufrechterhalten werden, aber wenn die Geschwindigkeit zunimmt, wird ein Punkt erreicht, an dem $mg\mu_{dyn} = kx$ und ein stabiler, nichtoszillierender Zustand erreicht wird. Es ist bekannt, dass die meisten Bremsgeräusche bei niedriger Geschwindigkeit auftreten (Bergabbremsen oder kurz vor dem Anhalten) und aufhören, wenn die Fahrzeuggeschwindigkeit während des Bremsvorgangs zunimmt.

6.11.4.2 Sprag-Slip-Modell

Das Modell besteht aus einer starren Strebe AB, die an Punkt A eine bewegliche Oberfläche berührt und in einem Winkel θ zu dieser Oberfläche geneigt ist. Die Strebe AB ist mit einem relativ starren Kragträger BC verbunden, der an Punkt C in einem starren Körper eingeschlossen ist, wie in Abb. 6.33 gezeigt.

Die vertikale Auflösung der Kräfte ergibt:

$$R = L + F\tan\theta$$

Und das Moment um B ergibt:

$$L \times AB\cos\theta + \mu R \times AB\sin\theta - R \times AB\cos\theta = 0$$

Das reduziert sich zu:

$$L + \mu R\tan\theta - R = 0$$

6.11 Bremsen-NVH-Systeme

Abb. 6.33 Sprag-Slip-Modell

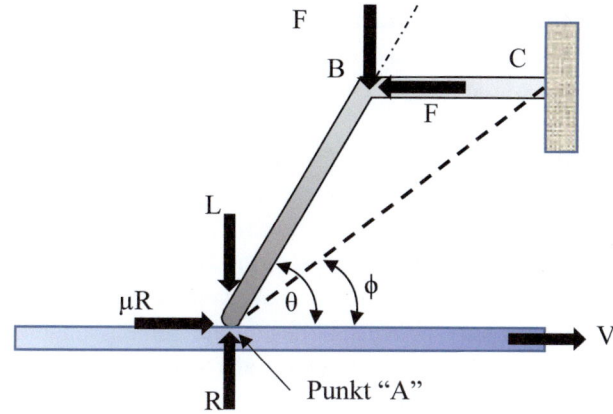

Das Einsetzen von R in die obige Gleichung ergibt:

$$L + \mu(L + F\tan\theta)\tan\theta - (L + F\tan\theta) = 0$$

Das resultiert in:

$$\mu L + \mu F\tan\theta - F = 0$$

Und das Umstellen ergibt

$$\mu L = F(1 - \mu\tan\theta)$$

sodass:

$$F = \frac{\mu L}{(1 - \mu\tan\theta)}$$

Beachten Sie, dass F gegen unendlich geht, wenn μ gegen $\cot\theta$ tendiert, was der Fall ist, wenn das Spragging auftritt. Wenn der Neigungswinkel auf den „Sprag"-Winkel von $\tan^{-1}\mu$ oder größer eingestellt ist, wird die Strebe „eingegraben". Die Normalkraft zur Reibungsoberfläche nimmt dann zu, bis die Biegung des Systems eine sekundäre Strebenanordnung AC (mit einem Winkel ϕ zur Oberfläche) ermöglicht, wobei der Kontaktwinkel unter den Sprag-Winkel reduziert wird. Die Kräfte nehmen dann ab und die Strebe gleitet weiter. Der Sprag-Winkel wird in allgemeinen technischen Anwendungen (wie Morse-Kegel und die Metalleinsätze in CV-Riemen) oft als „Verriegelungswinkel" bezeichnet.

Der Bremssattel stellt ein komplexeres Unterstützungssystem mit einer Vielzahl von „Sprag-Winkeln" dar und es ist dieser Sprag-Slip-Mechanismus, der verwendet werden kann, um eine begrenzte Anzahl von Geräuschproblemen im Zusammenhang mit dem Reibungskoeffizienten an der Scheiben-/Belag-Schnittstelle zu lösen.

6.11.4.3 Binäres Flattern

Der Vorschlag ist, dass die Scheibe über die Länge des Belags als starrer Körper betrachtet werden kann. Die Scheibe kann daher sowohl axiale als auch rotierende Bewegungen ausführen, wie in Abb. 6.34 gezeigt. Dies ist ähnlich wie bei einem Flugzeugflügel, der sowohl Biege- als auch Torsionsschwingungsmodi aufweisen kann. Der Hauptknoten für die Biegung (Nullverlagerung) befindet sich am Flugzeugrumpf, während der für die Torsion entlang der Länge des Flügels bis zur Spitze verläuft. Wenn die beiden Modi bei derselben Frequenz zusammenfallen, kann die vertikale Bewegung des Flügels (Flattern) gefährlich groß werden. Dies kann nur auftreten, wenn die Eigenfrequenzen nahe beieinanderliegen und der Phasenunterschied zwischen den Modi 90° beträgt, d. h., die Flügeltorsion (oder der Anstellwinkel) ist maximal, wenn der Flügel waagerecht ist (Nullbiegung). Der Anstellwinkel fördert dann den Auftrieb (oder das Abtauchen) des Flügels, was die erzwungene Biegung des Flügels verstärkt.

Um ein solches Zusammenfallen der Modi zu verhindern, muss der Frequenzunterschied zwischen den Modi größer sein, und im Fall von Flugzeugflügeln wird oft eine Masse an der Flügelspitze angebracht. Dies ändert die Biegefrequenz, aber da die Masse auf der Torsionsknotenlinie liegt, bleibt die Torsionsfrequenz unverändert.

Abb. 6.35 zeigt potenziell gekoppelte Modi für eine Bremsscheibe. Eine Scheibe kann gleichzeitig zwei normale Schwingungsmodi mit sehr nahen Eigenfrequenzen „halten". Die beiden Modi sind kreisförmig um eine halbe Knotenlänge versetzt, sodass ein Knoten an der Stelle des anderen Knotens positioniert ist, wie im Amplituden-/Phasendiagramm in Abb. 6.35 angegeben. Das Zusammenfallen dieser beiden Modi kann zu Bremsenquietschen führen.

6.11.5 Bremsgeräuschlösungen oder „Fixes"

Es gibt keine einheitliche Philosophie oder Methodik, die zur Vorhersage von Bremsgeräuschen in der Entwurfsphase verwendet werden kann. Modellierungstechniken werden oft verwendet, um Geräusche vorherzusagen, aber wenn unvernünftige Annahmen im Modell gemacht werden, wird es im Allgemeinen ungültig. Solche Methoden

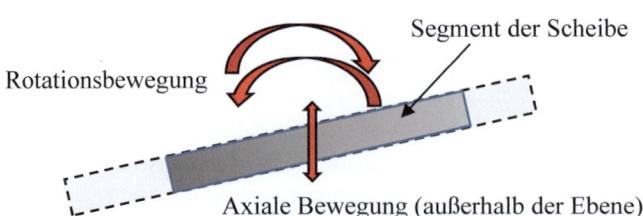

Abb. 6.34 Binäres Flattermodell, das ein Scheibensegment zeigt, welches sowohl außerplanmäßige als auch rotierende Bewegungen ausführt

Abb. 6.35 Potenzielle binäre Flattermodi für Bremsscheiben

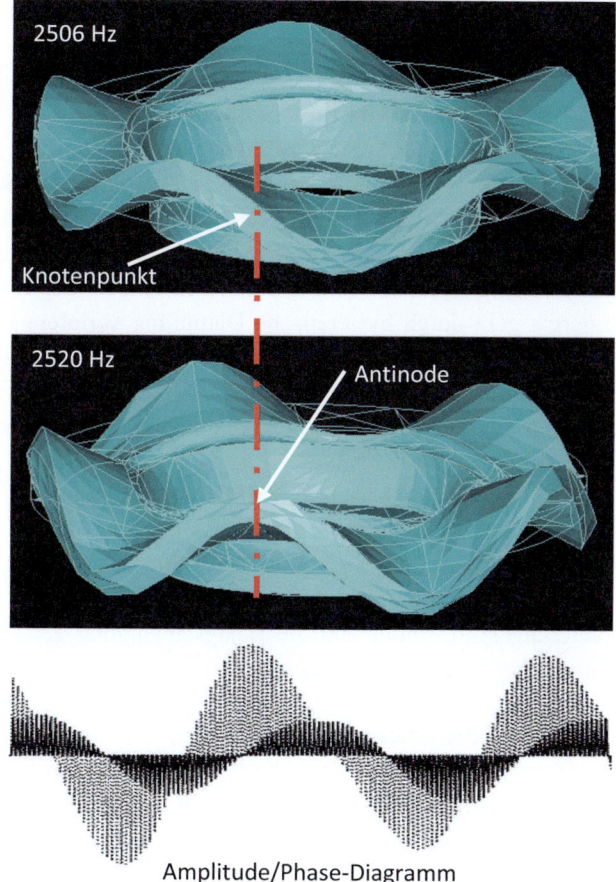

umfassen die Analyse des Druckmittelpunkts (CoP) an der Scheiben-/Belag-Schnittstelle, um das Potenzial für „Spragging" zu bewerten. Eine andere Methode besteht darin, die Geometrie der Scheiben-/Belag-Schnittstelle zu betrachten, um festzustellen, ob eine ganze Zahl von Scheiben-Antiknoten unter die Beläge „passen" könnte und ob bei dieser Frequenz ein potenzieller Belagmodus vorliegt. Fortgeschrittenere Techniken wie die Komplexe Eigenwertanalyse (CEA), die auf ausgeklügelten Finite-Elemente-Modellen der Bremsanlage basieren, haben in den letzten Jahren an Bedeutung gewonnen. Solche Methoden neigen jedoch dazu, die Anzahl der instabilen Schwingungsmodi, die zu Quietschen führen können, im Vergleich zu experimentellen Messungen zu überschätzen.

Daher sind Bremsgeräusche immer noch unvorhersehbar, und wenn Geräusche in den ersten Monaten nach der Fahrzeugfreigabe zu einem Problem werden, ist die Lösung oft ein Nachrüstgerät oder eine Designänderung an der Bremse, wie unten beschrieben. Das Problem ist, dass, sobald eine Geräuschlösung gefunden wird, die funktioniert, niemand den Mut hat, sie zu entfernen, und sie somit zu einem dauerhaften Merkmal des Bremsdesigns wird.

6.11.5.1 Geräuschlösungs-Shims

Viskoelastische oder Schichten-Shims bestehen aus einer dünnen Metallplatte (typischerweise 0,75 mm) mit Gummi, der auf einer oder beiden Seiten verklebt ist, und Klebstoff auf beiden Seiten. Sie sind im Wesentlichen ein Dämpfungsmedium und werden durch Klebstoff (heiß oder kalt) zwischen der Belagrückplatte und den Kolben befestigt. Wenn der Belag zu vibrieren (oder linear zu schwingen) beginnt, verformt sich der Gummi und Energie geht durch hysteretische Dämpfung verloren. Das Hauptproblem ist die Delaminierung des Shims während des Betriebs, was besonders bei erhöhten Temperaturen wahrscheinlich ist. Darüber hinaus können, wenn Staub in die Klebefläche eindringt, Delaminierung und Korrosion fortschreiten und der Shim wird unwirksam. Typische Shims sind in Abb. 6.36 gezeigt.

In einigen Fällen besteht der Shim rein aus Edelstahl, auf den eine dünne Schicht Fett aufgetragen wird. Das Prinzip ist, dass das Fett ähnlich wie der elastomere Shim wirkt und Dämpfung in das System bringt. Darüber hinaus reduziert es die Reibungskräfte in der Ebene zwischen der Rückplatte und den Kolben, wodurch die Belagabstütz-/Ankerhalterungskraft erhöht und die Belagschwingung gehemmt wird. Molybdändisulfid ist ein solches Hochtemperaturfett.

6.11.5.2 Zusätzliche Masse

Das Hinzufügen von Masse zu bestimmten Teilen des Bremssystems ist eine gängige Methode zur Lärmminderung. Das Ziel ist es, die Frequenz eines Teils zu verschieben, um eine „Kopplung" von Frequenzen oder Schwingungsmodi zu vermeiden. Trägerhalterungen

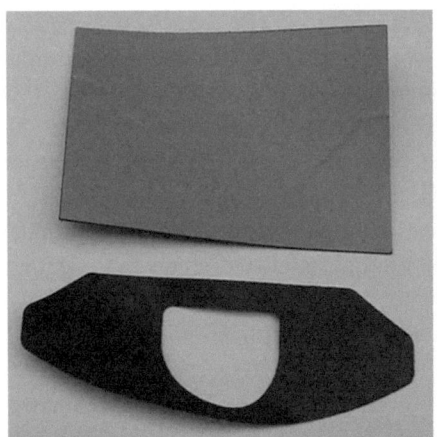
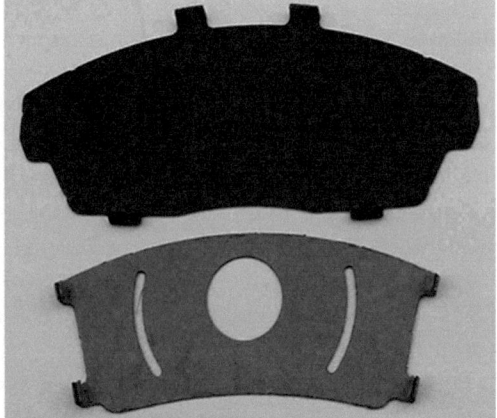

Abb. 6.36 Flexible Geräuschlösungs-Shims (links) und Schichten-Shims (rechts)

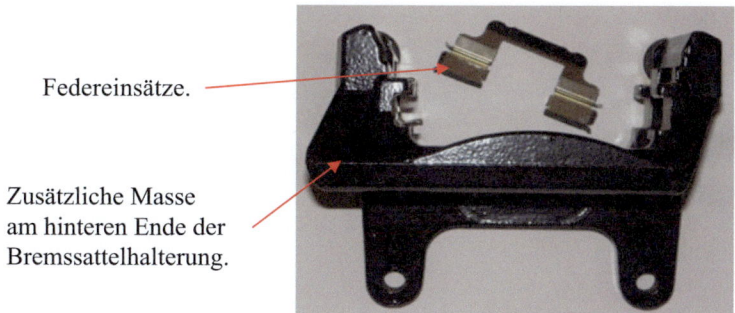

Abb. 6.37 Masse, die auf einer Seite der Bremssattelträgerhalterung hinzugefügt wurde – normalerweise am hinteren Ende

werden zunächst mit angeschraubten Massen getestet und dann wird das Gussstück modifiziert, um die Masse einzuschließen (Abb. 6.37). Kleine Massen werden manchmal an den Enden des Bremsbelags angebracht, um die Frequenz des Belags von einer Scheibenfrequenz wegzubewegen (Abb. 6.38).

Die Anregung der Rückplatte einer Trommelbremse kann zu einem „Brummen" führen. Um das Geräusch in einer typischen Trommelbremse zu mindern, wurde eine 100 g schwere Masse an den Antiknoten der Rückplatte angefügt (Abb. 6.39 oben). Bei anderen, schwerwiegenderen Lärmbedingungen können Trägheitsdämpfer verwendet werden (Abb. 6.39 unten). Beachten Sie, dass Letztere nicht nur an den Antiknoten-Positionen, sondern auch am Rand der Rückplatte angebracht sind.

Sowohl bei Scheiben- als auch bei Trommelbremsen kann ein Geräusch durch Hinzufügen oder Entfernen von Masse zum oder vom Rotor beseitigt werden. Dies muss so erfolgen, dass die Masse an der Knotenstelle eines Modus positioniert wird, die dann am Antiknoten des anderen (potenziell gekoppelten) Modus liegt. Dies führt zu einer Asymmetrie des Rotors.

Abb. 6.38 Masse, die an der Rückplatte des Belags hinzugefügt wurde, verschiebt die Frequenz und ändert den Schwingungsmodus.

Abb. 6.39 100g Masse, die am Antiknoten der Rückplatte hinzugefügt wurde (oben), und Trägheitsdämpfer, die an der Rückplatte hinzugefügt wurden (unten)

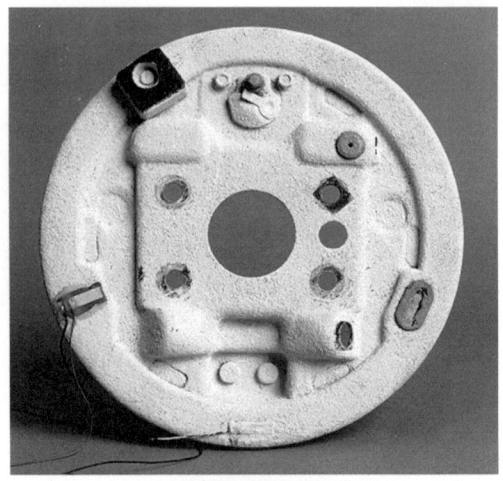

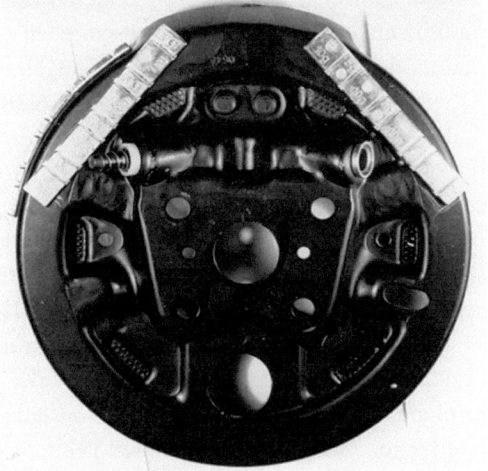

Die allgemeine Regel lautet:

$$\frac{2n}{z} = \text{ganze Zahl}$$

wobei n = Quietschmodus-Ordnung, z = Anzahl der hinzugefügten Massen.

Wenn also die Modus-Ordnung n = 3 ist, beträgt die Anzahl der hinzugefügten Massen z = 2, 3 oder 6.

Obwohl dies eine sehr effektive Lösung ist, ist sie nur für diese bestimmte Modus-Ordnung anwendbar. Außerdem kann das Hinzufügen oder Entfernen von Masse vom Rotor zu unzulässigen Temperaturgradienten um den Rotor herum führen und somit das Auftreten von Rubbeln verursachen. Einige Massen sind so konstruiert, dass sie elastomere Schnittstellen enthalten, sodass auch die Dämpfung eine Rolle bei der Reduzierung der Lärmneigung spielt.

Bei belüfteten Scheibenbremsen kann die Verteilung der Masse geändert werden, um eine Frequenzverschiebung zu fördern. Das in Abb. 6.40 gezeigte Design des belüfteten Rotors änderte die Frequenzdifferenz zwischen zwei potenziell zusammenfallenden Normalmodi von 20 auf 769 Hz. Dies galt für ein schweres, aber langsames Fahrzeug, sodass die Probleme des nachfolgenden Rubbelns nicht so ausgeprägt waren. Solche Modifikationen adressieren den Zustand des binären Flatterns und verhindern, dass Normalmodi der Schwingung zusammenfallen (möglich sowohl bei Scheiben- als auch bei Trommelbremsen).

6.11.5.3 Einführung von Asymmetrie

Bremssysteme sind in der Regel symmetrisch – der Grund dafür ist, dass Teile nicht falsch herum eingebaut werden. Solche symmetrischen Systeme neigen eher zu Instabilität und die Einführung von Asymmetrie kann oft zu einer besseren Lärmminderung führen. Eine Technik besteht darin, die Kolben zu versetzen, um einen nachlaufenden „Druckmittelpunkt" zu erzeugen. Dies wird oft getan, um ein konisches Abnutzen der Beläge zu verhindern, aber es neigt auch dazu, die „Spragging"-Aktion zu stoppen, bei der der Belag effektiv an seiner Vorderkante „eingreift". Solches „Spragging" induziert einen Stick-Slip-Mechanismus, der zu Lärm führt. Ebenso kann man sehen, dass die „Finger" des Bremssattels versetzt oder unterschiedlich groß (breit) sein können. Solche kleinen Änderungen beeinflussen die Symmetrie des Systems und neigen dazu, die Lärmneigung zu reduzieren.

6.11.6 Schwingungen der Scheibenbremse – Rubbeln und Dröhnen

Bremsrubbeln ist eine mechanisch induzierte Schwingung mit einer Frequenz, die mit der Drehgeschwindigkeit des Rades zusammenhängt. Es gibt zwei Formen des Rubbelns: kalt und heiß. Im Allgemeinen sind die Ursachen des kalten Rubbelns gut verstanden und

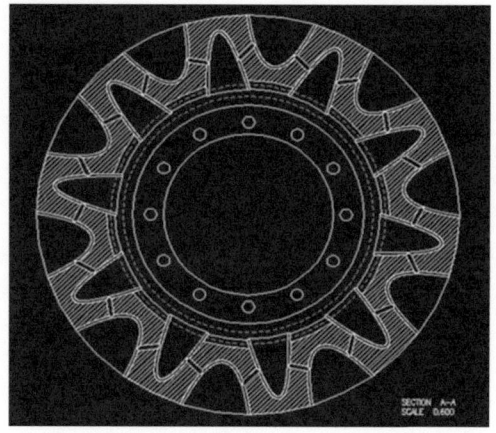

Abb. 6.40 Design des Scheibentests für eine Lärmminderung bei einem 5-diametrischen Modus-Ordnung (das Bohren des Umfangs der Scheibe ging diesem endgültigen Testdesign voraus)

können als Bremsenverschleiß, Korrosion und Oberflächenfilmübertragung (oder Belagablagerung), oft als „dritte Körperschicht" bezeichnet, aufgeführt werden. Alle Rubbelgeräusche werden als Bremsmomentvariation erkannt, aber nicht alle zeigen eine Druckvariation. Rubbeln wird als Vibration am Lenkrad und Bremspedal wahrgenommen. Es kann auch als Trommelgeräusch im Fahrzeuginnenraum gehört werden.

6.11.6.1 Kalt-Rubbeln

Für die typische Scheibenbremsanordnung, die in Abb. 6.41 gezeigt wird, wird das Bremsmoment (T) durch folgende Gleichung gegeben:

$$T = F\mu r$$

wobei:

F Gesamtkolbenkraft
μ Reibungskoeffizient
r effektiver Reibungsradius

Wie jeder dieser Parameter variieren kann, um Ruckeln zu verursachen, wird nun betrachtet.

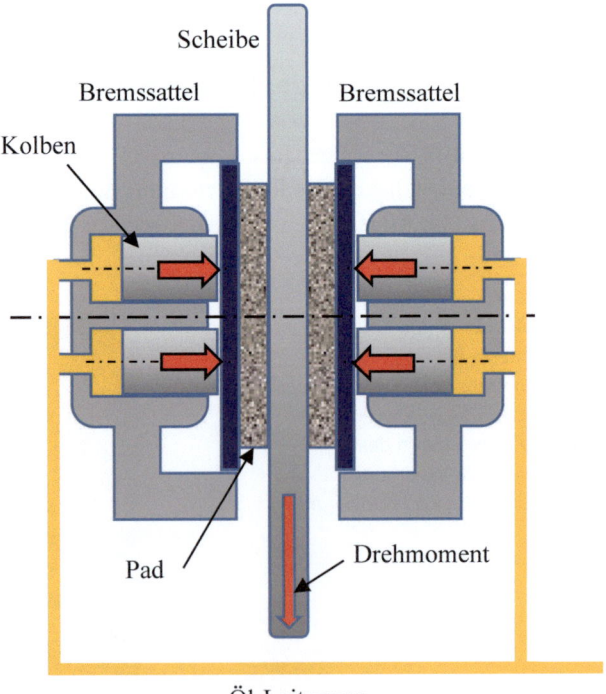

Abb. 6.41 Typische Anordnung einer Scheibenbremse

6.11 Bremsen-NVH-Systeme

Variabler Reibungskoeffizient μ

Aus dem grundlegenden Reibungsmodell, das in Abb. 6.42 gezeigt wird, haben wir:

$$F = \mu N$$

$$\mu = \frac{F}{N} = \frac{\tau A}{\sigma A} = \frac{\tau}{\sigma}$$

Daher kann der Reibungskoeffizient allein aus den relativen Scher- und Druckfestigkeitseigenschaften an der Schnittstelle bestimmt werden, wenn die Materialien gleich bleiben.

Daher müssen sich für eine Änderung von μ die Oberflächenmaterialien oder – eigenschaften der Schnittstelle ändern, wie zum Beispiel wenn die Oberflächenübertragungsschicht (dritte Körperschicht) unvollständig ist, siehe Abb. 6.43. Dies wird einen variablen Reibungskoeffizienten erzeugen, der nicht als Druckvariation, sondern als <u>Drehmoment</u> variation gesehen wird. Um solche variablen Bedingungen zu vermeiden, muss die Bremse ordnungsgemäß „eingefahren" oder „eingelaufen" werden, um sicherzustellen, dass der Film früh nach einem Servicewechsel ordnungsgemäß vom Belag auf die Scheibe übertragen wird. Es ist bekannt, dass, wenn sowohl die Scheibe als auch der Belag nicht ordnungsgemäß „eingefahren" sind, das Material (die Oberfläche) zwischen den beiden Materialien in zufälliger Weise übertragen werden kann, was zu einem variablen Oberflächenübertragungsfilm führt.

Wenn nach einem Hochgeschwindigkeitsstopp der Bremsbelag in Kontakt mit der Scheibe bleibt, kann die Scheibe in diesem Bereich nicht leicht abkühlen. Dies führt zu einem sichtbaren Abdruck auf der Scheibe, der als „Belagabdruck" bekannt ist und die Form des Belags hat. Dieser Zustand führt auch zu variablen Reibungsniveaus und Ruckeln.

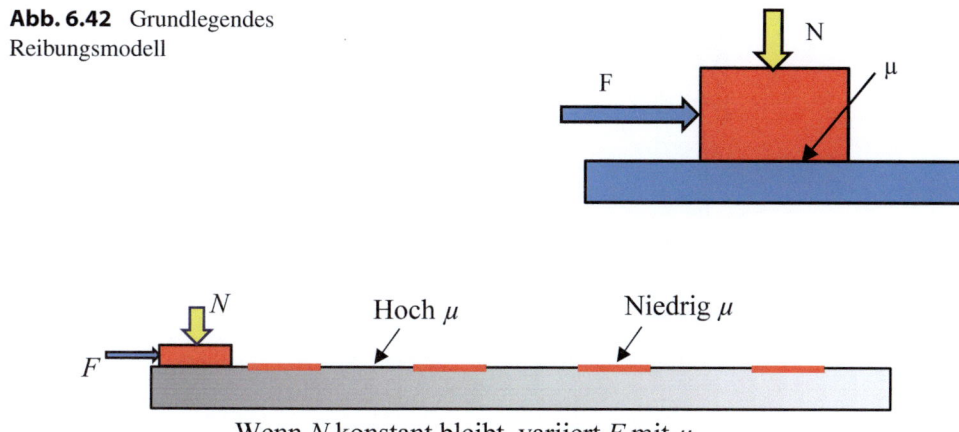

Abb. 6.42 Grundlegendes Reibungsmodell

Abb. 6.43 Auswirkungen einer variablen Reibungsoberfläche

Variabler effektiver Scheibenradius r

Eine solche Situation kann aufgrund eines Herstellungsfehlers wie einer nichtparallelen Scheibe auftreten, wie in Abb. 6.44 dargestellt. Dies führt zu einem variablen Kontakt-Radius und einem variablen Drehmoment. Das wird auch als Druckschwankung wahrgenommen, da die Kolben durch die dickeren Bereiche der Scheibe zurückgedrückt werden.

Selbst wenn der Kolbendruck als konstant betrachtet würde, ist klar, dass sich der effektive Radius der Scheibe erheblich ändert und somit auch das Drehmoment.

Variable Kraft F

$$\text{Kolbenkraft } F = \text{Druck} \times \text{Kolbenraum} = pA$$

Da die Kolbenflächen konstant bleiben, ist klar, dass sich die Kolbenkraft nur aufgrund einer Druckänderung ändern kann. Unter dieser Annahme ist es notwendig zu verstehen, warum sich der Druck ändern könnte.

Herstellungsfehler und Toleranzabweichungen können dazu führen, dass die Scheibe beim Drehen „wackelt" – ein Zustand, der als „Schlag" oder „Seitenschlag" bekannt ist. Wenn dieser Effekt signifikant ist, kann die Scheibe tatsächlich die Bremsbeläge während der Scheibendrehung berühren, auch wenn die Bremsen nicht betätigt werden. Dies kann zu „Off-Brake-Verschleiß" und zu Scheibendickenvariationen (DTV) führen, wie in Abb. 6.45 gezeigt. Abb. 6.46 zeigt Anzeichen von anfänglichem Verschleiß auf gegenüberliegenden Seiten einer Scheibe, die zu DTV fortschreiten werden. Sowohl Schlag als auch DTV können zyklische Schwankungen der Kolbenkraft verursachen, die zu Ruckeln führen.

Um Off-Brake-Verschleiß zu verhindern, werden Techniken wie „Dichtungsrückzug" eingesetzt, bei denen die Dichtung dazu neigt, den Kolben von den Belägen wegzuziehen,

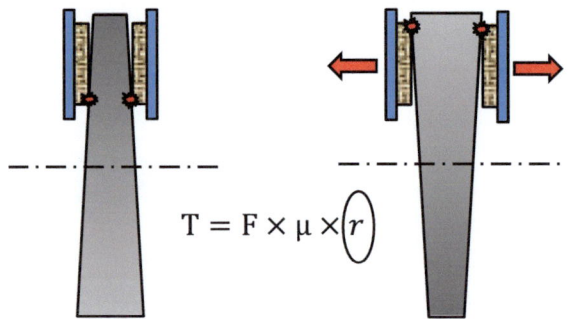

Kontakt mit Innenradius   Kontakt mit dem Außenradius: Kolben werden zurückgedrückt

Abb. 6.44 Bearbeitete Scheibe, aber Flächen nicht parallel

6.11 Bremsen-NVH-Systeme

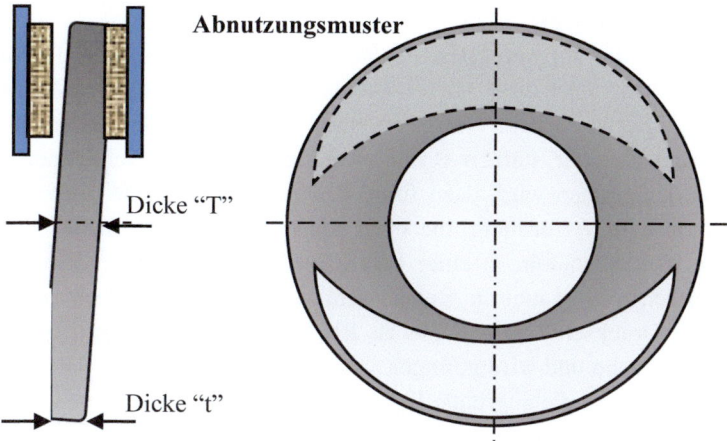

Abb. 6.45 Auswirkungen von Scheibenschlag und Off-Brake-Verschleiß

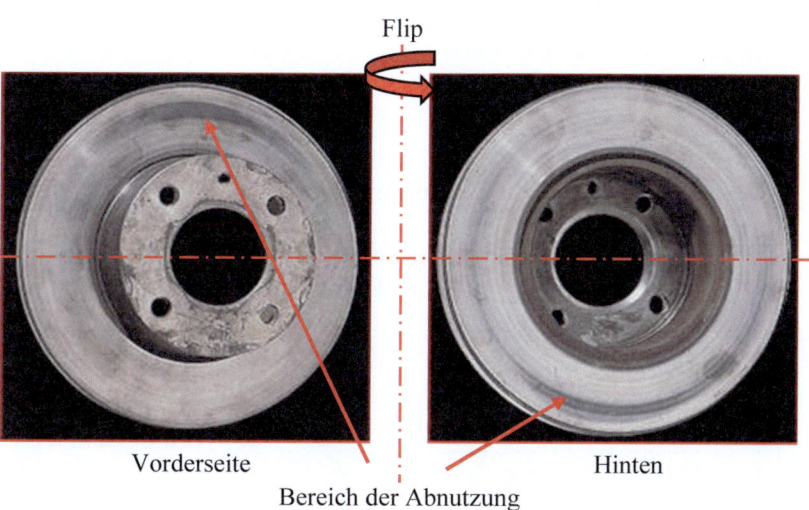

Abb. 6.46 Vorder- und Rückansicht einer Scheibe, die Anzeichen von „gegenseitigem" Verschleiß zeigt, der schließlich zu Scheibendickenvariationen (DTV) führen wird

sodass die Beläge von der Scheibe „zurückgedrückt" werden können – bekannt als „Kolbenrückschlag". In einigen Fällen kann der Konstrukteur den „Schlag" berücksichtigen und die Bremsanlage entsprechend tolerieren. Dies kann zu einem „weichen" Pedalgefühl und übermäßigem Pedalweg führen. Daher ist der „Dichtungsrückzug" eine bevorzugte Methode.

6.11.6.2 Heißes Ruckeln

Heißes Ruckeln ist der am wenigsten verstandene aller Mechanismen. Im Allgemeinen wird „heißes Ruckeln" nach einer starken Bremsanwendung, gefolgt von leichtem Bremsen, erlebt, typischerweise beim Verlassen einer Autobahn. Untersuchungen haben gezeigt, dass während einer starken Bremsanwendung die kinetische Energie, die von der Bremse aufgenommen wird, dazu führt, dass sich die Scheibe „verzieht" – sie erfährt eine thermische Verformung, die einer Wellenform entspricht, die oft durch das Vorhandensein von Schaufeln in einer belüfteten Scheibe verstärkt wird. Wenn diese „Welle" durch den Bremssattel/die Beläge geht, drückt sie die Kolben zurück und verursacht so eine Druckschwankung, die zu Ruckeln führt. In einigen Fällen ist diese „Welle" vorübergehend und wird geringer, wenn die Scheibe abkühlt. Dies macht es den Testingenieuren schwer, die zugrunde liegende Ursache zu identifizieren. Bei stärkerem Bremsen wird die „Welle" dauerhaft, sodass bei jeder Bremsanwendung Ruckeln auftritt. Die einzige Lösung ist das Nachschleifen oder der Austausch der Scheibe.

Abb. 6.47 zeigt das Flächenprofil einer Bremsscheibe vor und nach dem Testen bei erhöhten Temperaturen. Es sollte beachtet werden, dass die anfängliche Scheibe zusätzlich zu DTV (ähnlich wie in Abb. 6.45) einen gewissen Seitenschlag (Schlag) aufwies. Darüber hinaus zeigte die nach dem Test getestete Scheibe eine zweite Ordnung „Welle" zusätzlich zu DTV (Nachtest-Variationskurve). Eine solche außerplanmäßige Verschiebung

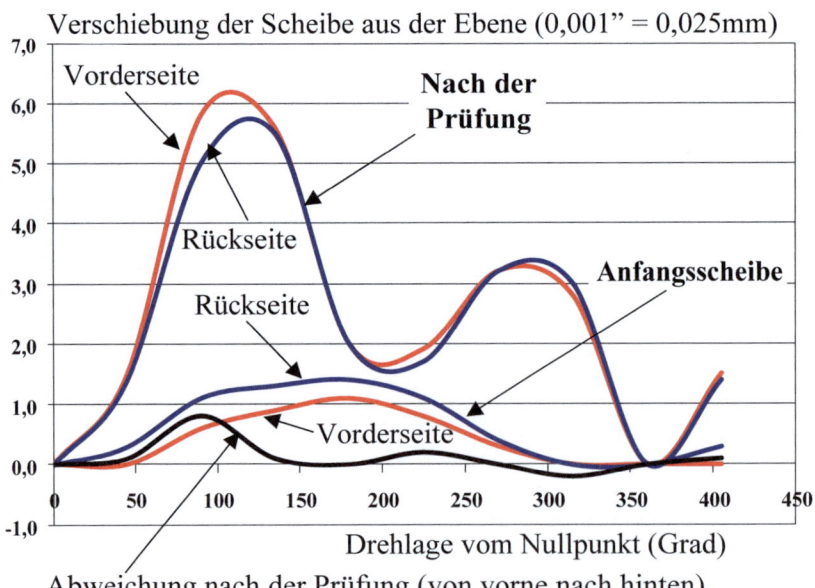

Abb. 6.47 Profil einer Scheibe vor dem Testen und nach dem Testen bei erhöhten Temperaturen

führte zu Ruckeln. Die „Welle" war dauerhaft und zeigte keine weitere Verschiebung. Nach dem Nachschleifen wurde die Scheibe erneut getestet und die zweite Ordnung „Welle" wurde wiederhergestellt.

6.11.6.3 Scheibenbremsen-Dröhnen

Das Scheibenbremsen-Dröhnen ist das Ergebnis eines Hochfrequenz-Ruckelmechanismus. Es geht von erhabenen Bereichen innerhalb der Scheibe aus, die nach dem Abkühlen der Scheibe als „blaue" Flecken zu sehen sind, wie typischerweise in Abb. 6.48 gezeigt.

Gusseisen ist eine Eisenlegierung, die Kohlenstoff, Silizium und möglicherweise andere Legierungselemente enthält. Wenn Bereiche der Scheibe im Vergleich zu den umliegenden Bereichen leicht erhaben sind (möglicherweise aufgrund von Belagabdrücken), werden sie heißer als das umliegende Material. Bei hohen Temperaturen über 650–700 °C können sich auf der Scheibenoberfläche Martensitbereiche bilden. Martensit ist ein abrasives, hartes Material, das sich bei erhöhten Temperaturen stärker ausdehnt als das umliegende Material. Daher wird das Problem mit steigenden Bremstemperaturen verschärft. Der Prozess scheint zufällig zu sein (Abb. 6.48), aber frühe Anzeichen von „heißen Flecken" deuten darauf hin, dass es ein Element der Symmetrie geben könnte (Abb. 6.49). Es wurde festgestellt, dass diese „heißen Flecken" antisymmetrisch sind, auf der Innenseite zwischen den sichtbaren „Flecken" wie in Abb. 6.49 zu sehen, während auf der Außenseite eine wellenartige Form erkennbar ist.

Die Flecken stehen oft im Zusammenhang mit dem Entlüftungsdesign der Scheibe und sind diametral entgegengesetzt. Wenn sich diese „Entlüftungseffekte" nicht zu

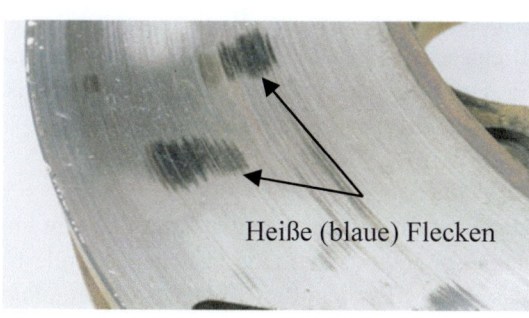
Heiße (blaue) Flecken

Extremfall von "Hot spotting"

Abb. 6.48 Blaue Flecken, die nach dem Abkühlen auf einer Scheibe zu sehen sind

Abb. 6.49 Frühe Anzeichen von heißen (blauen) Flecken

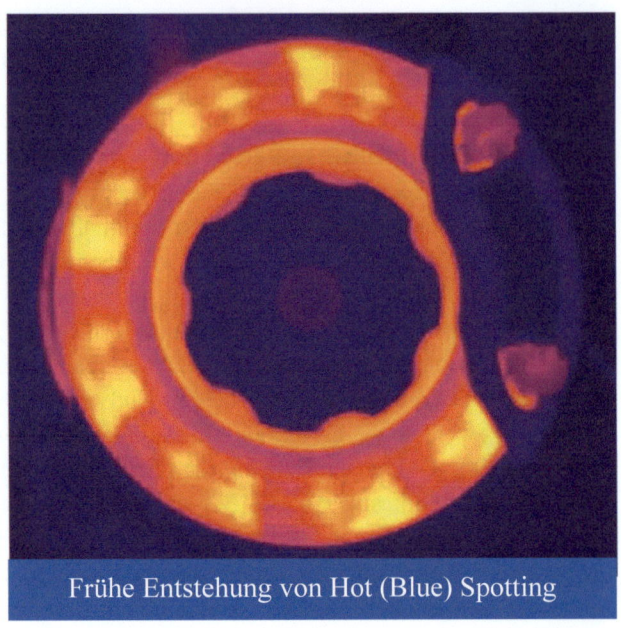

Frühe Entstehung von Hot (Blue) Spotting

heißen Flecken verbinden, können sie eine Welle auf der Scheibenoberfläche bilden und ein sehr hochfrequentes Dröhnen verursachen. Ein Versuch, diesen Effekt zu beheben, wäre, die Anzahl der Entlüftungen auf eine Primzahl zu setzen, sodass diese „Entlüftungseffekte" weniger wahrscheinlich werden. Experimente zeigen, dass die heißen Flecken über das Scheibenprofil „wandern", sich abnutzen und dann an anderer Stelle wieder etablieren. Die radiale Position ändert sich ebenfalls im Laufe der Zeit. Die hohe Anzahl von Flecken führt zu einer höheren Frequenz als „Ruckeln" und Vibrationen sind weder am Lenkrad noch am Bremspedal zu spüren. Das auffälligste Merkmal dieser Instabilitätsform ist ein störendes „Dröhnen", das im Fahrgastraum zu hören ist. Daher wird der Begriff „Bremsdröhnen" verwendet, um dieses Problem zu definieren.

6.11.6.4 Zusammenfassung des Ruckelns

Unabhängig von den oben genannten allgemeinen Kommentaren ist Ruckeln nicht einfach ein Bremsproblem, und das Aufhängungssystem spielt eine bedeutende Rolle bei der Verschärfung des Problems. Wenn das Fahrwerksystem des Fahrzeugs überempfindlich auf Bremsmomentvariationen reagiert, können Modifikationen an den elastomeren Buchsen oft das Problem lindern. Die Probleme im Zusammenhang mit heißem Ruckeln sind oft das Ergebnis übermäßiger thermischer Gradienten, ungleichmäßiger Erwärmung und Wärmeableitung, die durch eine sorgfältige Gestaltung des Scheibenentlüftungssystems angegangen werden können. Es ist auch notwendig, die Scheiben vor der Bearbeitung spannungsfrei zu machen, da sonst eine „In-Service"-Spannungsfreisetzung auftritt, wenn erhöhte Temperaturen auftreten.

6.12 Abschließende Bemerkungen

Dieses Kapitel hat eine Grundlage für das Verständnis der wichtigen NVH-Probleme in Fahrzeugen und der Prozesse zur Minderung dieser Probleme geschaffen, was zu einer höheren Fahrzeugverfeinerung führt. Es umfasst Überblicke über die grundlegende Akustik- und Schwingungstheorie und berücksichtigt alle wichtigen Quellen von Fahrzeuggeräuschen und -vibrationen, mit besonderem Fokus auf Verbrennungsmotoren (immer noch die vorherrschende Antriebsquelle in den meisten Straßenfahrzeugen) und auf Reibungsbremsen (auch bei vollständig elektrischen Fahrzeugen noch erforderlich). Die Tatsache, dass NVH im letzten Kapitel dieses Buches behandelt wird, ist kein Zufall. Es ist oft der letzte Teil des Fahrzeugdesignprozesses, der berücksichtigt wird, und setzt sich oft fort, sobald die Serienproduktion begonnen hat, mit der Notwendigkeit „Lösungen" für dringende NVH-Probleme zu finden. Dennoch ist die Fahrzeugverfeinerung (d. h. das Fehlen von NVH-Problemen) eines der wichtigsten Verkaufsargumente eines Fahrzeugs und hilft, einen Hersteller von seinen Konkurrenten zu unterscheiden, insbesondere im Qualitätssegment des Marktes.

Anhang: Zusammenfassung zu Grundlagen der Schwingungen

Der allgemeine Ansatz zur Schwingungsanalyse besteht darin,

- ein mathematisches Modell des Systems zu entwickeln und die Bewegungsgleichungen zu formulieren,
- die Eigenschaften der freien Schwingung (Eigenfrequenzen und -moden) zu analysieren,
- die erzwungene Schwingungsantwort auf vorgeschriebene Störungen zu analysieren,
- Methoden zur Kontrolle unerwünschter Schwingungspegel zu untersuchen, falls diese auftreten.

Dieser Anhang skizziert Ansätze zu den ersten drei dieser Themen. Methoden zur Kontrolle von Schwingungen werden in den entsprechenden Kapiteln (hauptsächlich Kap. 3 und 6) beschrieben.

A.1 Mathematische Modelle

Diese bilden die Grundlage aller Schwingungsstudien in der Entwurfsphase. Das Ziel ist es, die Dynamik eines Systems durch eine oder mehrere Differentialgleichungen darzustellen. Der gebräuchlichste Ansatz besteht darin, die Verteilung von Masse, Elastizität und Dämpfung in einem System durch eine Reihe von diskreten Elementen darzustellen und den Massen eine Reihe von Koordinaten zuzuweisen (Abb. A.1).

- Elastizitäts- und Dämpfungselemente werden als masselos angenommen – es ist notwendig, die konstituierende Gleichung zu kennen, die den Charakter dieser Elemente beschreibt.
- Die Anzahl der Freiheitsgrade (DOFs) des Systems wird durch die Anzahl der Koordinaten bestimmt, z. B. das Modell eines einfach gestützten Balkens in Abb. A.1.

Abb. A.1 Modell mit konzentrierten Parametern eines einfach gestützten Balkens

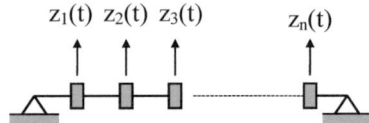

- Jede Koordinate z_1, z_2 usw. ist eine Funktion der Zeit t.
- Die gewählte Anzahl der Freiheitsgrade bestimmt die Genauigkeit – das Ziel ist es, gerade ausreichend Freiheitsgrade zu haben, um sicherzustellen, dass eine ausreichende Anzahl natürlicher Schwingungsmoden und -frequenzen bestimmt werden kann, während unnötiger Rechenaufwand vermieden wird.
- Ein n-Freiheitsgrad-System wird durch n Differentialgleichungen zweiter Ordnung beschrieben und hat n natürliche Frequenzen und Moden.
- Das einfachste Modell hat nur einen Freiheitsgrad!

A.2 Formulierung der Bewegungsgleichungen

- Die Bewegungsgleichungen können durch das Zeichnen eines Freikörperdiagramms (FBD) jeder Masse unter Einbeziehung aller relevanten Kräfte und der Anwendung des 2. Newtonschen Gesetzes bestimmt werden.
- Jede Bewegungsgleichung ist eine Differentialgleichung zweiter Ordnung.
- Für ein System mit mehreren Freiheitsgraden können die Gleichungen in Matrixform zusammengefasst werden.
- Abb. A.2a zeigt die FBDs des in Kap. 3 diskutierten Viertelfahrzeugmodells.
- $z_1(t)$ und $z_2(t)$ sind die generalisierten Koordinaten (gemessen von der statischen Gleichgewichtsposition). $x_0(t)$ stellt die dynamische Verschiebungseingabe von der Straßenoberfläche dar.
- Anwendung des 2. Newtonschen Gesetzes auf die ungefederte Masse M_u in Abb. A.2b ergibt:

$$K_t(x_0 - z_1) - K_s(z_1 - z_2) - C_s(\dot{z}_1 - \dot{z}_1) = M_u\ddot{z}_1$$

$$M_u\ddot{z}_1 + C_s(\dot{z}_1 - \dot{z}_2) + K_s(z_1 - z_2) + K_t z_1 = K_t x_0$$

- Anwendung des 2. Newtonschen Gesetzes auf die gefederte Masse M_s ergibt:

$$K_s(z_1 - z_2) + C_s(\dot{z}_1 - \dot{z}_2) = M_s\ddot{z}_2$$

$$M_s\ddot{z}_2 - C_s(\dot{z}_1 - \dot{z}_2) - K_s(z_1 - z_2) = 0$$

- Diese Gleichungen können in Matrixform umgeschrieben werden als:

$$\begin{bmatrix} M_u & 0 \\ 0 & M_s \end{bmatrix} \begin{Bmatrix} \ddot{z}_1 \\ \ddot{z}_2 \end{Bmatrix} + \begin{bmatrix} C_s & -C_s \\ -C_s & C_s \end{bmatrix} \begin{Bmatrix} \dot{z}_1 \\ \dot{z}_2 \end{Bmatrix} + \begin{bmatrix} (K_t + K_s) & -K_s \\ -K_s & K_s \end{bmatrix} \begin{Bmatrix} z_1 \\ z_2 \end{Bmatrix} = \begin{Bmatrix} K_t x_0 \\ 0 \end{Bmatrix}$$

Abb. A.2 a Viertelfahrzeugmodell und **b** zugehörige Freikörperdiagramme

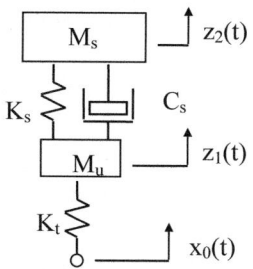

(a) Quartal Fahrzeugmodell

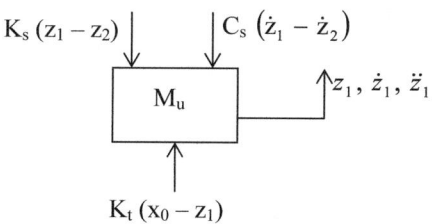

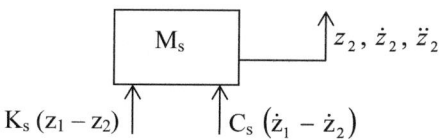

(b) Zugehörige Freikörper-Diagramme

Die Gleichungen können prägnanter geschrieben werden als:

$$[M]\{\ddot{z}\} + [C]\{\dot{z}\} + [K]\{z\} = \{F(t)\},$$

wobei [M], [C] und [K] die Massen-/Trägheits-, Dämpfungs- und Steifigkeitsmatrizen sind, $\{z\}$, $\{\dot{z}\}$ und $\{\ddot{z}\}$ die Verschiebungs-, Geschwindigkeits- und Beschleunigungsvektoren, $\{F(t)\}$ ist der Erregungskraftvektor.

A.3 Ein-Freiheitsgrad-Systeme (SDOF)

- Das Wissen über das Verhalten von SDOF vermittelt ein Verständnis für komplexere Systeme.
- Für das SDOF-System in Abb. A.3 lautet die Bewegungsgleichung:

$$m\ddot{z} + c\dot{z} + kz = F(t)$$

- Die Systemcharakteristiken werden aus dem Freischwingungsverhalten (F(t)=0) gewonnen.
- Mit c=0 gibt es eine einfache harmonische Bewegung

$$z = Z\cos(\omega_n t - \phi),$$

wobei Z (die Amplitude) und ϕ (die Phasenänderung) Konstanten sind (bestimmt durch die Bedingungen bei t=0) und ω_n die ungedämpfte Eigenfrequenz ist, die durch die folgende Gleichung gegeben ist:

$$\omega_n = \sqrt{\frac{k}{m}}$$

- Wenn $c \neq 0$, kann das Dämpfungsniveau in Bezug auf das Dämpfungsverhältnis ζ beschrieben werden, das definiert ist als

$$\zeta = \frac{c}{c_c}, \text{ wobei } c_c = 2\sqrt{mk}.$$

- Wenn eine Störung vorliegt, kehrt die Masse langsam in ihre Gleichgewichtsposition zurück, entweder mit oder ohne Schwingung.
- Zwei mögliche Eigenschaften:

  $\zeta < 1$: Das System ist unterdämpft – Oszillation mit abklingender Amplitude.

  $\zeta \geq 1$: Das System ist überdämpft – die Masse kehrt ohne Oszillation in ihr Gleichgewicht zurück.
- Wenn $\zeta = 1$, ist das System kritisch gedämpft ($c=c_c$).
- Für ein unterdämpftes System: $z = Ze^{-\zeta\omega_n t}\cos(\omega_d t - \phi)$, wobei Z und ϕ Konstanten sind, die die Amplitude bzw. die Phasenverschiebung darstellen, und ω_d die gedämpfte Eigenfrequenz ist, die durch die folgende Gleichung gegeben ist: $\omega_d = \omega_n\sqrt{1-\zeta^2}$
- Wenn $F(t) \neq 0$, hat die Lösung der Bewegungsgleichung zwei Komponenten: die Komplementärfunktion (CF) und das partikuläre Integral (PI).
- Die CF ist identisch mit der Lösung der freien Schwingung und klingt bei realistischen Dämpfungsniveaus schnell ab, sodass z=PI bleibt. In der Praxis reicht ζ von ungefähr 0,02 für schwach gedämpfte Elastomere bis zu 0,5 für Fahrzeugaufhängungen.
- Wenn $F(t) = F_0 \sin\omega t$, ist die stationäre Antwort der Masse (nachdem die CF null geworden ist) durch Folgendes gegeben: $z = A(\omega)\sin[\omega t - \alpha(\omega)]$
- $A(\omega)$ ist die Amplitude im stationären Zustand und $\alpha(\omega)$ ist die Phasenverzögerung – beide sind abhängig von ω.
- Es kann gezeigt werden, dass

$$A(\omega) = F_0|H(\omega)| = F_0\left|\frac{1}{(k-m\omega^2) + (c\omega)i}\right| = \frac{F_0}{\sqrt{(k-m\omega^2)^2 + (c\omega)^2}}.$$

Abb. A.3 Notation für SDOF-System

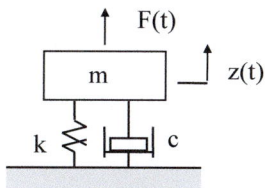

- H(ω) wird die *Frequenzantwortfunktion* genannt und ist im Allgemeinen *komplex* (reale und imaginäre Teile) – sie stellt die Beziehung zwischen dem Eingang (Anregung) und dem Ausgang (Antwort) im Frequenzbereich dar.
- Die Amplitudenantwort kann in dimensionsloser Form in Bezug auf den dynamischen Vergrößerer $D = kA/F_0$ und das Frequenzverhältnis $r = \omega/\omega_n$ dargestellt werden.
- Es kann gezeigt werden, dass $D = \dfrac{1}{\sqrt{\left[1-\left(\frac{\omega}{\omega_n}\right)^2 + \left(2\zeta\frac{\omega}{\omega_n}\right)^2\right]}}$.
- Die Variationen von D für zwei verschiedene Werte von ζ sind in Abb. A.4 dargestellt.

Aus Abb. A.4 kann Folgendes geschlossen werden:

(a) Die maximale Amplitude tritt bei Resonanz auf – wenn $\omega \approx \omega_n$.
(b) Die Amplitude ist stark abhängig von der Dämpfung im System, wenn $\omega \approx \omega_n$.
(c) Wenn ω und ω_n sehr unähnlich sind, hat die Dämpfung kaum Einfluss auf die Antwortamplitude – ein wichtiger Punkt bei der Betrachtung der Verwendung von Dämpfung zur Kontrolle der Schwingungspegel.

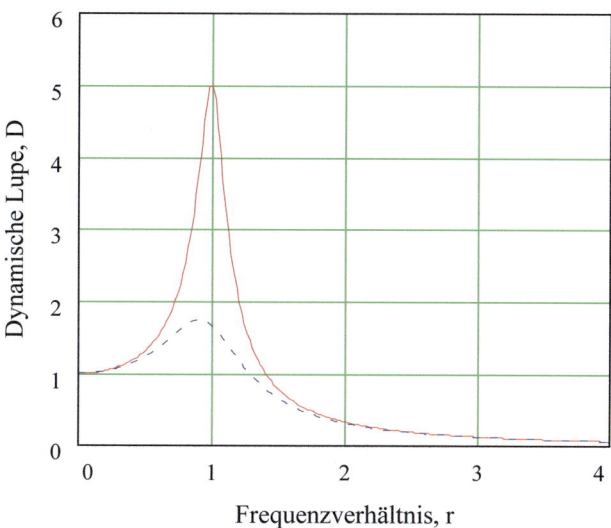

Abb. A.4 Amplitudenantwort D in Bezug auf das Frequenzverhältnis r

A.4 Mehr-Freiheitsgrade-Systeme (MDOF)

- Bewegungsgleichungen in Matrixform:

$$[M]\{\ddot{z}\} + [C]\{\dot{z}\} + [K]\{z\} = \{F(t)\}$$

- Die Eigenschaften der freien Schwingung (F(t)=0) werden durch die Lösung der Matrixgleichung gegeben:

$$[M]\{\ddot{z}\} + [C]\{\dot{z}\} + [K]\{z\} = \{0\}$$

A.4.1 Ungedämpfte Systeme

Für vernachlässigbare Dämpfung ([C]=[0]) werden diese Bewegungsgleichungen zu:

$$[M]\{\ddot{z}\} + [K]\{z\} = \{0\}$$

- Die Annahme von Lösungen der Form $\{z\} = \{A\}e^{st}$ führt zu einem Satz homogener Gleichungen:

$$\left([M]s^2 + [K]\right)\{A\} = \{0\}$$

- Die nichttriviale Lösung kann in Form einer *charakteristischen Gleichung* geschrieben werden:

$$\left|[M]s^2 + [K]\right| = 0$$

Oder als Eigenwertgleichung:

$$\lambda[M]\{u\} = [K]\{u\}$$

- Dies führt zu einem Satz reeller Wurzeln, typischerweise $s_i^2 = -\lambda_i = -\omega_i^2$, wobei λ_i der i-te Eigenwert und ω_i die i-te Eigenfrequenz ist.
- Für jeden Eigenwert λ_i gibt es einen Eigenvektor $\{u\}_i$, der die relativen Amplituden an jedem der Freiheitsgrade beschreibt.
- Die Schwingung im i-ten Modus kann dann beschrieben werden durch: $\{z\}_i = \{u\}_i A_i \sin(\omega_i t + \alpha_i)$
- Die allgemeine freie Schwingung des Systems ist eine Kombination aller Modi:

$$\{z\} = \sum_{i=1}^{n} \{z\}_i = [u]\{q(t)\},$$

wobei $[u] = [\{u\}_1 \{u\}_2 \ldots \ldots \{u\}_n]$ die *Modalmatrix* genannt wird und

$$\{q(t)\} = \begin{Bmatrix} A_1 \sin(\omega_1 t + \alpha_1) \\ \vdots \\ A_n \sin(\omega_n t + \alpha_n) \end{Bmatrix}$$

ein Vektor von *Modal-(Haupt-)Koordinaten* ist.

- [u] stellt eine lineare Transformation zwischen generalisierten Koordinaten {z} und modalen Koordinaten {q} dar.

A.4.2 Leicht gedämpfte Systeme

Für ein leicht gedämpftes System (C ≠ 0) wird die charakteristische Gleichung durch folgende Formel gegeben:

$$\left|[M]s^2 + [C]s + [K]\right| = 0$$

- Diese Gleichung hat ein Paar komplex konjugierter Wurzeln mit negativen Realteilen, die Informationen über die Frequenz und Dämpfung im Zusammenhang mit jedem Schwingungsmodus liefern.
- Für harmonische Anregung eines gedämpften MDOF-Systems:
  (a) Das System schwingt (im stationären Zustand) mit der gleichen Frequenz wie die Anregung.
  (b) Die dynamische Verschiebung an jedem DOF hinkt der Anregung hinterher.
  (c) Die Verschiebungsamplituden an jedem der Freiheitsgrade hängen von der Anregungsfrequenz ab.
- In MDOF-Systemen kann die Anregung gleichzeitig an jedem der DOFs angewendet werden.
- Für ein lineares System ist die Antwort an jedem der DOFs die Summe der Antworten aufgrund jeder Anregungskraft.
- Wenn die Anregung gleichzeitig an allen DOFs angewendet wird, kann F(t) geschrieben werden als

$$\{F(t)\} = \{F\}f(t) = \{F\}\sin(\omega t),$$

in diesem Fall $[M]\{\ddot{z}\} + [C]\{\dot{z}\} + [K]\{z\} = \{F\}f(t)$.

- Durch die Anwendung der Laplace-Transformationen auf beide Seiten mit Null-Anfangsbedingungen, das Ersetzen von s durch iω und das Voranstellen beider Seiten mit $\left(-\omega^2[M] + i\omega[C] + K\right)^{-1}$ ergibt sich

$$\{H_x(\omega)\} = [H(\omega)]\{F\},$$

wobei $\{H_z(\omega)\}$ ein Vektor der Frequenzantworten an den DOFs und

$$[H(\omega)] = \begin{bmatrix} H_{11} & H_{12} & \cdots & H_{1n} \\ H_{21} & H_{22} & \cdots & H_{2n} \\ \vdots & \vdots & \vdots & \vdots \\ H_{n1} & \cdots & \cdots & H_{nn} \end{bmatrix}$$

eine Matrix der Frequenzantwortfunktionen ist,

sodass H_{ij} = Frequenzantwort bei i aufgrund der Anregung mit Einheitsamplitude bei j.

- Die Frequenzantwort bei DOF i wird gegeben durch:

$$H_{zi}(\omega) = H_{i1}F_1 + H_{i2}F_2 + \cdots H_{in}F_n = \sum_{j=1}^{n} H_{ij}F_j$$

- Die Antwort an einem bestimmten DOF setzt sich aus Beiträgen von Anregungen an allen verschiedenen DOFs im System zusammen.
- FRFs und damit Antworten sind komplexe Funktionen (reale und imaginäre Teile), wenn Dämpfung einbezogen wird – die Amplitude und Phase an einem gegebenen DOF werden durch den Betrag und das Argument der komplexen Frequenzantwortfunktion gegeben.

Literatur

Balkwill J (2017) Performance vehicle dynamics. Butterworth-Heinemann
Brown JC, Robertson AJ, Serpento ST (2002) Motor vehicle structures: concepts and fundamentals. Butterworth-Heinemann
Crolla D (ed) (2009) Automotive engineering: powertrain, chassis system and vehicle body. Butterworth-Heinemann
Crolla D, Foster DE, Kobayashi T, Vaughan N (eds) (2014) Encyclopedia of automotive engineering. Wiley. Online https://doi.org/10.1002/9781118354179
Davies G (2003) Materials for automotive bodies. Elsevier
Day A, Bryant D (2022) Braking of road vehicles, 2nd edn. Butterworth-Heinemann
Elmarakbi A (ed) (2014) Advanced composite materials for automotive applications. Wiley
Hapian-Smith J (2002) An introduction to modern vehicle design. Butterworth-Heinemann
Heinz H (2002) Advanced vehicle technology, 2nd edn. Elsevier
Hillier A (2012) Hillier's fundamentals of motor vehicle technology, 6th edn. Nelson Thornes
Milliken WF, Milliken DL (2002) Chassis design: principles and analysis. Professional Engineering Publishing
Reimpell J, Stoll H, Betzler J (2001) The automotive chassis: engineering principles, 2nd edn. Butterworth-Heinemann
Seward D (2014) Race car design. Palgrave
Wong JY (2001) Theory of ground vehicles, 3rd edn. Wiley-Interscience